游戏帮助

风景
风景
风景
风景
风景
风景
风景
风景
风景
风景

U0231798

珍珠零落难收拾
一阵风来碧浪翻
檀粉不匀香汗湿
翠盖佳人临水立

本书效果图

>>学电脑从入门到精通

中文版Flash CC从入门到精通（全彩版）

三虎 闫磊 编著

清華大學出版社
北京

内容简介

Flash CC是Adobe公司最新推出的一款功能强大的动画制作软件，是动画设计界应用最广泛的一款软件之一，它将动画的设计与处理推向了一个更高、更灵活的艺术水准。

本书从动画设计与制作的实际应用出发，通过大量典型实例的制作，全面介绍了Flash CC在动画设计与制作方面的方法和技巧。本书从动画设计与制作的实际应用出发，通过大量典型实例的制作，全面介绍了Flash CC在动画设计与制作方面的方法和技巧，引导读者逐步学习如何设置Flash CC的工作环境，Flash CC基本操作，矢量图形的绘制与编辑，Flash中文本的应用，Flash基础动画制作，元件、库和实例的应用，声音与视频的应用，ActionScript 3.0特效动画，动画的优化与发布，滤镜的应用，组件的应用，使用模板快速创建动画，组件的应用等知识。在讲述过程中，结合大量实例操作，一步一步地指导读者学习Flash动画制作基本技能，特别是最后通过综合实例（动画中的超“炫”特效、广告制作、游戏制作、MTV制作、课件制作、贺卡制作）的学习，使读者全面、快速地掌握Flash CC强大的动画编辑制作功能，使读者全面掌握Flash CC强大的动画编辑制作功能。

本书内容详实、结构清晰、实例丰富、图文并茂，完全满足读者学习和工作中应用的需求。

本书适合网站建设、网页制作以及多媒体制作的用户，既适合无基础又想快速掌握Flash CC的读者自学，也可作为电脑培训班、职业院校以及大中专院校动漫、网页制作、艺术类专业教学用书。

图书在版编目（CIP）数据

中文版Flash CC从入门到精通：全彩版 / 三虎，闫磊编著．—北京：清华大学出版社，2016
（学电脑从入门到精通）
ISBN 978-7-302-40499-6

I. ①中… II. ①三… ②闫… III. ①动画制作软件 IV. ① TP391.41

中国版本图书馆CIP数据核字（2015）第136817号

责任编辑：朱英彪
封面设计：刘洪利
版式设计：魏　远
责任校对：王　云
责任印制：杨　艳

出版发行：清华大学出版社
网　　址：http://www.tup.com.cn，http://www.wqbook.com
地　　址：北京清华大学学研大厦A座　　**邮　　编：**100084
社 总 机：010-62770175　　**邮　　购：**010-62786544
投稿与读者服务：010-62776969，c-service@tup.tsinghua.edu.cn
质量反馈：010-62772015，zhiliang@tup.tsinghua.edu.cn
印 刷 者：北京鑫丰华彩印有限公司
装 订 者：三河市溧源装订厂
经　　销：全国新华书店
开　　本：203mm×260mm　**印　　张：**23.75　**插　　页：**1　**字　　数：**690千字
（附光盘1张）
版　　次：2016年10月第1版　**印　　次：**2016年10月第1次印刷
印　　数：1～3500
定　　价：79.80元

产品编号：058780-01

需求关系

Flash CC 是美国 Adobe 公司最新推出的一款矢量图形编辑和动画制作软件，并且是目前最常用、最优秀的网络交互动画制作工具，它能轻松地制作出精美的动画效果，其功能之强大令人叹为观止。

本书通过精选案例详细讲解了使用 Flash CC 制作动画的方法和技巧。既能让具有一定动画设计经验的读者迅速熟悉动画制作，也能让具有一定动画设计能力的读者加强动画制作的理论知识，使完全没有用过 Flash CC 的读者能够从精选案例的实战中体会 Flash 动画制作的精髓。

内容结构

本书共分 20 章，以基础讲解配合实例的方式全面系统地介绍了 Flash CC 的功能、使用方法和应用技巧。通过学、练、做的学习方法强化学习效果，培养读者的专业技能。

本书特色

本书从 Flash 动画制作的特点出发逐渐深入，向读者展示了如何利用 Flash CC 进行动画创作的方法。全书内容丰富、语言通俗、图文并茂、实用性强。

本书主要内容如下：第 1 章介绍了 Flash CC 的基础知识；第 2 章介绍了使用绘图工具绘制与编辑图形；第 3 章介绍了填充与编辑图形的知识；第 4 章介绍了 Flash 中的文本操作方法；第 5 章介绍了时间轴、帧与场景的编辑；第 6 章介绍了 Flash 中的图层知识；第 7 章介绍了 Flash 中的基础动画；第 8 章介绍了元件、库和实例的知识；第 9 章介绍了声音和视频的导入与使用；第 10 章介绍了 ActionScript 脚本；第 11 章介绍了优化和发布动画；第 12 章介绍了滤镜的使用方法；第 13 章介绍了使用模板创建精美动画；第 14 章介绍了组件的应用；第 15 章介绍了动画中的超“炫”特效；第 16 章 ~ 第 20 章综合应用了前面 15 章所讲述的知识分别完成了可爱少女风服饰广告、逮蝴蝶游戏、MTV 歌曲、教学课件、生日贺卡的制作。

配套光盘

本书附赠 1 张 CD 光盘，包括书中对应的素材文件和效果文件。

适读人群

本书可供大、中专院校及各类电脑培训学校作为动漫、网业制作、艺术类的教材使用，也可作为各类计算机职业资格考试的教材和自学用书。

编辑团队

本书由三虎、闫磊编著。其中，第 1 ~ 8 章由惠州城市职业学院的闫磊编写，全书由三虎进行最终统稿。其他参与本书编写、排校工作的人员还有尹新梅、杨仁毅、邓建功、李勇、赵阳春、王进修、胥桂蓉、蒋竹、朱世波、唐蓉、杨路平、黄刚、王政、曹洪菲、陈冲、黄君言、李思佳、邓春华、何紧莲、寇吉梅、胡勇、李彪、刘可立、罗玲、王雨楠、胡勇等。在此，向所有参与编写的人员表示衷心的感谢。更要感谢购买本书的读者，因为您的支持是我们最大的动力！

我们虽在编写过程中精益求精，力求使本书更加实用，但由于水平所限，疏漏和不足之处在所难免，敬请广大读者批评指正。

编 者

目录 CONTENTS

Introductory 入门篇…

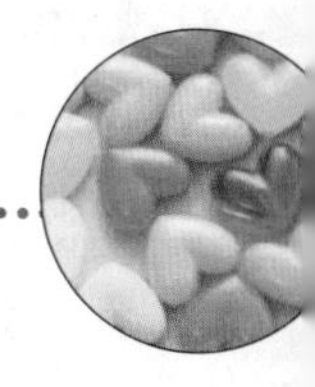

Improve
提高篇…

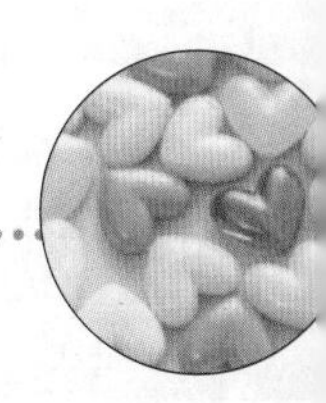

Proficient 精通篇…

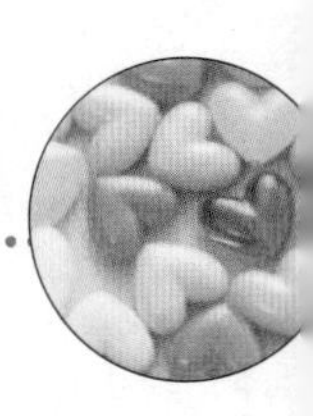

Instance
实战篇…

梦幻夜

Flash 动画是现下最为流行的动画表现形式之一，它凭借自身诸多优点，在互联网广告、多媒体课件制作以及游戏制作等领域得到了广泛的应用。

Flash CC 是 Adobe 公司最新推出的 Flash 动画制作软件，它相比之前的版本在功能上有了很多有效的改进及拓展，深受用户青睐。为了使读者对 Flash 动画及 Flash CC 基础功能有初步了解，本篇主要介绍了 Flash CC 的工作界面、绘制、填充与编辑图形、Flash 中的文本处理、时间轴、帧与场景的编辑、Flash 中的图层、Flash 的基本动画等内容。

>>>

01 02 03 04 05 06 07 08 09 10 11 12 ......

走进 Flash CC 的世界

本章导读

网络是一个精彩的世界，而网络动画让这个世界更加缤纷多彩。炫丽的广告、有趣的小游戏、个性化的主页、丰富的 Flash 动画电影，面对这些绚丽的画面，你一定会按捺不住，想进入这个精彩的世界，通过自己激情的创作，拥有一片梦想的天空！本章就带领你来认识动画与 Flash CC，为制作精彩的动画做好准备。

1.1 认识 Flash 动画

Flash CC 是 Adobe 公司最新推出的一款软件，被称为“最为灵活的前台”，其独特的时间片段分割和重组技术，结合 ActionScript 的对象和流程控制，使灵活的界面设计和动画设计成为可能。Flash 的前身名为 Future Splash Animator，其创始人乔纳森·盖伊（Jonathan Gay）于 1996 年 11 月将该软件卖给 Macromedia 公司，同时更名为 Flash 1.0。

Flash 以其文件体积小、流式播放等特点在网页信息中成为较为主流的动画方式。早期在 IE 或 Netscape 等浏览器中播放 Flash 动画需要专门安装插件，但这丝毫不影响 Flash 动画的魅力，发展至今 IE 浏览器已自带 Flash 播放功能，Flash 的影响力可见一斑。基于这个原因，可以毫不夸张地说：“世界上有多少浏览器，就有多少 Flash 的网络用户”。各大门户网站都在主页上插入了商业 Flash 动画广告，如图 1-1 所示。

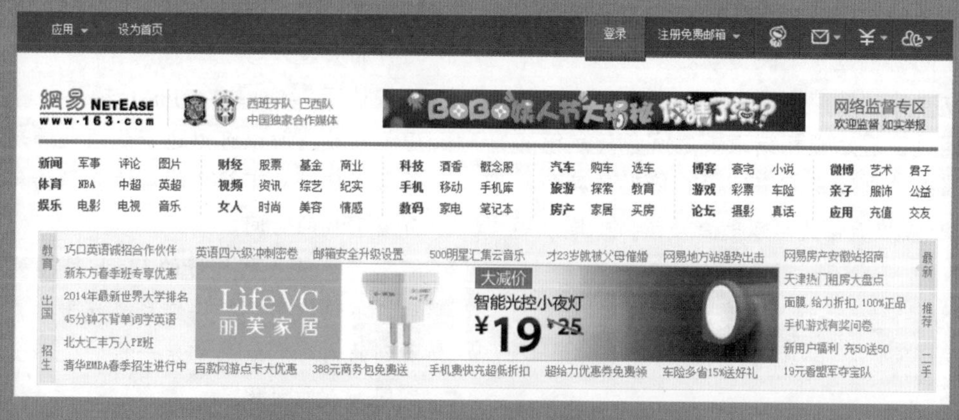

图 1-1　网易网站中的 Flash 广告

Flash 已经应用在几乎所有的网络内容中，尤其是 ActionScript 的使用，使得 Flash 在交互性方面拥有了更强大的开发空间。Flash 动画不再只作为网站的点缀，现在可以通过 Flash 软件开发游戏、课件、在线视频播放器甚至进行网站的建设。网络是一个精彩的世界，而 Flash 动画则让这个世界更加缤纷多彩，就连开发 Flash 的工程师都惊叹地说道：“我们虽然可以创造出 Flash 这个软件，但我们无法全面想象通过 Flash 这个软件到底可以创造出多少更强大的应用程序。”

1.1.1 Flash 动画设计的原理

动画在英文里被称为 Animat，也就是说动画与运动是分不开的。世界著名的动画艺术家——英国人约翰·哈拉斯曾指出“运动是动画的本质”。例如，当我们在电影院里看电影或在家里看电视时，会感到画面中人物和动物的运动是连续的。但是如果仔细看一段电影胶片，就会看到所有的画面并不是连续的。这是因为电影胶片通过一定的速率投影在银幕上才有了运动的视觉效果，这种现象可以由法国人皮特·罗杰特提出的视觉暂留（Persistence of Vision）的原理来解释。

视觉暂留就是客观事物对眼睛的刺激停止后，它的影像还会在眼睛的视网膜上存在一刹那，有一定的滞留性。如晚上看着灯光，当灯灭后，在黑暗中，眼中还有个亮点；用一个钱币在桌上旋转，看到的不再是薄片，而是灰白色的球体；用链条拴个燃烧的火球抡圆圈，看到的不是一个火球，而是一个火的圆环。视像在眼前消失之后，仍然能够在视网膜上保留 0.1 秒左右的时间。视觉暂留是人类眼睛的一种生理机能。

视觉暂留原理的发现和确立为电影的产生提供

了必要的条件。电影运用照相的手段，把外界事物的影像和声音摄制在胶片上，然后用放映机放出来，在银幕上形成活动的画面。

Flash 动画同样基于视觉暂留原理，特别是 Flash 中的逐帧动画，与传统动画的核心制作几乎一样，同样是通过一系列连贯动作的图形的快速放映而形成。当前一帧播放后，其影像仍残留在人的视网膜上，这样让观赏者产生了连续动作的视觉感受。在起始动作与结束动作之间的过渡帧越多，动画的效果越流畅。

例如制作一个小球从左到右的滚动效果，先制作两个关键帧，分别包含起始画面和结束画面，在两个关键帧之间再创建一个关键帧。观赏这样的动画时，会有动画停顿的感觉，完全不会产生小球滚动的效果。但是在起始帧和结束帧之间创建足够多的帧后，这时的动画欣赏起来不再有停顿的感觉。要使 Flash 动画播放流畅还可以提高帧频，即增加每秒播放的帧数。

1.1.2 Flash 动画的特点

Flash 动画的主要特点如下。

- **文件数据量小**：由于 Flash 作品中的对象一般为“矢量”图形，所以即使动画内容很丰富，其数据量也非常小。
- **适用范围广**：Flash 动画不仅应用于制作 MTV、小游戏、网页、搞笑动画、情景剧和多媒体课件等，还可制作项目文件，运用于多媒体光盘或展示。
- **图像质量高**：Flash 动画大多由矢量图形制作而成，可以真正无限制地放大而不影响其质量，因此图像的质量很高。
- **交互性强**：Flash 制作人员可以轻易地为动画添加交互效果，让用户直接参与，从而极大地提高用户的兴趣。
- **可以边下载边播放**：Flash 动画以“流”的形式进行播放，所以可以边下载边欣赏动画，而不必等待全部动画下载完毕后才开始播放，可以大大节省下载的时间。
- **跨平台播放**：制作好的 Flash 作品放置在网页上后，不论使用哪种操作系统或平台，任何访问者看到的内容和效果都是一样的，不会因为平台的不同而有所变化。

1.2 Flash 的应用领域

随着 Flash 的不断发展，Flash 也被越来越多的领域所应用，目前 Flash 的应用领域主要有以下几个方面。

1. 网络动画

由于 Flash 对矢量图的应用和对视频、声音的良好支持以及以流媒体的形式进行播放等特点，使其能够在文件容量不大的情况下实现多媒体的播放，也使 Flash 成为网络动画的重要制作工具之一。如图 1-2 所示就是一个使用 Flash 制作的网络动画。

图 1-2　网络动画

2. 网页广告

一般的网页广告都具有短小、精悍、表现力强等特点，而 Flash 恰到好处地满足了这些要求，因此在网页广告的制作中得到了广泛的应用。如图 1-3 所示就是一个短小的 Flash 网页广告。

图 1-3 网页广告

3. 在线游戏

Flash 中的 Actions 语句可以编制一些游戏程序，再配合 Flash 的交互功能，能使用户通过网络进行在线游戏。如图 1-4 所示就是一个 Flash 在线游戏。

图 1-4 Flash 游戏

4. 多媒体课件

Flash 素材的获取方法很多，可为多媒体教学提供更易操作的平台，目前已被越来越多的教师和学生所熟识。如图 1-5 所示就是一个使用 Flash 制作的多媒体课件。

图 1-5 多媒体课件

5. 动态网页

Flash 具备的交互功能使用户可以配合其他工具软件制作出各种形式的动态网页。如图 1-6 所示就是一个 Flash 制作的动态网页。

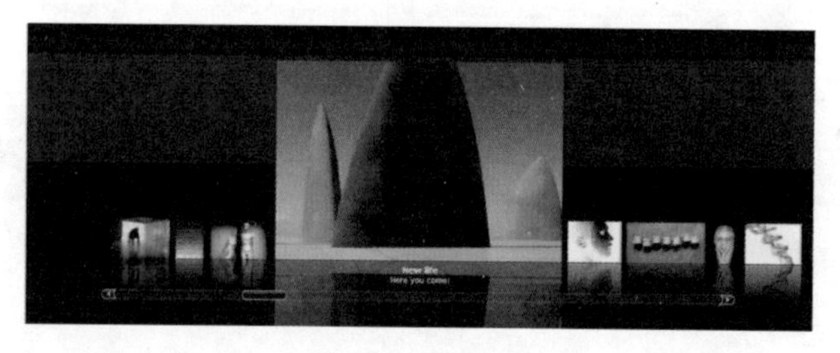

图 1-6 动态网页

1.3 Flash 动画中的图形

Flash 中的图形分为位图（又称点阵图或栅格图像）和矢量图两大类。

1.3.1 位图

位图是由计算机根据图像中每一点的信息生成的，要存储和显示位图就需要对每一个点的信息进行处理，这样的一个点就是像素（例如一幅 200×300 像素的位图就有 60000 个像素点，计算机要存储和处理这幅位图就需要记住 6 万个点的信息）。位图有色彩丰富的特点，一般用在对色彩丰富度或真实感要求比较高的场合。但位图的文件较矢量图要大得多，且位图在放大到一定倍数时会出现明显的马赛克现象，每一个马赛克实际上就是一个放大的像素点，如图 1-7 所示。

图 1-7　位图

1.3.2 矢量图

矢量图是由计算机根据矢量数据计算后生成的，它用包含颜色和位置属性的直线或曲线来描述图像。所以计算机在存储和显示矢量图时只需记录图形的边线位置和边线之间的颜色这两种信息即可。矢量图的特点是占用的存储空间非常小，且矢量图无论放大多少倍都不会出现马赛克，如图 1-8 所示。

图 1-8　矢量图

1.4 Flash CC 的启动与退出

下面介绍启动与退出 Flash CC 的方法。

1.4.1 启动 Flash CC

若要启动 Flash CC，可执行下列操作方法之一。

方法 1：执行“开始”→“所有程序”→ Adobe Flash CC 命令，即可启动 Flash CC。

方法 2：直接在桌面上双击快捷图标。

方法 3：双击 Flash CC 相关联的文档。

1.4.2 退出 Flash CC

若要退出 Flash CC，可执行下列操作方法之一。

方法 1：单击 Flash CC 程序窗口右上角的 × 按钮。

方法 2：执行“文件”→“退出”命令。

方法 3：双击 Flash CC 程序窗口左上角的 Fl 图标。

方法 4：按 Ctrl+Q 组合键。

1.5 Flash CC 的工作界面

当启动 Flash CC 时会出现一张开始页，在开始页中可以选择新建项目、模板及最近打开的项目，如图 1-9 所示。

① 部分可以显示最近打开的 Flash 源文件目录。

② 部分列出了 Flash CC 能够创建的所有新项目。在这里用户可以快速地创建出需要的编辑项目。使用鼠标单击各种新项目名，即可进入相应的编辑窗口，快速地开始新的编辑工作。

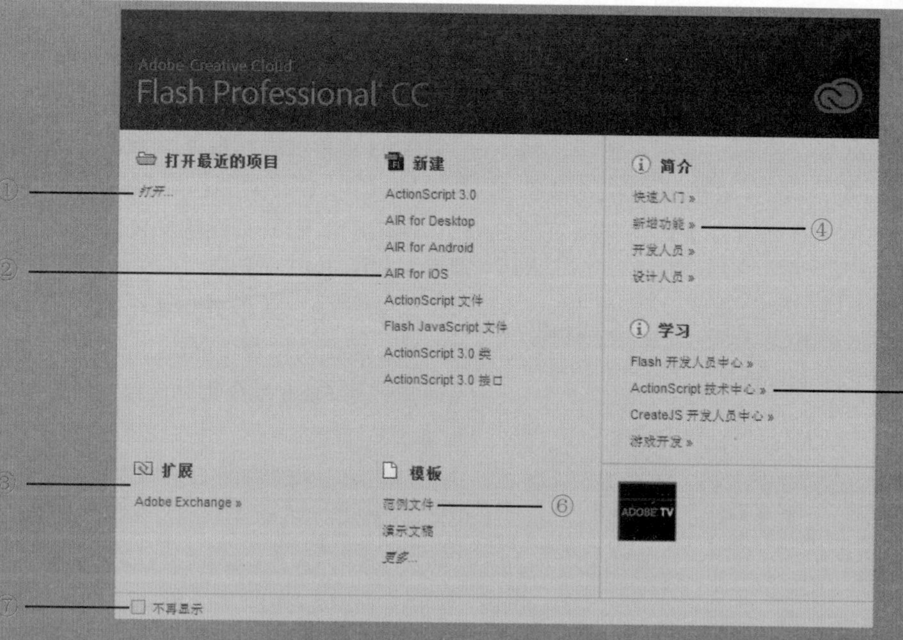

图 1-9　开始页

③ 部分用来下载扩展程序、动作文件、脚本、模板以及其他可扩展 Adobe 应用程序功能的项目。

④ 部分链接用来了解 Flash 的入门知识、新增功能、开发人员与设计人员。

⑤ 部分链接用来学习 Flash 中的各项功能。

⑥ 部分链接包含了多种类别 Flash 影片模板，这些模板可以帮助用户快速、便捷地完成 Flash 影片的制作。

⑦ 部分是一个“不再显示”复选框，选中该复选框，可以在以后启动 Flash CC 时不再显示开始页。

当选择“新建”栏下的 ActionScript 3.0 时，进入 Flash CC 的工作界面，如图 1-10 所示。

图 1-10　Flash CC 的工作界面

1.5.1 菜单栏

Flash CC 的菜单栏中包括文件、编辑、视图、插入、修改、文本、命令、控制、调试、窗口、帮助 11 个菜单，如图 1-11 所示。单击各主菜单项都会弹出相应的下拉菜单，有些下拉菜单还包括了下一级的子菜单。

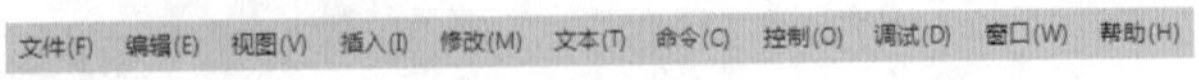

文件(F) 编辑(E) 视图(V) 插入(I) 修改(M) 文本(T) 命令(C) 控制(O) 调试(D) 窗口(W) 帮助(H)

图 1-11 菜单栏

1.5.2 时间轴

时间轴是 Flash 动画编辑的基础，用以创建不同类型的动画效果和控制动画的播放预览。时间轴上的每一个小格称为帧，是 Flash 动画的最小时间单位，连续的帧中包含连续变化的图像内容便形成了动画，如图 1-12 所示。

“时间轴”面板分为两个部分：左侧为图层查看窗口，右侧为帧查看窗口。一个层中包含若干帧，而通常一部 Flash 动画影片又包含若干层。

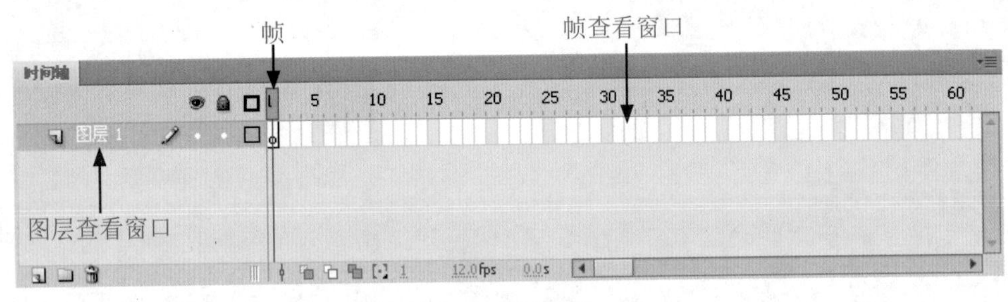

图 1-12 时间轴

1.5.3 浮动面板

浮动面板由各种不同功能的面板组成，如“对齐”面板、“颜色”面板等，如图 1-13 所示。通过面板的显示、隐藏、组合、摆放，可以自定义工作界面。

图 1-13 浮动面板

1.5.4 工具箱

工具箱是 Flash 中重要的面板，它包含绘制和编辑矢量图形的各种操作工具，主要由选择工具、绘图工具、色彩填充工具、查看工具、色彩选择工具和工具属性 6 部分构成，用于进行矢量图形绘制和编辑的各种操作，如图 1-14 所示。

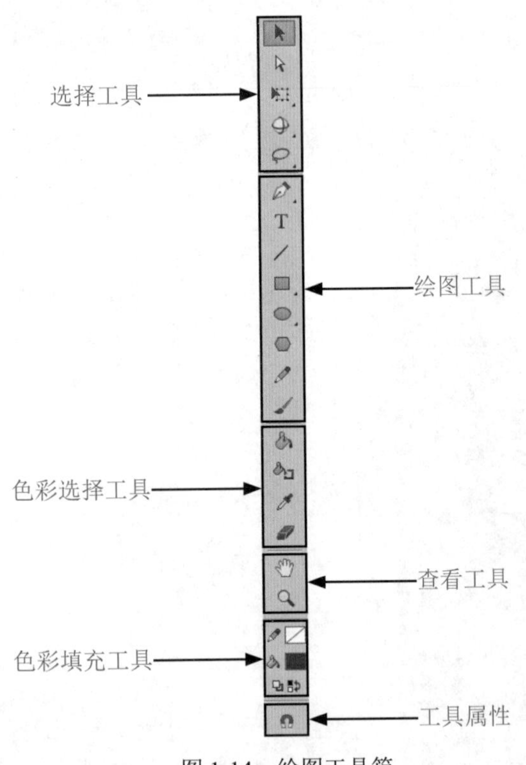

图 1-14 绘图工具箱

1.5.5 绘图工作区

绘图工作区也称作“舞台”，它是在其中放置图形内容的矩形区域，这些图形内容包括矢量插图、文本框、按钮、导入的位图图形或视频剪辑等。Flash创作环境中的绘图工作区相当于 Adobe Flash Player 中在回放期间显示 Flash 文档的矩形空间。用户可以在工作时放大和缩小以更改绘图工作区的视图。

1.5.6 “属性”面板

“属性”面板可以显示所选中对象的属性信息，并可通过“属性”面板对其进行编辑修改，有效提高动画编辑的工作效率及准确性。当选择不同的对象时，“属性”面板将显示出相应的选项及属性值。如图 1-15 所示分别为几种常用对象的“属性”面板。

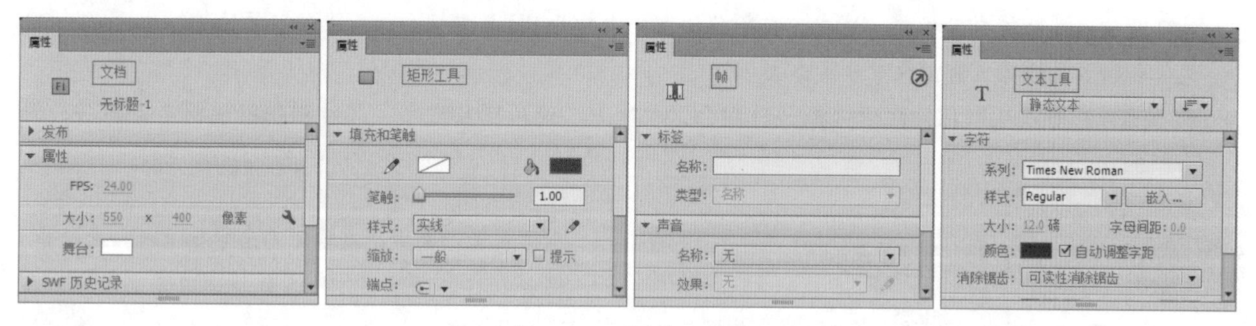

图 1-15　“属性”面板

1.6 设置首选参数

在 Flash CC 中编辑影片时，通过对首选参数进行合理的设置，可以使工作环境更符合自己的习惯和特殊要求，从而有效地提高影片创作的工作效率。

执行“编辑”→“首选参数”命令，打开“首选参数”对话框。在该对话框中可以对常规显示、文本参数等进行设置。

技巧秒杀

按 Ctrl+U 组合键能快速打开“首选参数”对话框。

读书笔记

1.6.1 “常规”首选参数

打开“首选参数”对话框，选择左侧的“常规”选项。“常规”选项是对使用 Flash CC 进行编辑工作时的一般属性进行设置，如图 1-16 所示。

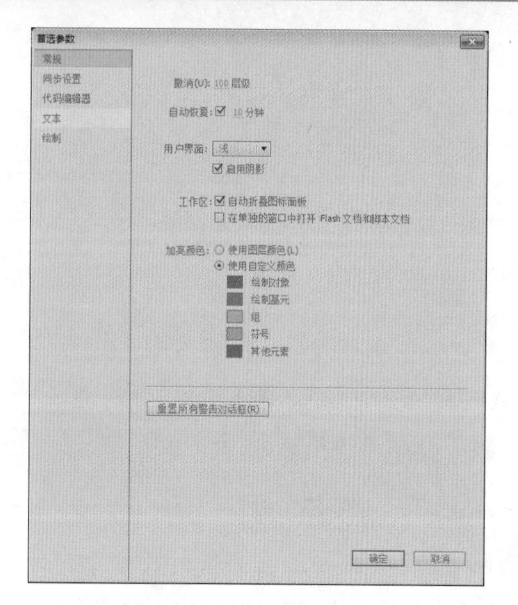

图 1-16　“常规”选项

知识解析：“常规”参数

- **撤销**：在文本框中输入一个 2 ~ 300 之间的值，从而设置撤销 / 重做的级别数。撤销层级需要消耗内存；使用的撤销层级越多，占用的系统内存就越多。默认值为 100。
- **自动恢复**：指定保存数据和程序状态的频率。默认为 10 分钟，根据个人使用情况设置，建议设置为 5 分钟。
- **用户界面**：在该下拉列表框中可以选择 Flash 界面的颜色。
- **启用阴影**：选中该复选框可以使界面显示阴影。
- **工作区**：在“工作区”区域选中“自动折叠图标面板”复选框，则可以在单击处于图标模式中的面板的外部时使这些面板自动折叠。选中“在单独的窗口中打开 Flash 文档和脚本文档”复选框，则会将 Flash 文档和脚本文档从当前窗口中分离出去。
- **加亮颜色**：可以从颜色按钮中选择一种颜色，或选中“使用图层颜色”单选按钮以使用当前图层的轮廓颜色。

1.6.2 “文本”首选参数

选择左侧的“文本”选项，如图 1-17 所示，这些参数用于设置 Flash 中文本的首选参数。

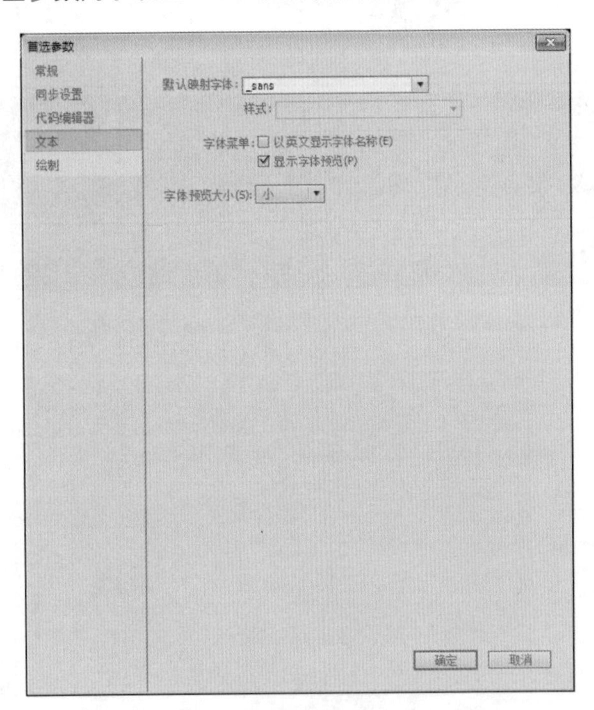

图 1-17 “文本”选项

知识解析：“字体”参数

- **默认映射字体**：在该下拉列表框中，选择在 Flash 中打开文档时替换缺失字体所使用的字体。
- **字体菜单**：选中“以英文显示字体名称”复选框，将会以英文显示字体的名称。选中“显示字体预览”复选框，可以在选择字体时，显示字体的样式，这里可以在下方的下拉列表框中选择字体预览样式的大小。
- **字体预览大小**：在该下拉列表框中选择字体预览的大小，有“小”“中”“大”“特大”“巨大”5 个选项，如图 1-18 所示。

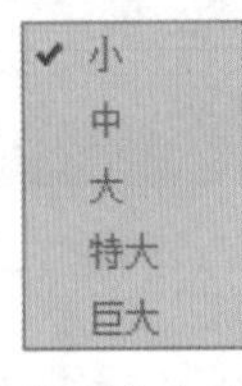

图 1-18 “字体预览大小”下拉列表框

读书笔记

1.7 工作区布局的调整

在 Flash CC 中，用户可以根据自己的需要调整工作区的布局。执行“窗口”→“工作区”子菜单中的命令，即可选择不同的工作布局界面，如图 1-19 所示。

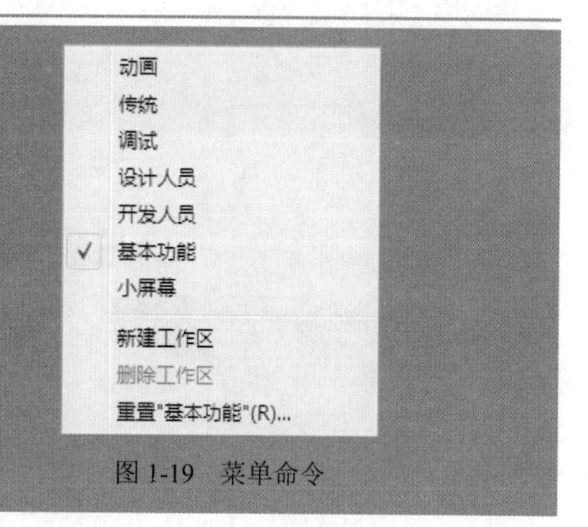

图 1-19　菜单命令

知识解析：工作区布局模式

- **动画：** 在进行动画设计时，执行“窗口”→“工作区”→“动画”命令，即可进入动画设计工作区布局模式，如图 1-20 所示。

图 1-20　动画设计工作区布局模式

- **传统：** 用户如果对新的工作界面不习惯，可执行“窗口”→“工作区”→“传统”命令，即可进入传统工作区布局模式，如图 1-21 所示。
- **调试：** 如果要对创建中的动画进行调试，可执行“窗口”→“工作区”→“调试”命令，即可进入调试工作区布局模式，如图 1-22 所示。

图 1-21　传统工作区布局模式

图 1-22　调试工作区布局模式

◆ 设计人员：如果用户是设计人员，可执行“窗口”→“工作区”→“设计人员”命令，即可进入设计人员工作区布局模式，如图 1-23 所示。

图 1-23　设计人员工作区布局模式

◆ **开发人员**：如果用户是开发人员，执行“窗口”→“工作区”→“开发人员”命令，即可进入开发人员工作界面，如图 1-24 所示。

图 1-24　开发人员工作界面

◆ **基本功能**：Flash CC 最原始、最简洁的布局模式，如图 1-25 所示。

◆ **小屏幕**：以小屏幕的方式显示 Flash 的内容，如图 1-26 所示。

图 1-25　基本功能布局模式

图 1-26　小屏幕布局模式

◆ **新建工作区**：如果用户想新建属于自己的工作区，可执行“窗口”→“工作区”→“新建工作区”命令，打开“新建工作区”对话框，在“名称”文本框中输入新工作区的名称即可，如图 1-27 所示。

图 1-27　“新建工作区”对话框

◆ **删除工作区**：如果对新建的工作区不满意，可以执行“窗口”→“工作区”→“删除工作区”命令将其删除。

◆ **重置“基本功能”**：如果在实际操作中不慎弄乱了布局，要恢复到原始状态，只需要选择“重置‘基本功能’”命令即可，如图 1-28 所示。

图 1-28　重置“基本功能”

实例操作：设置动画文件属性

● 光盘 \ 效果 \ 第 1 章 \ 设置动画文件属性 .fla

在制作 Flash 动画之前首先要确定动画的尺寸大小以及背景颜色等，以方便后期的制作（如绘制图形的大小、颜色等必须与动画的尺寸大小以及背景颜色相匹配），这项设置是制作动画的首要任务。设置完成后如图 1-29 所示。

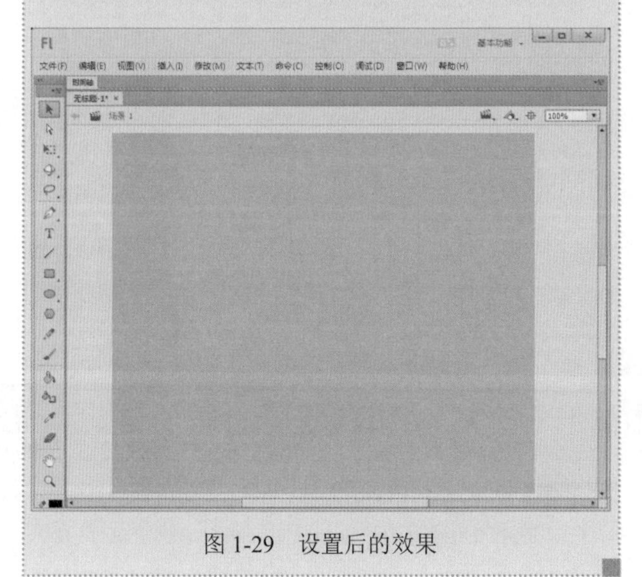

图 1-29　设置后的效果

Step 1 ▶ 新建一个 Flash 文档，执行“修改”→“文档”命令，打开“文档设置”对话框，如图 1-30 所示。

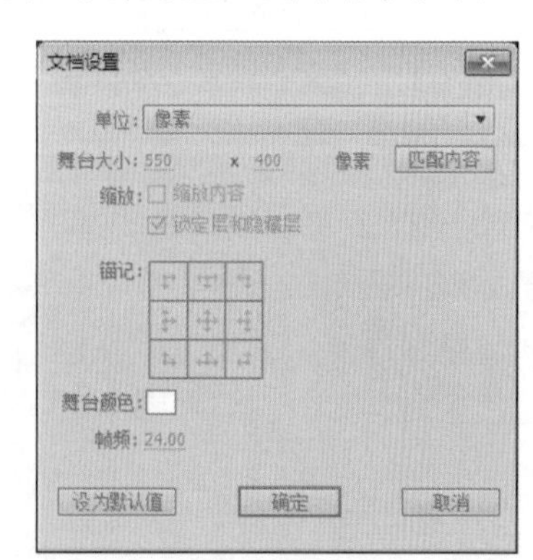

图 1-30　“文档设置”对话框

Step 2 ▶ 在“舞台大小”后的“宽”和“高”文本框中输入动画的宽度与高度。

Step 3 ▶ 单击“舞台颜色”后的颜色框，在弹出的“颜色”选择框中设置动画的背景颜色，如图 1-31 所示。

Step 4 ▶ 在“帧频”文本框中输入动画的帧频，输入的数字表示每秒播放多少帧动画，默认的 24 表示 1 秒钟播放 24 帧动画。

Step 5 ▶ 在“文档设置”对话框中将“舞台大小”设置为 600 像素（宽）×500 像素（高），将背景颜色设置为粉红色（#FF99CC），如图 1-32 所示。设置

完成后单击 确定 按钮，Flash中的舞台如图1-33所示。

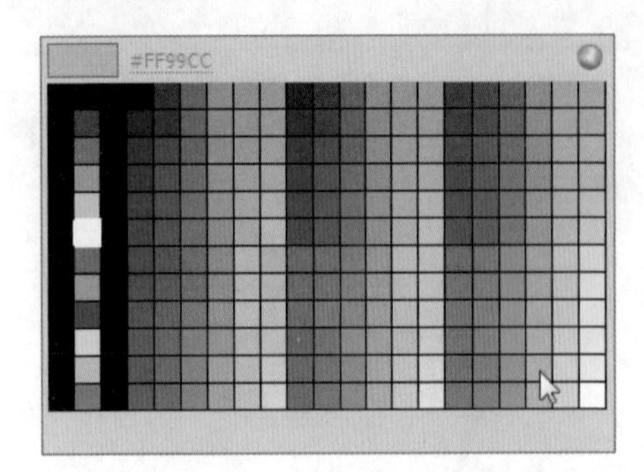

图 1-31 设置舞台颜色

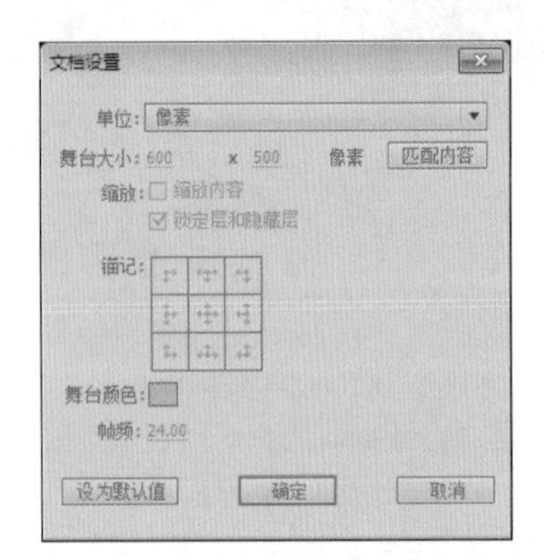

图 1-32 “文档设置”对话框

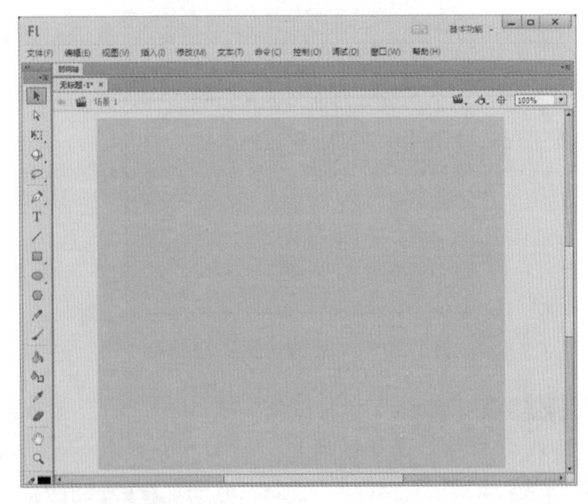

图 1-33 设置后的舞台效果

技巧秒杀

本例讲述了动画文件属性的设置方法，需要注意的是，在“文档设置”对话框的“帧频”文本框中输入的数字是表示动画每秒播放多少帧，数字越大，动画播放得越快。动画的帧频要谨慎设置，如设置不当，动画的效果会大打折扣。

实例操作：设置 Flash CC 工作空间

● 光盘\效果\第1章\设置 Flash CC 工作空间.fla

使用标尺、辅助线与网格设置 Flash CC 的工作空间，可以使动画元素的移动更为精确与方便。标尺是 Flash 中的一种绘图参照工具，通过在舞台左侧和上方显示标尺，可帮助用户在绘图或编辑影片的过程中，对图形对象进行定位。而辅助线则通常与标尺配合使用，通过舞台中的辅助线与标尺的对应，使用户更精确地对场景中的图形对象进行调整和定位。本例完成后的效果如图1-34所示。

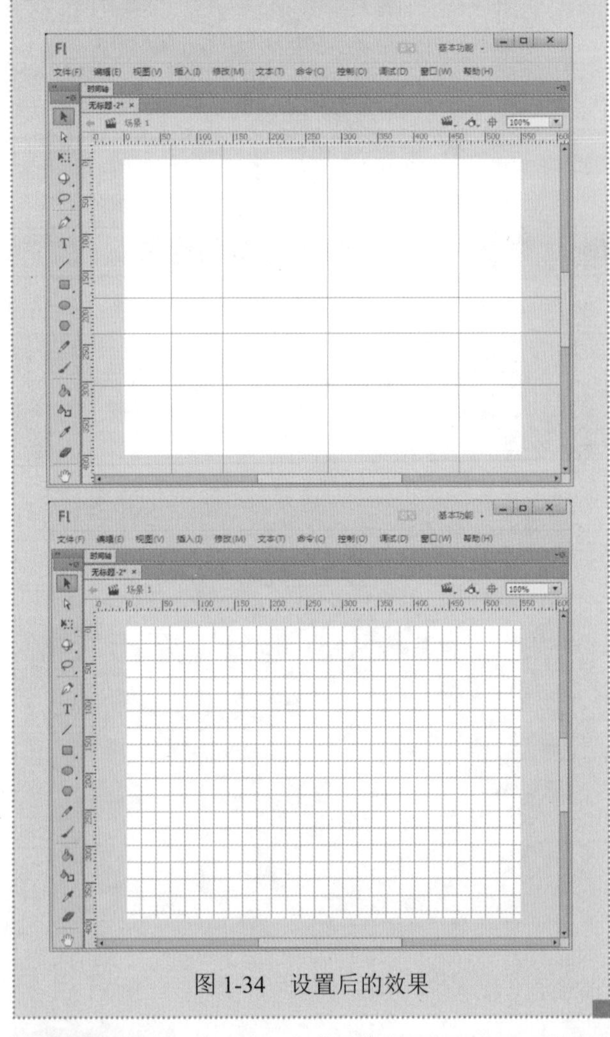

图 1-34 设置后的效果

Step 1 新建一个 Flash 文档，执行“视图”→“标尺”命令，或按 Shift+Ctrl+Alt+R 组合键，即可在舞台左侧和上方显示标尺，如图1-35所示。

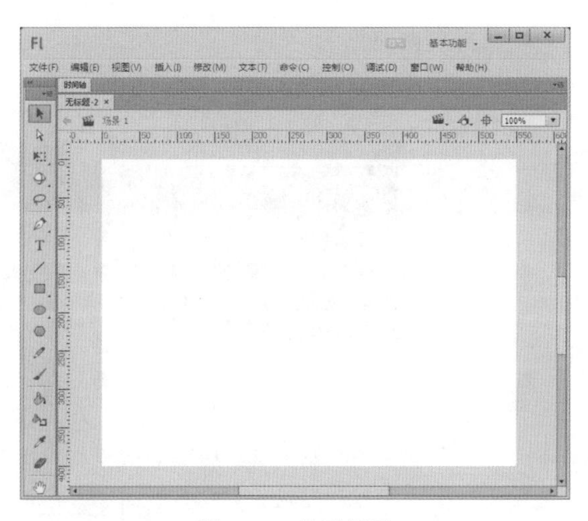

图 1-35　显示标尺

技巧秒杀

如果不需要使用标尺，再执行一次“视图”→“标尺”命令即可。

Step 2 执行“视图”→“辅助线”→“显示辅助线”命令，使辅助线呈可显示状态，然后从舞台上方的标尺向舞台中拖动鼠标，即可创建舞台的辅助线，如图 1-36 所示。

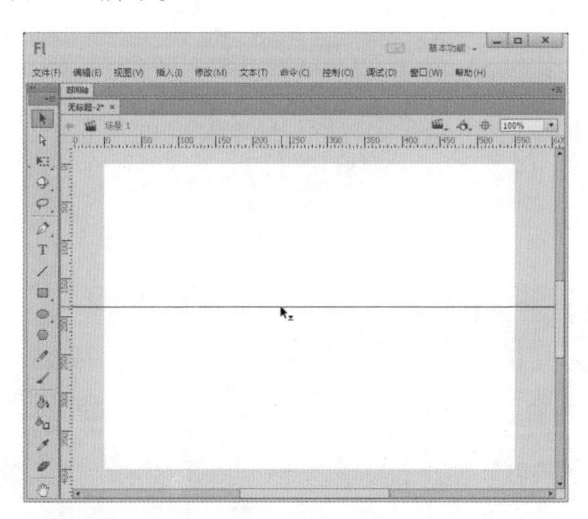

图 1-36　创建辅助线

技巧秒杀

Flash CC 中的辅助线需要拖动鼠标才能显示，需要多少条就拖动多少次。

Step 3 利用同样的方法，拖动出其他水平和垂直辅助线，然后通过鼠标对辅助线的位置进行调整，如图 1-37 所示。

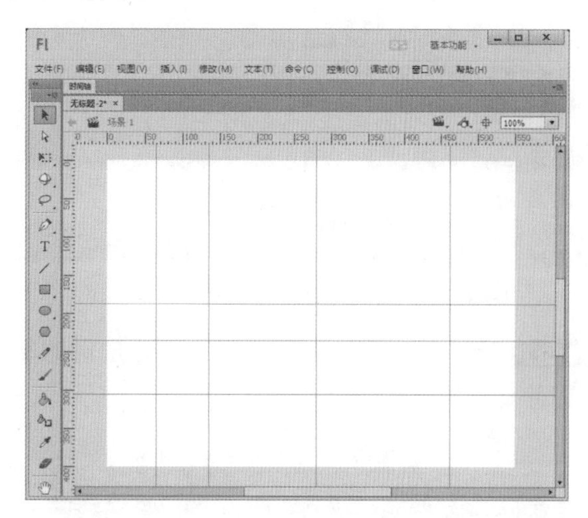

图 1-37　创建辅助线

?答疑解惑：

如果不需要某条辅助线，怎样将其删除呢？

如果不需要某条辅助线，使用鼠标将其拖动到舞台外即可将其删除。

Step 4 执行“视图”→“网格”→“显示网格”命令，或按 Ctrl+’组合键，即可在舞台中显示出网格，如图 1-38 所示。

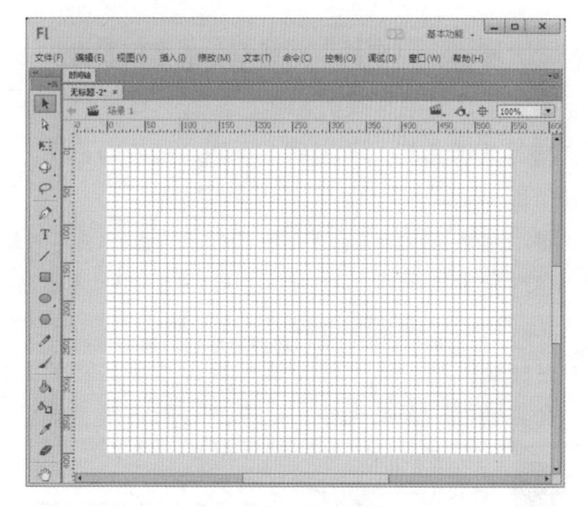

图 1-38　显示网格

Step 5 若需要对当前的网格状态进行更改，执行“视图”→“网格”→“编辑网格”命令，或按 Ctrl+Alt+G 组合键，打开如图 1-39 所示的“网格”对话框。

Step 6 在↔和↕文本框中修改网格的水平和垂直间距，如将网格的颜色设置为绿色，将网格的水平和垂直间距分别设置为“20像素”和“23像素”，如图1-40所示。

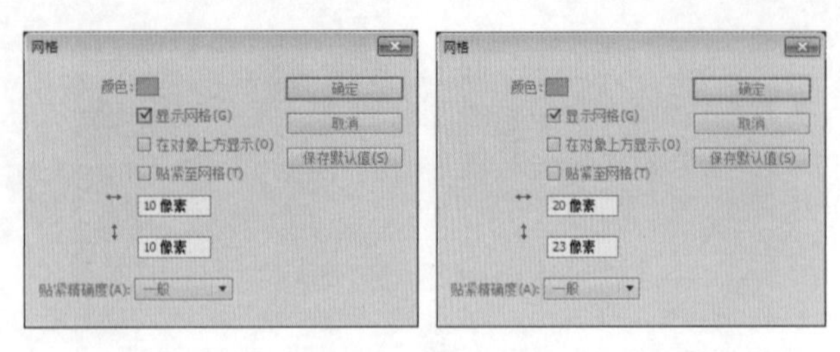

图 1-39 “网格”对话框　图 1-40 编辑网格

Step 7 ▶ 设置完成后单击 确定 按钮将所做更改应用到舞台，如图 1-41 所示。

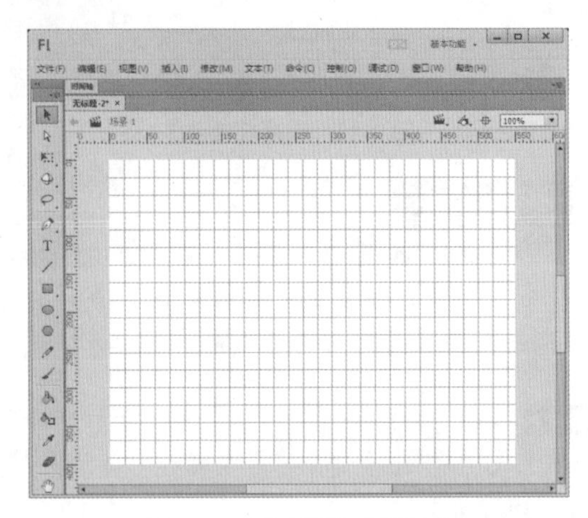

图 1-41 更改网格后的舞台

知识解析：“网格”对话框中的各项参数

◆ 颜色：设置网格线的颜色。单击“颜色框”按钮 ■ 打开调色板，在其中选择要应用的颜色即可，如图 1-42 所示。

◆ 显示网格：选中该复选框即可在工作区内显示网格。

◆ 在对象上方显示：选中该复选框可以使网格显示在其他的动画元素上方。

◆ 贴紧至网格：选中该复选框后，工作区内的元件在拖动时，如果元件的边缘靠近网格线，就会自动吸附到网格线上。

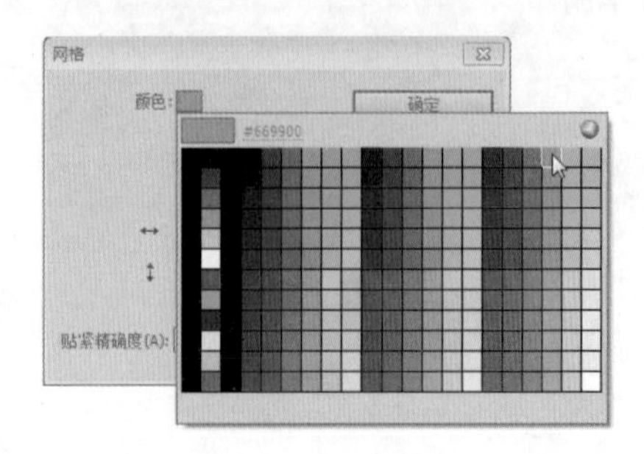

图 1-42 设置颜色

◆ ↔ ↕：网格宽度与网格高度。↔是设置网格中每个单元格的宽度。在“网格宽度”后面的文本框中输入一个值，设置网格的宽度，单位为像素。↕是设置网格中每个单元格的高度。在“网格高度”后面的文本框中输入一个值，设置网格的高度，单位为像素。

◆ 贴紧精确度：设置对象在贴紧网格线时的精确度，下拉列表框中包括“必须接近”“一般”“可以远离”“总是贴紧”4个选项，如图 1-43 所示。

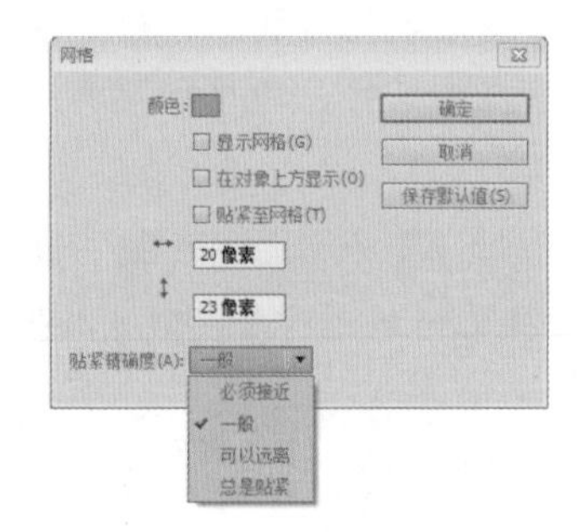

图 1-43 贴紧精确度

技巧秒杀

只有在“网格”对话框中选中“贴紧至网格”复选框后，“贴紧精确度”中的选项才能起作用。如果不需要网格，按 Ctrl+' 组合键可以快速取消网格的显示。

知识大爆炸——Flash CC 的多面性

Flash 与其他应用程序不同，它是一种混合性应用程序。从表面上看，它似乎是面向 Web 的位图处理程序与矢量绘图程序（如 Adobe Illustrator）的简单混合。但是，作为这样的一个混合性应用程序，Flash 的功能远不止这些。它还是一个交互式多媒体创作程序，并且是适合于创建大量动画（从简单的 Web 上

的装饰性动画到品质适合于播放的卡通片）的复杂动画程序。不仅如此，它还是一种强大而适用的脚本语言的主机。

1. 位图处理程序

实际上，Flash 作为图像编辑程序的功能是有限的。将 Flash 应用程序的此部分功能描述为位图处理程序更准确。位图图像是由单个像素构成的栅格上的点组成的。每个点的位置（和颜色）必须存储在内存中，这将生成内存密集格式并导致较大的文件大小。位图图像的另一个特征是，在不损失质量（清晰度和对比度）的前提下进行缩放是不可能的。放大图像时产生的不利效果比缩小图像时更加明显。因为存在这两种缺陷（文件大小和缩放限制），位图图像并不是用于 Web 的理想格式。然而，对于摄影质量的图像而言，位图格式是不可或缺的，相对同等复杂程度的矢量图像而言，位图图像通常能够生成更好的图像质量和更小的文件大小。

2. 基于矢量的绘图程序

Flash 应用程序的核心是基于矢量的绘图程序，其功能类似于 Adobe Illustrator。基于矢量的绘图程序并不依赖单个的像素来组成图像，而是通过定义用坐标描述的点来绘制形状。连接这些点的线称为路径，每个点处的矢量描述了路径的曲率。因为这种方案是基于数学的，所以它有两个非常明显的优势：矢量内容非常紧凑；是完全可缩放的，不会损失图像质量。在 Web 上应用矢量图像时，其优势尤其明显。

3. 基于矢量的动画

Flash 应用程序中的矢量动画组件与早于它的任何其他程序不同。尽管 Flash 能够处理位图，但它的本机文件格式是基于矢量的。所以，不同于许多其他动画和媒体程序，Flash 依赖微小而整齐的矢量格式来传输最终的作品。Flash 并非为每一帧存储兆字节的像素信息，而是存储紧凑的矢量图。虽然基于位图的动画文件格式尽量连续显示每个位图，但是 Flash Player 能够根据需要快速呈现矢量图，而且对带宽或接收者的机器造成的损伤非常微小。当向 Web 传输动画和其他图形内容时，这是一个巨大的优势。

4. 视频引擎

Flash Player 6 及其更高版本中包含一个内置的视频引擎，即 Sorenson Spark 视频编解码器，这意味着 Flash Player 插件是世界上最小的视频插件之一。Flash Player 8 及其更高版本中内置一个额外的视频编解码器，即 On2 VP6 编解码器，该编解码器具有更好的压缩特性和图像质量。可以将源视频文件直接导入 Flash CC 文档文件（.fla）中，或者创建单独的 Flash 视频文件（.flv），再载入到 Flash 影片中。在 Flash 影片中观看视频，用户并不需要安装 Real Network 的 RealPlayer 或 Microsoft 的 Windows Media Player。Flash Player 6 及其更高版本提供了无缝解决方案。

5. 音频播放器

从 Flash Player 6 开始，Flash 影片文件（.swf）已经能够在运行期间载入 MP3 文件，也可以在创建 Flash 文档文件（.fla）期间导入其他音频文件格式。可以将声音附加到关键帧或按钮上，用于生成背景音乐或音效。声音文件的字节可以在时间轴上均匀分布，从而 .swf 文件能够逐渐地下载到 Flash Player 中，使影片能够在整个声音文件全部下载完毕前开始播放。

01 02 03 04 05 06 07 08 09 10 11 12 ……

使用绘图工具绘制与编辑图形

本章导读

图形绘制是动画制作的基础，只有绘制好了静态矢量图，才可能制作出优秀的动画作品。在 Flash 中，图形造型工具通常包括铅笔工具、笔刷工具、多边形工具、线条工具以及钢笔工具等。本章重点给读者讲解在 Flash CC 中绘制图形的相关操作与技巧，这也是 Flash 用户经常需要使用的知识。熟练掌握这些工具的使用方法是 Flash 动画制作的关键。在学习的过程中，需要清楚各工具的用途及工具所对应属性面板中每个参数的作用，并能将多种工具配合使用，从而绘制出丰富多彩的各类图案。

2.1 绘制线条

Flash 中绘制线条的工具主要有线条工具、铅笔工具和钢笔工具3种，下面分别对其进行介绍。

2.1.1 线条工具

线条工具主要用于绘制任意的矢量线段，其操作步骤如下。

Step 1 单击绘图工具箱中的按钮，将鼠标移动到绘图工作区中。

Step 2 当鼠标变为+形状时，按住鼠标左键拖动，如图 2-1 所示。

图 2-1　拖动鼠标绘制线条

Step 3 拖至适当的位置及长度后，释放鼠标即可，绘制出的线条如图 2-2 所示。

图 2-2　绘制出的线条

技巧秒杀

使用线条工具绘制直线的过程中，按住 Shift 键的同时拖动鼠标，可以绘制出垂直、水平的直线，或者 45° 的斜线，给绘制提供了方便。按 Ctrl 键可以切换到选择工具，对工作区中的对象进行选取，当放开 Ctrl 键时，又会自动回到线条工具。

在“属性”面板中可对直线的样式、颜色、粗细等进行修改，单击绘图工具箱中的“选择工具”按钮，选中刚绘制的直线。执行“窗口”→“属性”命令，打开如图 2-3 所示的“属性”面板，在该面板中按照需要对直线进行设置。

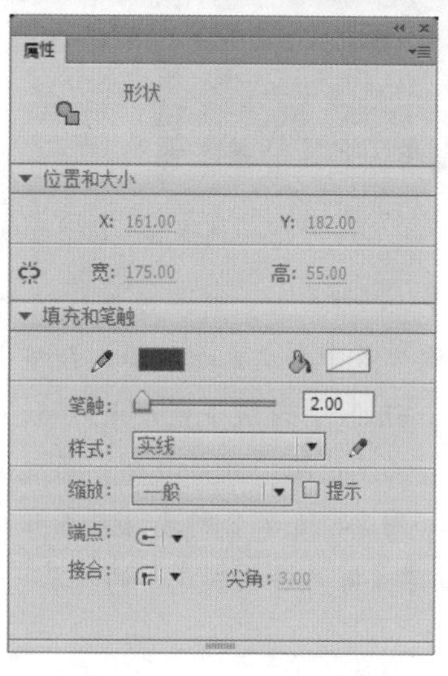

图 2-3　“属性”面板

知识解析：“线条”的属性

- X、Y：设置线段在绘图工作区中的具体位置。
- 宽度、高度：设置线段在水平或垂直方向上的长度。
- ：设置线段的颜色。单击颜色框，将弹出“颜色样本”面板，如图 2-4 所示。在“颜色样本”面板中可以直接选取某种预先设置好的颜色作为所绘制线条的颜色，也可以在上面的文本框中输入线条颜色的十六进制 RGB 值，例如 #FF0000。如果预先设置的颜色不能满足用户需要，还可以单击右上角的按钮，打开“颜色选择器”对话框，在该对话框中设置颜色值，如图 2-5 所示。

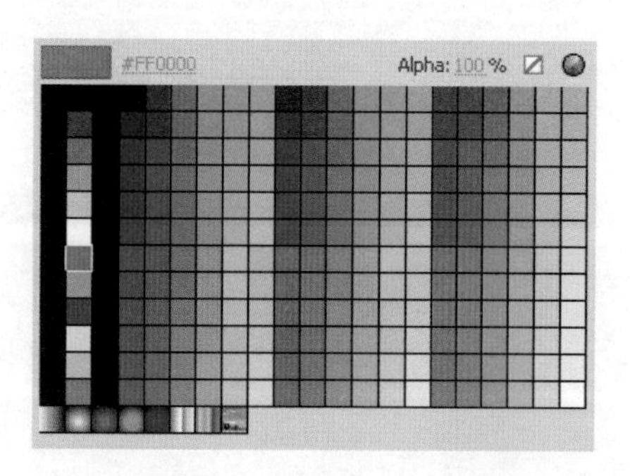

图 2-4　“颜色样本”面板

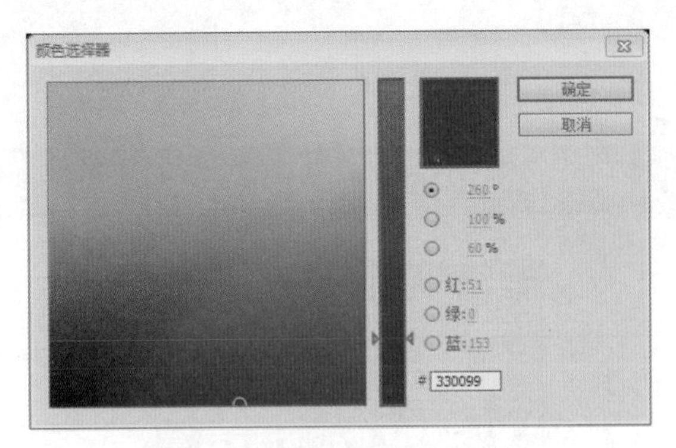

图 2-5 “颜色选择器”对话框

◆ 笔触: 2.00 ：用于设置线段的粗细。可以拖动滑块或者在文本框中输入数值来改变线段的粗细，Flash 中的线条宽度是以 px（像素）为单位的。高度值越小线条越细，高度值越大线条越粗。如图 2-6 所示分别是设置笔触高度为 3 像素和 10 像素时所绘制的线条的效果。

3 像素

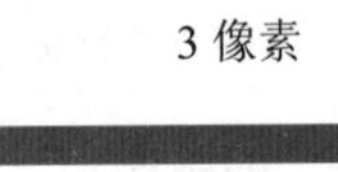

10 像素

图 2-6 设置笔触高度不同的两条直线

◆ 样式: 实线 ：用于设置线段的样式，单击右侧的下三角按钮，在弹出的如图 2-7 所示的“线条样式”列表框中选择所需样式即可。Flash CC 已经预置了一些常用的线条类型，如实线、虚线、点状线、锯齿线等。

◆ “编辑笔触样式”按钮 ：单击该按钮可打开如图 2-8 所示的“笔触样式”对话框。在该对话框中可以设置线条的缩放、粗细、类型等参数。

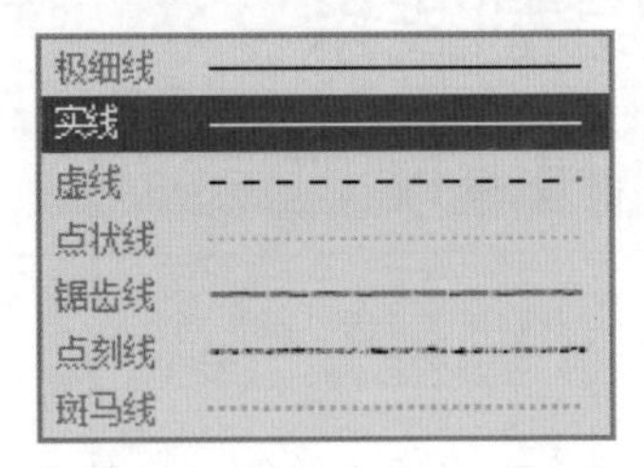

图 2-7 “线条样式”列表框

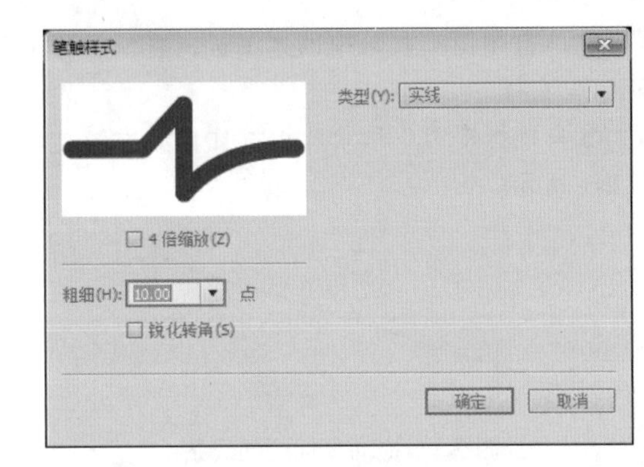

图 2-8 “笔触样式”对话框

◆ 端点 ：单击此按钮，在弹出菜单中选择线条端点的样式，共有“无”“圆角”“方形”3 种样式可供选择，这 3 种样式分别如图 2-9 所示。

◆ 接合 ：接合就是指设置两条线段相接处，也就是拐角的端点形状。Flash CC 提供了 3 种接合点的形状，即“尖角”、“圆角”和“斜角”，其中“斜角”是指被“削平”的方形端点。当选择了“尖角”时，可在其左侧的文本框中输入尖角的数值（1 ~ 3 之间）。接合的 3 种样式如图 2-10 所示。

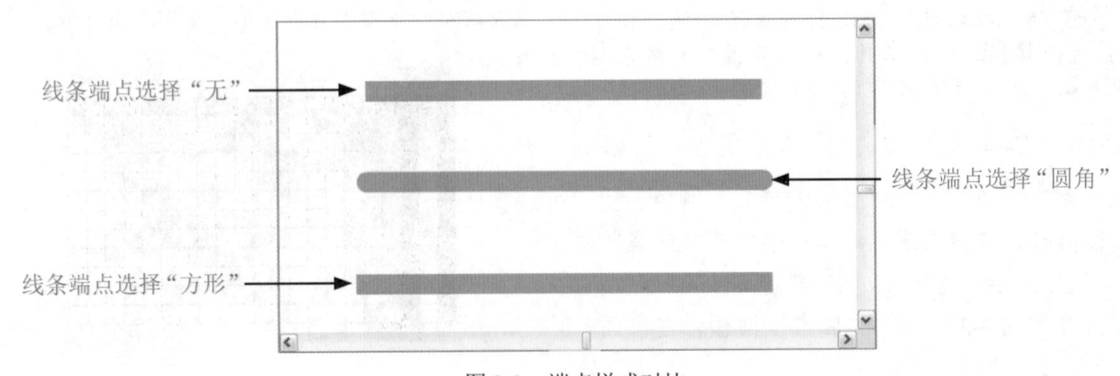

图 2-9 端点样式对比

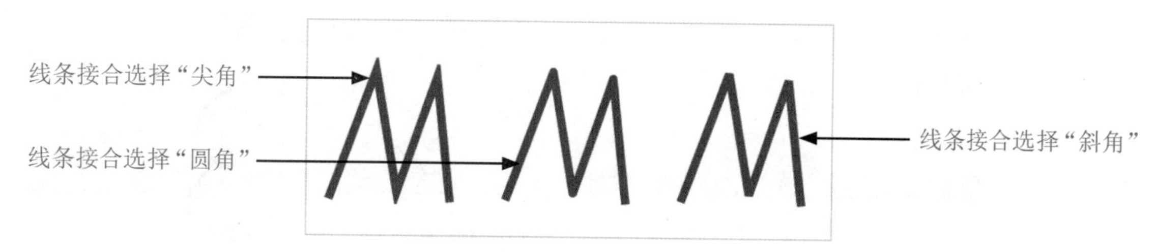

图 2-10　接合样式对比

2.1.2 铅笔工具

铅笔工具和线条工具相比，线条工具在绘制线条的自由度上受到了很大的限制，只能绘制各种直线。而使用铅笔工具绘制线条时较为灵活，可以绘制直线，也可以绘制曲线。在绘制前设置铅笔的绘制参数，其中包括线条的颜色、粗细和类型。线条的颜色可以通过工具箱中的“笔触颜色”设置，也可以在“属性”面板中设置，而铅笔的粗细和直线的类型只可以在“属性”面板中设置。铅笔工具的“属性”面板如图 2-11 所示。

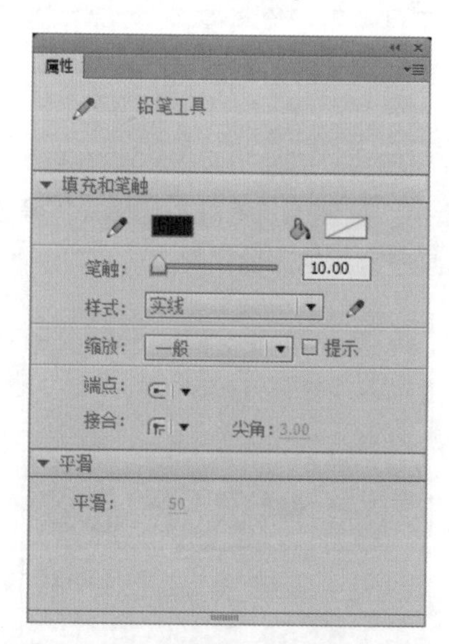

图 2-11　铅笔工具的“属性”面板

1. 更改颜色

单击“属性”面板上的“笔触颜色”按钮，打开“颜色”面板，直接选取某种颜色作为笔触颜色或者通过文本框输入颜色的十六进制 RGB 值。如果颜色还不能满足用户的需要，可以通过单击右上角的按钮，打开“颜色选择器”对话框，在该对话框中详细设置颜色值。

2. 修改样式

“样式”下拉列表框用来选择所绘的线条类型，Flash CC 已经为用户预置了一些常用的线条类型，如“实线”、“虚线”、“点状线”、“锯齿状线”、“点描线”和“阴影线”等。单击“编辑笔触样式”按钮可以进行自定义设置，如图 2-12 所示为自定义用铅笔工具绘图的对话框。根据需要设置好线条属性后，便可以使用铅笔工具绘制图形了。

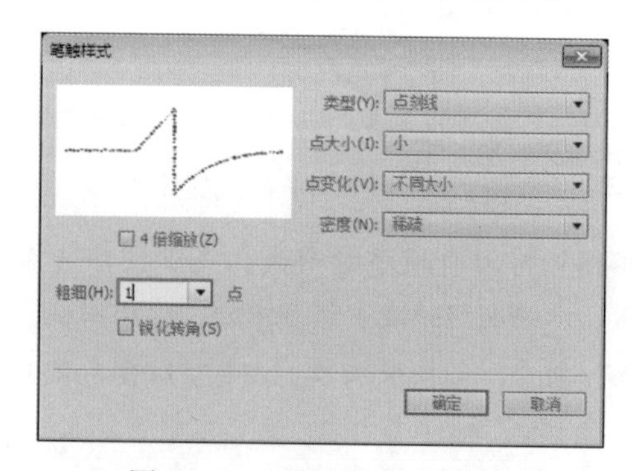

图 2-12　“笔触样式”对话框

3. 设置模式

铅笔工具也是用来绘制线条和形状的。与前面几种工具不同的是，铅笔工具可以自由绘制图形，它的使用方法和真实铅笔的使用方法大致相同。要在绘图时平滑或伸直线条，可以给铅笔工具选择一种绘图模式。铅笔工具和线条工具在使用方法上有许多相同点，但是也存在着一定的区别，最大的区别就是铅笔工具可以绘制出比较柔和的曲线，并且可以更加灵活地绘制各种矢量线条。选中铅笔工具后，单击工具箱“工具选项区”中的“铅笔模式”按钮，将弹出如图 2-13 所示的铅笔模式设置列表，其中包括“伸直”、“平滑”和“墨水”3 个选项。

图 2-13　铅笔模式

知识解析：铅笔模式

◆ 伸直：可以对所绘线条进行自动校正，具有很强的线条形状识别能力，将绘制的近似直线取直，平滑曲线，简化波浪线，自动识别椭圆、矩形和半圆等。选择伸直模式的效果如图 2-14 所示。

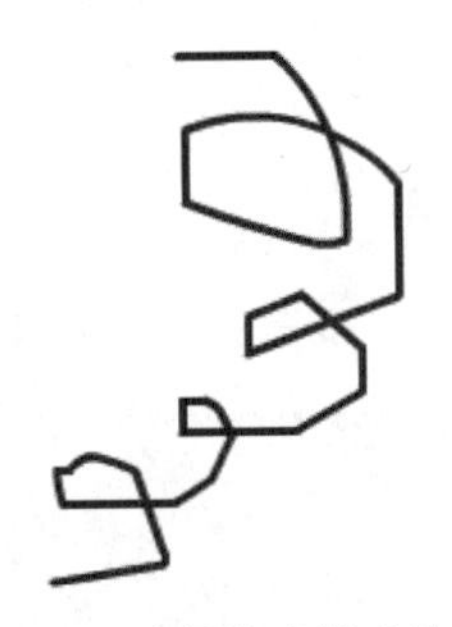

图 2-14　选择伸直模式的效果

◆ 平滑：可以自动平滑曲线，减少抖动造成的误差，从而明显地减少线条中的“细小曲线”，达到一种平滑的线条效果。选择平滑模式的效果如图 2-15 所示。

图 2-15　选择平滑模式的效果

◆ 墨水：可以将鼠标所经过的实际轨迹作为所绘制的线条，此模式可以在最大程度上保持实际绘出的线条形状，而只做轻微的平滑处理。选择墨水模式的效果如图 2-16 所示。

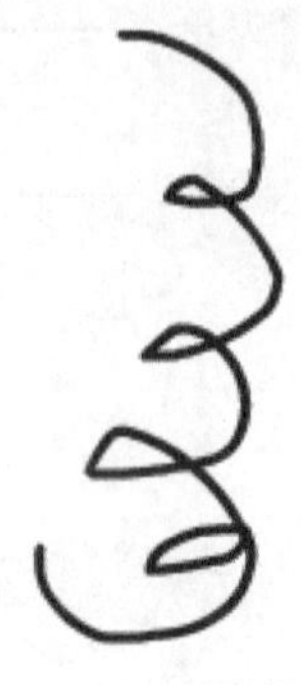

图 2-16　选择墨水模式的效果

技巧秒杀

使用铅笔工具绘制线条时按住 Shift 键，可以绘制出水平或垂直的直线；按 Ctrl 键可以暂时切换到选择工具，对工作区中的对象进行选取。

2.1.3 钢笔工具

钢笔工具用于绘制精确、平滑的路径，如绘制心形等较为复杂的图案都可以通过钢笔工具轻松完成。

钢笔工具的“属性”面板和线条工具类似，如图 2-17 所示。具体的“笔触”“样式”等选项和前面线条工具中介绍的完全相同。

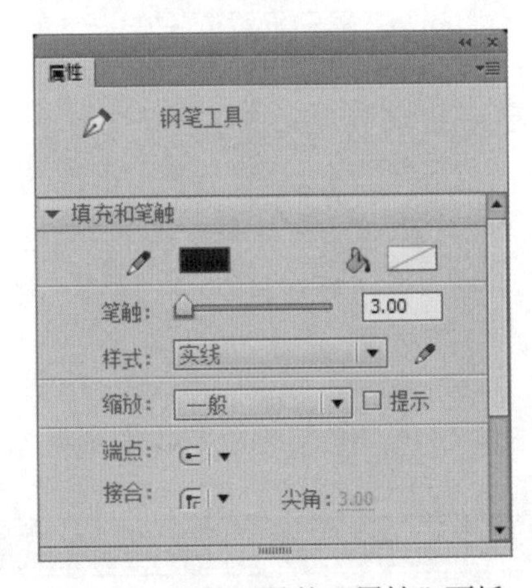

图 2-17　钢笔工具的“属性”面板

1. 绘制直线

使用钢笔工具绘画时，单击可以在直线段上

创建点，单击和拖动可以在曲线段上创建点，如图2-18所示。也可以通过调整线条上的点来调整直线段和曲线段。

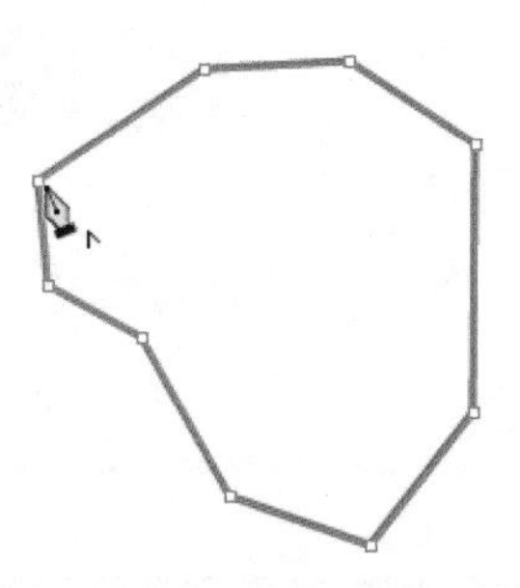

图2-18　绘制直线

技巧秒杀

在绘制直线的同时，按住Shift键可以以45°角的方式绘制出如图2-19所示的折线。

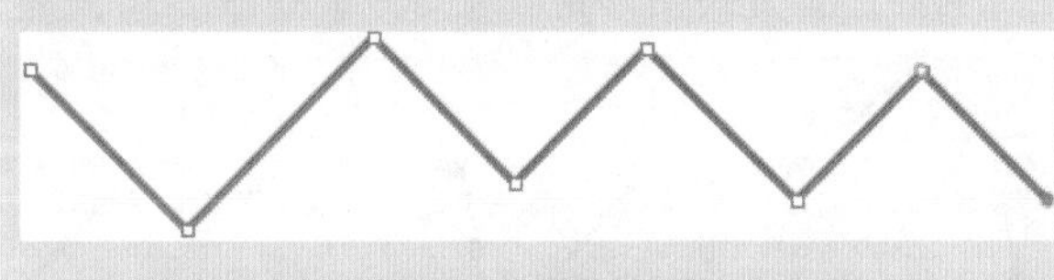

图2-19　绘制折线

2. 绘制曲线

绘制曲线时，先定义起始点，在定义终止点时按住鼠标左键不放，会出现一条线，移动鼠标改变曲线的斜率，释放鼠标后，曲线的形状便确定了，如图2-20所示。

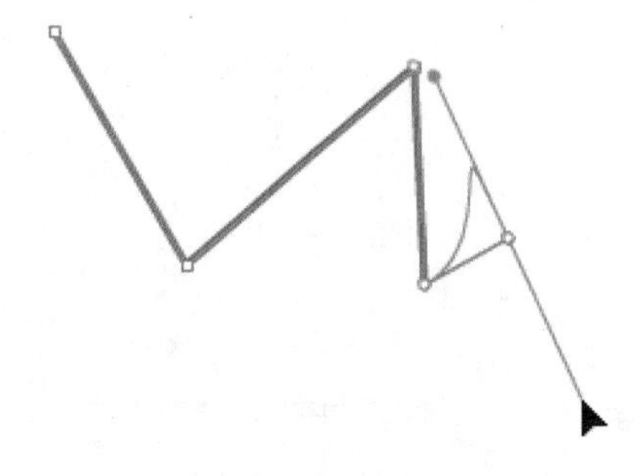

图2-20　绘制曲线

技巧秒杀

使用钢笔工具还可以对存在的图形轮廓进行修改，当用钢笔单击某矢量图的轮廓线时，轮廓的所有节点会自动出现，然后即可进行调整。可以调整直线段以更改线段的角度或长度，或者调整曲线以更改曲线的斜率和方向。移动曲线点上的切线手柄可以调整该点两侧的曲线。移动转角点上的切线手柄，只能调整该点的切线手柄所在的那一侧曲线。原始的矢量图如图2-21所示，如图2-22所示为使用钢笔工具选取轮廓后的效果。

图2-21　原图

图2-22　选取轮廓后

2.2 编辑线条

Flash中编辑线条的工具主要是选择工具，选择工具主要用于选取对象并移动对象。

1. 选取线条

◆ 对于由一条线段组成的图形，只需用选择工具单击该段线条即可。

◆ 对于由多条线段组成的图形，若只选取线条的某一段，只需单击该段线条即可，如图 2-23 所示。

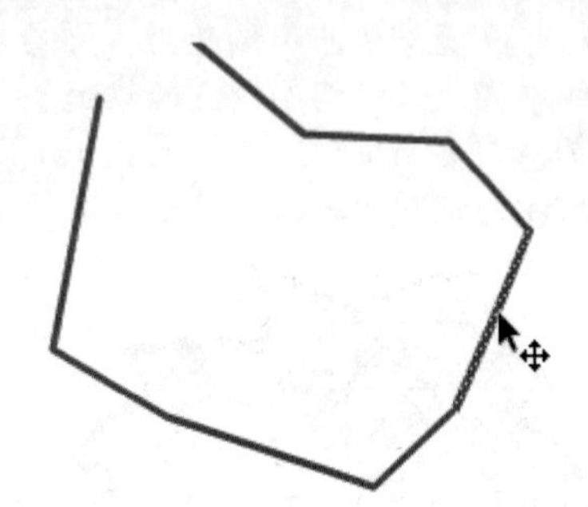

图 2-23　单击选取线条

◆ 对于由多条线段组成的图形，若要选取由多条线段组成的整个图形，只需用鼠标将要选取的舞台用矩形框选即可，如图 2-24 所示。

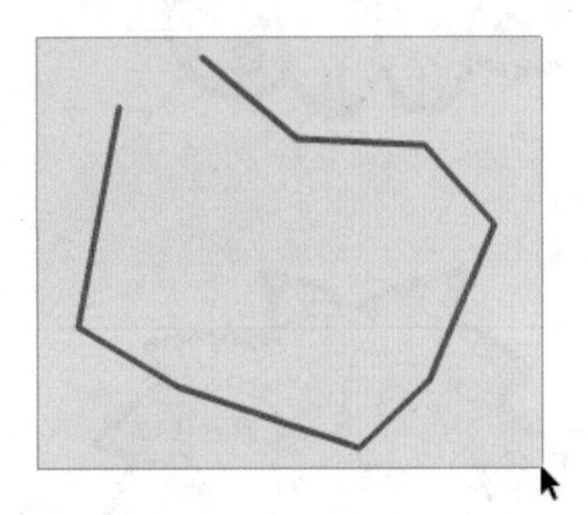

图 2-24　框选线条

◆ 如果要选取一个舞台中的多个对象，只需用鼠标将要选取的舞台用矩形框选即可。

技巧秒杀

选取时按住 Shift 键，再用鼠标依次选取要选择的物体，即可选取多个对象。

2. 移动线条

移动线条的操作如下。

Step 1 ▶ 单击绘图工具箱中的“选择工具”按钮。

Step 2 ▶ 选中要移动的对象，按住鼠标左键不放，拖动该对象到要放置的位置释放鼠标即可，如图 2-25 所示。

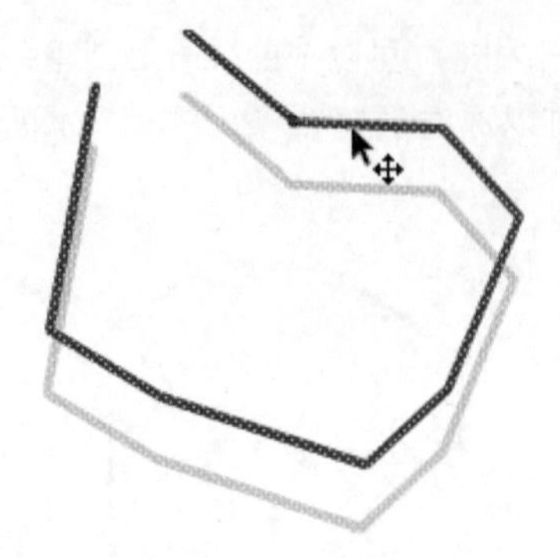

图 2-25　移动线条

3. 复制线条

复制线条的操作如下。

Step 1 ▶ 单击绘图工具箱中的“选择工具”按钮。

Step 2 ▶ 按住 Alt 键不放，选中要复制的线条，拖动鼠标到要放置复制图形的位置即可，如图 2-26 所示。

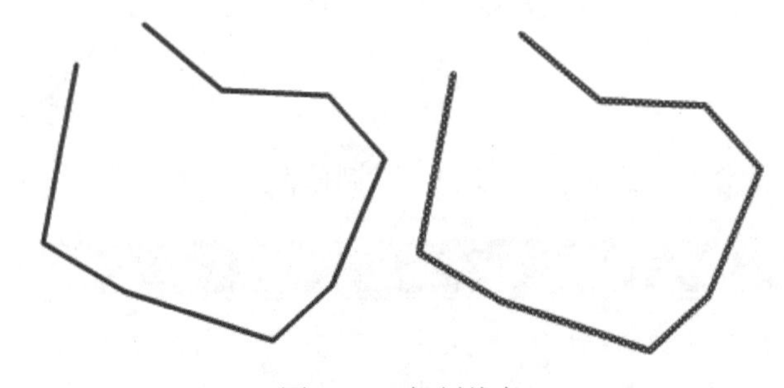

图 2-26　复制线条

单击“选择工具”按钮后，绘图工具箱下面将出现如图 2-27 所示的选项框。

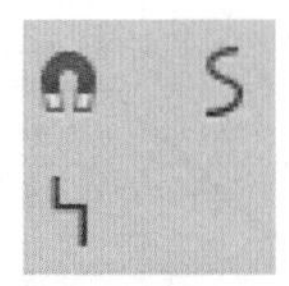

图 2-27　线条类型选项框

知识解析：“选择工具”选项

◆ “对齐对象”按钮：单击该按钮后，选择工具具有自动吸附功能，能够自动搜索线条的端点和图形边框。

◆ “平滑”按钮：该按钮用于使曲线趋于平滑。

◆ “伸直”按钮：该按钮用于修饰曲线，使曲线趋于直线。

2.3 部分选取工具

部分选取工具主要用于对各对象的形状进行编辑，其使用方法如下。

◆ 若要选取线条，只需用部分选取工具单击该线条即可。此时线条中间会出现如图2-28所示的节点。

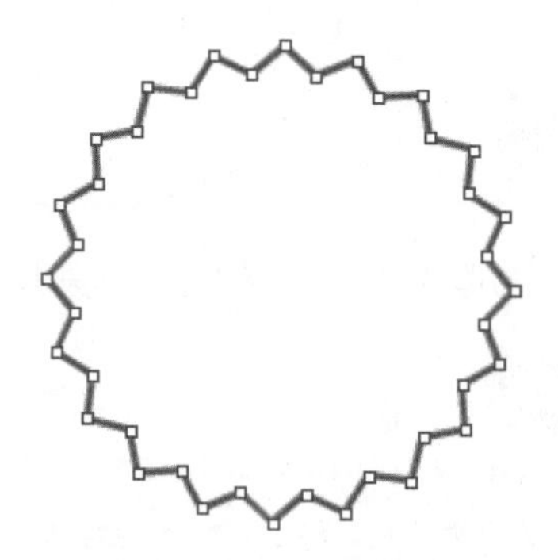

图2-28　显示的节点

◆ 若要移动线条，只需选中该线条中不是节点的部分，将其移动到需要的位置即可，如图2-29所示。

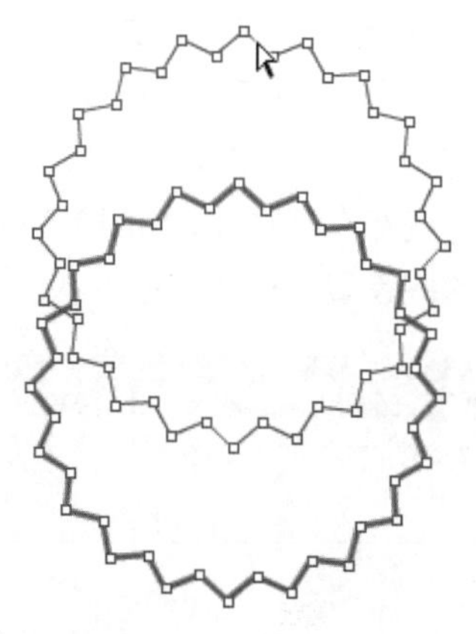

图2-29　移动线条

◆ 若要修改线条，只需选中该线条，当鼠标变为形状时，单击要修改的点，使其变为实心的点，接着用鼠标拖动选中的点，如图2-30所示，到适当位置松开鼠标，即可得到如图2-31所示效果。

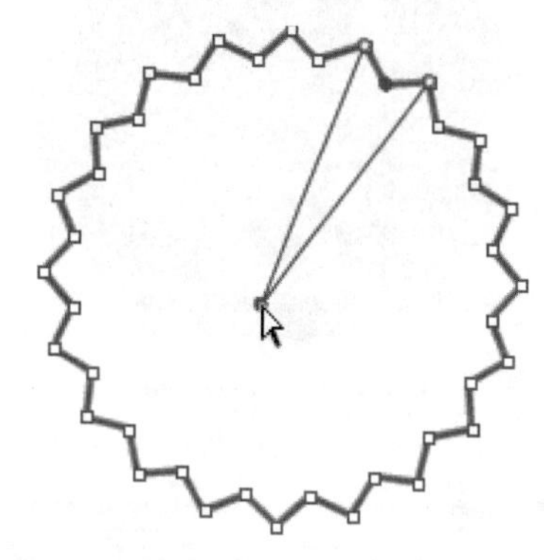

图2-30　调节节点

图2-31　调节后的效果

2.4 绘制几何图形

Flash CC还提供了绘制几种简单几何图形的工具。下面分别对其进行详细介绍。

2.4.1 椭圆工具

椭圆工具主要用于绘制实心的或空心的椭圆和圆，其使用方法如下。

1. 绘制实心椭圆

绘制实心椭圆的操作如下。

Step 1 单击绘图工具箱中的“椭圆工具”按钮。

Step 2 ▶ 单击绘图工具箱中“颜色”栏中的 按钮，在弹出的“颜色”面板中选择绘制椭圆边框的笔触颜色。

Step 3 ▶ 单击绘图工具箱中“颜色”栏中的 按钮，在弹出的“颜色”面板中选择填充色的颜色。

Step 4 ▶ 将鼠标移至舞台中，当指针变为十时，按住鼠标左键拖动即可绘制出椭圆，如图 2-32 所示。

图 2-32 绘制的椭圆

技巧秒杀

在绘制出椭圆后，也可利用“属性”面板对椭圆的大小、在舞台中的位置、边框线的颜色、线型样式、粗细及填充色等进行具体设置。当移动舞台中的椭圆或圆时，“属性”面板中 X、Y 的值也会自动改变。同样，在“属性”面板中对椭圆进行设置后，舞台中的图形也将出现相应的变化。

2. 绘制空心椭圆

绘制空心椭圆的操作如下。

Step 1 ▶ 单击绘图工具箱中的 按钮，单击工具箱中“颜色”栏中的 按钮。

Step 2 ▶ 在弹出的“颜色”面板中单击 按钮，如图 2-33 所示，此时的“颜色”栏将变为如图 2-34 所示。

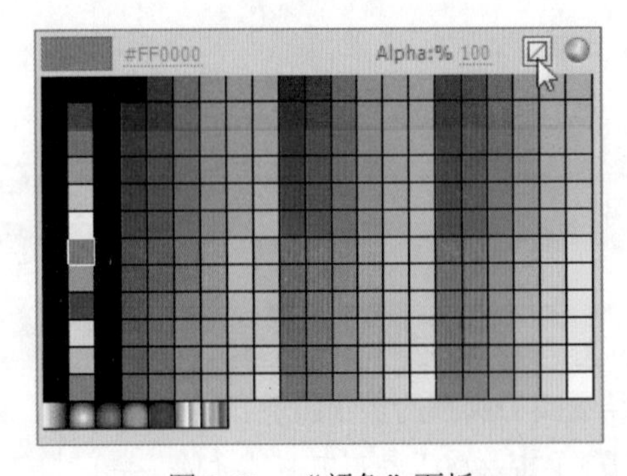

图 2-33 “颜色”面板

Step 3 ▶ 将鼠标移至舞台中，按住鼠标左键并拖动，即可得到如图 2-35 所示的无填充椭圆。

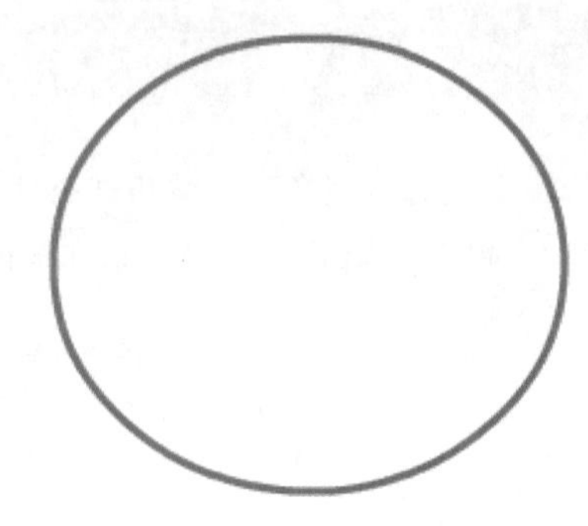

图 2-34 设置后的效果　　图 2-35 绘制的空心椭圆

?答疑解惑：

在 Flash 中怎样绘制正圆呢？

绘制椭圆时按住 Shift 键就能绘制出正圆。

2.4.2 基本椭圆工具

如果需要绘制较复杂的椭圆，基本椭圆工具 可以节省大量的操作时间。可以使用基本椭圆工具绘制基本的椭圆，然后在其“属性”面板中更改角度和内径以创建复杂的形状，如图 2-36 所示。图 2-37 显示了使用这些设置创建的一些形状。

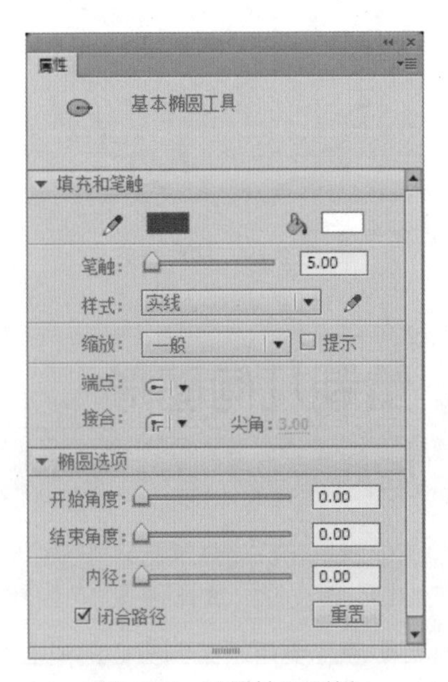

图 2-36 “属性”面板

默认情况下，基本椭圆工具的“属性”面板中的“闭合路径”复选框是选中的，以创建填充的形状，但是如果想要创建轮廓形状或曲线，只需取消选中该复选框即可。如图 2-38 显示了与图 2-37 中的形状相同，只是取消选中“闭合路径”复选框后的不同效果。

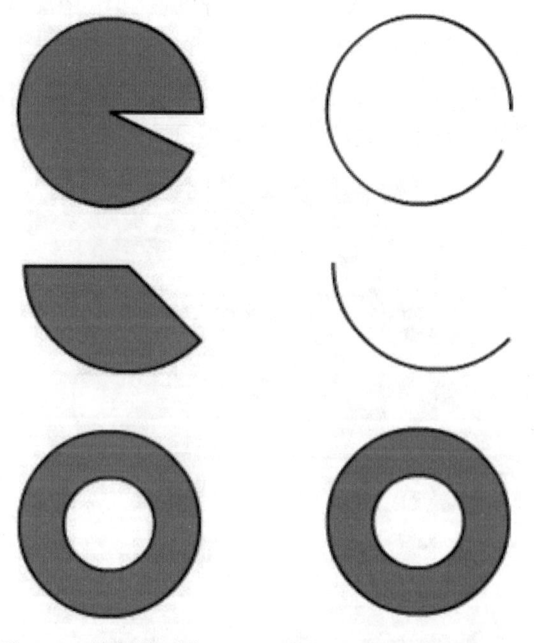

图 2-37　绘制的形状 1　　图 2-38　绘制的形状 2

椭圆工具和基本椭圆工具绘制出形状后都可以在“属性”面板上的“位置和大小”中为图形设置更精确的尺寸，并通过 X 与 Y 坐标轴改变图形在文档中的位置，如图 2-39 所示。

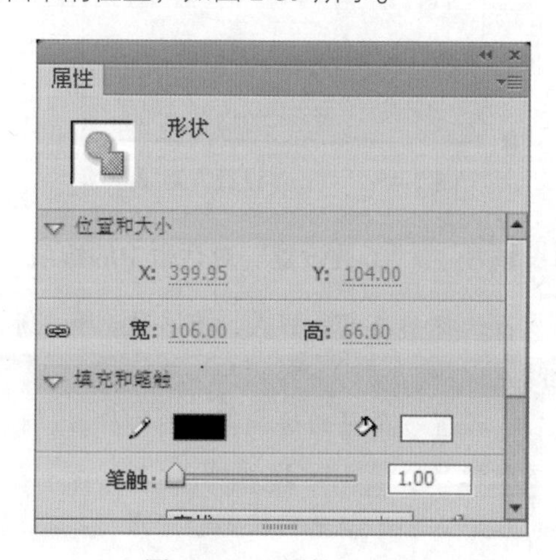

图 2-39　“属性”面板

2.4.3 矩形工具

矩形工具可以用来绘制长方形和正方形，其操作步骤如下。

Step 1 ▶ 单击绘图工具箱中的按钮。

Step 2 ▶ 设置长方形或正方形的外框笔触颜色和填充颜色。

Step 3 ▶ 将鼠标移至舞台中，当其变为十形状时，按住鼠标左键进行拖动即可绘制出如图 2-40 所示的矩形。绘制矩形时按住 Shift 键即可绘制出正方形。

图 2-40　绘制出的矩形

也可以使用矩形工具绘制圆角矩形，具体操作步骤如下。

Step 1 ▶ 单击绘图工具箱中的按钮。

Step 2 ▶ 在“属性”面板的“边角半径”文本框中将边角半径设置为“30”，如图 2-41 所示。

图 2-41　设置边角半径

Step 3 ▶ 将鼠标移至舞台中，按住鼠标左键进行拖动即可绘制出半径为 30 的圆角矩形，如图 2-42 所示。

图 2-42　绘制的圆角矩形

技巧秒杀

在“边角半径”文本框中可以输入圆角矩形中圆角的半径，范围为 0 ~ 999，以“磅”为单位。数字越小，绘制的矩形的 4 个角上的圆角幅度就越小，默认值为 0，即没有弧度，表示 4 个角为直角。如果选取最大值 999，则绘制出的图形左右两边弧度最大。

2.4.4 基本矩形工具

基本矩形工具和矩形工具最大的区别在于它的圆角设置。在使用矩形工具绘制矩形后，不能对矩形的角度进行修改，而使用基本矩形工具绘制完矩形后，可以使用选择工具对基本矩形四周的任意控制点进行拖动，调出圆角，如图 2-43 所示。

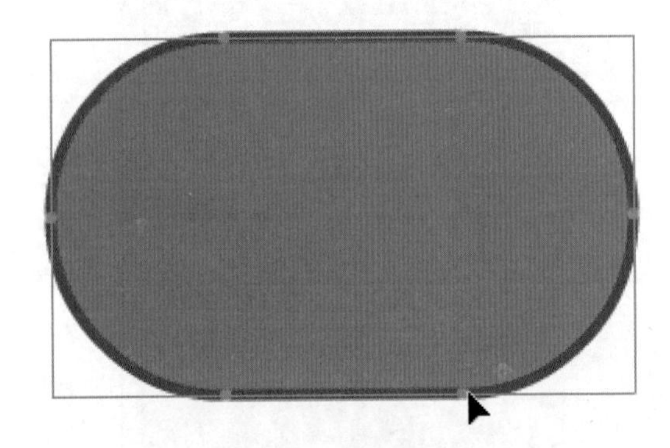

图 2-43　拖动控制点

技巧秒杀

除了直接使用选择工具拖动更改角半径之外，还可以通过在“属性”面板中拖动“矩形选项”区域下的滑块进行调整。当滑块处于选中状态时，按住键盘上的上方向键或下方向键可以快速调整角半径。

2.4.5 多角星形工具

多角星形工具是一种多用途工具，使用该工具可以绘制多种不同的多边形和星形。单击多角星形工具后，弹出“属性”面板，如图 2-44 所示。单击“选项”按钮可以打开“工具设置”对话框，使用该对话框可以设置绘制形状的类型。在“工具设置”对话框中含有可以应用于多边形和星形的两种形状样式。在“边数”文本框中输入 3~32 之间的值可以设置多角星形的边数，如图 2-45 所示。

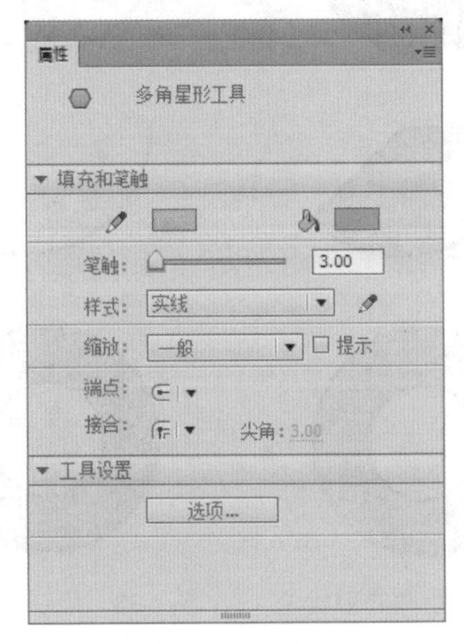

图 2-44　“属性”面板

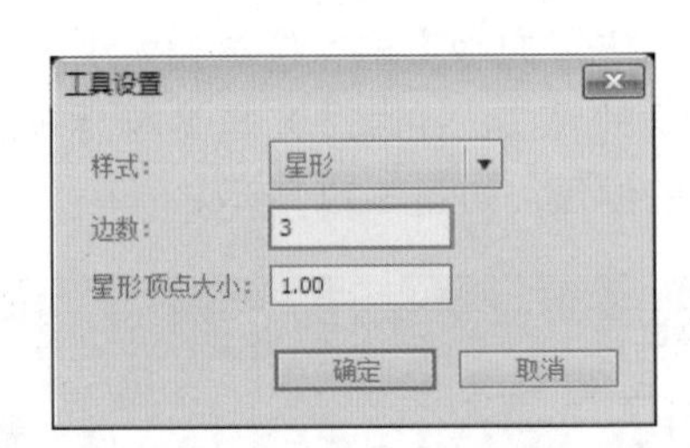

图 2-45　“工具设置”对话框

知识解析：“工具设置”对话框中的选项

- 样式：选择多角星的样式，有多边形和星形两个选项。
- 边数：设置多角星的边数，可自由输入，但其输入的数值只能在 3 ~ 32 之间。
- 星形顶点大小：如果要绘制一个星形，在“星形顶点大小”文本框中输入 0~1 之间的值可以控制星形顶点的尖锐度。如图 2-46 所示，该数值越接近 0，星形的角就越尖锐，而该数值越接近 1，星形的角就越钝。

图 2-46　设置“星形顶点大小”的效果

实例操作：绘制 QQ 表情

● 光盘 \ 效果 \ 第 2 章 \ 绘制 QQ 表情 .swf

本实例综合运用 Flash CC 提供的椭圆工具、铅笔工具等来绘制一个可爱的 QQ 表情。本例完成后的效果如图 2-47 所示。

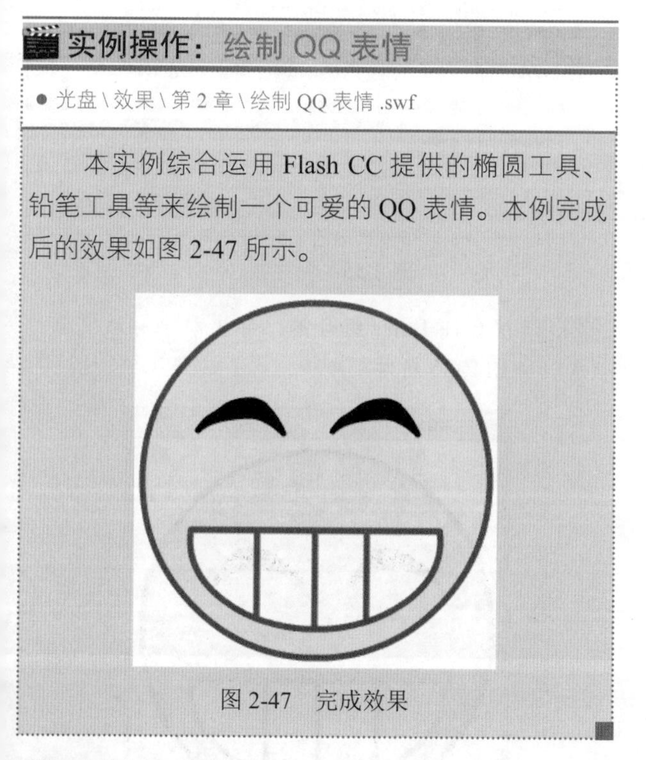

图 2-47　完成效果

Step 1 执行“修改”→“文档”命令，打开“文档设置”对话框，将“舞台大小”设置为 300×300，如图 2-48 所示。设置完成后单击 确定 按钮。

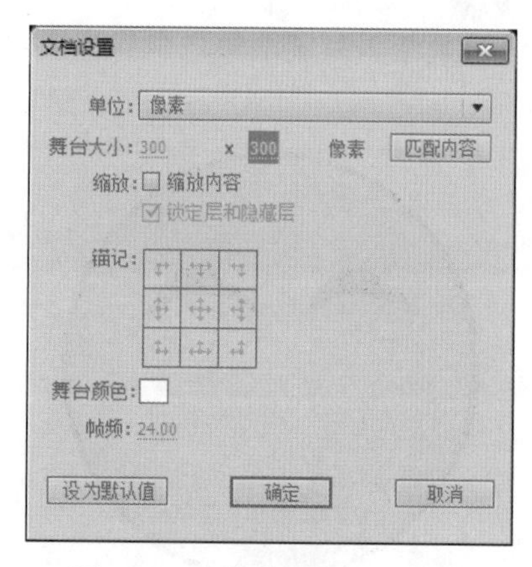

图 2-48　“文档设置”对话框

Step 2 在工具箱中单击“椭圆工具”按钮，执行“窗口”→“属性”命令，打开“属性”面板，在面板中将笔触颜色设置为“棕色”，填充颜色设置为“黄色”，“笔触”大小设置为“5”，如图 2-49 所示。

图 2-49　设置属性

Step 3 按住 Shift 键，拖动鼠标在舞台上绘制一个正圆形，如图 2-50 所示。

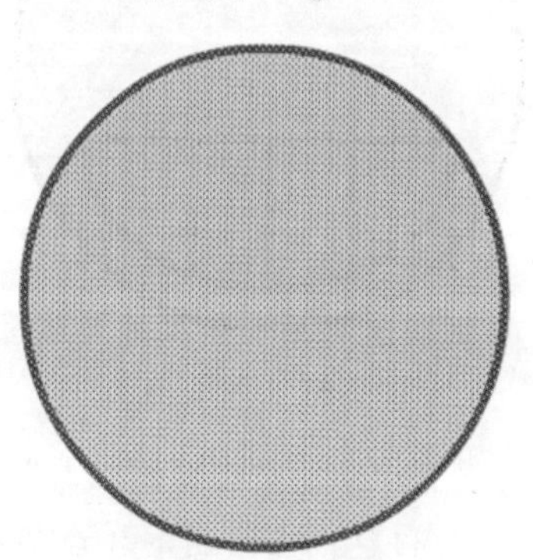

图 2-50　绘制正圆

Step 4 使用铅笔工具绘制两个如图 2-51 所示的眼睛形状。

图 2-51　绘制眼睛形状

Step 5 使用铅笔工具绘制一个嘴巴形状，如图 2-52 所示。

图 2-52　绘制嘴巴形状

Step 6 使用铅笔工具在嘴巴形状中绘制 3 条竖线表示牙齿，如图 2-53 所示。

图 2-53　绘制竖线

Step 7 在工具箱中单击“颜料桶工具”按钮，将填充颜色设置为白色，在绘制的牙齿形状上单击进行填充，如图 2-54 所示。

图 2-54　填充颜色

Step 8 执行“文件”→“保存”命令，打开“另存为”对话框，将文件名设置为“绘制 QQ 表情”，完成后单击保存(S)按钮，如图 2-55 所示。

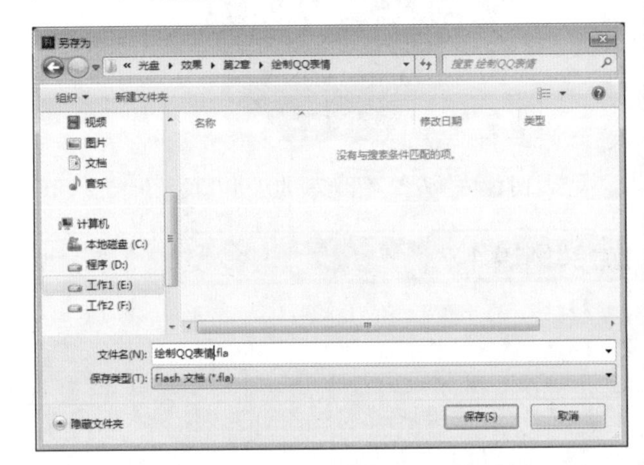

图 2-55　保存文件

Step 9 按 Ctrl+Enter 组合键，导出动画并欣赏最终效果，如图 2-56 所示。

图 2-56　完成效果

2.5 查看工具

在使用 Flash 绘图时，除了一些主要的绘图工具之外，还常常要用到视图调整工具，如手形工具、缩放工具。

2.5.1 手形工具

手形工具的作用就是在工作区移动对象。在工具箱中选择手形工具，舞台中的鼠标指针将变为手形，按住鼠标左键不放并移动鼠标，舞台的纵向滑块和横向滑块也随之移动。手形工具的作用相当于同时拖动纵向和横向的滚动条。手形工具和选择工具是有所区别的，虽然都可以移动对象，但是选择工具的移动是指在工作区内移动绘图对象，所以对象的实际坐标值是改变的；使用手形工具移动对象时，表面上看到的是对象的位置发生了改变，实际移动的却是工作区的显示空间，而工作区上所有对象的实际坐标相对于其他对象的坐标并没有改变。手形工具的主要目的是为了在一些比较大的舞台内将对象快速移动到目标区域。显然，使用手形工具比拖动滚动条要方便许多。

2.5.2 缩放工具

缩放工具用来放大或缩小舞台的显示大小，在处理图形的细微之处时，使用缩放工具可以帮助设计者完成重要的细节设计。

在绘图工具箱中选择缩放工具后，可以在如图 2-57 所示的“选项”面板中选择缩小或放大工具，其中带“+”号的为放大工具，带“-”号的为缩小工具。

图 2-57　缩放工具

技巧秒杀

按住 Alt 键，可以在放大工具和缩小工具之间进行切换。

在舞台右上角有一个“显示比例”下拉列表框，表示当前页面的显示比例，也可以在其中输入所需的页面显示比例数值，如图 2-58 所示。在工具箱中双击“缩放工具”按钮，可以使页面以 100% 的比例显示。

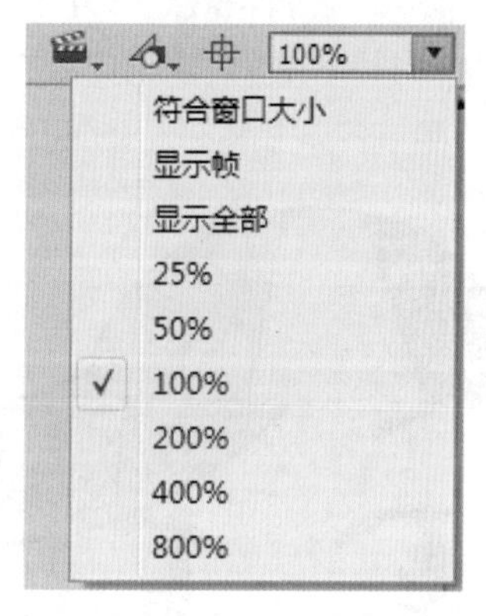

图 2-58　显示比例列表

1. 放大工具

用放大工具单击舞台或者用放大工具拉出一个选择区，如图 2-59 所示，可以使页面以放大的比例显示，如图 2-60 所示。

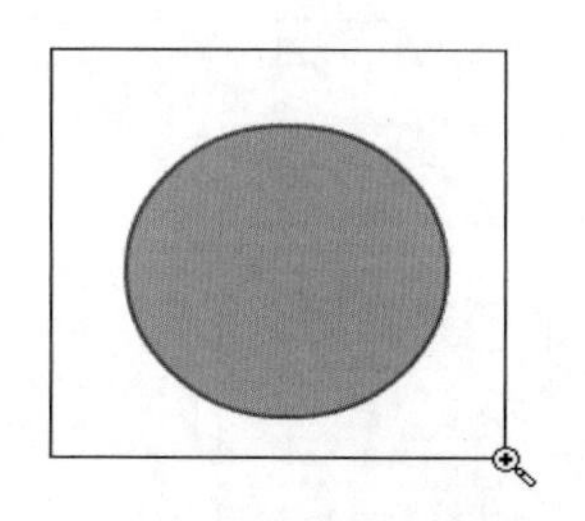

图 2-59　使用放大工具

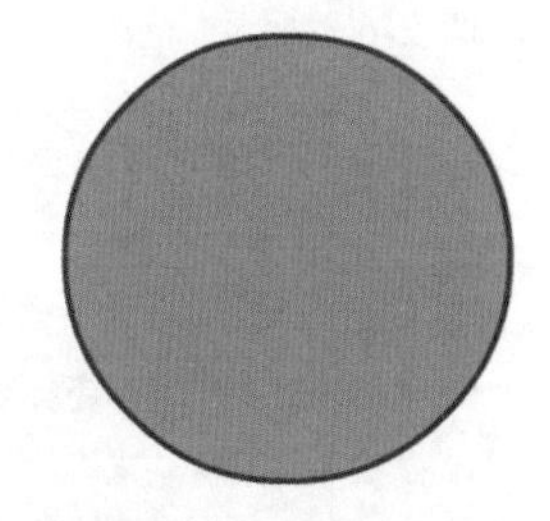

图 2-60　放大后的图形

2. 缩小工具

用缩小工具单击舞台，可使页面以缩小的比例显示，如图 2-61 所示。

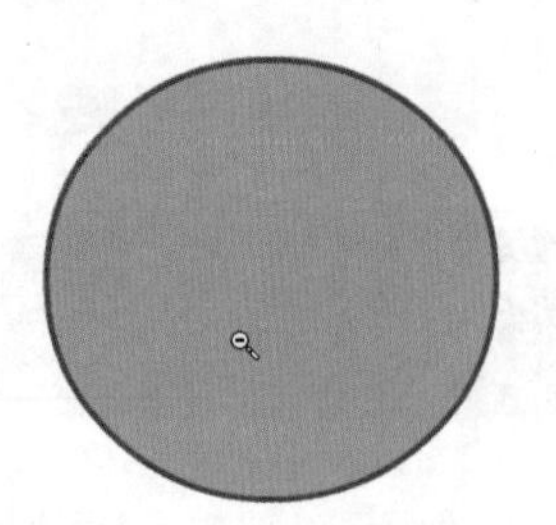

图 2-61　缩小图形

实例操作：小男孩

● 光盘 \ 效果 \ 第 2 章 \ 小男孩 .swf

本实例综合运用 Flash CC 提供的选择工具、椭圆工具、矩形工具以及铅笔工具等来绘制一个可爱的小男孩。绘制完成后的效果如图 2-62 所示。

图 2-62　完成效果

Step 1 执行“修改”→“文档”命令，打开“文档设置”对话框，将“舞台大小”设置为 500×300，如图 2-63 所示。设置完成后单击 确定 按钮。

图 2-63　“文档设置”对话框

Step 2 在工具箱中单击“椭圆工具”按钮，执行“窗口”→“属性”命令，打开“属性”面板，在面板中将笔触颜色设置为黑色，填充颜色设置为粉红色（#FFDDDC），如图 2-64 所示。

图 2-64　“属性”面板

Step 3 拖动鼠标在舞台上绘制一个椭圆形，如图 2-65 所示。

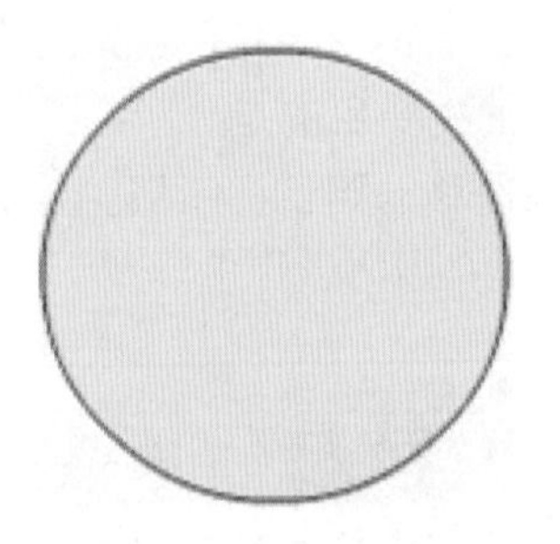

图 2-65　绘制椭圆

Step 4 在刚绘制的椭圆下方再绘制一个椭圆形，如图 2-66 所示。

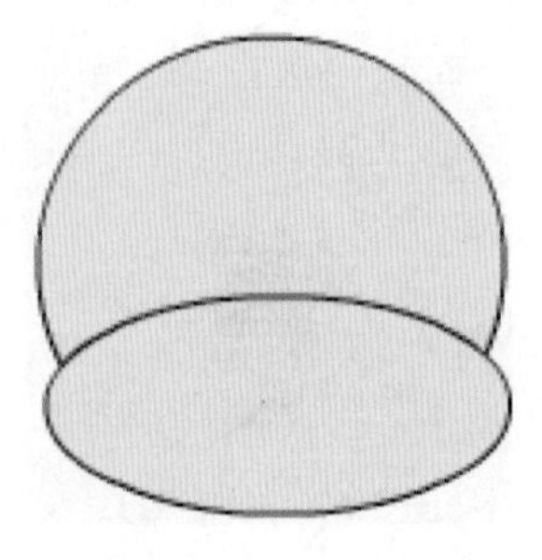

图 2-66　绘制椭圆

Step 5 在工具箱中单击“橡皮擦工具”按钮，单击“橡皮擦模式”按钮，在弹出的快捷菜单中选择“擦除线条”命令，如图 2-67 所示。

图 2-67　选择“擦除线条”命令

Step 6 ▶ 拖动鼠标擦除两个椭圆相交处的线条，如图 2-68 所示。

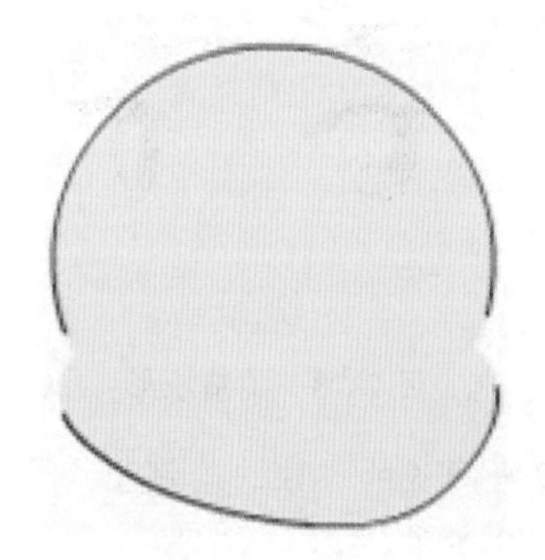

图 2-68　擦除线条

Step 7 ▶ 单击“时间轴”面板上的“新建图层”按钮，新建一个图层 2，如图 2-69 所示。

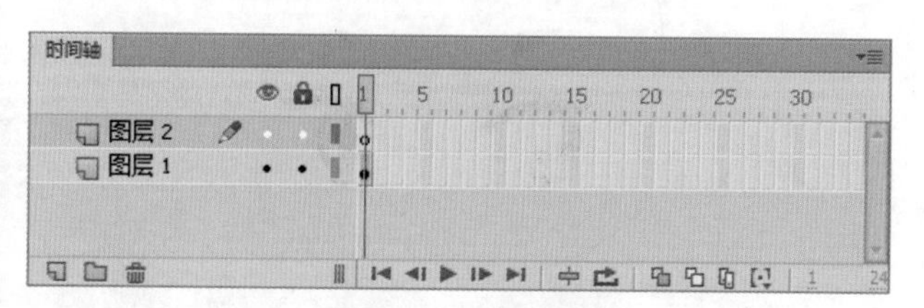

图 2-69　新建图层

Step 8 ▶ 在工具箱中单击“椭圆工具”按钮，在舞台中绘制一个无边框，填充颜色为白色的椭圆形，如图 2-70 所示。

图 2-70　绘制椭圆

Step 9 ▶ 继续使用椭圆工具在白色的椭圆上绘制一个笔触颜色为黑色，填充颜色为褐色（#663333）的椭圆，如图 2-71 所示。

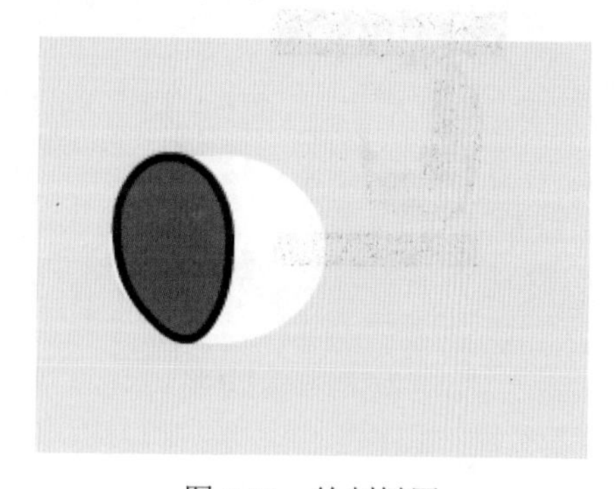

图 2-71　绘制椭圆

Step 10 ▶ 新建一个图层 3，使用刷子工具在椭圆上绘制两个如图 2-72 所示的白色形状。

图 2-72　绘制形状

Step 11 ▶ 继续使用刷子工具在椭圆上绘制一个如图 2-73 所示的黑色形状。

Step 12 ▶ 使用矩形工具在眼睛的上方与下方各绘制一个填充颜色为黑色的矩形，如图 2-74 所示。

Step 13 ▶ 在工具箱中单击“选择工具”按钮，将两个矩形调整为如图 2-75 所示的样式。

图 2-73　绘制形状

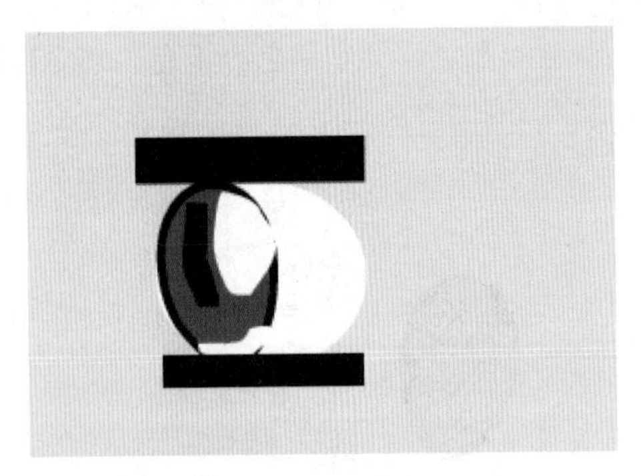

图 2-74　绘制矩形

图 2-75　调整矩形

Step 14 按照同样的方法，绘制出小男孩的右眼，如图 2-76 所示。

图 2-76　绘制右眼

Step 15 使用矩形工具在左边眼睛的上方绘制一个填充颜色为黑色的矩形作为小男孩的眉毛，如图 2-77 所示。

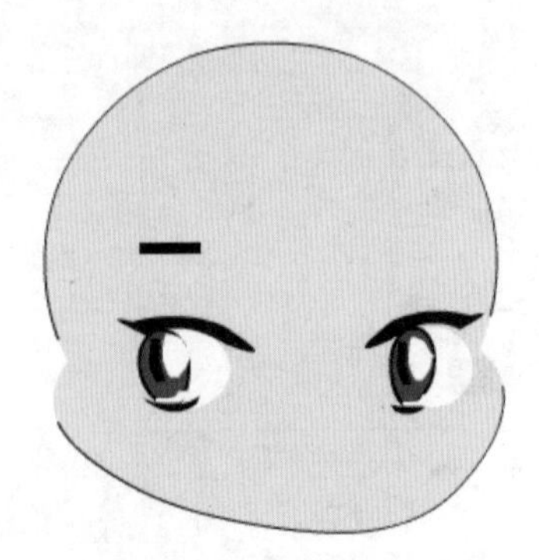

图 2-77　绘制眉毛

Step 16 在工具箱中单击"选择工具"按钮，将刚绘制的矩形调整为如图 2-78 所示的眉毛样式。

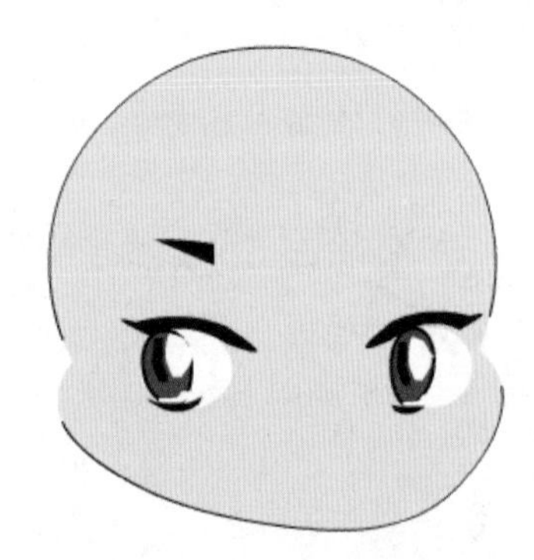

图 2-78　调整矩形

Step 17 按照同样的方法，绘制出小男孩右边的眉毛，如图 2-79 所示。

图 2-79　绘制眉毛

Step 18 在工具箱中单击"铅笔工具"按钮，在眼睛的下方绘制一条黑色的弧线作为小男孩的鼻子，如图 2-80 所示。

图 2-80　绘制鼻子

Step 19 继续使用铅笔工具在鼻子的下方绘制嘴巴的形状，如图 2-81 所示。

图 2-81　绘制嘴巴

Step 20 在工具箱中单击“颜料桶工具”按钮，将填充颜色设置为红色，单击“空隙大小”按钮，在弹出的下拉菜单中选择“封闭小空隙”命令，如图 2-82 所示。

图 2-82　选择“封闭小空隙”命令

Step 21 使用颜料桶工具在绘制的嘴巴形状上单击进行填充，如图 2-83 所示。

图 2-83　填充嘴巴

Step 22 在工具箱中单击“椭圆工具”按钮，在脸部的左侧绘制一个边框颜色为黑色，填充颜色为粉红色（#FFDDDC）的椭圆，如图 2-84 所示。

图 2-84　绘制椭圆

Step 23 在工具箱中单击“橡皮擦工具”按钮，拖动鼠标擦除耳朵与脸部交叉部分的线条，如图 2-85 所示。

图 2-85　擦除线条

Step 24 在工具箱中单击“铅笔工具”按钮，在耳朵中绘制两条黑色的弧线，如图 2-86 所示。

图 2-86　绘制弧线

Step 25 ▶ 按照同样的方法，绘制出小男孩右边的耳朵，如图 2-87 所示。

图 2-87　绘制耳朵

Step 26 ▶ 新建一个图层 4，使用椭圆工具在小男孩的头上绘制一个边框为黑色，填充色为无的椭圆，如图 2-88 所示。

图 2-88　绘制椭圆

Step 27 ▶ 用选择工具将刚绘制的椭圆调整为如图 2-89 所示的样式。

图 2-89　调整椭圆

Step 28 ▶ 使用铅笔工具绘制一个如图 2-90 所示的帽檐的形状。

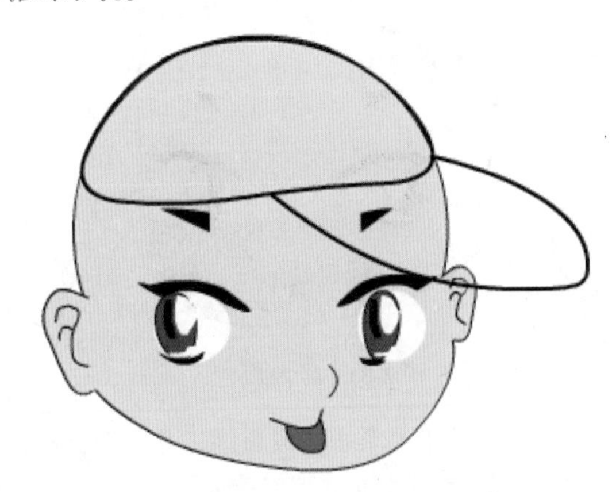

图 2-90　绘制形状

Step 29 ▶ 在工具箱中单击“线条工具”按钮，在帽子中绘制两条黑色的斜线，如图 2-91 所示。

图 2-91　绘制斜线

Step 30 单击“颜料桶工具”按钮，帽顶填充为红色、黄色与蓝色，将帽檐填充为橙色，如图2-92所示。

图2-92 填充颜色

Step 31 新建图层5，使用椭圆工具绘制一个无边框颜色，填充颜色为粉红色（#FFCCCC）的椭圆形，如图2-93所示。

图2-93 绘制椭圆

Step 32 单击“选择工具”按钮，将绘制的椭圆调整为如图2-94所示的形状。

图2-94 调整椭圆

Step 33 将调整后的椭圆形状移动到小男孩左边的脸上，如图2-95所示。

Step 34 执行“文件”→“保存”命令，打开“另存为”对话框，将文件名设置为“小男孩”，完成后单击保存(S)按钮，如图2-96所示。

图2-95 移动形状

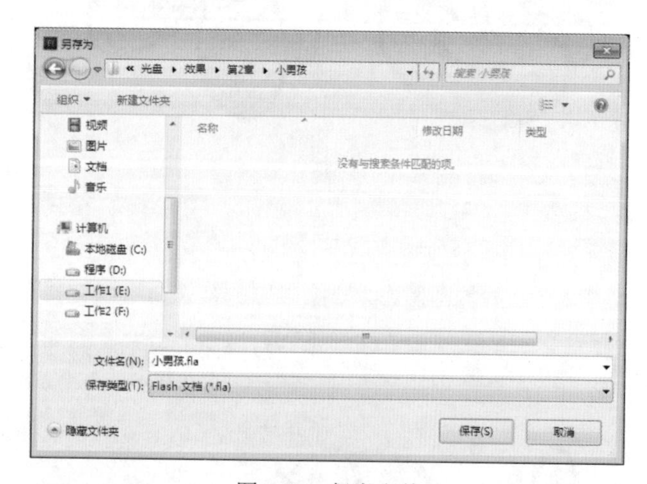

图2-96 保存文件

Step 35 按Ctrl+Enter组合键，导出动画并欣赏最终效果，如图2-97所示。

图2-97 完成效果

知识大爆炸
——组合与分离图形的知识

图形绘制好以后可以进行组合与分离。组合与分离是图形编辑中作用相反的图形处理功能。用绘图工具直接绘制的图形处于矢量分离的状态；对绘制的图形进行组合的处理，可以保持图形的独立性，执行“修改”→“组合”命令或按 Ctrl+G 组合键，即可对选取的图形进行组合，组合后的图形在被选中时将显示出蓝色边框，如图 2-98 所示。

原图

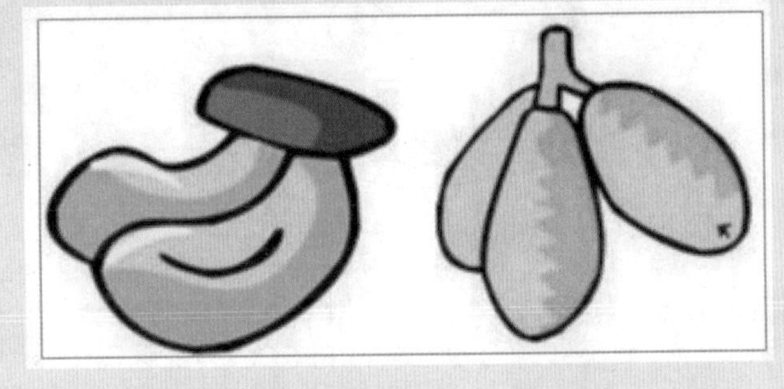

组合后

图 2-98　组合图形

组合后的图形作为一个独立的整体，可以在舞台上随意拖动而不发生变形；组合后的图形可以被再次组合，形成更复杂的图形整体。当多个组合了的图形放在一起时，可以执行“修改”→“排列”命令，调整图形在舞台中的上下层位置，如图 2-99 所示。

小兔在下面

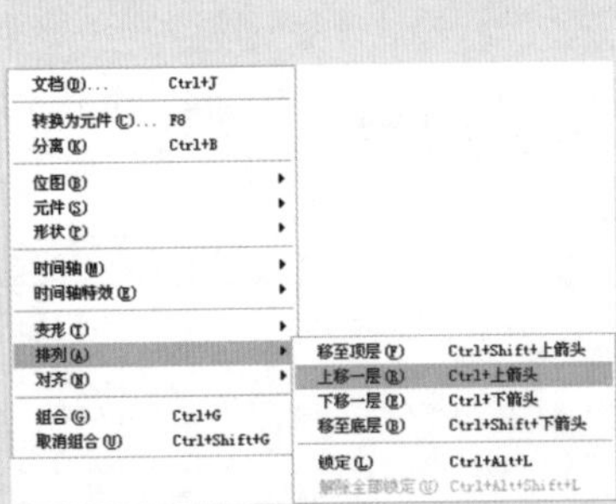

选择“排列”命令

小兔在上面

图 2-99　排列功能

“分离”命令可以将组合后的图形变成分离状态，也可将导入的位图进行分离。执行“修改”→“分离”命令或按 Ctrl+B 组合键可以分离（打散）图形，位图在分离后可以进行填色、清理等操作，如图 2-100 所示。

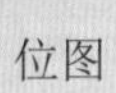

位图　　分离后　　背景清除后

图 2-100　分离功能

读书笔记

01 02 03 04 05 06 07 08 09 10 11 12 ......

填充与编辑图形

本章导读

要使用 Flash 制作出造型精美、色彩丰富、情节有趣的 Flash 动画影片，只靠导入位图是不行的。最主要还是要通过 Flash 中的绘图编辑工具绘制出个性十足、富有变化的完美造型。所以必须先掌握 Flash 中各种绘图编辑工具的使用方法以及各种图形的编辑处理技巧。

3.1 图形填充

在 Flash CC 中用于图形填充的工具主要有刷子工具、颜料桶工具、滴管工具、墨水瓶工具和渐变变形工具 5 种。

3.1.1 刷子工具

刷子工具主要用于绘制任意形状、大小及颜色的填充区域。它能绘制出刷子般的笔触，就像在涂色一样。它可以创建特殊效果，包括书法效果。使用刷子工具功能键可以选择刷子大小和形状。

刷子工具是以颜色填充方式绘制各种图形的绘制工具。在工具面板中选择刷子工具后，在工作区域内拖动鼠标，即可完成一次绘制，如图 3-1 所示。

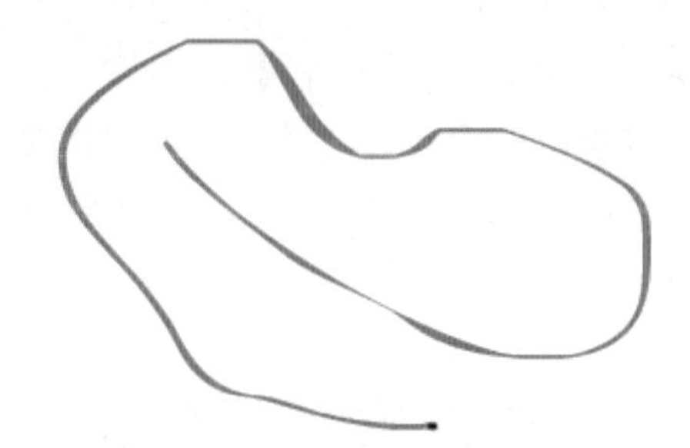

图 3-1　使用刷子工具绘制图形

在工具箱中选择刷子工具后，可以在面板底部单击“刷子模式”按钮，然后在弹出的菜单中选择不同的绘图模式，如图 3-2 所示。

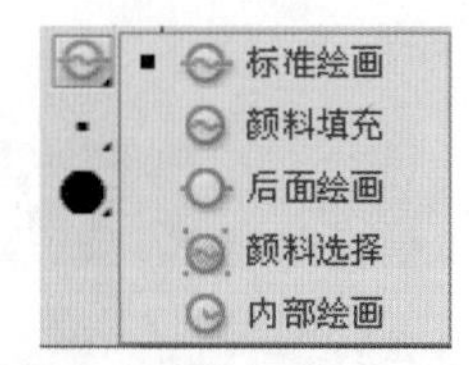

图 3-2　选择不同的绘图模式

知识解析：刷子工具的绘图模式

◆ 标准绘画：可以涂改舞台中的任意区域，会在同一图层的线条和填充上涂色。如图 3-3 所示是原始的图形，使用刷子的“标准绘画”模式对其上色后的效果如图 3-4 所示。

图 3-3　原图　　　图 3-4　“标准绘画”模式

◆ 颜料填充：只能涂改图形的填充区域，图形的轮廓线不会受其影响。如图 3-5 所示是使用“颜料填充”模式对图 3-3 填色后的效果。

图 3-5　“颜料填充”模式

◆ 后面绘画：涂改时不会涂改对象本身，只涂改对象的背景，不影响线条和填充，如图 3-6 所示。

◆ 颜料选择：涂改只对预先选择的区域起作用，如图 3-7 所示。

◆ 内部绘画：涂改时只涂改起始点所在封闭曲线的内部区域，如果起始点在空白区域，就只能在这块空白区域内涂改；如果起始点在图形内部，则

只能在图形内部进行涂改，如图 3-8 所示。

图 3-6 “后面绘画”模式

图 3-7 “颜料选择”模式 图 3-8 “内部绘画”模式

技巧秒杀

如果在刷子上色的过程中按 Shift 键，则可在工作区中给一个水平或者垂直的区域上色；如果按 Ctrl 键，则可以暂时切换到选择工具，对工作区中的对象进行选取。

除了可以为刷子工具设置绘图模式外，还可以选择刷子的大小和刷子的形状。要设置刷子的大小，可以在工具箱底部单击“刷子大小”按钮，然后在弹出的菜单中进行选择，如图 3-9 所示。

要选择刷子的形状，只需要单击“刷子形状”按钮，然后在弹出的菜单中选择即可，如图 3-10 所示。

技巧秒杀

在使用刷子工具填充颜色时，为了得到更好的填充效果，在填充颜色时还可以用“选项”栏中的按钮，对图形进行锁定填充。

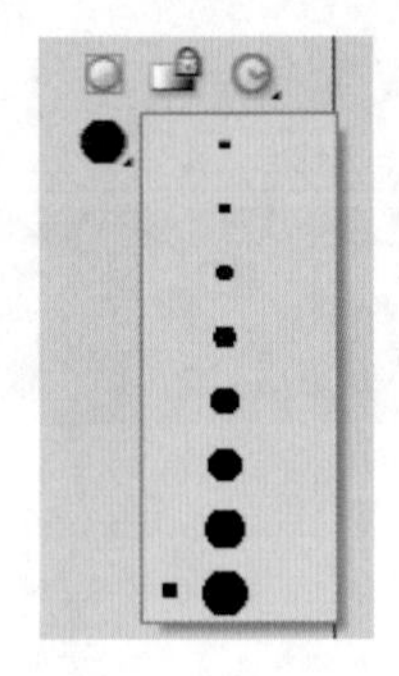

图 3-9 设置刷子大小

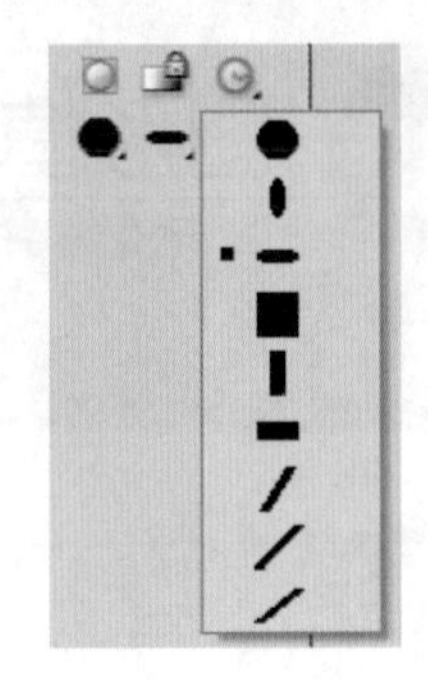

图 3-10 设置刷子形状

3.1.2 颜料桶工具

颜料桶工具是绘图编辑中常用的填色工具，对封闭的轮廓范围或图形块区域进行颜色填充。这个区域可以是无色区域，也可以是有颜色的区域。填充颜色可以使用纯色，也可以使用渐变色，还可以使用位图。选择工具箱中的颜料桶工具，光标在工作区中变成一个小颜料桶，此时颜料桶工具已经被激活。

颜料桶工具有 3 种填充模式，即单色填充、渐变填充和位图填充。通过选择不同的填充模式，可以使用颜料桶制作出不同的效果。在工具栏的“选项”面板内，有一些针对颜料桶工具特有的附加功能选项，如图 3-11 所示。

1. 空隙大小

单击“空隙大小”按钮，弹出一个下拉列表，用户可以在此选择颜料桶工具判断近似封闭的空隙宽度，如图 3-12 所示。

图 3-11 颜料桶工具的附加选项

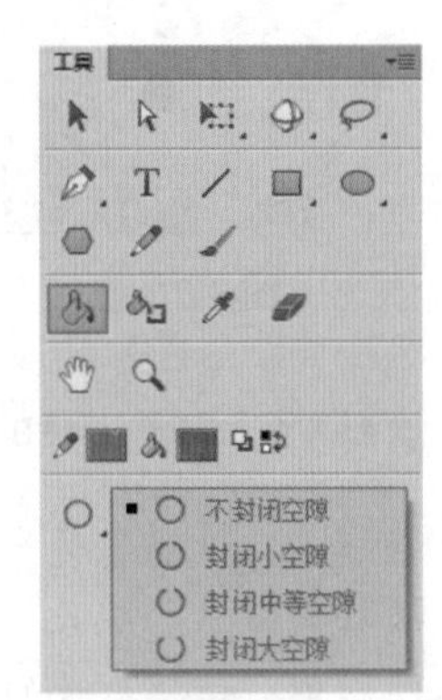

图 3-12 “空隙大小”下拉列表

知识解析：“空隙大小”下拉列表

- 不封闭空隙：颜料桶只对完全封闭的区域填充，有任何细小空隙的区域填充都不起作用。
- 封闭小空隙：颜料桶可以填充完全封闭的区域，也可对有细小空隙的区域填充，但是空隙太大时填充仍然无效。
- 封闭中等空隙：颜料桶可以填充完全封闭的区域、有细小空隙的区域，对中等大小的空隙区域也可以填充，但有大空隙区域填充无效。
- 封闭大空隙：颜料桶可以填充完全封闭的区域、有细小空隙的区域、中等大小的空隙区域，也可以对大空隙填充，如果空隙的尺寸过大，颜料桶也将无能为力。

2. 填充锁定

单击按钮，可锁定填充区域。其作用和刷子工具的附加功能中的填充锁定功能相同。下面介绍如何使用颜料桶工具填色。

Step 1 在绘图工具箱中选择铅笔工具，在舞台上绘制一个不封闭的图形，如图 3-13 所示。

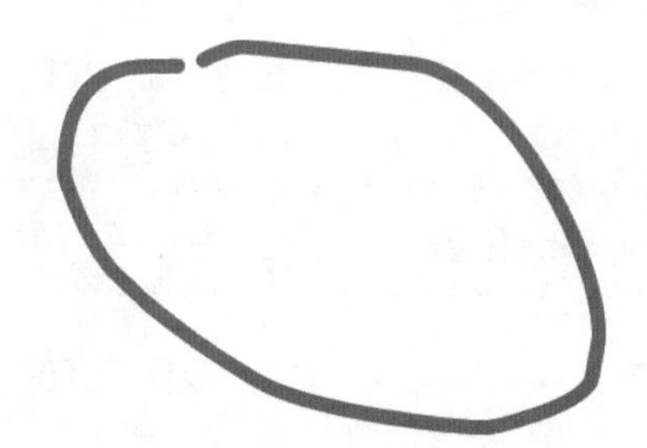

图 3-13　绘制不封闭的图形

Step 2 在工具箱中选择颜料桶工具，单击工具选项区中的“空隙大小”按钮，在其下拉列表中选择“封闭大空隙”模式，如图 3-14 所示。

图 3-14　颜料桶工具“选项”面板

Step 3 单击工具选项区中的“锁定填充”按钮，然后单击“填充颜色”按钮，在弹出的“颜色”面板中选择黄色，如图 3-15 所示。

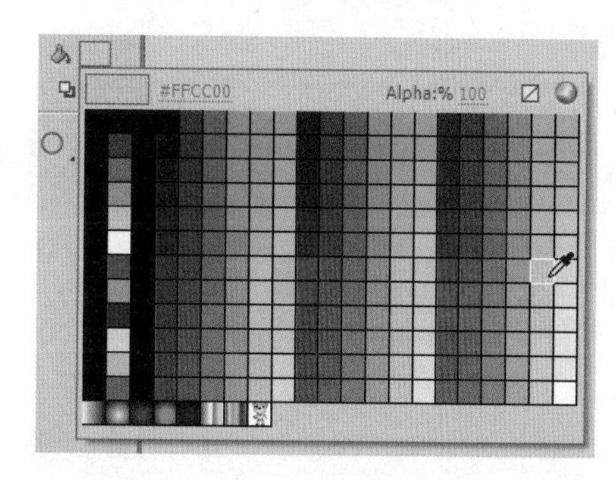

图 3-15　选择填充颜色

Step 4 使用颜料桶工具在绘制的不封闭图形上单击鼠标进行填充，效果如图 3-16 所示。

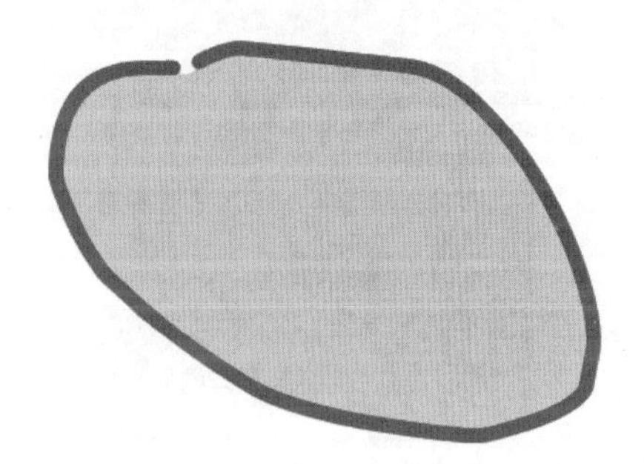

图 3-16　填充颜色

3.1.3 滴管工具

滴管工具用于对色彩进行采样，可以拾取描绘色、填充色以及位图图形等。在拾取描绘色后，滴管工具自动变成墨水瓶工具，在拾取填充色或位图图形后自动变成颜料桶工具。在拾取颜色或位图后，一般使用这些拾取到的颜色或位图进行着色或填充。

选择滴管工具后，在“属性”面板中可以看出，滴管工具并没有自己的属性。工具箱的选项面板中也没有相应的附加选项设置，这说明滴管工具没有任何属性需要设置，其功能就是对颜色的采集。

使用滴管工具时，将滴管的光标先移动到需要采集色彩特征的区域上，然后在需要某种色彩的区域上单击，即可将滴管所在那一点具有的颜色采集出来，接着移动到目标对象上，再单击鼠标左键，这样，刚才所采集的颜色就被填充到目标区域了。

3.1.4 墨水瓶工具

使用墨水瓶工具可以更改线条或者形状轮廓的笔触颜色、宽度和样式。对直线或形状轮廓只能应用纯色，而不能应用渐变或位图。

下面介绍使用墨水瓶工具进行填充的方法，其操作步骤如下。

选择工具箱中的墨水瓶工具，打开“属性”面板，在面板中设置笔触颜色和笔触高度等参数，如图 3-17 所示。

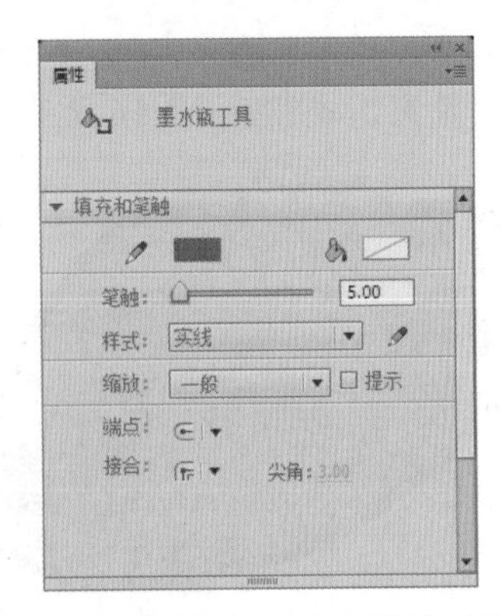

图 3-17　墨水瓶工具的“属性”面板

知识解析：墨水瓶工具的“属性”面板

- 笔触颜色：设置填充边线的颜色。
- 笔触：设置填充边线的粗细，数值越大，填充边线就越粗。
- 样式：设置图形边线的样式，有极细、实线和其他样式。
- 编辑笔触样式：单击该按钮打开“笔触样式”对话框，在其中可以自定义笔触样式，如图 3-18 所示。

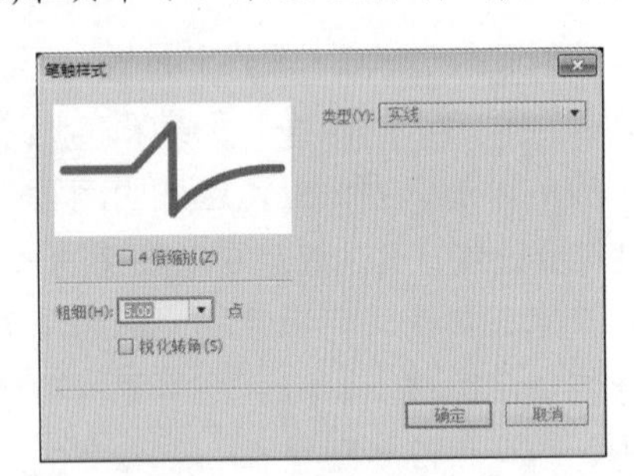

图 3-18　“笔触样式”对话框

- 缩放：限制 Player 中的笔触缩放，防止出现线条模糊。该项包括“一般”“水平”“垂直”“无”4 个选项。
- 提示：将笔触锚记点保存为全像素，以防止出现线条模糊。

选中需要使用墨水瓶工具来添加轮廓的图形对象，在“属性”面板中设置好线条的色彩、粗细及样式，将鼠标移至图像边缘并单击，为图像填加边框线，如图 3-19 所示。

图 3-19　添加边框线

技巧秒杀

如果墨水瓶的作用对象是矢量图形，则可以直接给其加轮廓。如果对象是文本或位图，则需要先按 Ctrl+B 组合键将其分离或打散，然后才可以使用墨水瓶添加轮廓。

3.1.5 渐变变形工具

渐变变形工具主要用于对填充颜色进行各种方式的变形处理，如选择过渡色、旋转颜色和拉伸颜色等。通过使用渐变变形工具，用户可以将选择对象的填充颜色处理为需要的各种色彩。在影片制作中经常要用到颜色的填充和调整，因此，熟练使用该工具也是掌握 Flash 的关键之一。

首先，选择工具箱中的渐变变形工具，鼠标的右下角将出现一个具有梯形渐变填充的矩形，然后选择需要进行填充形变处理的图形对象，被选择图形四周将出现填充变形调整手柄。通过调整手柄对选择的对象进行填充色的变形处理，具体处理方式可根据由鼠标显示不同形状来进行。处理后，即可看到填充颜色的变化效果。渐变变形工具没有任何属性需要设置，直接使用即可。

下面介绍使用渐变变形工具的具体操作方法。

Step 1 ▶ 在绘图工具箱中选择椭圆工具，在舞台上绘制一个无填充色的椭圆，如图 3-20 所示。

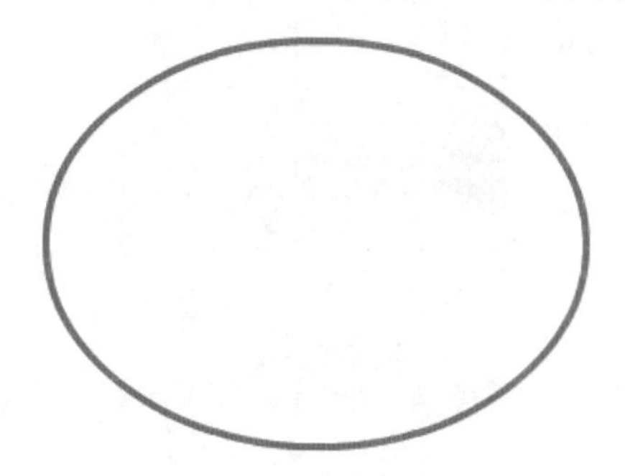

图 3-20　绘制无填充色椭圆

Step 2 ▶ 单击“颜料桶工具”按钮，在颜色选区中单击按钮，从弹出的“颜色”面板中选中填充颜色为黑白径向渐变色，如图 3-21 所示。

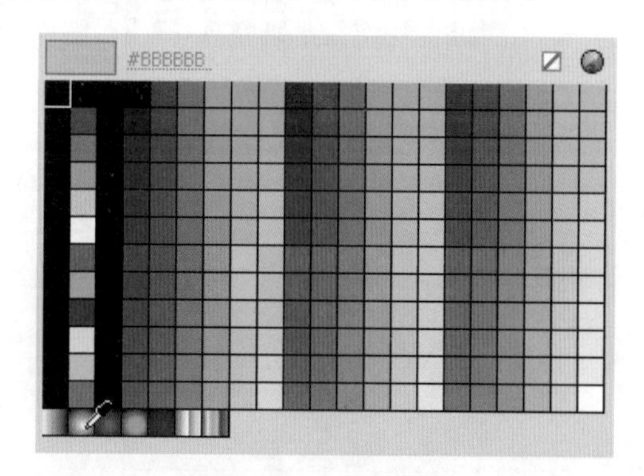

图 3-21　选择渐变色

Step 3 ▶ 在舞台上单击已绘制的椭圆图形，将其填充，如图 3-22 所示。

图 3-22　用渐变色填充图形

Step 4 ▶ 选择渐变变形工具，在舞台的椭圆填充区域内单击，这时在椭圆的周围出现了一个渐变圆圈，在圆圈上共有 3 个圆形、1 个箭头的控制点，拖动这些控制点填充色会发生变化，如图 3-23 所示。

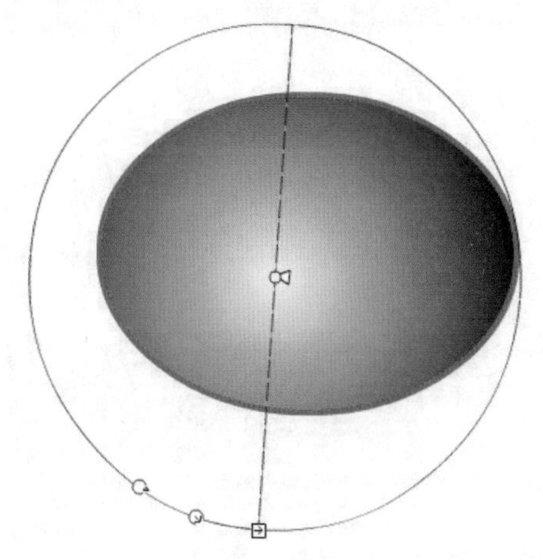

图 3-23　调整图形的渐变效果

知识解析：控制点的使用方法

- 调整渐变圆的中心：用鼠标拖曳位于图形中心位置的圆形控制点，可以移动填充中心的亮点的位置。
- 调整渐变圆的长宽比：用鼠标拖曳位于圆周上的箭头控制点，可以调整渐变圆的长宽比。
- 调整渐变圆的大小：用鼠标拖曳位于圆周上的渐变圆大小控制点，可以调整渐变圆的大小。
- 调整渐变圆的方向：用鼠标拖曳位于圆周上的渐变圆方向控制点，可以调整渐变圆的倾斜方向。

读书笔记

实例操作：太阳出来啦

- 光盘 \ 素材 \ 第 3 章 \bj.jpg
- 光盘 \ 效果 \ 第 3 章 \ 太阳出来啦 .swf

渐变变形工具▣主要用于对填充颜色进行各种方式的变形处理。它可以制作从图形的中心向外进行色彩变化的渐变模式，通常用于制作光线的发散，它也是动画制作中最常用的色彩编辑填充方式。本例主要通过渐变变形工具▣来制作，完成后的效果如图 3-24 所示。

图 3-24　完成效果

Step 1 运行 Flash CC，新建一个 Flash 空白文档。执行“修改”→“文档”命令，打开“文档设置”对话框，在对话框中将“舞台大小”设置为 600×400 像素，将“舞台颜色”设置为黑色，如图 3-25 所示。设置完成后单击 确定 按钮。

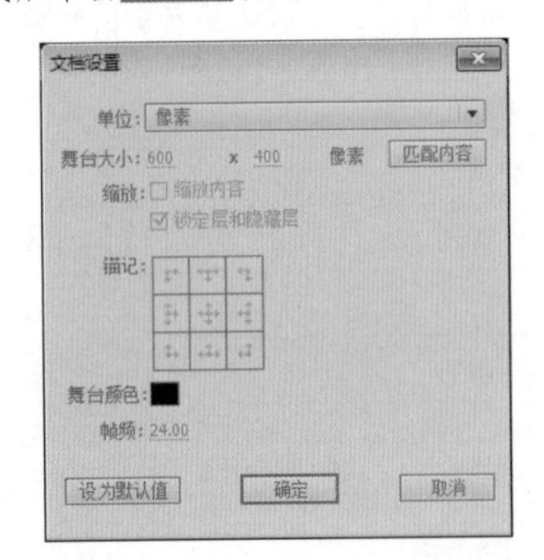

图 3-25　“文档属性”对话框

Step 2 执行“窗口”→“颜色”命令，打开“颜色”面板，将填充样式设置为“径向渐变”，接着添加 4 个颜色块，将填充颜色全部设置为白色（#FFFFFF），将各颜色块的透明度依次设置为 100%、10%、33%、0%，如图 3-26 所示。

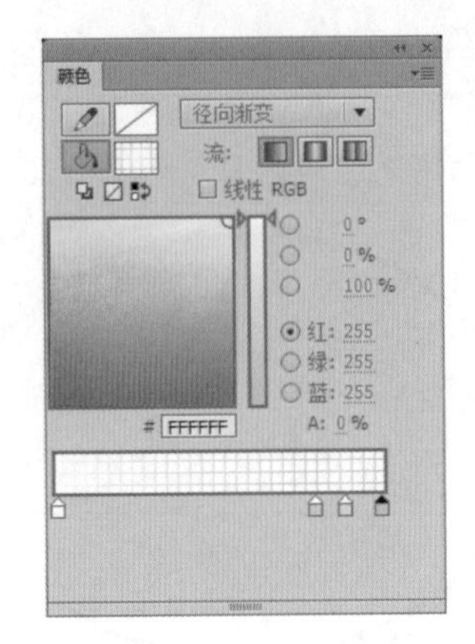

图 3-26　设置填充颜色

Step 3 选择椭圆工具◯，在“属性”面板中设置笔触颜色为“无”，如图 3-27 所示。

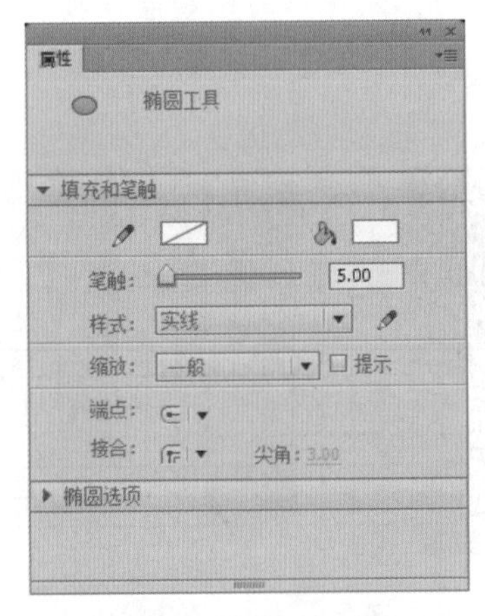

图 3-27　设置笔触颜色

Step 4 按住 Shift 键，在文档中按住鼠标左键拖动绘制一个正圆形，如图 3-28 所示。

图 3-28　绘制正圆

Step 5 使用渐变变形工具对正圆的填充位置进行调整，如图 3-29 所示。

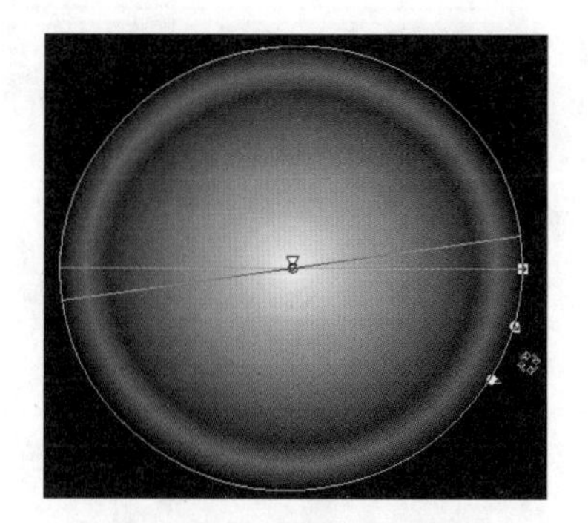

图 3-29　调整填充颜色

Step 6 选中所绘制的圆，执行“修改”→“组合”命令或者按 Ctrl+G 组合键将其组合，如图 3-30 所示。

图 3-30　组合图形

Step 7 执行“文件”→“导入”→“导入到舞台”命令，将一幅背景图片导入到舞台上，如图 3-31 所示。

图 3-31　导入背景图片

Step 8 在背景图像上右击，在弹出的快捷菜单中选择“排列”→“下移一层”命令，将背景图片移至下层，使绘制的正圆显示出来，如图 3-32 所示。

图 3-32　排列背景图片

Step 9 保存动画文件，按 Ctrl+Enter 组合键，欣赏实例完成效果，如图 3-33 所示。

图 3-33　完成效果

技巧秒杀

在本实例的制作过程中，主要用到 Flash 的椭圆工具、渐变变形工具来制作。在填充渐变的过程中，对渐变色的修改所花费的时间往往多于渐变色的编辑和填充时间。要对渐变色进行准确修改，首先要掌握渐变变形工具中的几个控制点的作用。

3.2 编辑图形

用于图形编辑的工具主要有套索工具、橡皮擦工具和任意变形工具 3 种。

3.2.1 套索工具

套索工具是用来选择对象的，这点与选取工具的功能相似。和选取工具相比，套索工具的选择方式有所不同。使用套索工具可以自由选定要选择的区域，而不像选取工具将整个对象都选中。

在工具箱中选择套索工具，会弹出一个下拉列表，如图 3-34 所示。其中包括套索工具、多边形工具、魔术棒。下面对其进行详细的介绍。

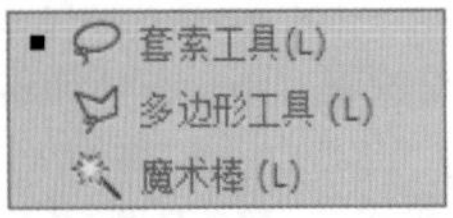

■ 套索工具(L)
多边形工具 (L)
魔术棒 (L)

图 3-34　套索工具的选项

- **套索工具**：使用该工具在位图中单击鼠标圈选出圆形区域，如图 3-35 所示。

图 3-35　使用套索工具选择区域

- **多边形工具**：使用该工具切换到多边形套索模式，通过配合鼠标的多次单击，圈选出直线多边形选择区域，如图 3-36 所示。
- **魔术棒**：使用该工具在位图中快速选择颜色近似的所有区域。在对位图进行魔术棒操作前，必须先将该位图打散，再使用魔术棒进行选择，如图 3-37 所示。只要在图上单击，就会有连续的区域被选中。

图 3-36　使用多边形工具选择区域

图 3-37　使用魔术棒选择连续区域

技巧秒杀

选择魔术棒后，打开"属性"面板，如图 3-38 所示。"阈值"选项用来设置所选颜色的近似程度，只能输入 0 ~ 500 之间的整数，数值越大，差别大的其他邻接颜色就越容易被选中；"平滑"选项指所选颜色近似程度的单位，默认为"一般"。

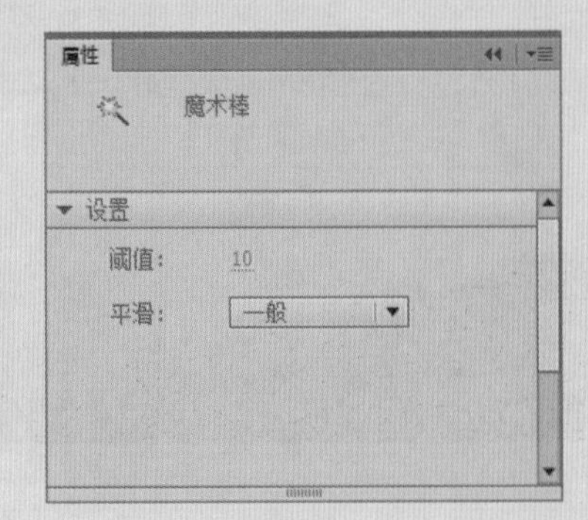

图 3-38　魔术棒的"属性"面板

?答疑解惑：

在使用套索工具对区域进行选择时，有什么需要注意的地方呢？

在使用套索工具对区域进行选择时，要注意以下几点。

（1）在划定区域时，如果勾画的边界没有封闭，套索工具会自动将其封闭。

（2）被套索工具选中的图形元素将自动融合在一起，被选中的组和符号则不会发生融合现象。

（3）如果逐一选择多个不连续区域，可以在选择的同时按 Shift 键，然后使用套索工具逐一选中欲选区域。

实例操作：草地上的小熊

- 光盘 \ 素材 \ 第 3 章 \1.jpg、2.jpg
- 光盘 \ 效果 \ 第 3 章 \ 草地上的小熊 .swf

在制作动画的过程中，多数导入的位图图片有白色的背景，假如将其放在场景中，就会出现一个白色的底色，如何去除这个白色的底色呢？可以先将位图分离，然后使用魔术棒去除底色。本例就制作草地上的小熊效果，完成后的效果如图 3-39 所示。

图 3-39　完成效果

Step 1 启动 Flash CC，新建一个 Flash 空白文档。执行“修改”→“文档”命令，打开“文档设置”对话框，将“舞台大小”设置为 600×400 像素，如图 3-40 所示。设置完成后单击 确定 按钮。

Step 2 执行“文件”→“导入”→“导入到舞台”命令，将一幅背景图像导入到舞台上，如图 3-41 所示。

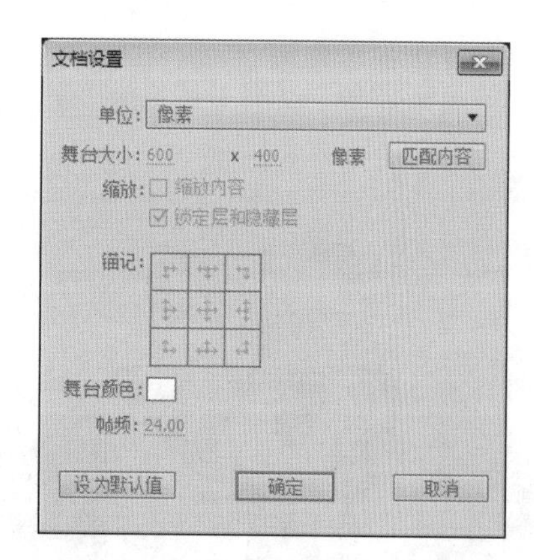

图 3-40　“文档设置”对话框

图 3-41　导入图像

Step 3 执行“文件”→“导入”→“导入到舞台”命令，将一幅小熊图像导入到舞台上，如图 3-42 所示。可以看到导入的图像有白色的底色，小熊与背景格格不入。

图 3-42　导入小熊图像

Step 4 ▶ 选择导入的小熊图像，执行“修改”→“分离”命令，或者按Ctrl+B组合键将其分离，如图3-43所示。

图3-43　分离图像

技巧秒杀

这里将图像分离是为了方便将小熊图像白色的底色去除，没有进行分离的位图是不能去除底色的。

Step 5 ▶ 在绘图工具箱中选择魔术棒，打开“属性”面板，在“阈值”文本框中输入“35”，在“平滑”下拉列表框中选择“平滑”选项，如图3-44所示。

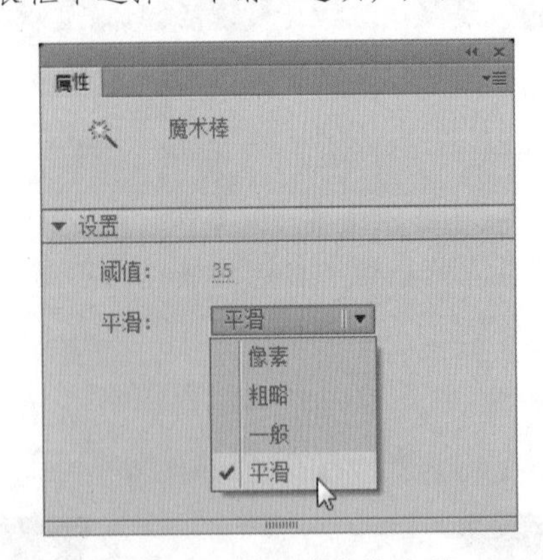

图3-44　设置魔术棒选项

Step 6 ▶ 在小熊图像中使用鼠标单击白色部分，并按Delete键将其删除，如图3-45所示。

Step 7 ▶ 在工具箱中选择椭圆工具，在草地上绘制一个无边框、填充色为灰色的椭圆作为小熊的阴影，如图3-46所示。

Step 8 ▶ 执行“文件”→“保存”命令，保存文件。然后按Ctrl+Enter组合键，导出动画并欣赏最终效果，如图3-47所示。

图3-45　绘制竖线

图3-46　绘制椭圆

图3-47　完成效果

3.2.2 橡皮擦工具

橡皮擦工具可以方便地清除图形中多余的部分或错误的部分，是绘图编辑中常用的辅助工具。使用橡皮擦工具很简单，只需要在工具面板中选择橡皮檫工具，将鼠标移到要擦除的图像上，按住鼠标左键拖动，即可将经过路径上的图像擦除。

使用橡皮擦工具擦除图形时，可以在工具面板中选择需要的橡皮擦模式，以应对不同的情况。在工具面板的属性选项区域中可以选择“标准擦除”、“擦除填色”、“擦除线条”、“擦除所选填充”和“内部擦除”5种图形擦除模式，如图3-48所示。它们的编辑效果与刷子工具的绘图模式相似。

图3-48 擦除模式

知识解析：橡皮擦工具的擦除模式

◆ 标准擦除：正常擦除模式，是默认的直接擦除方式，对任何区域都有效，如图3-49所示。

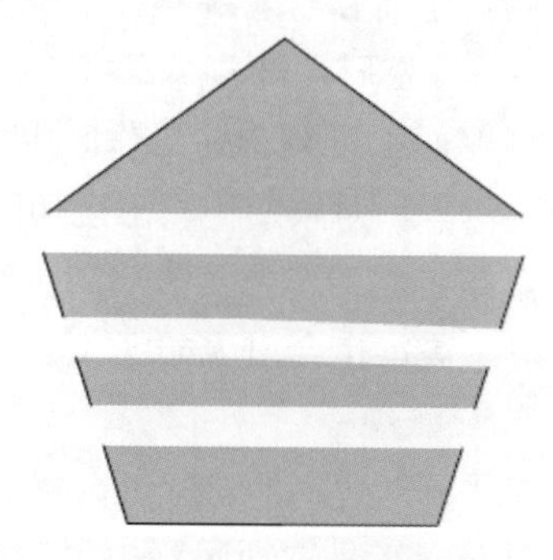

图3-49 标准擦除

◆ 擦除填色：只对填色区域有效，对图形中的线条不产生影响，如图3-50所示。

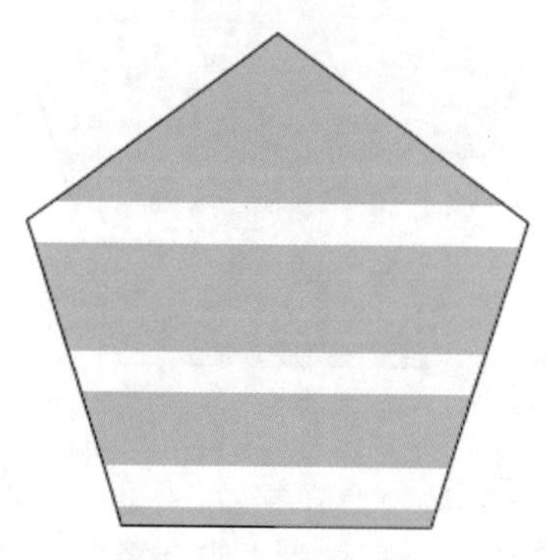

图3-50 擦除填色

◆ 擦除线条：只对图形的笔触线条有效，对图形中的填充区域不产生影响，如图3-51所示。

图3-51 擦除线条

◆ 擦除所选填充：只对选中的填充区域有效，对图形中其他未选中的区域无影响，如图3-52所示。

图3-52 擦除所选填充

◆ 内部擦除：只对鼠标按下时所在的颜色块有效，对其他的色彩不产生影响，如图3-53所示。

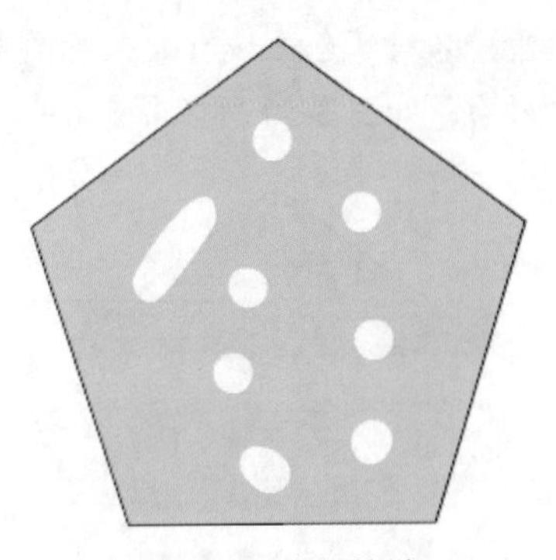

图 3-53　内部擦除

单击工具箱“工具选项区”中的“橡皮擦形状”按钮，在弹出的下拉列表中选择橡皮擦形状，如图 3-54 所示。

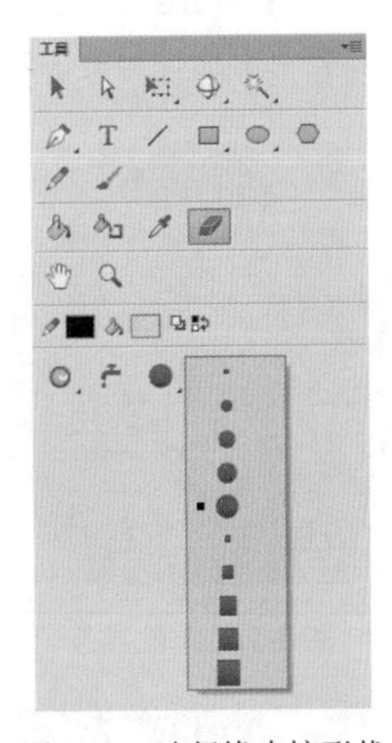

图 3-54　选择橡皮擦形状

将光标移到图像内部要擦除的颜色块上，按住鼠标左健来回拖动，即可将选中的颜色块擦除，而不影响图像的其他区域，如图 3-55 所示。

图 3-55　擦除内容

另外，在“工具选项区”中还有一个工具叫水龙头，它的功能类似于颜料桶和墨水瓶的反作用，也就是要将图形的填充色整体去掉，或者将图形的轮廓线全部擦除，只需在要擦除的填充色或者轮廓线上单击一下即可。要使用水龙头工具，只需在“工具选项区”中单击“水龙头”按钮即可，如图 3-56 所示。

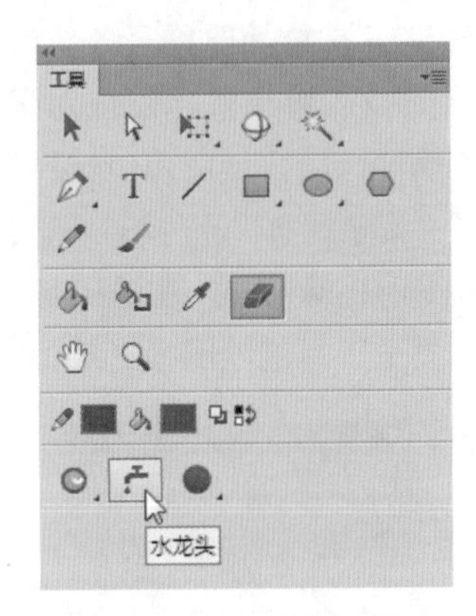

图 3-56　水龙头工具

技巧秒杀

橡皮擦工具只能对矢量图形进行擦除，对文字和位图无效，如果要擦除文字或位图，必须首先将其打散。若要快速擦除矢量色块和线段，可在选项区中选择水龙头工具，再单击要擦除的色块即可。

3.2.3 任意变形工具

任意变形工具主要用于对各种对象进行缩放、旋转、倾斜扭曲和封套等操作。通过任意变形工具，可以将对象变形为自己需要的各种样式。

选择任意变形工具，在工作区中单击将要进行形变处理的对象，对象四周将出现如图 3-57 所示的调整手柄。或者先用选择工具将对象选中，然后选择任意变形工具，也会出现如图 3-57 所示的调整手柄。

通过调整手柄对选择的对象进行各种变形处理，可以通过工具箱“工具选项区”中的任意变形工具的功能选项来设置。

图 3-57　使用任意变形工具后的调整手柄

任意变形工具没有相应的“属性”面板。但在工具箱的“工具选项区”中，它有一些选项设置，设有相关的工具。其具体的选项设置如图 3-58 所示。

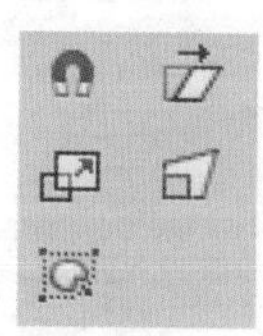

图 3-58　任意变形工具的选项

1. 旋转

单击“选项”面板中的“旋转与倾斜”按钮，将光标移动到所选图形边角上的黑色小方块上，在光标变成形状后按住并拖动鼠标，即可对选取的图形进行旋转处理，如图 3-59 所示。

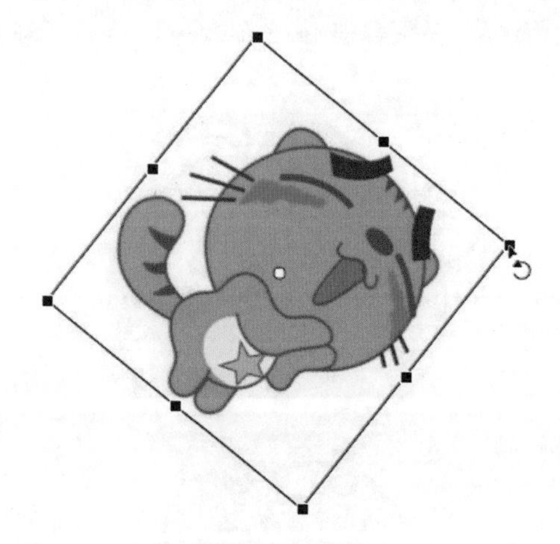

图 3-59　旋转

移动光标到所选图像的中心，在光标变成形状后对白色的图像中心点进行位置移动，可以改变图像在旋转时的轴心位置，如图 3-60 所示。

图 3-60　变换中心点位置

2. 缩放

单击“选项”面板中的“缩放”按钮，可以对选取的图形做水平、垂直缩放或等比的大小缩放，如图 3-61 所示。

（a）水平、垂直同时缩放

（b）仅水平缩放

图 3-61　缩放

3. 扭曲

单击“选项”面板中的“扭曲”按钮，移动光标到所选图形边角的黑色方块上，在光标改变为形状时按住鼠标左键并拖动，可以对绘制的图形进行扭曲变形，如图 3-62 所示。

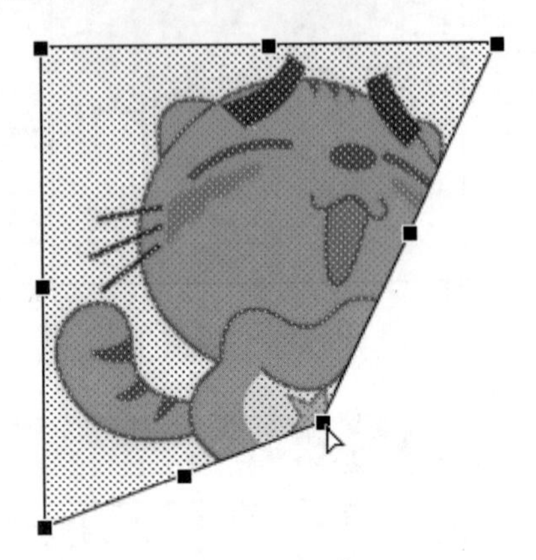

图 3-62　扭曲

4. 封套

单击“选项”面板中的“封套”按钮，可以在所选图形的边框上设置封套节点，用鼠标拖动这些封套节点及其控制点，可以很方便地对图形进行造型，如图 3-63 所示。

（a）封套前

（b）封套后

图 3-63　封套前后的效果对比

3.3 图形对象基本操作

图形对象的基本操作主要包括选取图形、移动图形、对齐图形和复制图形。

3.3.1 选取图形

选取不同类型的图形主要有以下几种方法。

- 如果图形对象是元件或组合物体，只需在对象上单击即可。被选取的对象四周出现浅蓝色的实线框，效果如图 3-64 所示。
- 如果所选对象是被打散的，则按下鼠标左键拖动鼠标指针框选要选取的部分，被选中的部分以点的形式显示，效果如图 3-65 所示。
- 如果选取的对象是从外导入的，则以深蓝色实线框显示，效果如图 3-66 所示。

图 3-64　出现浅蓝色实线框

图 3-65　以点显示图形

图 3-66　深蓝色实线框显示对象

3.3.2 移动图形

移动图形不但可以使用不同的工具，还可以使用不同的方法。下面介绍几种常用的移动图形的方法。

- **用选择工具移动的方法**：用选择工具选中要移动的图形，将图形拖动到下一个位置即可，如图 3-67 所示。

图 3-67　选择工具移动图形

- **用任意变形工具移动的方法**：用任意变形工具选中要移动的图形，当鼠标指针变为✥时，将图形拖动到下一个位置即可，如图 3-68 所示。

图 3-68　任意变形工具移动图形

- **使用快捷菜单移动图形的方法**：选中要移动的图形，右击，在弹出的如图 3-69 所示快捷菜单中选择“剪切”命令，选中要移动的目的方位，然后右击，在弹出的快捷菜单中选择“粘贴”命令即可。

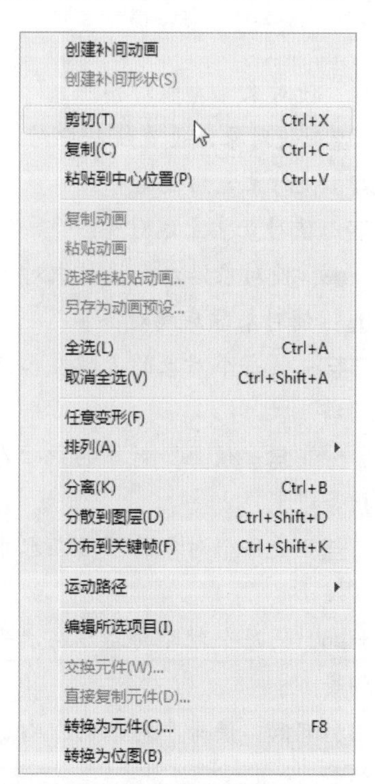

图 3-69　快捷菜单

- **使用快捷键移动图形的方法**：选中要移动的图形，按 Ctrl+X 组合键剪切图形，再按 Ctrl+V 组合键粘贴图形。

3.3.3 对齐图形

为了使创建的多个图形排列起来更加美观，Flash CC 提供了“对齐”面板来帮助用户排列对象。

执行“窗口”→“对齐”命令或按 Ctrl+K 组合键都可以打开如图 3-70 所示的“对齐”面板。

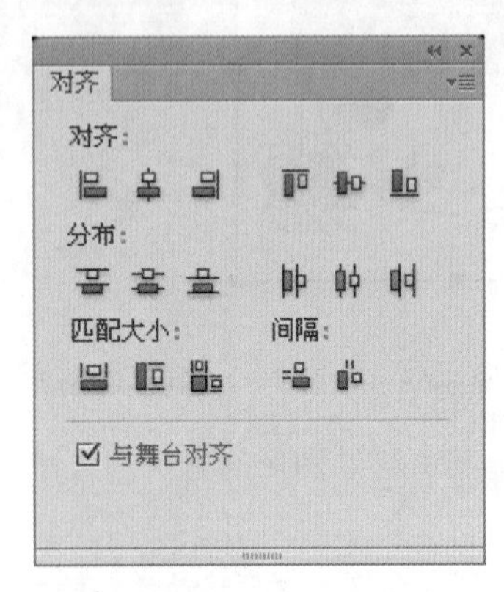

图 3-70 “对齐”面板

知识解析：“对齐”面板

- 左对齐：使对象靠左端对齐。
- 水平中齐：使对象沿垂直线居中对齐。
- 右对齐：使对象靠右端对齐。
- 上对齐：使对象靠上端对齐。
- 垂直中齐：使对象沿水平线居中对齐。
- 底对齐：使对象靠底端对齐。
- 顶部分布：使每个对象的上端在垂直方向上间距相等。
- 垂直居中分布：使每个对象的中心在水平方向上间距相等。
- 底部分布：使每个对象的下端在水平方向上间距相等。
- 左侧分布：使每个对象的左端在水平方向上左端间距相等。
- 水平居中分布：使每个对象的中心在垂直方向上间距相等。
- 右侧分布：使每个对象的右端在垂直方向上间距相等。
- 匹配宽度：以所选对象中最长的宽度为基准，在水平方向上等尺寸变形。
- 匹配高度：以所选对象中最长的高度为基准，在垂直方向上等尺寸变形。
- 匹配宽和高：以所选对象中最长和最宽的长度为基准，在水平和垂直方向上同时等尺寸变形。
- 垂直平均间隔：使各对象在垂直方向上间距相等。
- 水平平均间隔：使各对象在水平方向上间距相等。
- 与舞台对齐：当选中该复选框时，调整图像的位置时将以整个舞台为标准，使图像相对于舞台左对齐、右对齐或居中对齐。若该按钮没有按下，图形对齐时是以各图形的相对位置为标准。

3.3.4 复制图形

在 Flash 中复制图形的基本方法主要有以下几种。

- 用选择工具复制的方法：用选择工具选中要复制的图形，按住 Alt 键的同时，鼠标指针的右下侧变为 + 号，将图形拖动到下一个位置即可，如图 3-71 所示。

图 3-71 用选择工具复制

- 用任意变形工具复制的方法：用任意变形工具选中要复制的图形，按住 Alt 键的同时，指针的右下侧变为 + 号，将图形拖动到要复制到的位置即可。
- 使用快捷键复制的方法：首先选中要移动的图形，按 Ctrl+C 组合键复制图形，再按 Ctrl+V 组合键粘贴图形。
- 若要将动画中某一帧中的内容粘贴到另一帧中的相同位置，只需选中要复制的图形，按 Ctrl+C 组合键复制图形，切换到动画的另一帧中，右击空白处，在弹出的快捷键菜单中选择“粘贴到当前位置”命令即可。

3.4 3D 旋转和 3D 平移工具

在 Flash CC 的工具箱中有两个处理 3D 变形的工具，即 3D 旋转和 3D 平移。需要注意的是，3D 旋转和 3D 平移工具只能对影片剪辑元件发生作用，关于影片剪辑元件的知识会在后面章节中进行详细介绍。

3.4.1 3D 旋转工具

下面介绍 3D 旋转工具的使用方法。

执行“文件”→“导入”→“导入到舞台”命令，将一幅图像导入到舞台上，然后选中图像，按 F8 键，弹出“转换为元件”对话框。在“类型”下拉列表框中选择“影片剪辑”选项，完成后单击确定按钮，如图 3-72 所示。

图 3-72 转换为元件

在工具箱中选择 3D 旋转工具，这时在图像中央会出现一个类似瞄准镜的图形，十字的外围是两个圈，并且它们呈现不同的颜色，当鼠标移动到红色的中心垂直线时，鼠标右下角会出现一个 X，按住鼠标左键不放进行拖动的效果如图 3-73 所示。

当鼠标移动到绿色水平线时，鼠标右下角会出现一个 Y，按住鼠标左键不放进行拖动的效果如图 3-74 所示。

当鼠标移动到蓝色圆圈处时，鼠标右下角出现一个 Z，按住鼠标左键不放进行拖动的效果如图 3-75 所示。

当鼠标移动到橙色的圆圈处时，可以对图像中的 X、Y、Z 轴进行综合调整，如图 3-76 所示。

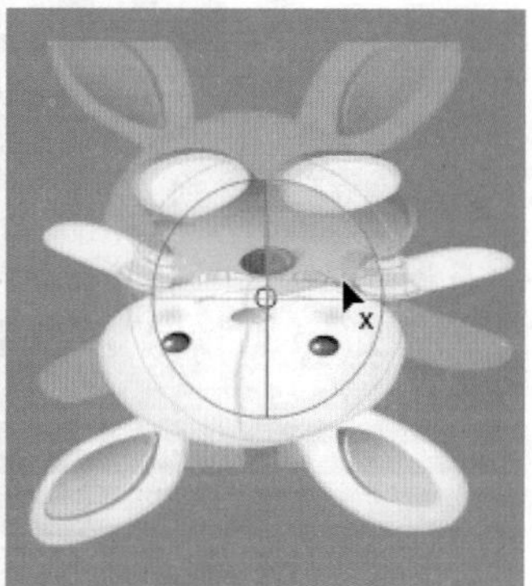

图 3-73 调整 X 轴

图 3-74 调整 Y 轴

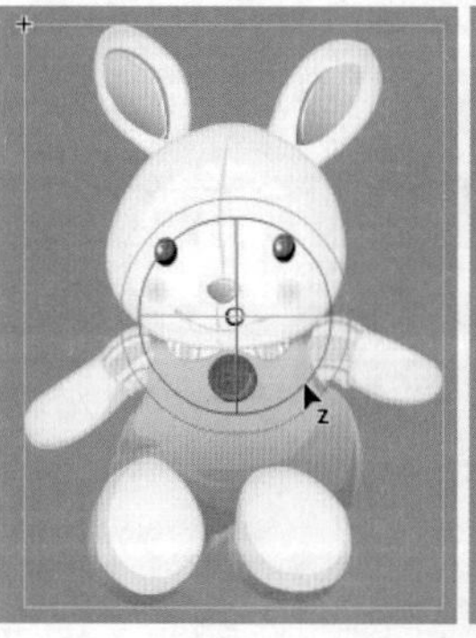
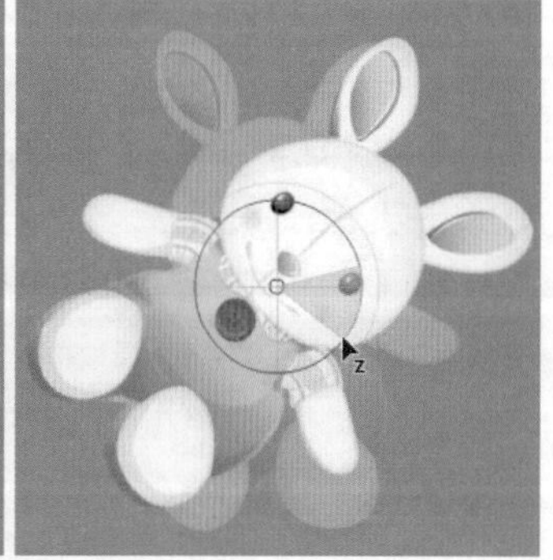

图 3-75 调整 Z 轴

图 3-76　综合调整图像

技巧秒杀

通过“属性”面板中的“3D 定位和视图”选项可以对图像的 X、Y、Z 轴数值进行精细的调整，如图 3-77 所示。

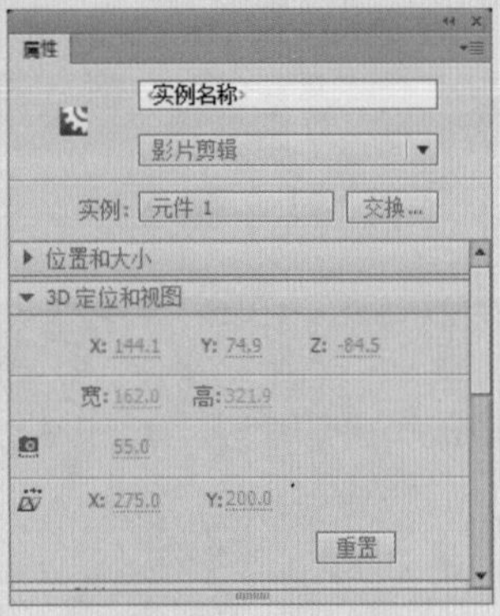

图 3-77　“属性”面板

3.4.2 3D 平移工具

下面介绍 3D 平移工具的使用方法。

执行“文件”→“导入”→“导入到舞台”命令，将一幅图像导入到舞台上，然后选中图像，按 F8 键，弹出“转换为元件”对话框。在“类型”下拉列表框中选择“影片剪辑”选项，完成后单击 确定 按钮，如图 3-78 所示。

在工具箱中选择 3D 平移工具，这时在图像中央会出现一个坐标轴，绿色的为 Y 轴，可以对纵向轴进行调整。按住鼠标左键不放进行拖动的效果如图 3-79 所示。

红色的为 X 轴，可以对横向轴进行调整，按住鼠标左键不放进行拖动的效果如图 3-80 所示。

图 3-78　转换为元件

图 3-79　调整 Y 轴

图 3-80　调整 X 轴

当鼠标移动到中间的黑色圆点时，鼠标右下角又出现一个 Z，表示可以对 Z 轴进行调整。按住鼠标左键不放进行拖动的效果如图 3-81 所示。

图 3-81　调整 Z 轴

3.5 图形的优化与编辑

下面介绍图形的优化与编辑的方法。

3.5.1 优化图形

优化图形是指将图形中的曲线和填充轮廓加以改进，减少用于定义这些元素的曲线数量来平滑曲线，同时减小 Flash 文档（FLA 文件）和导出的 Flash 影片（SWF 文件）的大小。

选择要优化的图形后，执行“修改”→“形状”→“优化”命令，打开“优化曲线”对话框，然后在“优化强度”文本框中输入要优化的数值，如图 3-82 所示。完成后单击 确定 按钮，弹出如图 3-83 所示的提示对话框，用于显示当前的优化程度，单击 确定 按钮即可完成图形的优化操作。

图 3-82 “优化曲线”对话框

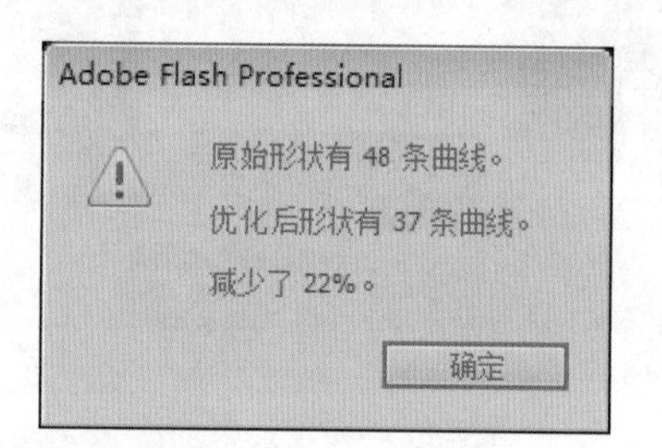

图 3-83 提示优化信息

技巧秒杀

选择图形后，按 Shift+Ctrl+Alt+C 组合键能快速地对图形进行优化。

3.5.2 将线条转换成填充

执行“修改”→“形状”→“将线条转换成填充”命令，将选中的边框线条转换成填充区域，可以对线条的色彩范围做细致的造型编辑，还可避免在视图显示比例被缩小后线条出现的锯齿现象，如图 3-84 所示。

原图　　　　转换后

图 3-84 将线条转换成填充

3.5.3 图形扩展填充

执行“修改”→“形状”→“扩展填充”命令，在打开的“扩展填充”对话框中设置图形的扩展距离与方向，对所选图形的外形进行加粗、细化处理，如图 3-85 所示。完成后单击 确定 按钮即可。

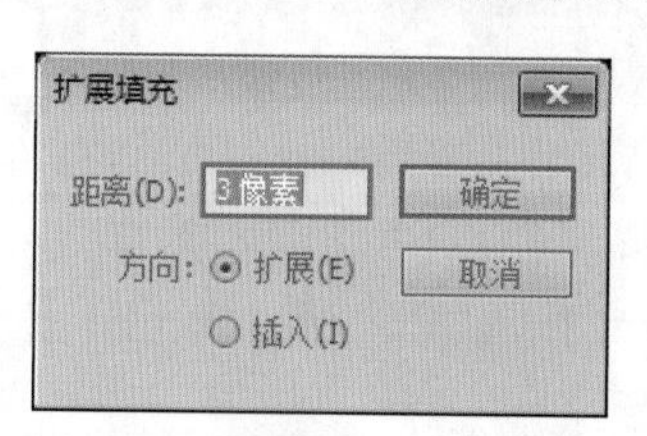

图 3-85 “扩展填充”对话框

知识解析：“扩展填充”对话框

- 距离：设置扩展宽度，以像素为单位。
- 扩展：以图形的轮廓为界，向外扩散、放大填充。
- 插入：以图形的轮廓为界，向内收紧、缩小填充。

如图 3-86 所示就是分别扩展 3 像素与插入 3 像素的图形对比。

扩展 3 像素　　原图　　插入 3 像素

图 3-86　图形扩展与插入

实例操作：转换位图为矢量图

- 光盘 \ 素材 \ 第 3 章 \3.jpg
- 光盘 \ 效果 \ 第 3 章 \ 转换位图为矢量图 .swf

在 Flash CC 中，可以将位图转换为矢量图，便于对图像进行处理，满足动画制作的需求。本例完成后的效果如图 3-87 所示。

图 3-87　完成效果

Step 1 ▶ 新建一个 Flash 文档，执行“文件”→“导入”→“导入到舞台”命令，将一幅图像导入到舞台中，如图 3-88 所示。

Step 2 ▶ 选中导入的图像，执行“修改”→“位图”→“转换位图为矢量图”命令，如图 3-89 所示。

Step 3 ▶ 在打开的“转换位图为矢量图”对话框中进行如图 3-90 所示的设置。

Step 4 ▶ 完成后单击 确定 按钮，即可将位图转换为矢量图。保存文件，然后按 Ctrl+Enter 组合键，导出动画并欣赏最终效果，如图 3-91 所示。

图 3-88　导入图像

图 3-89　执行菜单命令

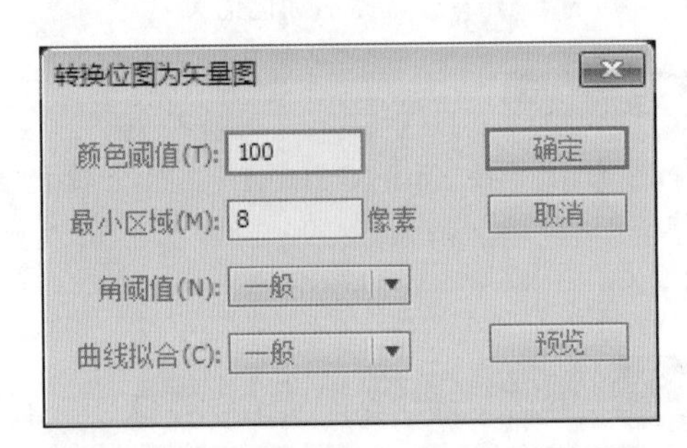

图 3-90　“转换位图为矢量图”对话框

图 3-91　完成效果

知识解析：“转换位图为矢量图”对话框

- 颜色阈值：在文本框中输入色彩容差值。
- 最小区域：色彩转换最小差别范围大小。
- 角阈值：图像转换折角效果。
- 曲线拟合：用于确定绘制的轮廓的平滑程度。

技巧秒杀

将位图转换成矢量图时，设置的颜色阈值越高，转角越多，则取得的矢量图形越清晰，文件越大；设置的色彩阈值越低，折角越少，则转换后图形中的颜色方块越少，文件越小。

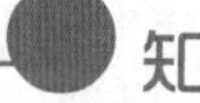

知识大爆炸——使用辅助线来对齐图形

辅助线是 Flash CC 中很重要的一个对齐功能，移动图形时，图形的边缘会出现水平或垂直的虚线，该虚线自动与另一个图形的边缘对齐，以便于确定图形的新位置。其具体操作方法如下。

（1）将要对齐的图形任意放置到舞台中，如图 3-92 所示。

（2）下面以第 3 个图形的顶点为基准水平将这几个图形对齐，首先选中第一个图形，按住鼠标左键向上方拖动，它的边缘会出现水平或垂直的直线，标明其他图形的边界线，当其上方的直线与第 3 个图形的顶点重合时，如图 3-93 所示，松开鼠标即可。

图 3-92　图形对象　　图 3-93　以第 3 个图形为基准对齐

（3）用同样的方法拖动其他图形，如图 3-94 所示，即可得到最后的对齐效果。

图 3-94　对齐效果

01 02 03 04 05 06 07 08 09 10 11 12……

Flash 中的文本处理

本章导读

一个完整的 Flash 作品，除了精美的图像，文字也是不可或缺的元素，在大型 Flash 的制作中，文字甚至可以说是至关重要的。作者所要表达的思想可以通过文字更直观地传达给观赏者，文字的效果也直接影响到整个作品的质量。

将文字放入 Flash 作品中，为使两者在播放时能够完美地结合，这就需要对文字进行特效处理。好的文字效果，对整个作品来讲能起到画龙点睛的神效，要想做到这点，需要创作者具备创作 Flash 文字特效的技术和整体把握作品的能力。本章就介绍 Flash CC 中文本操作的知识与技巧。

4.1 文本工具的基本使用

文本工具T的使用很简单，其基本使用方法与 Photoshop 中的文本工具相同。下面介绍使用文本工具的基本方法。

4.1.1 选择文本工具

选择工具箱中的文本工具T，将鼠标移到舞台中，鼠标变成十字光标并出现字母 T，如图 4-1 所示。

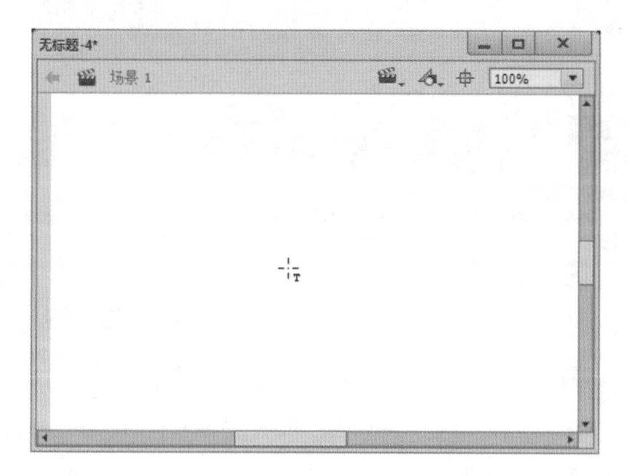

图 4-1　选取文本工具后的光标外形

文本工具的功能是输入和编辑文字。在制作影片时，没有特殊需要一般将文字单独放入一个图层便于对其进行编辑。文字和图形如果在同一图层，则以输入的先后顺序来决定其在舞台中显示的上下关系；在不同图层，则以图层的顺序来决定上下关系。

4.1.2 输入文本

Flash CC 文本工具的输入方式分为两种，即标签输入方式、文本块输入方式。

1. 标签输入方式

在工具箱中选择了文本工具T后，在舞台上单击，出现矩形框加圆形的图标，这便是标签输入方式，用户可直接输入文本，如图 4-2 所示。标签输入方式可随着用户输入文本的增多而自动横向延长，拖动圆形标志可增加文本框的长度，按 Enter 键则是纵向增加行数。

精美动画

图 4-2　标签输入方式

2. 文本块输入方式

选择文本工具后，在舞台上按住鼠标左键不放，横向拖曳到一定位置松开鼠标左键，就会出现矩形框加正方形的图标，这便是文本块输入方式。用户在输入文本时，其文本框的宽度是固定的，不会因为输入的增多而横向延伸，但是文本框会自动换行，如图 4-3 所示。

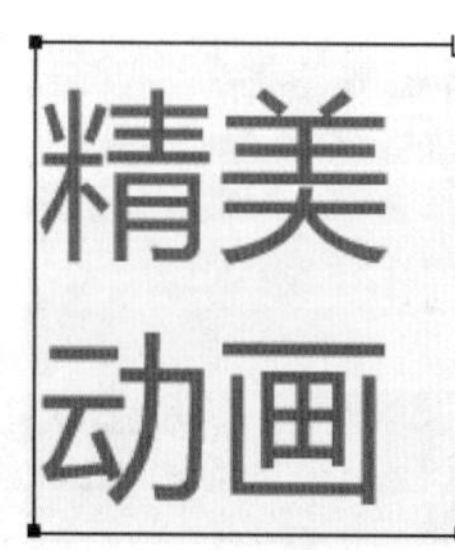

图 4-3　文本块输入方式

技巧秒杀

在文本输入过程中，标签输入方式和文本块输入方式可自由变换。当处于标签输入方式要转换成文本块输入方式时，可通过左右拖曳圆形图标来达到转换的目的。如果处于文本块输入方式向标签输入方式转变时，用户可双击正方形图标切换到标签输入方式中。

4.1.3 修改字形

Flash CC 把输入的文本默认为一个整体的对象，如果想对其中每个字进行修改就必须将其打散。下面就介绍修改字形的方法。

选中输入的文本，按 Ctrl+B 组合键两次，将文本分离，也称为打散，文本转变为独立的矢量图形。使用选择工具可以对它们进行形状上的调整操作，如图 4-4 所示。

图 4-4　修改字形

技巧秒杀

将文字打散后，Flash CC 没有提供任何将矢量文字转变为最初文本的命令，但是可以通过多次按 Ctrl+Z 组合键，返回到前面的操作。

?答疑解惑：

有时输入文字后会出现锯齿，应该怎么让文字平滑显示呢？

为了让文字边缘平滑，用户可以执行“视图”→“预览模式”→“消除文字锯齿”命令解决此问题。

读书笔记

4.1.4 文本的基本属性设置

文本的基本属性包括字体、间距、位置、颜色、呈现方式、对齐方式等。文本的属性设置可以通过文本“属性”面板来完成。选中输入的文本后，文本“属性”面板如图 4-5 所示。

1. 文本类型

Flash 中的文本可以分为静态文本、动态文本和输入文本 3 种类型，可以通过在“属性”面板中的设置来转换文本类型，如图 4-6 所示。

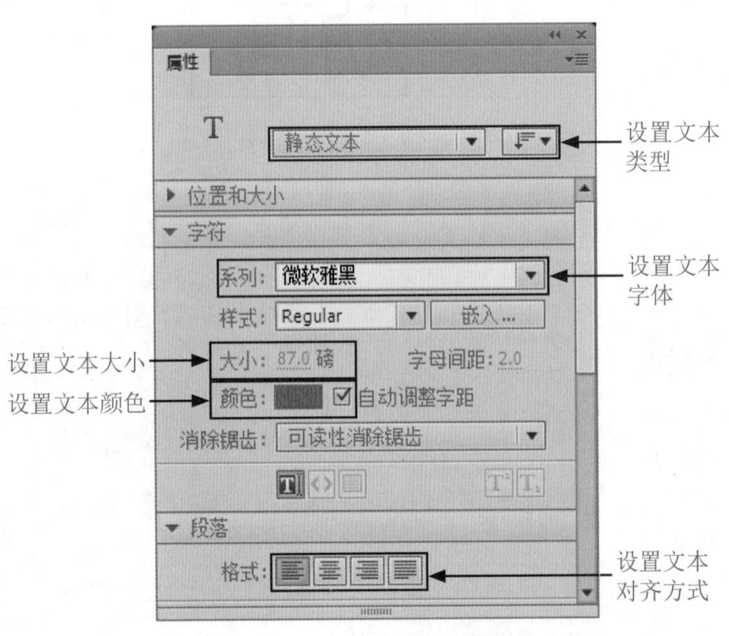

图 4-5　文本“属性”面板

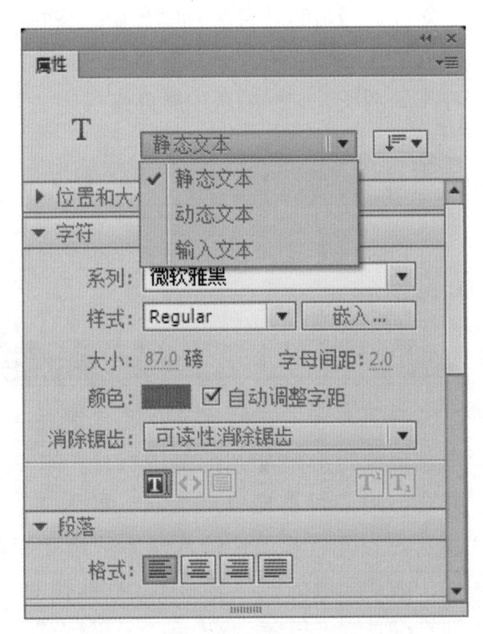

图 4-6　文本类型

知识解析：文本类型

- 静态文本：一般的文字，用于显示影片中的文本内容。
- 动态文本：动态显示文字内容的范围，常用在交互动画中获取并显示指定的信息。
- 输入文本：交互动画在播放时可以输入文字的范围，主要用于获取用户信息。

2. 字体

在文本“属性”面板中，在“字符”选项下的“系列”下拉列表框中选择某种字体作为文本的字体，如图 4-7 所示。也可以通过执行“文本”→“字体”命令，在弹出的快捷菜单中选择一种字体。

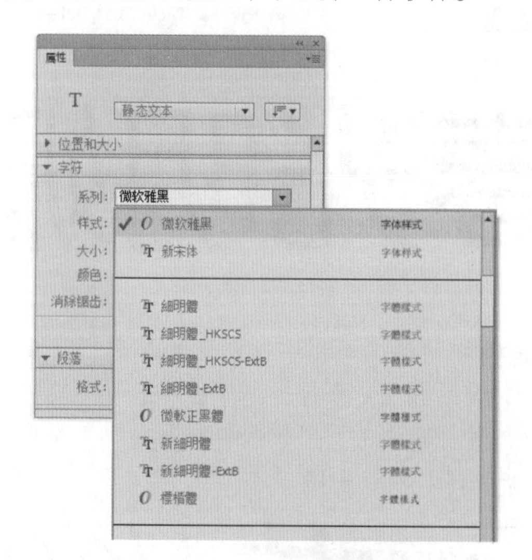

图 4-7 选择字体

3. 字体大小

改变字体大小有 3 种方式。

- 可以通过直接在字体大小文本框中拖动来改变文字的大小。
- 可以直接在字体大小文本框中输入想要的字号，这种方法最准确。
- 执行“文本”→“大小”命令，选择当前文字的字体大小。

4. 文本颜色

要设置或改变当前文本的颜色，可以单击颜色按钮调出颜色样板，如图 4-8 所示。在颜色样板中即可为当前文本选择一种颜色。

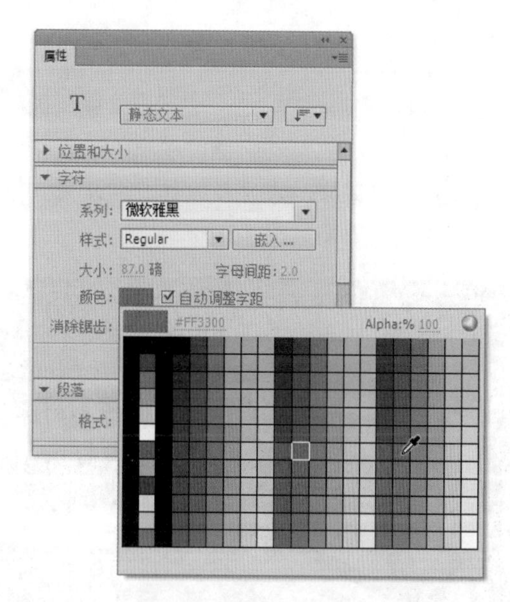

图 4-8 设置文本颜色

5. 改变文本方向

单击“改变文本方向”按钮，在弹出的下拉列表中进行选择，可以改变当前文本输入的方向，如图 4-9 所示。

图 4-9 改变文本方向

6. 文本对齐方式

在“段落”选项组的“格式”栏中提供了 4 个按钮，分别是“左对齐”按钮、“居中对齐”按钮、“右对齐”按钮和“两端对齐”按钮，这 4 个按钮用于设置当前段落选择文本的对齐方式。

读书笔记

实例操作：变形文字

- 光盘 \ 素材 \ 第 4 章 \1.jpg
- 光盘 \ 效果 \ 第 4 章 \ 变形文字 .swf

如果动画中的文字总是一成不变，就不能吸引观看者的注意，不能使他们继续观看下去，动画就不能取得良好的效果。本例就制作一个变形文字的效果，完成后的效果如图 4-10 所示。

图 4-10　完成效果

Step 1 ▶ 启动 Flash CC，选择工具箱中的文本工具T，在“属性”面板上将“字体”设置为“微软雅黑”，将文字大小设置为“118”，将文字颜色设置为“红色”，如图 4-11 所示。

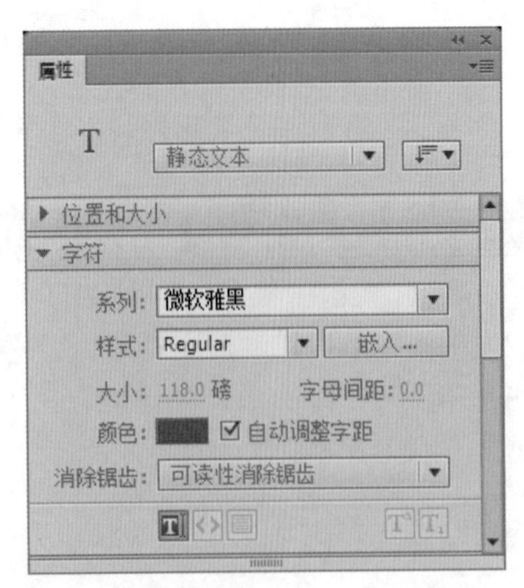

图 4-11　文本“属性”面板

Step 2 ▶ 在舞台上输入文字“春光明媚”，如图 4-12 所示。

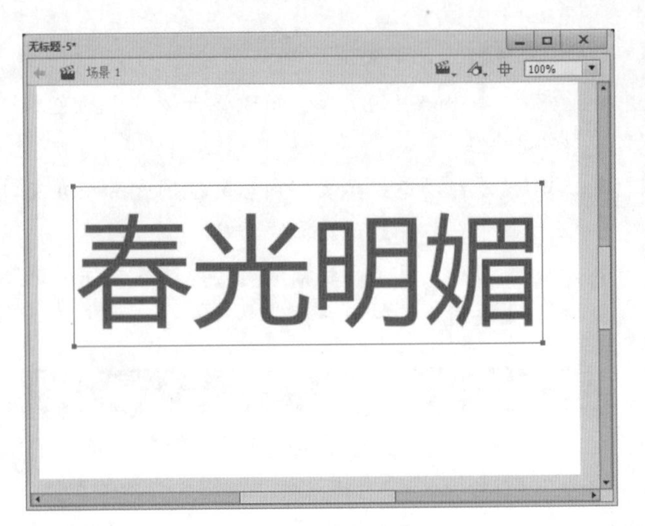

图 4-12　输入文字

Step 3 ▶ 选择输入的文字，连续按两次 Ctrl+B 组合键将文字打散，如图 4-13 所示。

春光明媚

图 4-13　打散文字

Step 4 ▶ 在绘图工具箱中选择任意变形工具，此时文字周围出现变形封套，单击“扭曲”按钮，拖动文字封套的左下控制点和右下控制点实现文字的透视效果，如图 4-14 所示。

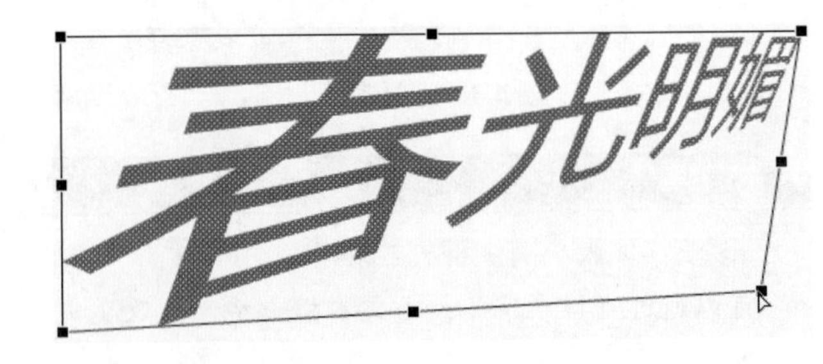

图 4-14　扭曲文字

Step 5 ▶ 分别按 Ctrl+C 组合键、Shift+Ctrl+V 组合键，将文字复制一次并粘贴到原位置，然后按下键盘上的“↓”与“→”键各一次，最后将复制的文字颜色更改为深红色，如图 4-15 所示。

Step 6 ▶ 选择所有的文字，按 Ctrl+G 组合键将文字组合，如图 4-16 所示。

图 4-15　复制并粘贴文字

图 4-16　组合文字

Step 7 ▶ 执行“文件”→“导入”→“导入到舞台”命令，将一幅背景图像导入到舞台上，如图 4-17 所示。

图 4-17　导入背景图像

Step 8 ▶ 在图像上右击，在弹出的快捷菜单中选择“排列”→“移至底层”命令，如图 4-18 所示。

图 4-18　移至底层

Step 9 ▶ 执行“文件”→“保存”命令，保存文件。然后按 Ctrl+Enter 组合键，导出动画并欣赏最终效果，如图 4-19 所示。

图 4-19　完成效果

读书笔记

4.2 文本属性的高级设置

基本属性设置只是对文本的外形进行编辑，本节所介绍的文本属性高级设置将对文本的样式和功能进行设置。同样，文本属性高级设置也是在文本“属性”面板中完成的。

4.2.1 字母间距

字母间距的设置只在文本类型为静态文本时才起作用，用户可以使用它调整选定字符或整个文本块的间距。要设置字母间距，只需在“字母间距”文本框中输入数字即可，如图 4-20 所示。

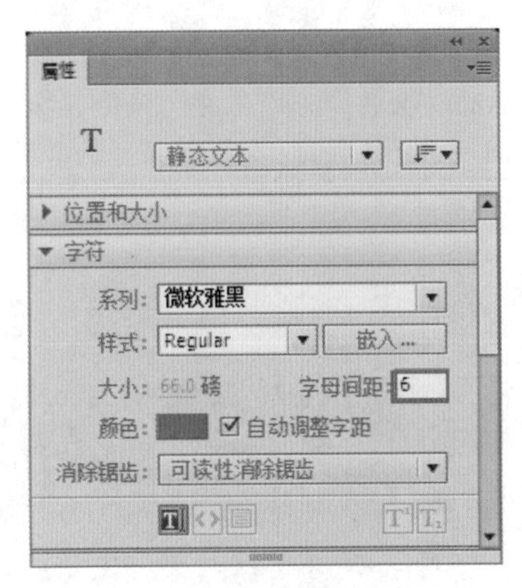

图 4-20　设置“字母间距”

如图 4-21 所示是字母间距为 0 的文字、与字母间距为 9 的文字以及字母间距为 −9 的文字效果。

字母间距为 0

动画制作

字母间距为 9

动 画 制 作

字母间距为 −9

动画制作

图 4-21　文字效果

4.2.2 显示边框

“在文本周围显示边框”按钮只有动态文本和输入文本才有此功能，单击此按钮，在影片输出后，文字的周围会出现矩形线框，如图 4-22 所示。

图 4-22　显示边框

4.2.3 可选文本

单击“可选”按钮，影片输出后，可以对文本进行选取，然后右击，弹出文本的快捷菜单，如图 4-23 所示。

图 4-23　可选文本

读书笔记

如果没有选择此项，影片输出后，不能对文本进行选取，并且右击后弹出的快捷菜单内容也有所不同，如图 4-24 所示。

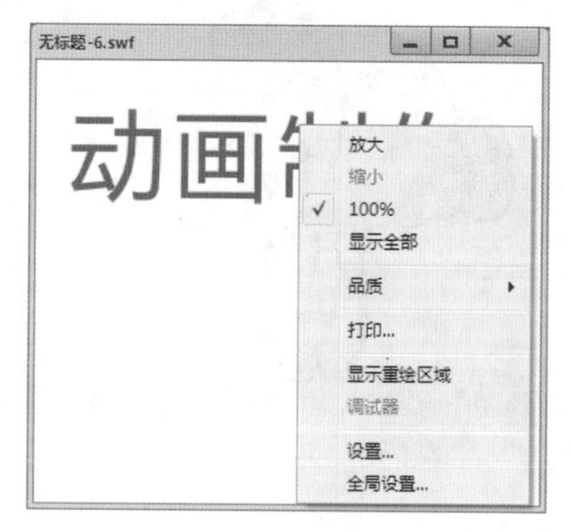

图 4-24　不可选文本

4.2.4 添加 URL 链接

要为输入的文本设置超链接，只需在“属性”面板上的“链接”文本框中输入链接的地址即可，如图 4-25 所示。

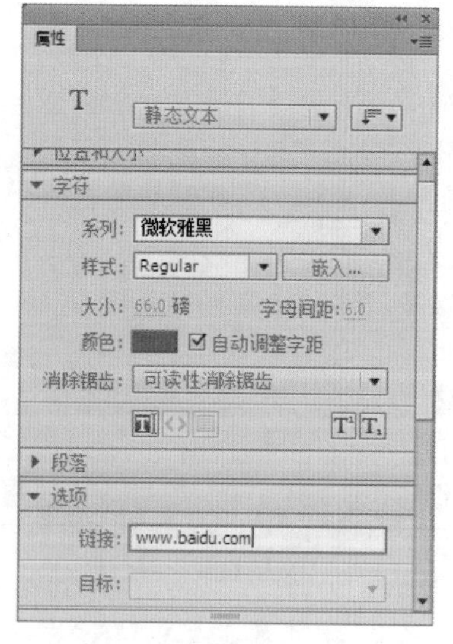

图 4-25　“属性”面板

实例操作：将文字链接到百度壁纸

●光盘 \ 素材 \ 第 4 章 \2.jpg　●光盘 \ 效果 \ 第 4 章 \ 将文字链接到百度壁纸 .swf

本例首先在舞台上导入图像，然后输入文字，最后将文字与百度壁纸进行链接。完成后的效果如图 4-26 所示。

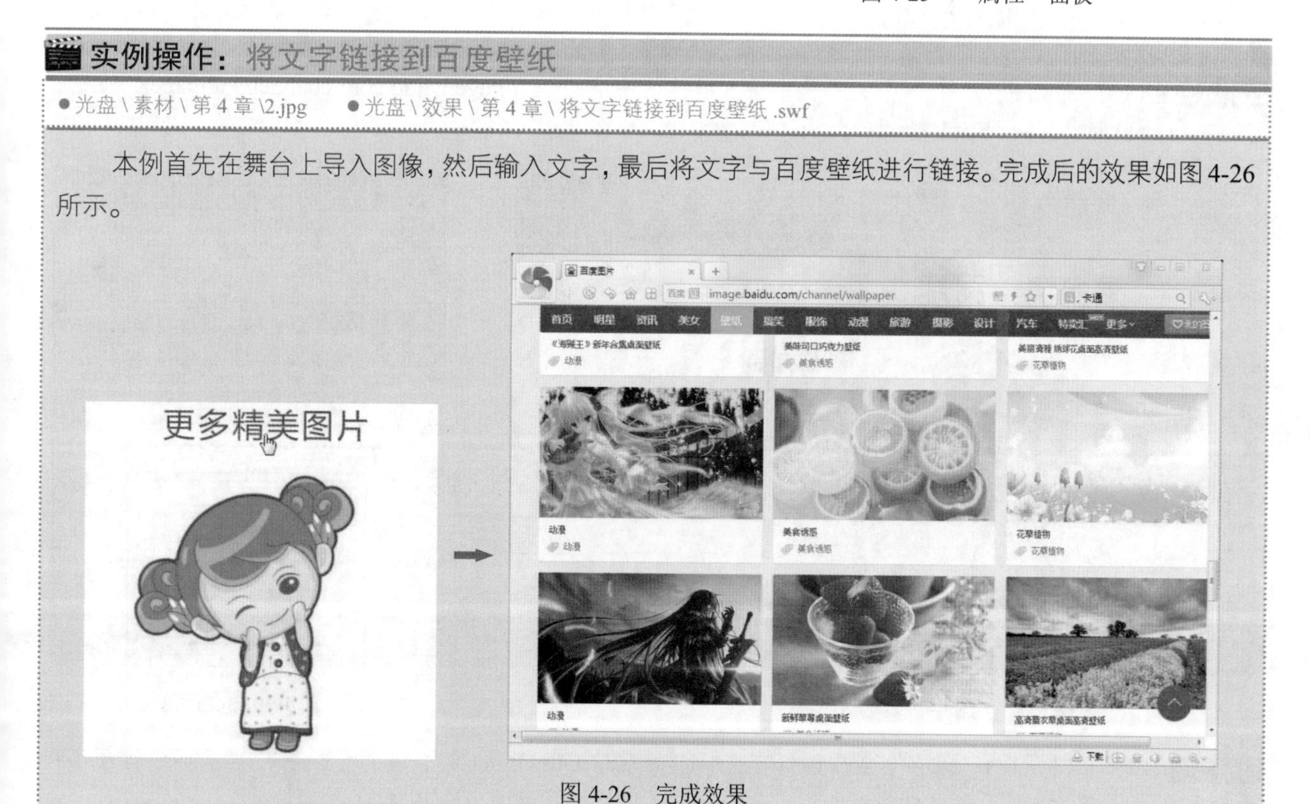

图 4-26　完成效果

Step 1 ▶ 启动 Flash CC，新建一个 Flash 空白文档。执行“修改”→“文档”命令，打开“文档设置”对话框，将“舞台大小”设置为 450×400 像素，如图 4-27 所示。设置完成后单击 确定 按钮。

Step 2 ▶ 执行“文件”→“导入”→“导入到舞台”命令，将一幅图像导入到舞台上，如图 4-28 所示。

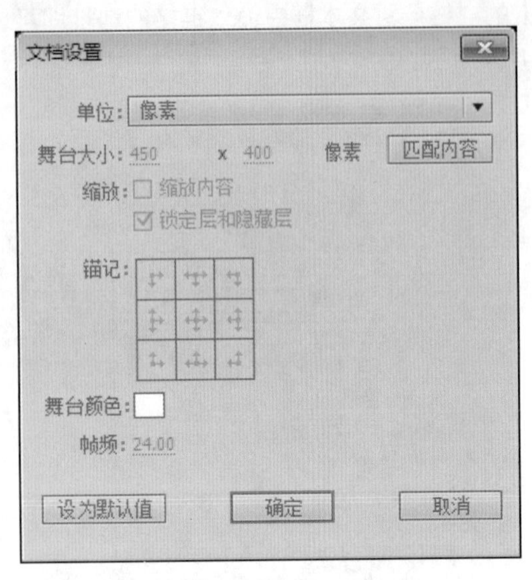

图 4-27 “文档设置”对话框

图 4-28 导入图像

Step 3 ▶ 选择工具箱中的文本工具 T，在舞台上输入文字“更多精美图片”，然后在“属性”面板中将“字体”设置为“微软雅黑”，将文字大小设置为“33”，“字母间距”设置为“3”，将文字颜色设置为“深灰色”，如图 4-29 所示。

Step 4 ▶ 在“属性”面板的“链接”文本框中输入链接的地址 http://image.baidu.com/channel/wallpaper，在“目标”下拉列表框中选择 _blank 选项，如图 4-30 所示。

图 4-29 输入文字

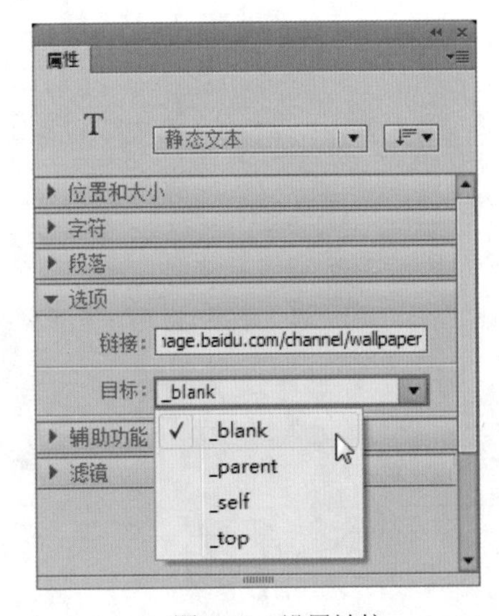

图 4-30 设置链接

Step 5 ▶ 执行“文件”→“保存”命令，保存文件。然后按 Ctrl+Enter 组合键预览效果，当鼠标经过动画中的文本时，鼠标会变成手形，单击文本后，会弹出“百度壁纸”网页，如图 4-31 所示。

图 4-31　完成效果

知识解析：链接“目标”

- _blank：表示将被链接文档载入到新的未命名浏览器窗口中。
- _parent：表示将被链接文档载入到父框架集或包含该链接的框架窗口中。
- _self：表示将被链接文档载入与该链接相同的框架或窗口中。
- _top：表示将被链接文档载入到整个浏览器窗口并删除所有框架。

4.3 文本对象的编辑

下面介绍在 Flash CC 中文本对象的编辑操作。

4.3.1 将文本作为整体对象编辑

对文本进行编辑可以将输入的文本看作一个整体来编辑，也可以将文本中的每个字作为独立的编辑对象。需要改变整体的文本，一般是对文本的字体、大小、颜色、整体的倾斜度等进行调整。对文本中独立的字进行编辑，则多为剪切、复制、粘贴某个文字。

首先使用文本工具T在舞台中输入文本，然后选择工具箱中的选择工具，选择舞台中的文本块，文本块的周围出现蓝色边框，表示文本块已选中，如图 4-32 所示。

选择工具箱中的任意变形工具，文本四周出现调整手柄，并显示出文本的中心点。通过对手柄的拖曳，调整文本的大小、倾斜度、旋转角度，如图 4-33 所示。

图 4-32　选择文本

如果要编辑文本的字体、颜色、字号、样式等属性，只需选中要编辑的文本，然后执行“窗口”→“属性”命令，打开“属性”面板，在“属性”面板中设置相应的属性，如图 4-34 所示。

图 4-33　调整文本

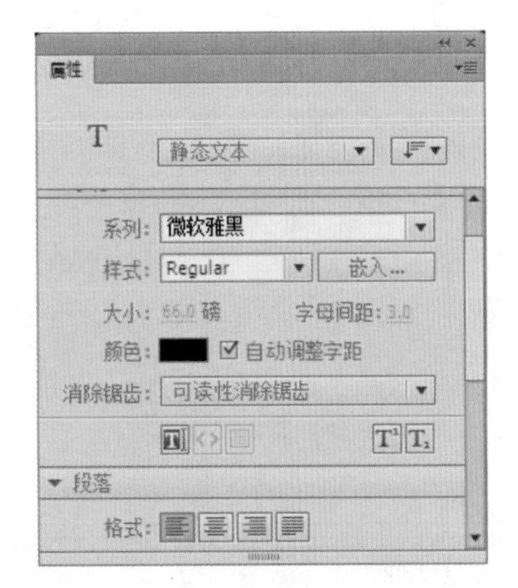

图 4-34　“属性”面板

编辑文本对象中的部分文本，可以使用选择工具双击输入的文本，文本变为可编辑状态，然后就用光标选择需要编辑的文本，选中的文本底色会变为黑色，表示已选中，如图 4-35 所示。

图 4-35　选择部分文本

这时可以对文本进行各种编辑操作，如删除、复制、粘贴、剪切。

- **删除文本**：选择要删除的文字，按 Delete 键或 BackSpace 键。
- **复制文本**：选择要复制的文字，执行“编辑”→“复制”命令（快捷键 Ctrl+C）。
- **粘贴文本**：选择要粘贴的文字，执行“编辑”→“粘贴到当前位置”命令（快捷键 Shift+Ctrl+V）。
- **剪切文本**：选择要剪切的文字，执行“编辑”→“剪切”命令（快捷键 Ctrl+X）。

4.3.2 文字描边

在 Flash CC 中，还可以编辑描边文字效果，沿着文字的轮廓为其添加与文字不同颜色的线条。这种编辑方式只能对被打散为矢量图形的文本使用，如图 4-36 所示为原始文本，如图 4-37 所示为经过打散后的文本。

图 4-36　原始文本

图 4-37　打散后的文本

选择工具箱中的墨水瓶工具，在“属性”面板中设置“笔触”为 5、“样式”为“实线”、“笔触颜色”为黄色，接着在文本图形的边缘按下鼠标左键，为文字描边，如图 4-38 所示。

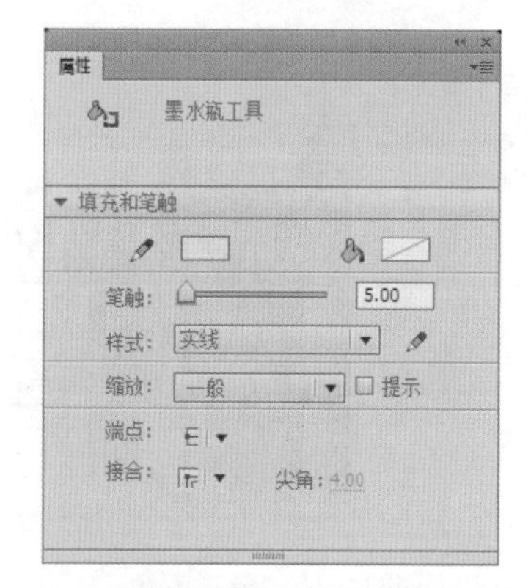

图 4-38　为文字描边

实例操作：斑点文字

- 光盘 \ 素材 \ 第 4 章 \3.jpg
- 光盘 \ 效果 \ 第 4 章 \ 斑点文字 .swf

本例首先输入并打散文字，然后使用墨水瓶工具填充文字，最后选择文字并更改颜色。完成后的效果如图 4-39 所示。

图 4-39　完成效果

Step 1 启动 Flash CC，选择文本工具T，在“属性”面板中设置字体为“黑体”，“大小”为 166，“颜色”为红色，如图 4-40 所示。

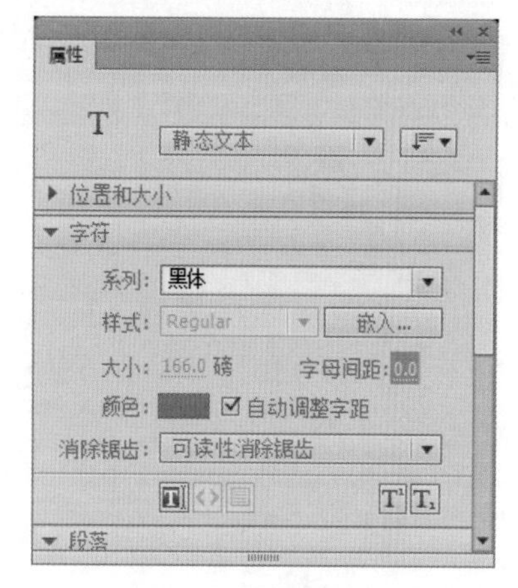

图 4-40　设置文本属性

Step 2 在舞台上输入文字“森”，如图 4-41 所示。

图 4-41　输入文本

Step 3 使用选择工具选中文字，然后按 Ctrl+B 组合键打散文字，如图 4-42 所示。

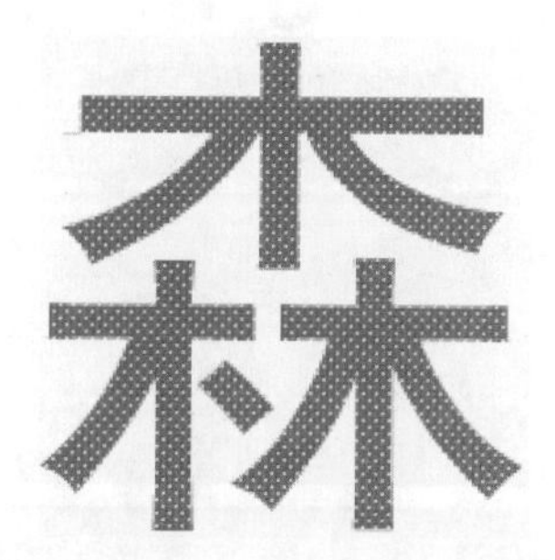

图 4-42　打散文字

Step 4 保持文字的选择状态，选择工具箱中的墨水瓶工具，然后在“属性”面板中设置颜色为“黄色”，“笔触”为 10，“样式”为“点刻线”，如图 4-43

所示。

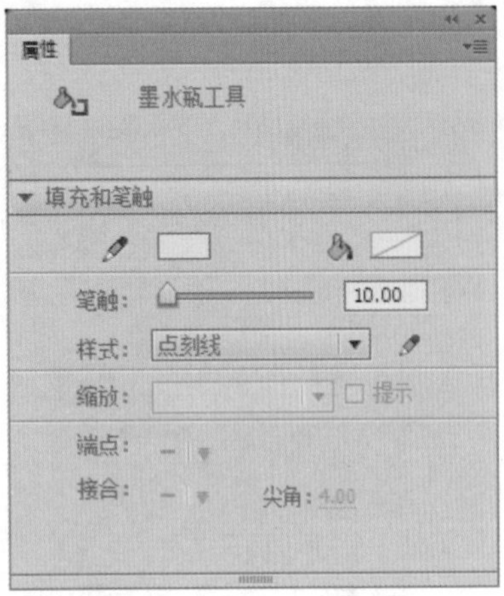

图 4-43 “属性”面板

Step 5 ▸ 在文本的边缘按下鼠标左键，为文字描边，如图 4-44 所示。

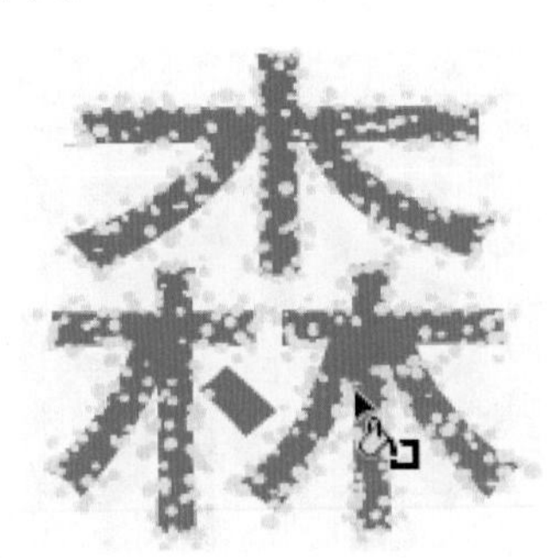

图 4-44 为文字描边

Step 6 ▸ 使用选择工具框选文字的下半部分，如图 4-45 所示。

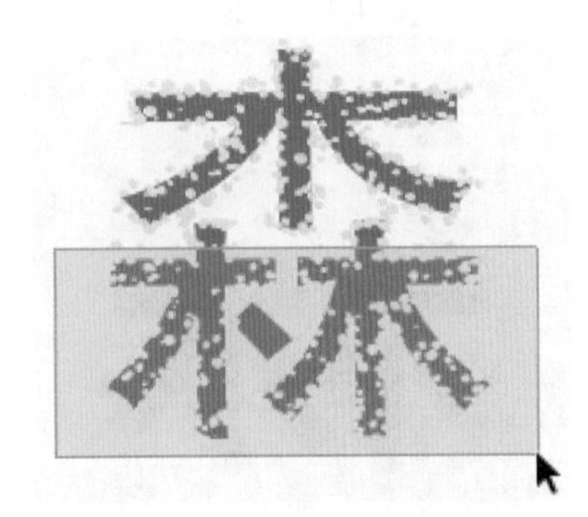

图 4-45 选择文字下半部分

Step 7 ▸ 在“属性”面板中将填充颜色更改为紫色，如图 4-46 所示。

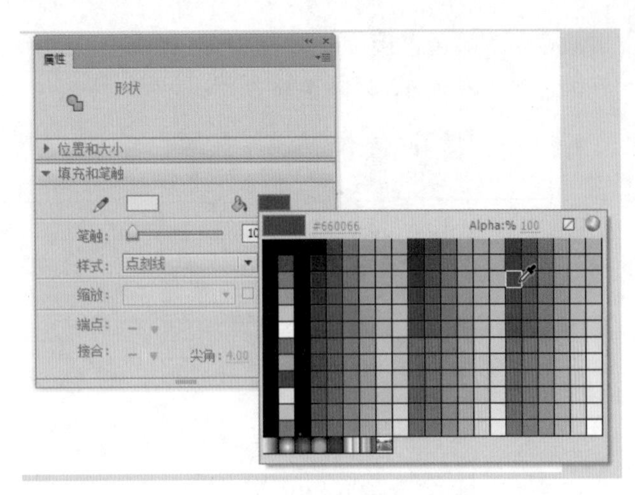

图 4-46 更改颜色

Step 8 ▸ 选择整个文字，按 Ctrl+G 组合键进行组合，如图 4-47 所示。

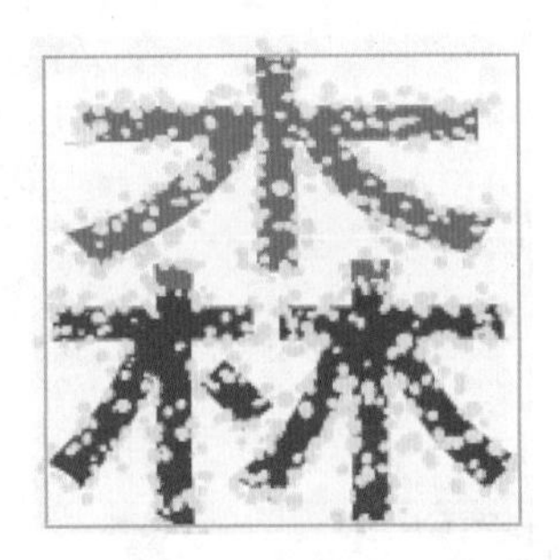

图 4-47 组合文字

Step 9 ▸ 执行“文件”→“导入”→“导入到舞台”命令，将一幅背景图像导入到舞台上，如图 4-48 所示。

图 4-48 导入图像

Step 10 ▶ 右击导入的图像，在弹出的快捷菜单中选择“排列”→“下移一层”命令，如图 4-49 所示。

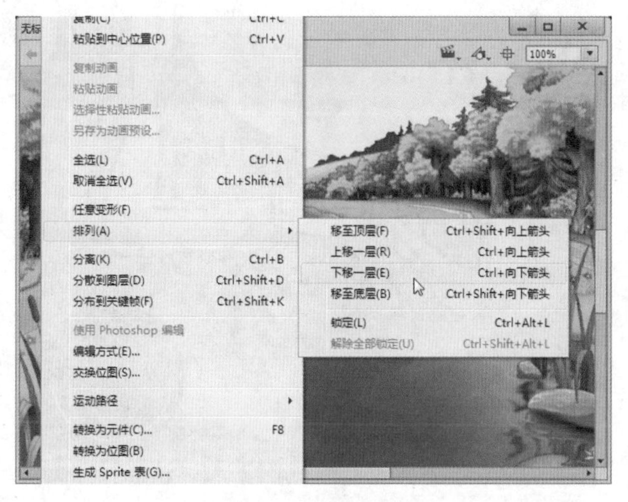

图 4-49　排列图像

Step 11 ▶ 保存文件，按 Ctrl+Enter 组合键，欣赏本例的完成效果，如图 4-50 所示。

图 4-50　完成效果

知识大爆炸 ——输入文本的知识

输入文本多用于登录表、留言簿等一些需要用户输入文本的动画页面。它是一种交互性运用的文本格式，用户可在其中即时输入文本。该文本类型最难得的便是有密码输入类型，即用户输入的文本均以星号显示。

使用文本工具 **T** 在舞台中拖曳一个大小合适的文本框，然后在文本框中输入文本。在“属性”面板中设置文本类型为输入文本，“行为”类型为“密码”，如图 4-51 所示。

制作完成后，按 Ctrl+Enter 组合键测试效果，如图 4-52 所示。

图 4-51　“属性”面板

图 4-52　测试效果

01 02 03 04 05 06 07 08 09 10 11 12 ……

时间轴、帧与场景的编辑

本章导读

本章主要介绍 Flash 动画的基础知识，包括时间轴、帧与场景的操作。通过对这些知识的学习，了解帧的类型，掌握帧的各种操作方法与场景的编辑。帧的操作是制作动画的基本操作，在以后多数复杂动画的制作中，帧的使用是至关重要的。

5.1 时间轴与帧

Flash 动画的制作原理与电影、电视一样，也是利用视觉原理，用一定的速度播放一幅幅内容连贯的图片，从而形成动画。在 Flash 中，“时间轴”面板是创建动画的基本面板，而时间轴中的每一个方格称为一个帧，帧是 Flash 中计算动画时间的基本单位。

5.1.1 时间轴

“时间轴”面板位于舞台的上方，也可以根据使用习惯拖动到舞台上的任意位置，成为浮动面板。如果时间轴目前不可见，可以执行“窗口”→“时间轴”命令或按 Ctrl+Alt+T 组合键将其显示出来，如图 5-1 所示。

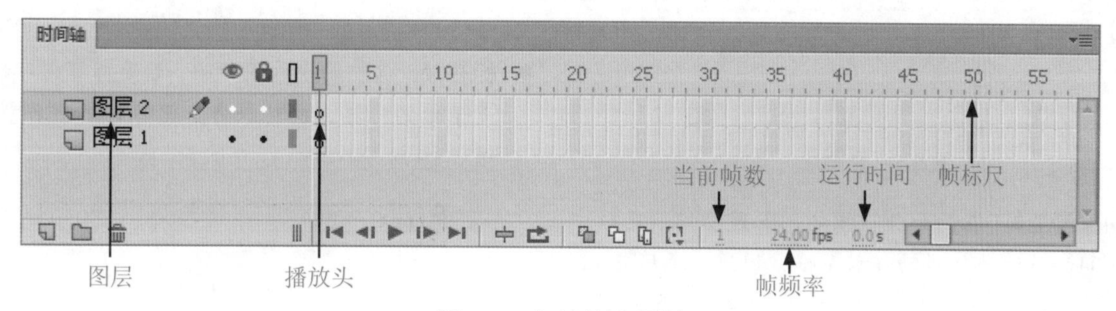

图 5-1 “时间轴”面板

知识解析：“时间轴”面板

- 图层：图层可以看成是叠放在一起的透明的胶片，如果层上没有任何东西，就可以透过它直接看到下一层。所以可以根据需要，在不同层上编辑不同的动画而互不影响，在放映时得到合成的效果。
- 播放头：播放头指示当前在舞台中显示的帧。
- 帧标尺：帧标尺上显示了帧数，通常 5 帧一格。
- 当前帧数：显示选中的帧数。
- 帧频率：帧频用每秒帧数（fps）来度量，表示每秒播放多少个帧，它是动画的播放速度。
- 运行时间：表示动画在当前帧的运行时间。

所有的图层排列于“时间轴”面板的左侧，每个层排一行，每一个层都由帧组成。时间轴的状态显示在时间轴的底部，包括“当前帧数”“帧频率”“运行时间”。需要注意的是，当动画播放时，实际显示的帧频率与设定的帧频率不一定相同，这与计算机的性能有关。

帧频用每秒帧数（fps）来度量，表示每秒播放多少个帧，它是动画的播放速度。

5.1.2 帧

动画实际上是一系列静止的画面，利用人眼会对运动物体产生视觉残像的原理，通过连续播放对人的感官造成的一种“动画”效果。Flash 中的动画都是通过对时间轴中的帧进行编辑而制作完成的。

在 Flash CC 的时间轴上设置不同的帧，会以不同的图标来显示。下面介绍帧的类型及其所对应的图标和用法。

- 空白帧：帧中不包含任何对象（如图形、声音和影片剪辑等），相当于一张空白的影片，表示什么内容都没有，如图 5-2 所示。

图 5-2 空白帧

- 关键帧：关键帧中的内容是可编辑的，黑色实心圆点表示关键帧，如图 5-3 所示。

图 5-3　关键帧

◆ 空白关键帧：空白关键帧与关键帧的性质和行为完全相同，但不包含任何内容，空心圆点表示空白关键帧。当新建一个层时，会自动新建一个空白关键帧，如图 5-4 所示。

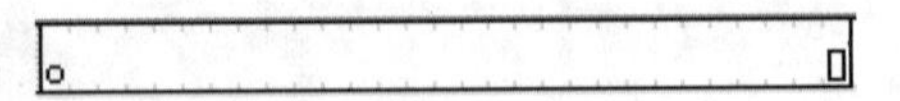

图 5-4　空白关键帧

◆ 普通帧：普通帧一般是为了延长影片播放的时间而使用，在关键帧后出现的普通帧为灰色，如图 5-5 所示，在空白关键帧后出现的普通帧为白色。

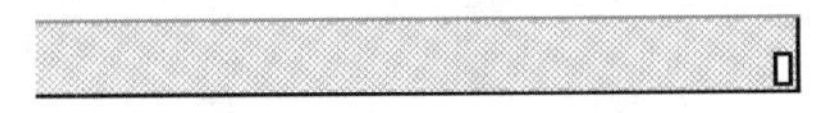

图 5-5　普通帧

◆ 动作渐变帧：在两个关键帧之间创建动作渐变后，中间的过渡帧称为动作渐变帧，用浅蓝色填充并用箭头连接，表示物体动作渐变的动画，如图 5-6 所示。

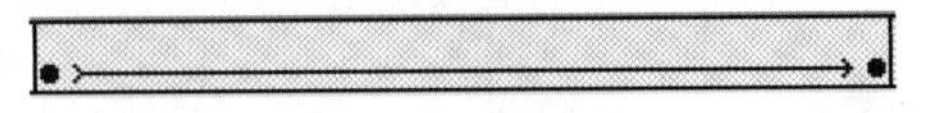

图 5-6　位置渐变帧

◆ 形状渐变帧：在两个关键帧之间创建形状渐变后，中间的过渡帧称为形状渐变帧，用浅绿色填充并由箭头连接，表示物体形状渐变的动画，如图 5-7 所示。

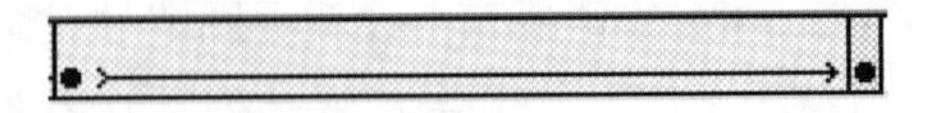

图 5-7　形状渐变帧

◆ 不可渐变帧：在两个关键帧之间创建动作渐变或形状渐变不成功，用浅蓝色填充并由虚线连接的帧，或用浅绿色填充并由虚线连接的帧，如图 5-8 所示。

图 5-8　不可渐变帧

◆ 动作帧：为关键帧或空白关键帧添加脚本后，帧上出现字母 α，表示该帧为动作帧，如图 5-9 所示。

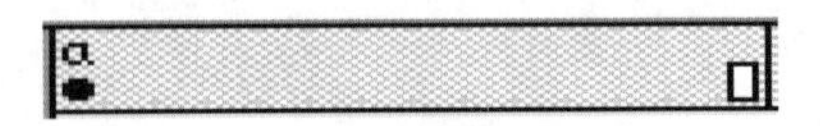

图 5-9　动作帧

◆ 标签帧：以一面小红旗开头，后面标有文字的帧，表示帧的标签，也可以将其理解为帧的名字，如图 5-10 所示。

图 5-10　标签帧

◆ 注释帧：以双斜杠为起始符，后面标有文字的帧，表示帧的注释。在制作多帧动画时，为了避免混淆，可以在帧中添加注释，如图 5-11 所示。

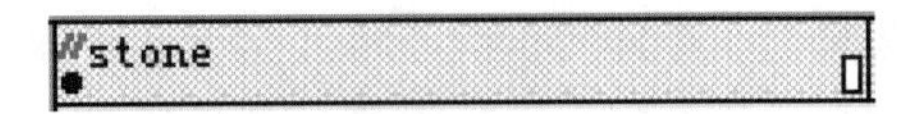

图 5-11　注释帧

◆ 锚记帧：以锚形图案开头，同样后面可以标有文字，如图 5-12 所示。

图 5-12　锚记帧

5.2 编辑帧

编辑帧的操作是 Flash CC 制作动画的基础，下面就来学习帧的编辑操作。

5.2.1 移动播放指针

播放指针用来指定当前舞台显示内容所在的帧。在创建了动画的时间轴上，随着播放指针的移动，舞台中的内容也会发生变化，如图 5-13 所示。当播放指针分别在第 6 帧和在第 38 帧时，舞台中的动画元素发生了变化。

播放指针在第 6 帧上

播放指针在第 38 帧上

图 5-13　播放指针位置不同，舞台的图形也不同

?答疑解惑：

播放指针可以在时间轴上无限移动吗？

指针的移动并不是无限的，当移动到时间轴中定义的最后一帧时，指针便不能再拖曳，没有进行定义的帧是播放指针无法到达的。

5.2.2 插入帧

在时间轴上需要插入帧的位置右击，在弹出的快捷菜单中选择“插入帧”命令，或在选择该帧后按 F5 键，即可在该帧处插入过渡帧，其作用是延长关键帧的作用和时间，如图 5-14 所示。

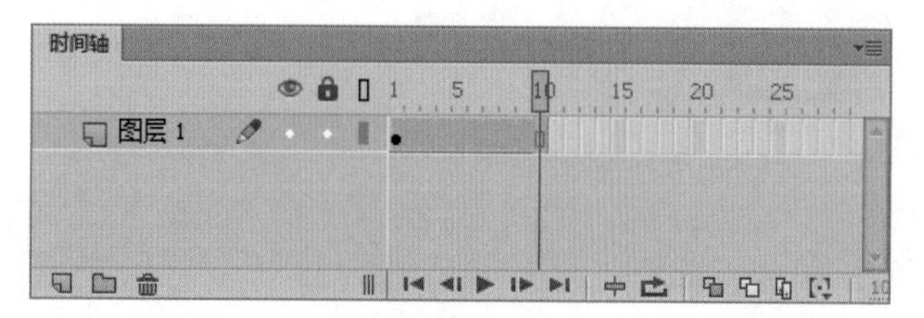

图 5-14　插入帧

5.2.3 插入关键帧

在时间轴上需要插入关键帧的位置右击，在弹出的快捷菜单中选择“插入关键帧”命令，或选择该帧后按 F6 键，如图 5-15 所示。

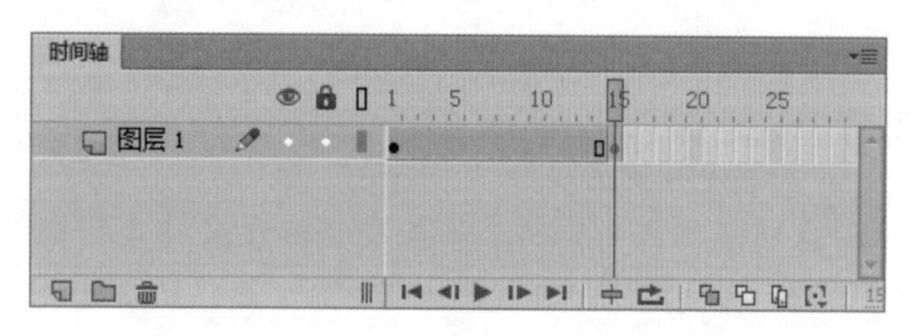

图 5-15　插入关键帧

5.2.4 插入空白关键帧

在时间轴上需要插入空白关键帧的位置右击，在弹出的快捷菜单中选择“插入空白关键帧”命令或按 F7 键，即可在指定位置创建空白关键帧，其作用是将关键帧的作用时间延长至指定位置，如图 5-16 所示。

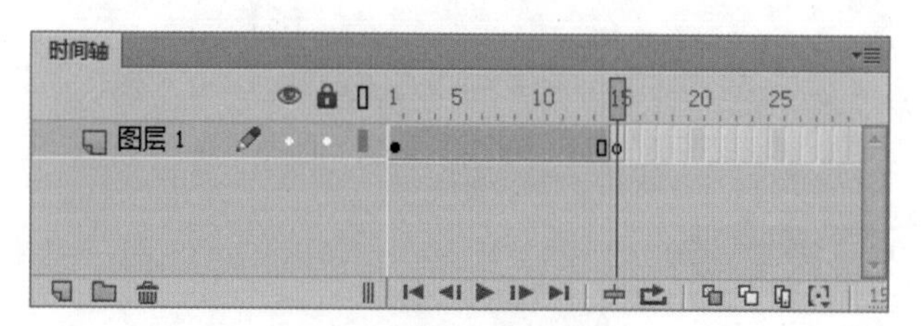

图 5-16　插入空白关键帧

读书笔记

5.2.5 选取帧

帧的选取可分为单个帧的选取和多个帧的选取。对单个帧的选取有以下几种方法。

◆ 单击要选取的帧，如图 5-17 所示。

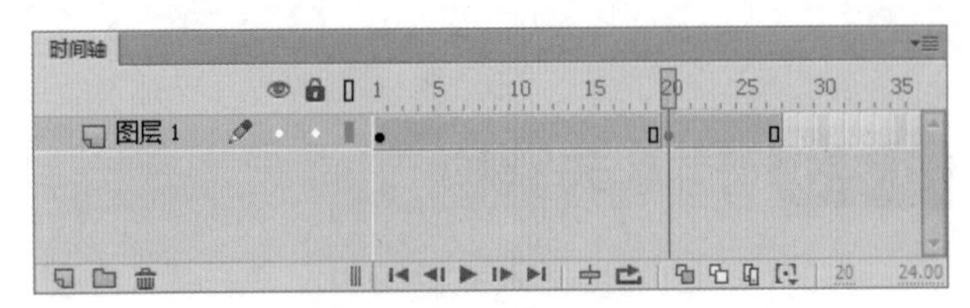

图 5-17　选取第 20 帧

◆ 选取该帧在舞台中的内容来选中帧。

◆ 若某图层只有一个关键帧，可以通过单击图层名来选取该帧。被选中的帧显示为蓝色。

对多个帧的选取有以下几种方法：

◆ 在所要选择的帧的头帧或尾帧按住鼠标左键不放，拖曳鼠标到所要选的帧的另一端，从而选中多个连续的帧。

◆ 先选中所要选择的帧的头帧或尾帧，按住 Shift 键，再单击所选多个帧的另一端，从而选中多个连续的帧。

◆ 单击图层，选中该图层所有定义了的帧，如图 5-18 所示。

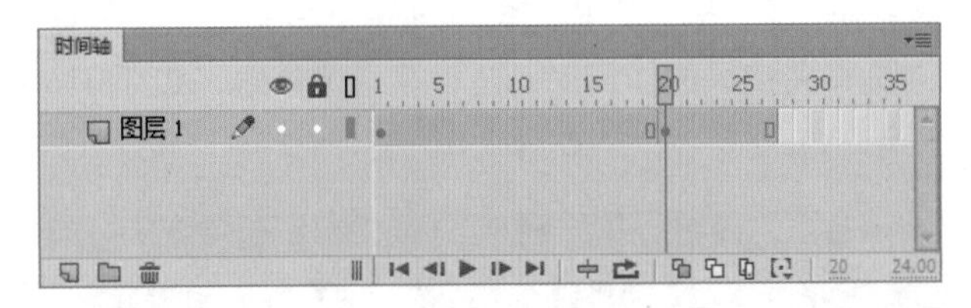

图 5-18　选取多个连续的帧

读书笔记

实例操作：听耳机的小姑娘

● 光盘 \ 素材 \ 第 5 章 \caodi.jpg、nvhai.png
● 光盘 \ 效果 \ 第 5 章 \ 听耳机的小姑娘 .swf

本例通过插入空白关键帧与关键帧来制作，使小女孩嘴型变化的动作自然有序地执行。完成后的效果如图 5-19 所示。

图 5-19　完成效果

Step 1 ▶ 启动 Flash CC，新建一个 Flash 空白文档。执行“修改”→“文档”命令，打开“文档设置”对话框，将“舞台大小”设置为 600×420 像素，如图 5-20 所示。设置完成后单击 确定 按钮。

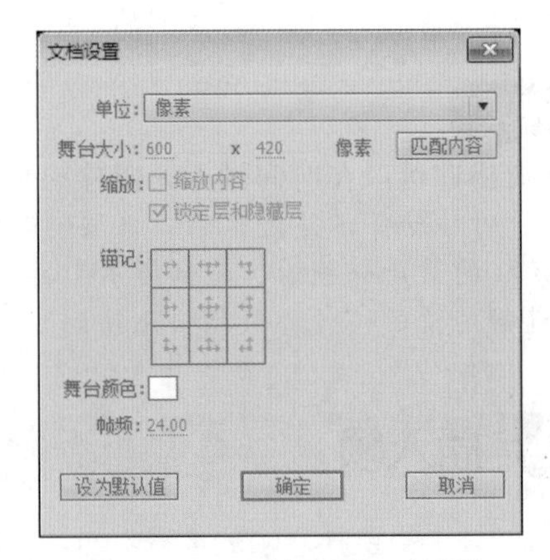

图 5-20　“文档设置”对话框

Step 2 ▶ 执行“文件”→“导入”→“导入到舞台”命令，将一幅背景图片导入到舞台上，如图 5-21 所示。

图 5-21　导入背景图像

Step 3 ▶ 执行“文件”→“导入”→“导入到舞台”命令，将一幅小女孩图片导入到舞台上，如图 5-22 所示。

图 5-22　导入女孩图像

Step 4 ▶ 在“时间轴”面板上单击按钮，新建图层 2，如图 5-23 所示。

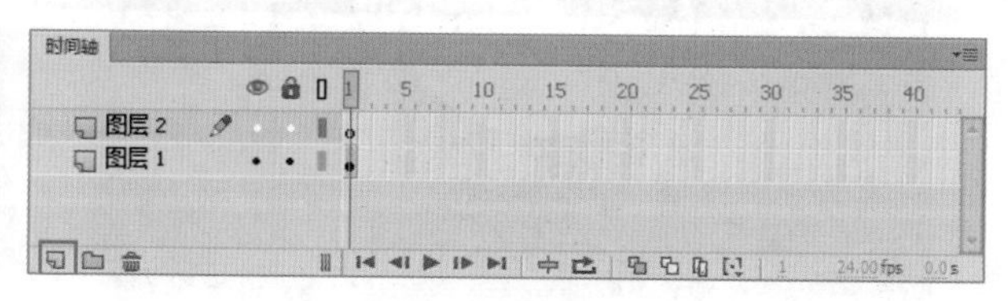

图 5-23　新建图层

Step 5 ▶ 使用铅笔工具在图层 2 的第 1 帧处绘制小女孩的嘴巴，如图 5-24 所示。

图 5-24　绘制嘴巴

Step 6 ▶ 分别在图层 1、图层 2 的第 15 帧处按 F5 键插入帧，如图 5-25 所示。

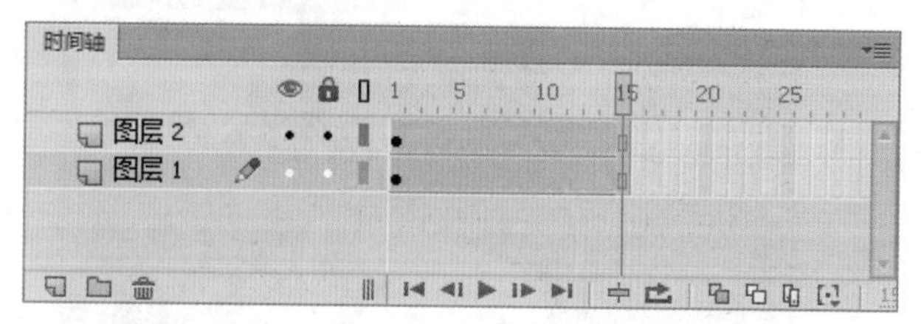

图 5-25　插入帧

Step 7 ▶ 在“时间轴”面板上单击按钮，新建图层 3，如图 5-26 所示。

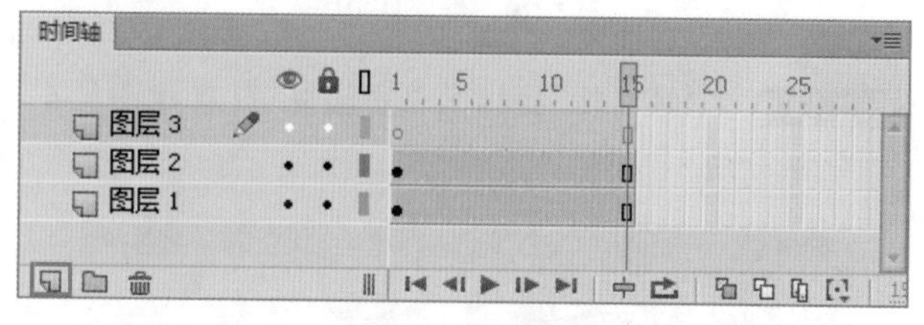

图 5-26　新建图层

Step 8 ▶ 在图层 2 的第 8 帧处按 F7 键，插入空白关键帧，如图 5-27 所示。

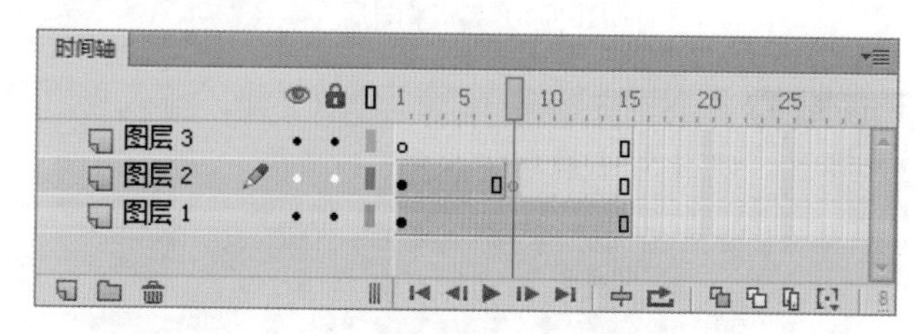

图 5-27　插入空白关键帧

Step 9 ▶ 在图层 3 的第 8 帧处按 F6 键，插入关键帧，如图 5-28 所示。

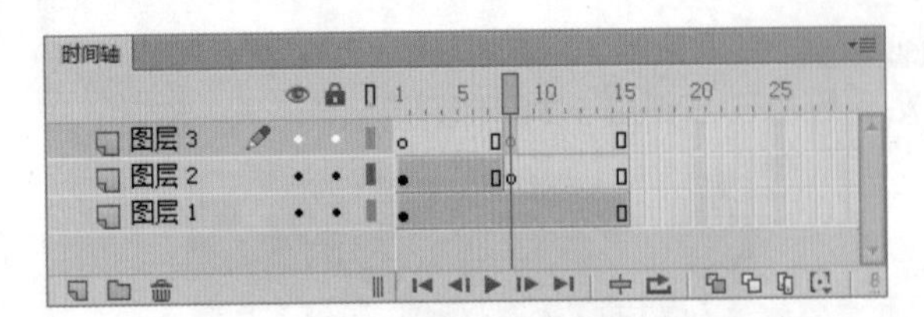

图 5-28 插入关键帧

Step 10 ▶ 使用铅笔工具在图层 3 的第 8 帧处绘制小女孩的嘴巴，如图 5-29 所示。

图 5-29 绘制嘴巴

Step 11 ▶ 在“时间轴”面板上单击按钮，新建图层 4，如图 5-30 所示。

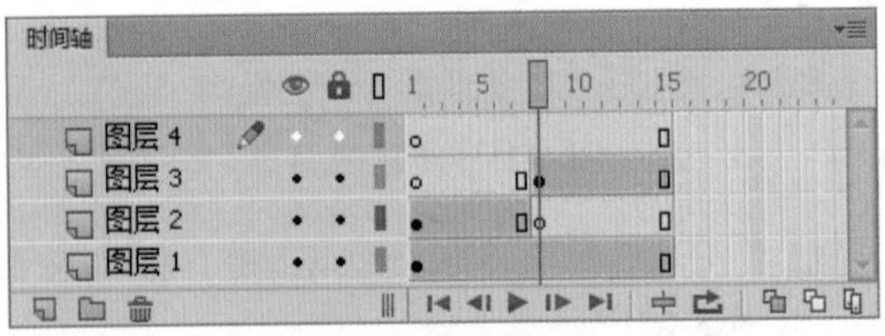

图 5-30 新建图层

Step 12 ▶ 在图层 3 的第 12 帧处按 F7 键，插入空白关键帧，如图 5-31 所示。

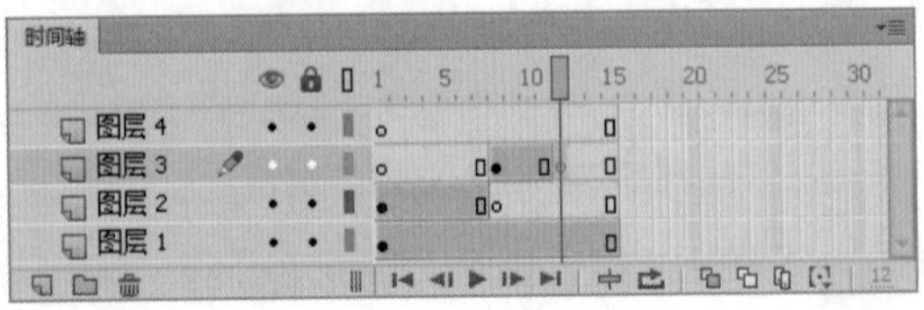

图 5-31 插入空白关键帧

Step 13 ▶ 在图层 4 的第 12 帧处按 F6 键，插入关键帧，如图 5-32 所示。

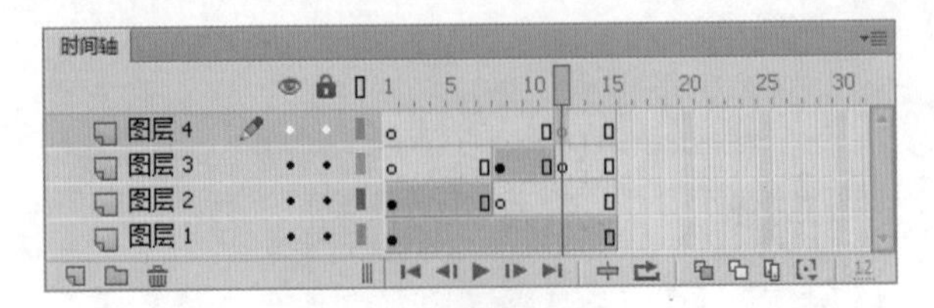

图 5-32 插入关键帧

Step 14 ▶ 使用铅笔工具在图层 4 的第 12 帧处绘制小女孩的嘴巴，如图 5-33 所示。

图 5-33 绘制嘴巴

Step 15 ▶ 执行“文件”→“保存”命令，保存文件。然后按 Ctrl+Enter 组合键，导出动画并欣赏最终效果，如图 5-34 所示。

图 5-34 完成效果

图 5-34　完成效果（续）

技巧秒杀

本例背景必须要使用卡通风格的，如果使用现实中的风景图片作为背景，就会与整个动画格格不入。

5.2.6 删除帧

在时间轴上选择需要删除的一个或多个帧，然后右击，在弹出的快捷菜单中选择“删除帧”命令，即可删除被选择的帧。若删除的是连续帧中间的某一个或几个帧，后面的帧会自动提前填补空位。Flash 的时间轴上，两个帧之间是不能有空缺的。如果要使两帧间不出现任何内容，可以使用空白关键帧，如图 5-35 所示。

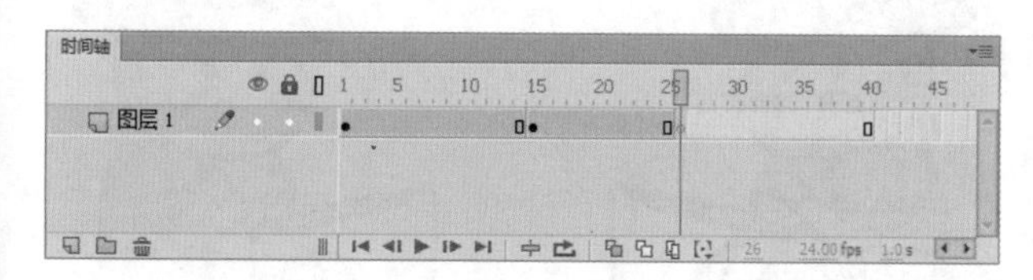

图 5-35　删除帧

5.2.7 剪切帧

在时间轴上选择需要剪切的一个或多个帧，然后右击，在弹出的快捷菜单中选择“剪切帧”命令，即可剪切掉所选择的帧，被剪切后的帧保存在 Flash 的剪贴板中，可以在需要时将其重新使用，如图 5-36 所示。

帧剪切前

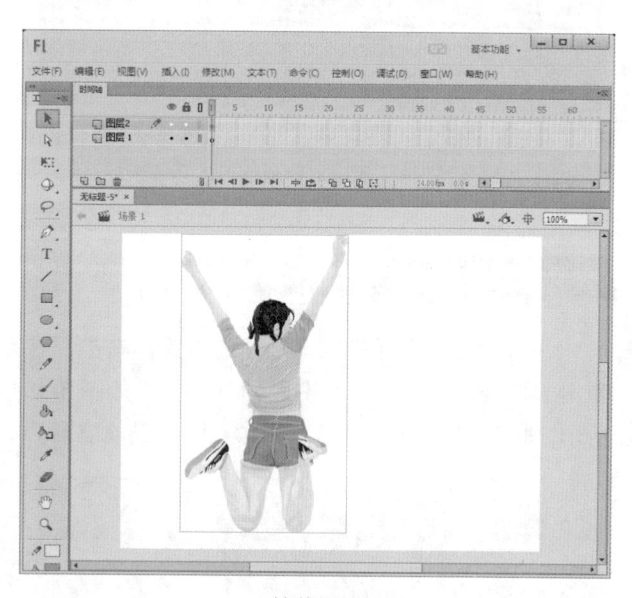

帧剪切后

图 5-36　帧剪切前后舞台的比较

读书笔记

5.2.8 复制帧

用鼠标选择需要复制的一个或多个帧，然后右击，在弹出的快捷菜单中选择“复制帧”命令，即可复制所选择的帧，如图 5-37 所示。

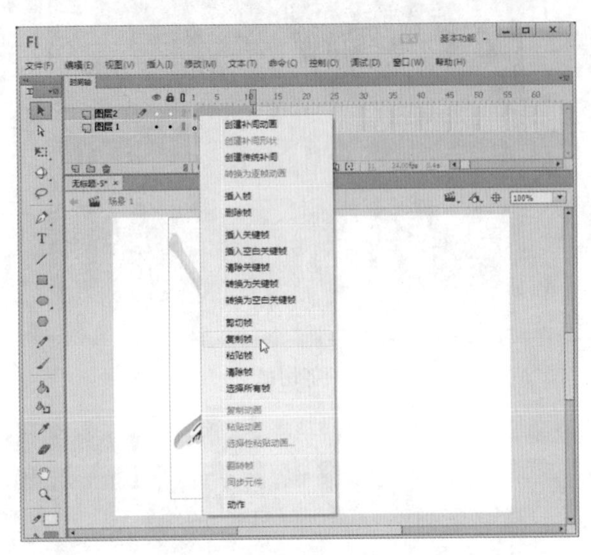

图 5-37　选择“复制帧”命令

5.2.9 粘贴帧

在时间轴上选择需要粘贴帧的位置，右击，在弹出的快捷菜单中选择“粘贴帧”命令，如图 5-38 所示，即可将复制或者被剪切的帧粘贴到当前位置。

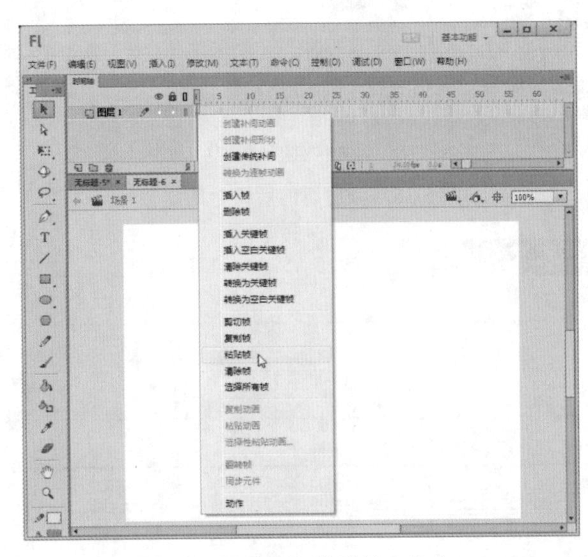

图 5-38　选择“粘贴帧”命令

可以用鼠标选择一个或者多个帧后，按住 Alt 键不放，拖动选择的帧到指定的位置，这种方法也可以把所选择的帧复制粘贴到指定位置。

5.2.10 移动帧

用户可以将已经存在的帧和帧序列移动到新的位置，以便对时间轴上的帧进行调整和重新分配。

如果要移动单个帧，可以先选中此帧，然后在此帧上按住鼠标左键不放并进行拖动。用户可以在本图层的时间轴上进行拖动，也可以移动到其他时间轴上的任意位置。

如果需要移动多个帧，同样在选中要移动的所有帧后，使用鼠标对其拖动，移动到新的位置释放鼠标即可。

5.2.11 翻转帧

翻转帧的功能可以使所选定的一组帧按照顺序翻转过来，使最后一帧变为第 1 帧，第 1 帧变为最后一帧，反向播放动画。其方法是在时间轴上选择需要翻转的一段帧，然后右击，在弹出的快捷菜单中选择“翻转帧”命令，即可完成翻转帧的操作，如图 5-39 所示。

使用“翻转帧”命令之前

使用“翻转帧”命令之后

图 5-39　使用“翻转帧”命令前后比较

读书笔记

实例操作：调皮的小兔子

- 光盘 \ 素材 \ 第 5 章 \t1.jpg、t2.jpg、t3.jpg、bj.jpg
- 光盘 \ 效果 \ 第 5 章 \ 调皮的小兔子 .swf

本例制作一个调皮的小兔子动画，使用翻转帧功能使小兔子的动作反复连贯，完成后的效果如图 5-40 所示。

图 5-40　完成效果

Step 1 启动 Flash CC，新建一个 Flash 空白文档。执行“修改”→“文档”命令，打开“文档设置”对话框，将“舞台大小”设置为 450×350 像素，如图 5-41 所示。设置完成后单击 确定 按钮。

Step 2 执行“文件”→“导入”→“导入到舞台”命令，将一幅背景图片导入到舞台上，如图 5-42 所示。

Step 3 在“时间轴”面板上单击“新建图层”按钮，新建图层 2，然后在图层 2 的第 3 帧、第 6 帧处按 F7 键插入空白关键帧，在图层 1 与图层 2 的第 15 帧处按 F5 键插入帧，如图 5-43 所示。

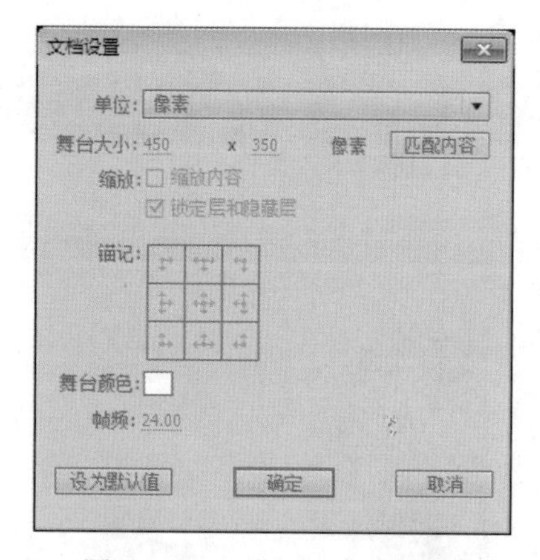

图 5-41　“文档设置”对话框

图 5-42　导入背景图像

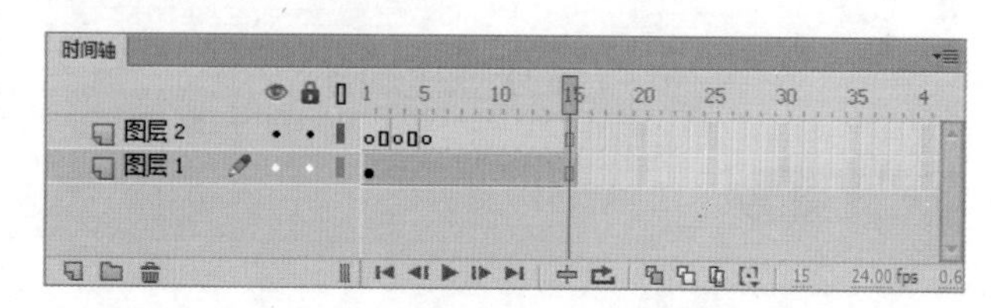

图 5-43　插入空白关键帧与帧

Step 4 选择图层 2 的第 1 帧，执行“文件”→“导入”→“导入到舞台”命令，将一幅小兔图片导入到舞台上，如图 5-44 所示。

Step 5 选择图层 2 的第 3 帧，执行“文件”→“导入”→“导入到舞台”命令，将一幅小兔图片导入到舞台上，如图 5-45 所示。

图 5-44　导入小兔图片

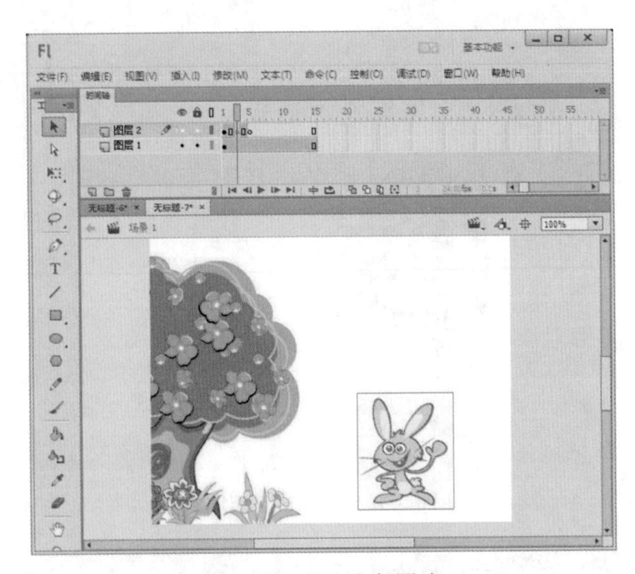

图 5-45　导入小兔图片

Step 6 ▶ 选择图层 2 的第 6 帧，执行“文件”→“导入”→“导入到舞台”命令，再一次将一幅小兔图片导入到舞台上，如图 5-46 所示。

图 5-46　导入小兔图片

Step 7 ▶ 选择图层 2 的第 1 帧～第 6 帧，然后右击，在弹出的快捷菜单中选择“复制帧”命令，如图 5-47 所示。

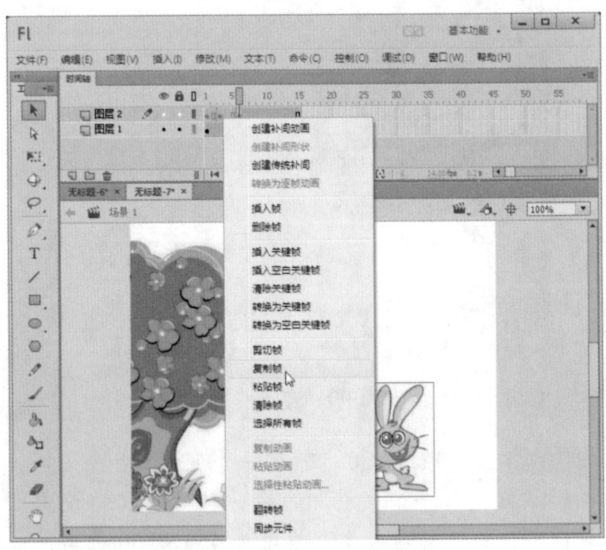

图 5-47　选择“复制帧”命令

Step 8 ▶ 选择图层 2 的第 8 帧，右击，在弹出的快捷菜单中选择“粘贴帧”命令，如图 5-48 所示。

Step 9 ▶ 选择图层 2 上粘贴的帧，右击，在弹出的快捷菜单中选择“翻转帧”命令，如图 5-49 所示。

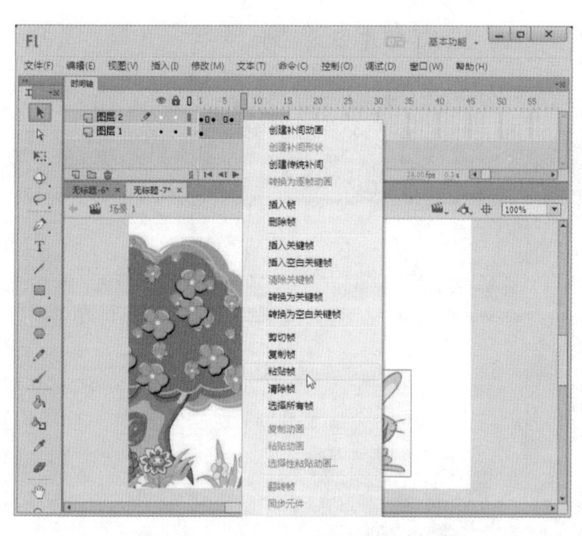

图 5-48　选择“粘贴帧”命令

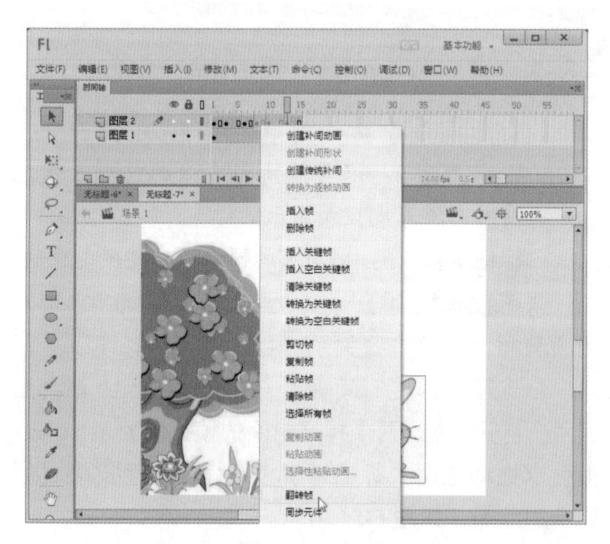

图 5-49　选择“翻转帧”命令

Step 10 ▶ 执行“文件”→“保存”命令，保存文件。然后按Ctrl+Enter组合键，导出动画并欣赏最终效果，如图 5-50 所示。

图 5-50　完成效果

5.3 洋葱皮工具

在时间轴的下方有一个工具条，统称“洋葱皮工具”，使用“洋葱皮工具”按钮可以改变帧的显示方式，方便动画设计者观察动画的细节，如图 5-51 所示。

图 5-51　洋葱皮工具

知识解析：洋葱皮工具

- 帧居中：使选中的帧居中显示。
- 循环：使时间轴上的帧循环播放。
- 绘图纸外观：当按下此按钮，就会显示当前帧的前后几帧，此时只有当前帧是正常显示的，其他帧显示为比较淡的彩色，如图 5-52 所示。按下这个按钮，可以调整当前帧的图像，而其他帧是不可修改的，要修改其他帧，要将需要修改的帧选中。这种模式也称为“洋葱皮模式”。
- 绘图纸外观轮廓：按下该按钮同样会以洋葱皮

的方式显示前后几帧，不同的是，当前帧正常显示，非当前帧是以轮廓线形式显示的，如图 5-53 所示。在图案比较复杂时，仅显示外轮廓线有助于正确地定位。

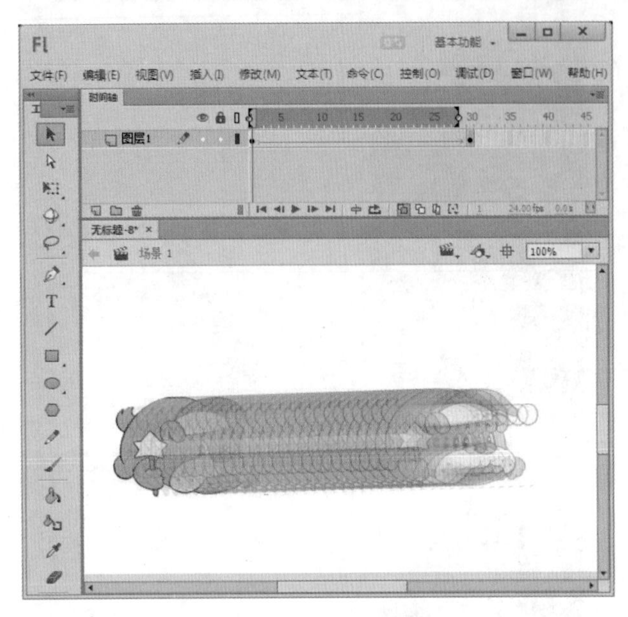

图 5-52　使用绘图纸外观

◆ 编辑多个帧：对各帧的编辑对象都进行修改时需要用这个按钮，按下洋葱皮模式或洋葱皮轮廓模式显示按钮时，再按下这个按钮，即可对整个序列中的对象进行修改。

◆ 修改标记：这个按钮决定了进行洋葱皮显示的方式。该按钮包括一个下拉工具条，其中包括下列选项。

◎ 始终显示标记：开启或隐藏洋葱皮模式。

◎ 锚定标记：固定洋葱皮的显示范围，使其不随动画的播放而改变以洋葱皮模式显示的范围。

◎ 标记范围 2：以当前帧为中心的前后 2 帧范围内以洋葱皮模式显示。

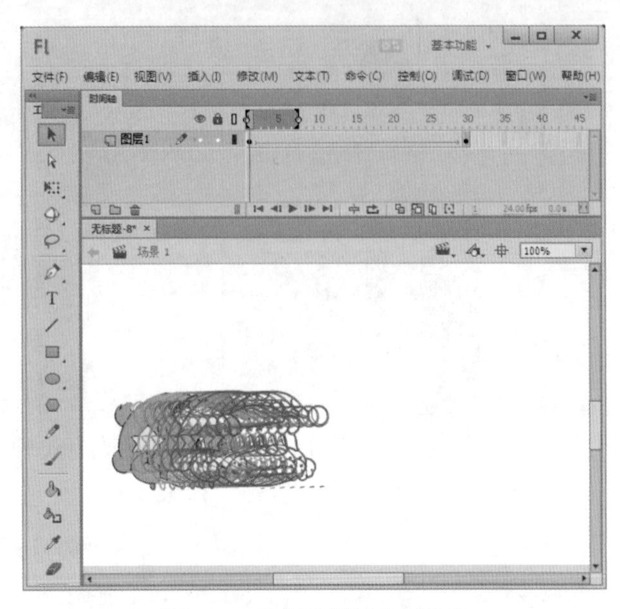

图 5-53　使用绘图纸外观轮廓

◎ 标记范围 5：以当前帧为中心的前后 5 帧范围内以洋葱皮模式显示。

◎ 标记所有范围：将所有的帧以洋葱皮模式显示。

洋葱皮模式对于制作动画有很大帮助，它可以使帧与帧之间的位置关系一目了然。选择了以上任何一个选项后，在时间轴上方的时间标尺上都会出现两个标记，在这两个标记中间的帧都会显示出来，也可以拖动这两个标记来扩大或缩小洋葱皮模式所显示的范围，如图 5-54 所示。

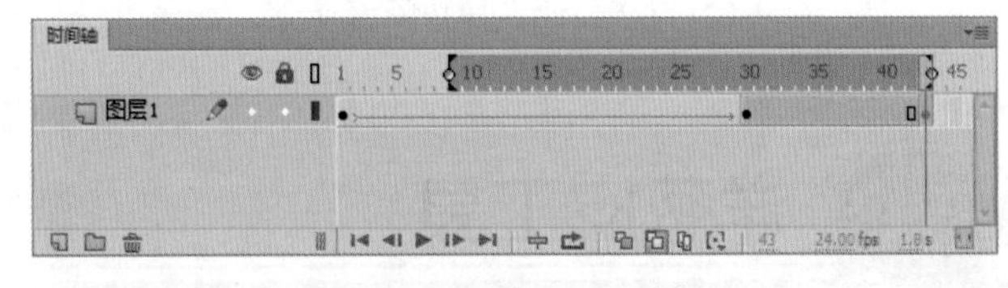

图 5-54　洋葱皮显示模式

5.4 场景

场景就是一段相对独立的动画。整个 Flash 动画可以由一个场景组成，也可以由几个场景组成。当动画中有多个场景时，整个动画会按照场景的顺序播放。当然，也可以用脚本程序对场景的播放顺序进行控制。

5.4.1 创建场景

创建场景的方法有以下几种。

第 1 种：执行“插入”→“场景”命令。

第 2 种：按 Shift+F2 组合键，在打开的“场景”面板中单击按钮。

第 3 种：执行“窗口”→“场景”命令，在打开的“场景”面板中单击按钮。

5.4.2 “场景”面板

执行“窗口”→“场景”命令，打开如图 5-55 所示的“场景”面板。

图 5-55 “场景”面板

知识解析：“场景”面板

◆ 添加场景：单击该按钮，即可在所选场景的下方添加一个场景。

◆ 重置场景：选择一个场景后，单击该按钮即可复制一个与所选场景内容完全相同的场景，复制的场景变为当前场景。

◆ 删除场景：单击该按钮，即可删除所选的场景。

技巧秒杀

播放动画时，Flash 将按照场景的排列顺序来进行播放，最上面的场景最先播放。如果要调整场景的播放顺序，只需选中场景后上下拖动即可。双击场景名称即可为场景重新取名。

读书笔记

知识大爆炸——帧模式的知识

在“时间轴”面板的右上角有一个按钮，如图 5-56 所示。单击此按钮，将弹出如图 5-57 所示的下拉菜单，通过此菜单可以设置控制区中帧的显示状态。

图 5-56 帧模式图标按钮

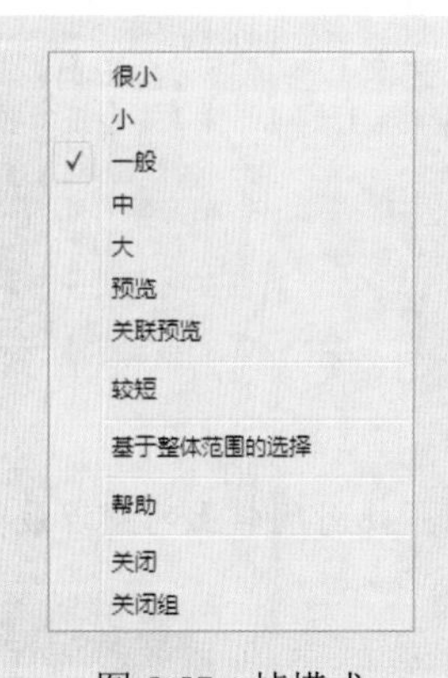

图 5-57 帧模式

下面分别介绍菜单中各选项的含义和用法。

◆ 很小：为了显示更多的帧，使时间轴上的帧以最窄的方式显示，如图 5-58 所示。

◆ 小：使时间轴上的帧以较窄的方式显示，如图 5-59 所示。

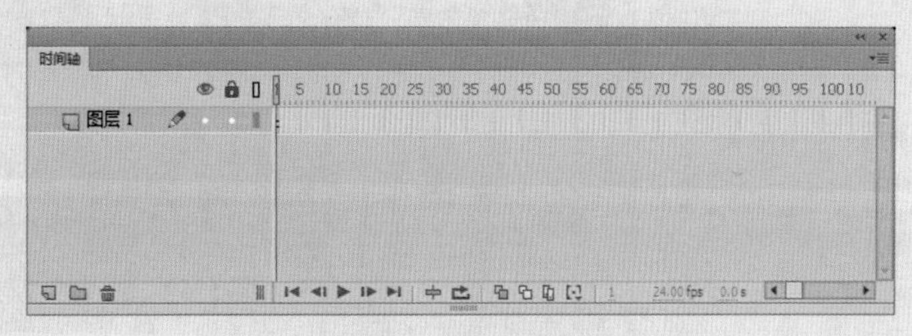

图 5-58 “很小”模式

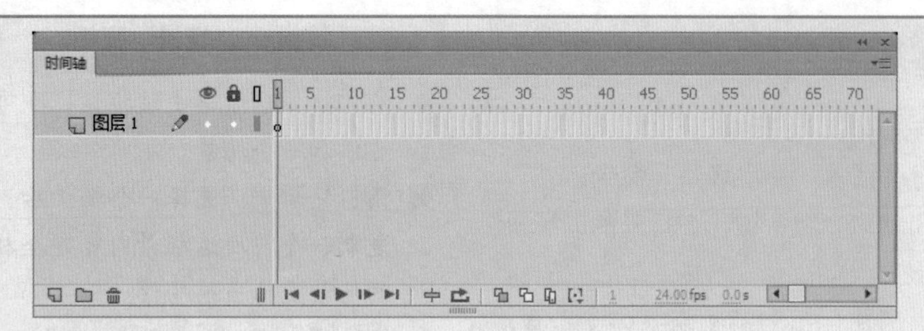

图 5-59 “小”模式

◆ 一般：使时间轴上的帧以默认宽度显示，如图 5-60 所示。

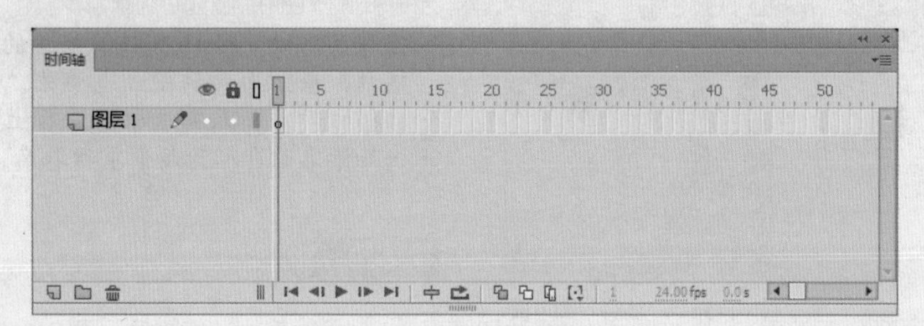

图 5-60 “一般”模式

◆ 中：使时间轴上的帧以较宽的方式显示，如图 5-61 所示。

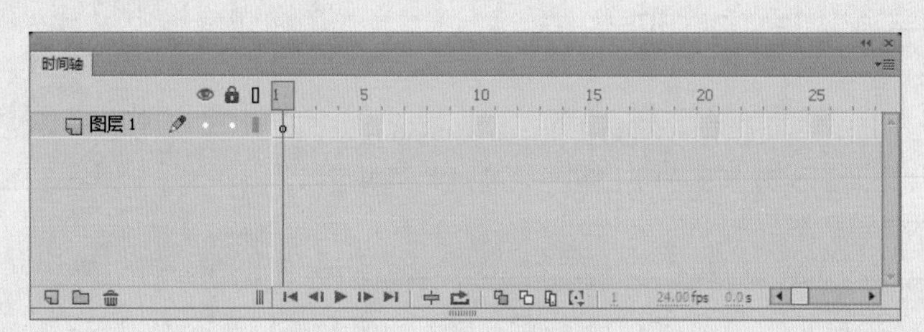

图 5-61 “中”模式

◆ 大：使时间轴上的帧以最宽的方式显示，如图 5-62 所示。

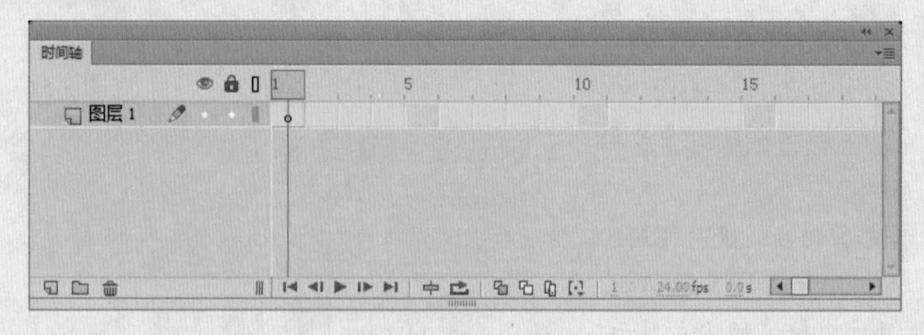

图 5-62 “大”模式

◆ 预览：在帧中模糊地显示场景上的图案，如图 5-63 所示。

◆ 关联预览：在关键帧处显示模糊的图案，其不同之处在于将全部范围的场景都显示在帧中，如图 5-64

所示。

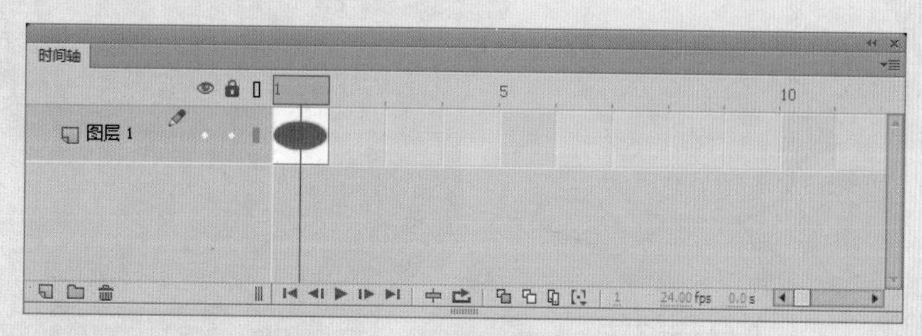

图 5-63 “预览”模式

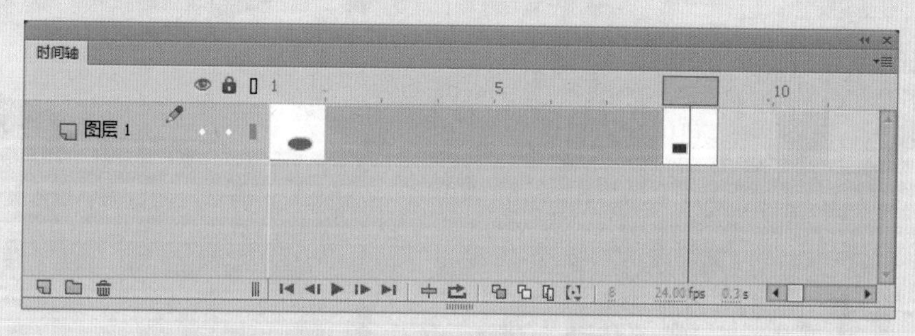

图 5-64 “关联预览”模式

◆ 较短：为了显示更多的图层，使时间轴上帧的高度减小，如图 5-65 所示。

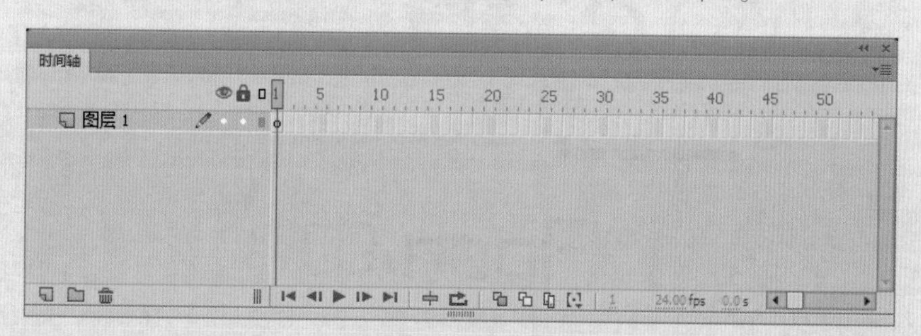

图 5-65 “较短”模式

◆ 基于整体范围的选择：选择此选项后，在单击一个关键帧到下一个关键帧之间的任何帧时，整个帧序列都将被选中，如图 5-66 所示。

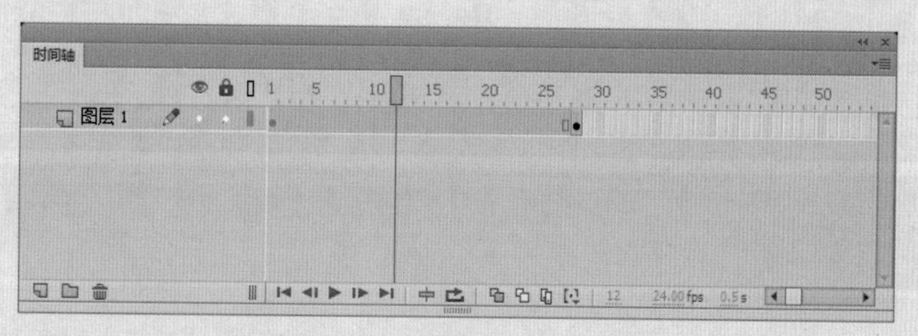

图 5-66 “基于整体范围的选择”模式

01 02 03 04 05 06 07 08 09 10 11 12……

Flash中的图层

本章导读

图层是 Flash 动画创作中的一项重要设计工具，是创建复杂 Flash 动画的基础。在不同的图层上放置不同的图形元素将会为动画的编辑和处理带来极大的便利。在 Flash 动画创作中，图层的作用和卡通片制作中透明纸的使用有一些相似，通过在不同的图层中放置相应的元件，然后再将它们重叠在一起，便可以产生层次丰富、变化多样的动画效果。本章就来学习 Flash CC 中图层的操作。

6.1 图层的原理

Flash CC 中的图层和 Photoshop 中的图层有共同的作用：方便对象的编辑。在 Flash 中，可以将图层看作是重叠在一起的许多透明的胶片，当图层上没有任何对象时，可以透过上边的图层看下边的图层上的内容，在不同的图层上可以编辑不同的元素。

新建 Flash 影片后，系统自动生成一个图层，并将其命名为“图层 1”。随着制作过程的进行，图层也会增多。这里有个概念需要说明，并不是图层越少，影片就越简单，图层越多，影片一定就越复杂。另外，Flash 还提供了两种特殊的图层：引导层和遮罩层。利用这两个特殊的层，可以制作出更加丰富多彩的动画效果。

Flash 影片中图层的数量并没有限制，仅受计算机内存大小的制约，而且增加层的数量不会增加最终输出影片文件的大小。可以在不影响其他图层的情况下，在一个图层上绘制和编辑对象。

对图层的操作是在层控制区中进行的。层控制区位于时间轴左边的部分，如图 6-1 所示。在层控制区中，可以实现增加图层、删除图层、隐藏图层以及锁定图层等操作。一旦选中某个图层，图层名称右边会出现铅笔图标，表示该图层或图层文件夹被激活。

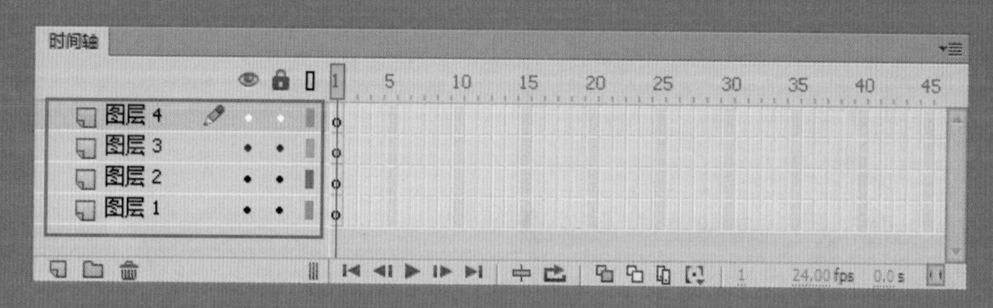

图 6-1　图层控制区

6.2 图层的分类

Flash 中的图层与图形处理软件 Photoshop 中的图层功能相同，均是为了方便对图形及图形动画进行处理。在 Flash CC 中，图层的类型主要有普通层、引导层和遮罩层 3 种。

1. 普通层

系统默认的层即是普通层，新建 Flash 文档后，默认一个名为“图层 1”的图层存在。该图层中自带一个空白关键帧位于图层 1 的第 1 帧，并且该图层初始为激活状态，如图 6-2 所示。

2. 引导层

引导图层的图标为形状，它下面的图层中的对象则被引导。选中要作为引导层的图层，右击，在弹出的快捷菜单中选择“添加传统运动引导层”命令，如图 6-3 所示。引导层中的所有内容只是用于在制作动画时作为参考线，并不出现在作品的最终效果中（关于引导层动画的创建，将在第 7 章中具体讲述）。如果引导层没有被引导的对象，它的图层会由图标变为图标。

读书笔记

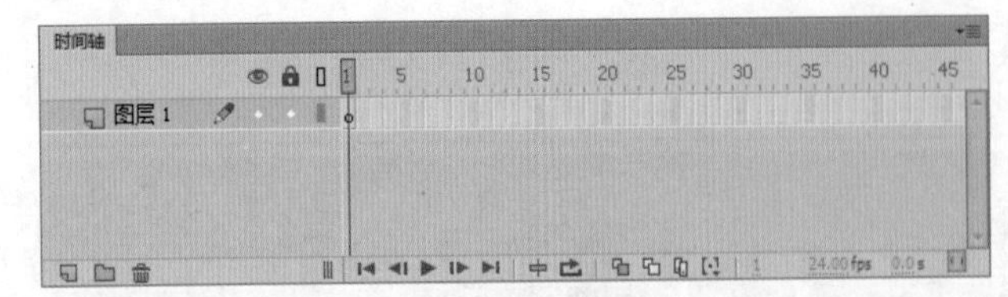

图 6-2　普通层

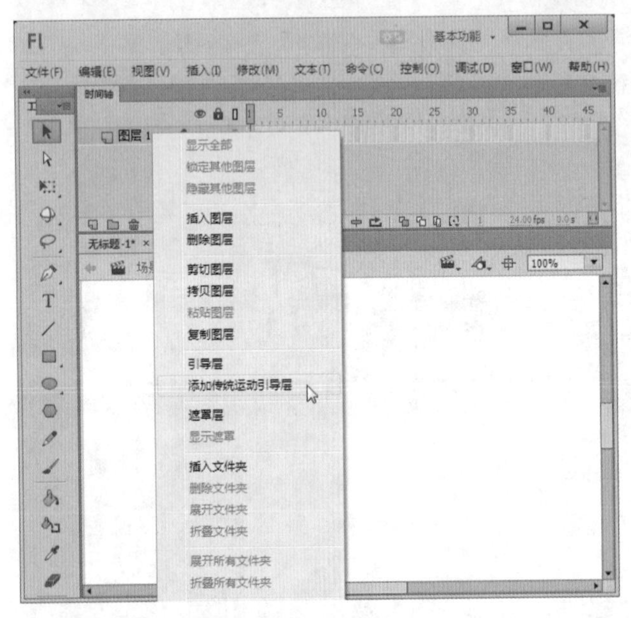

图 6-3　新建引导层

3. 遮罩层

遮罩层图标为▣，被遮罩图层的图标表示为▣，如图 6-4 所示的图层 2 是遮罩层，图层 1 是被遮罩层。在遮罩层中创建的对象具有透明效果，如果遮罩层中的某一位置有对象，那么被遮罩层中相同位置的内容将显露出来，被遮罩层的其他部分则被遮住（关于遮罩层动画的创建，将在第 7 章中具体讲述）。

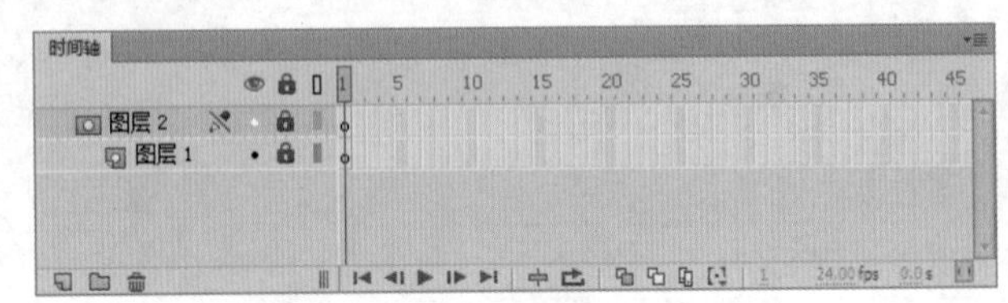

图 6-4　遮罩层

读书笔记

6.3 图层的编辑

通过前面的介绍我们已经对图层有一个大概的了解，下面将介绍新建、选取、重命名、移动、复制、删除以及设置图层属性等基本操作的具体方法。

6.3.1 新建图层

新创建一个 Flash 文件时，Flash 会自动创建一个图层，并命名为“图层 1”。此后，如果需要添加新的图层，可以采用以下 3 种方法。

1. 利用菜单命令

在时间轴的图层控制区选中一个已经存在的图层，执行“插入”→“时间轴”→“图层”命令，如图 6-5 所示，即可创建一个图层，如图 6-6 所示。

2. 利用右键快捷菜单

在时间轴面板的图层控制区选中一个已经存在的图层，右击，在弹出的快捷菜单中选择“插入图层”命令，如图 6-7 所示。

3. 单击按钮新建

单击“时间轴”面板上图层控制区左下方的“新建图层”按钮▣，也可以创建一个新图层。

当新建一个图层后，Flash 会自动为该图层命名，并且所创建的新层都位于被选中图层的上方，如图 6-8 所示。

图 6-5 执行菜单命令

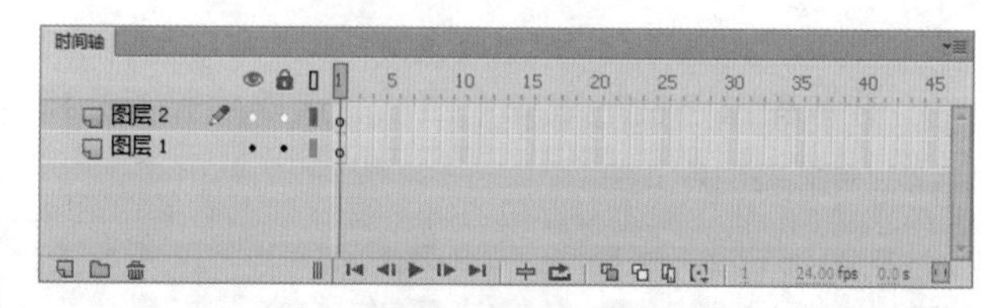

图 6-6 新建图层

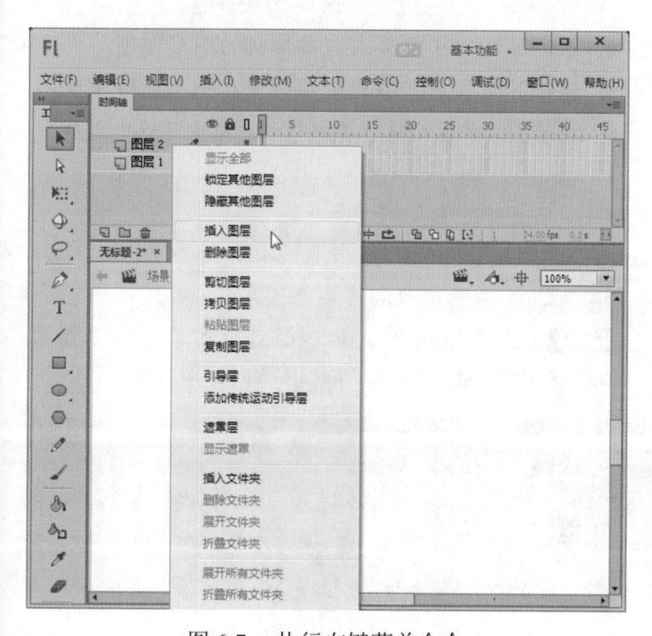

图 6-7 执行右键菜单命令

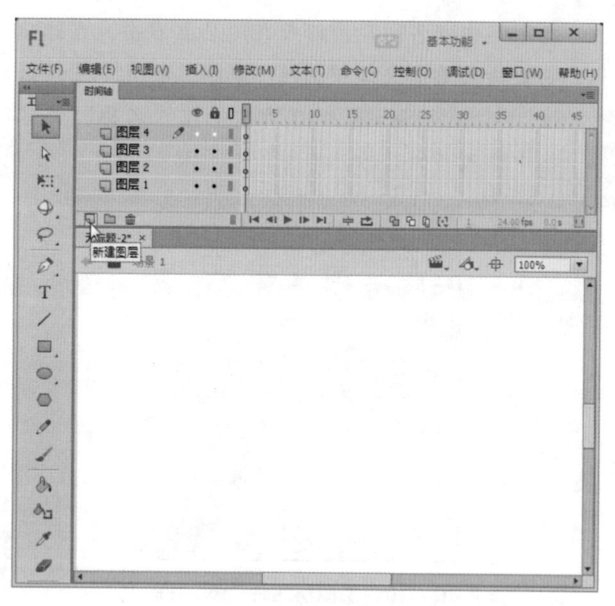

图 6-8 新建图层

6.3.2 重命名图层

在 Flash CC 中插入的所有图层，如“图层 1”“图层 2”等都是系统默认的图层名称，这个名称通常为“图层 + 数字”。每创建一个新图层，图层名的数字就依次递加。当时间轴中的图层越来越多以后，要查找某个图层就变得繁琐起来，为了便于识别各层中的内容，就需要改变图层的名称，即重命名。重命名的唯一原则就是能让人通过名称识别出查找的图层。这里需要注意的一点是帧动作脚本一般放在专门的图层，以免引起误操作，而为了让大家看懂脚本，将放置动作脚本的图层命名为 AS，即 ActionScript 的缩写。

使用下列方法之一可以重命名图层。

- 在要重命名图层的图层名称上双击，图层名称进入编辑状态，在文本框中输入新名称即可，如图 6-9 所示。

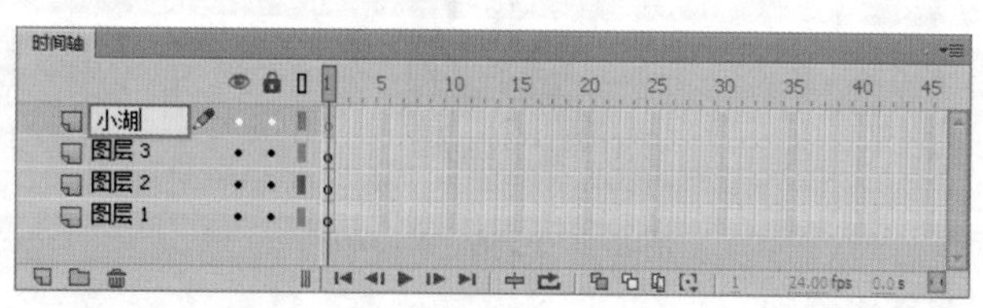

图 6-9 重命名图层

◆ 在图层中双击图层图标或在图层上右击，在弹出的快捷菜单中选择“属性”命令，打开“图层属性”对话框，如图6-10所示。在“名称”文本框中输入新的名称，单击 确定 按钮即可。

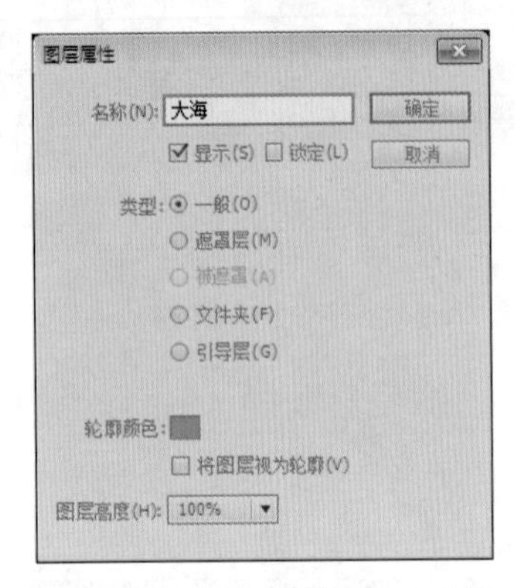

图6-10 “图层属性”对话框

6.3.3 调整图层的顺序

在编辑动画时常常遇到所建立的图层顺序不能达到动画的预期效果，此时需要对图层的顺序进行调整，其操作步骤如下。

Step 1 ▶ 选中需要移动的图层。

Step 2 ▶ 按住鼠标左键不放，此时图层以一条粗横线表示，如图6-11所示。

图6-11 调整图层顺序

Step 3 ▶ 拖动图层到需要放置的位置释放鼠标左键即可，如图6-12所示。

图6-12 调整图层顺序后

6.3.4 选取图层

选取图层包括选取单个图层、选取相邻图层和选取不相邻图层3种。

1. 选取单个图层

选取单个图层的方法有以下3种。

◆ 在图层控制区中单击需要编辑的图层即可。

◆ 单击时间轴中需编辑图层的任意一个帧格即可。

◆ 在绘图工作区中选取要编辑的对象也可选中图层。

2. 选取相邻图层

选取相邻图层的操作步骤如下。

Step 1 ▶ 单击要选取的第一个图层。

Step 2 ▶ 按住Shift键，单击要选取的最后一个图层即可选取两个图层间的所有图层，如图6-13所示。

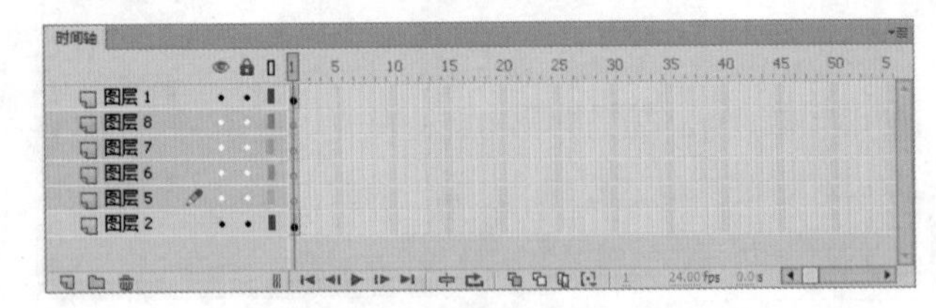

图6-13 选择相邻的多个图层

3. 选取不相邻图层

选取不相邻图层的操作步骤如下。

Step 1 ▶ 单击要选取的图层。

Step 2 ▶ 按住 Ctrl 键，再单击需要选取的其他图层即可选取不相邻图层，如图 6-14 所示。

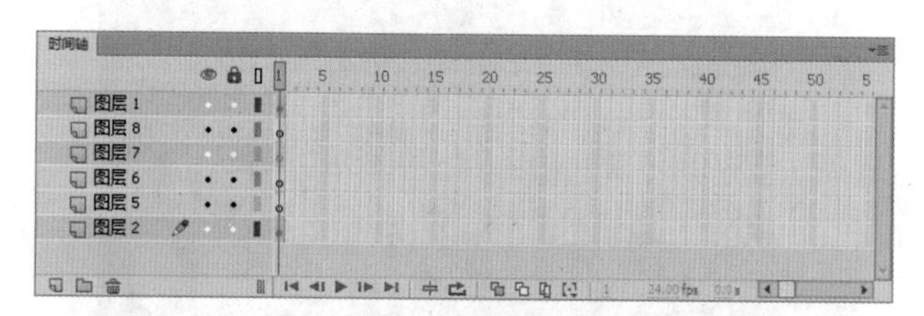

图 6-14　选择不相邻图层

6.3.5 删除图层

图层的删除方法包括拖动法删除图层、利用🗑按钮删除和利用右键快捷菜单删除 3 种。

1. 拖动法删除图层

选取要删除的图层。按住鼠标左键不放，将选取的图层拖动到🗑图标上释放鼠标即可。被删除图层的下一个图层将变为当前图层。

2. 利用🗑按钮删除图层

选取要删除的图层，单击🗑按钮，即可把选取的图层删除。

3. 利用右键快捷菜单删除图层

选取要删除的图层，右击，在弹出的快捷菜单中选择“删除图层”命令即可删除图层。

6.3.6 复制图层

要将某一图层的所有帧粘贴到另一图层中的操作步骤如下。

Step 1 ▶ 单击要复制的图层。

Step 2 ▶ 执行“编辑”→“时间轴”→“复制帧”命令，或在需要复制的帧上右击，在弹出的快捷菜单中选择“复制帧”命令，如图 6-15 所示。

Step 3 ▶ 单击要粘贴帧的新图层，执行“编辑”→“时间轴”→“粘贴帧”命令，或者在需要粘贴的帧上右击，在弹出的快捷菜单中选择“粘贴帧”命令，如图 6-16 所示。

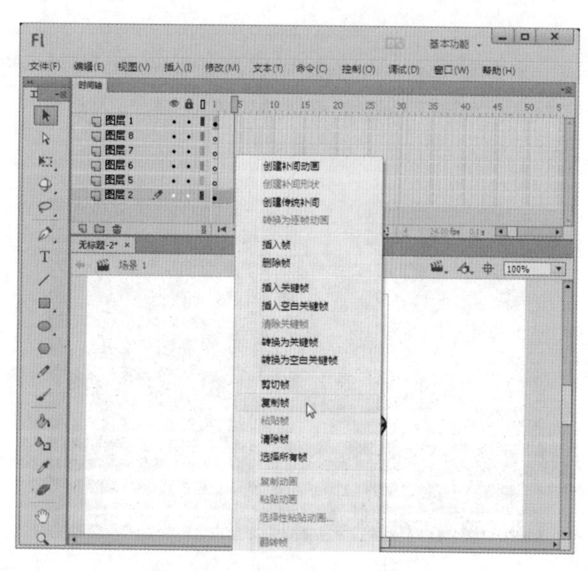

图 6-15　选择“复制帧”命令

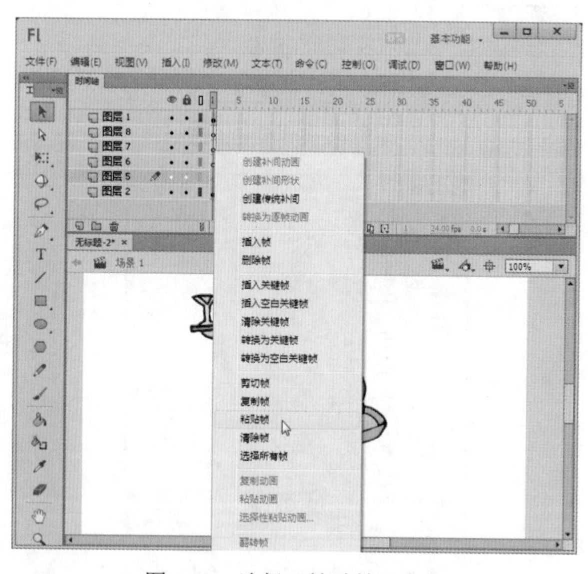

图 6-16　选择“粘贴帧”命令

读书笔记

实例操作：立体文字

- 光盘 \ 素材 \ 第 6 章 \1.jpg
- 光盘 \ 效果 \ 第 6 章 \ 立体文字 .swf

本例首先使用导入功能导入背景图像，然后使用 Flash 的图层与设置文本来编辑制作立体文字。完成后的效果如图 6-17 所示。

图 6-17　完成效果

Step 1 ▶ 启动 Flash CC，新建一个 Flash 空白文档。执行“修改”→“文档”命令，打开“文档设置”对话框，将“舞台大小”设置为 600×400 像素，如图 6-18 所示。设置完成后单击 确定 按钮。

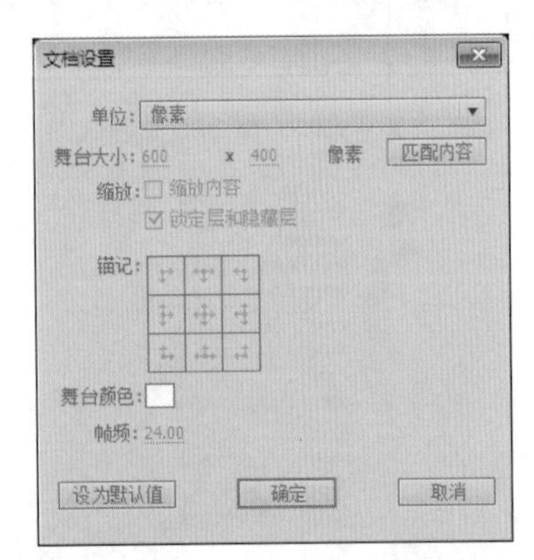

图 6-18　“文档设置”对话框

Step 2 ▶ 执行“文件”→“导入”→“导入到舞台”命令，将一幅背景图片导入到舞台上，如图 6-19 所示。

Step 3 ▶ 在工具箱中选择文本工具 T，打开“属性”面板，在面板中设置字体为“微软雅黑”，字号为 90，字母间距为 6，文本颜色为白色，如图 6-20 所示。

Step 4 ▶ 新建一个图层 2，然后在舞台上输入“梦幻夜”3 个字，如图 6-21 所示。

图 6-19　导入背景图像

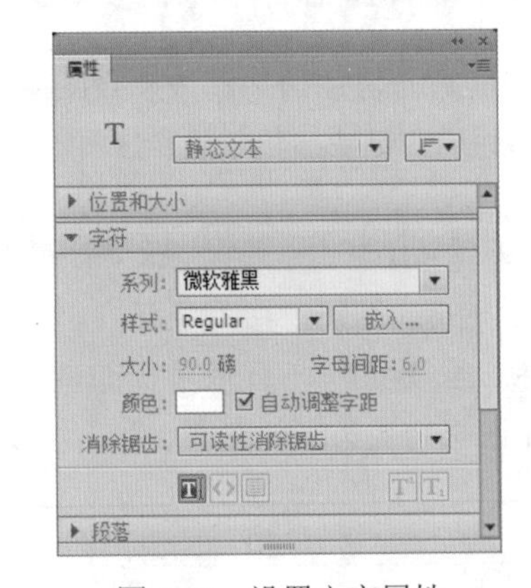

图 6-20　设置文字属性

图 6-21　输入文字

Step 5 ▶ 新建一个图层3，选择图层2的第1帧，执行“编辑”→“复制帧”命令，然后选择图层3的第1帧，执行“编辑”→“粘贴帧”命令，如图6-22所示。将图层2第1帧中的内容粘贴到图层3第1帧中。

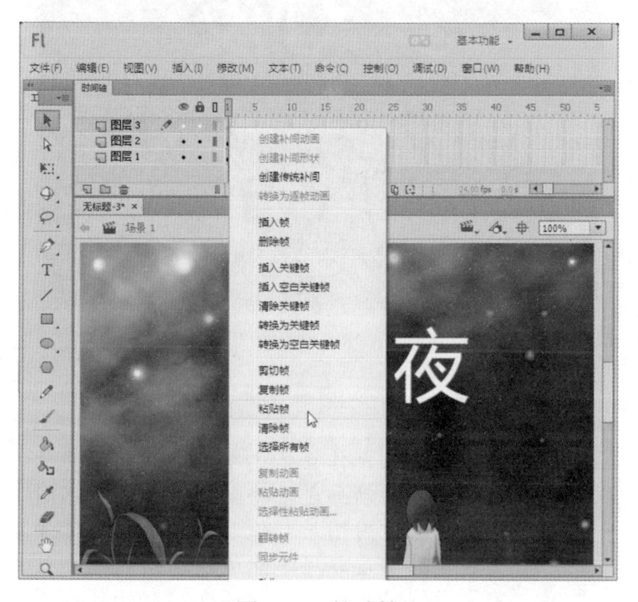

图 6-22 粘贴帧

Step 6 ▶ 单击图层3第1帧中的文字，在“属性”面板中将文本颜色设置为黄色（#6600CC），如图6-23所示。

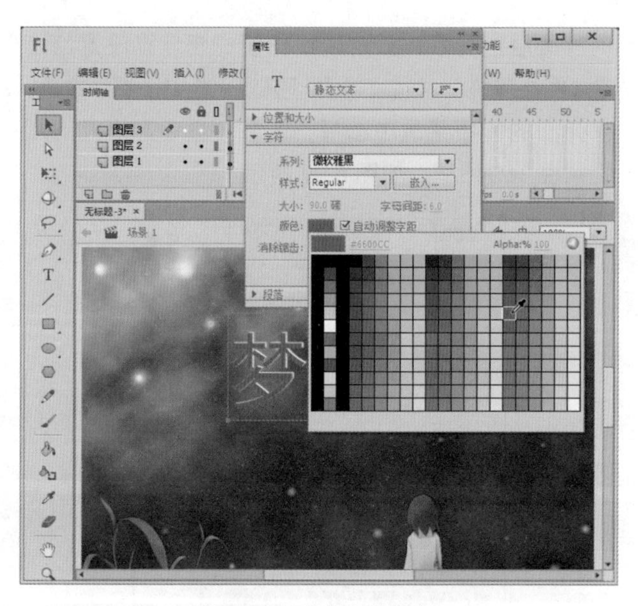

图 6-23 改变文字颜色

Step 7 ▶ 选择图层3，按住鼠标左键不放，将其拖曳到图层2的下方，然后分别按下键盘上的“←”键和“↓”键各一次，表示将文字向左方与下方各移动了一次，如图6-24所示。

图 6-24 移动文字

Step 8 ▶ 新建一个图层4，选择图层3的第1帧，执行“编辑”→“复制帧”命令，然后选择图层4的第1帧，执行“编辑”→“粘贴帧”命令。继续选择图层4的第1帧，执行“修改”→“分离”命令两次或按Ctrl+B组合键两次，将文字打散，如图6-25所示。

图 6-25 打散文字

Step 9 ▶ 保持图层 4 第 1 帧的选中状态，选择颜料桶工具，执行“窗口”→“颜色”命令，打开“颜色”面板，将填充样式设置为“线性渐变”，调整填充色为白色到黄色的渐变（#D78800），如图 6-26 所示。

图 6-26　改变填充色

Step 10 ▶ 保持图层 4 第 1 帧的选中状态，分别在键盘上按“←”键和“↓”键各两次，然后将图层 4 拖曳到图层 3 的下方，如图 6-27 所示。

图 6-27　拖动图层

Step 11 ▶ 保存动画文件，然后按 Ctrl+Enter 组合键，欣赏本例的完成效果，如图 6-28 所示。

图 6-28　完成效果

技巧秒杀

本例是运用图层来制作立体文字效果，在不同的图层上放置不同的动画元素将会制作出许多不同的动画效果。在运用图层制作动画时，一定要注意，当所建立的图层顺序不能达到动画的预期效果时，需要对图层的顺序进行调整，也就是在图层区中拖动图层来改变图层的顺序。

6.3.7 图层属性

图层的显示、锁定、线框模式颜色等设置都可在“图层属性”对话框中进行编辑。选中图层，右击，在弹出的快捷菜单中选择“属性”命令，打开“图层属性”对话框，如图 6-29 所示。

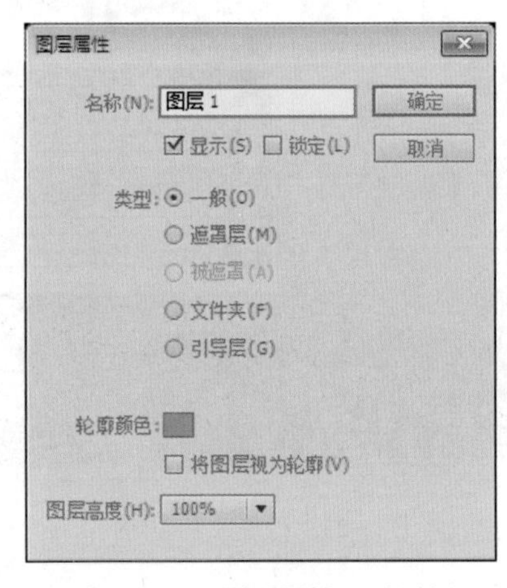

图 6-29　“图层属性”对话框

知识解析："图层属性"对话框

- 名称：设置图层的名称。
- 显示：用于设置图层的显示与隐藏。选中"显示"复选框，图层处于显示状态；反之，图层处于隐藏状态。
- 锁定：用于设置图层的锁定与解锁。选中"锁定"复选框，图层处于锁定状态；反之，图层处于解锁状态。
- 类型：指定图层的类型，其中包括5个选项。
  - ◎ 一般：选取该项则指定当前图层为普通图层。
  - ◎ 遮罩层：将当前层设置为遮罩层。用户可以将多个正常图层链接到一个遮罩层上。遮罩层前会出现图标。
  - ◎ 被遮罩：该图层仍是正常图层，只是与遮蔽图层存在链接关系并有图标。
  - ◎ 文件夹：将正常层转换为图层文件夹用于管理其下的图层。
  - ◎ 引导层：将该图层设定为辅助绘图用的引导层，用户可以将多个标准图层链接到一个引导线图层上。
- 轮廓颜色：设定该图层对象的边框线颜色。为不同的图层设定不同的边框线颜色，有助于用户区分不同的图层。在时间轴中的轮廓颜色显示区如图6-30所示。

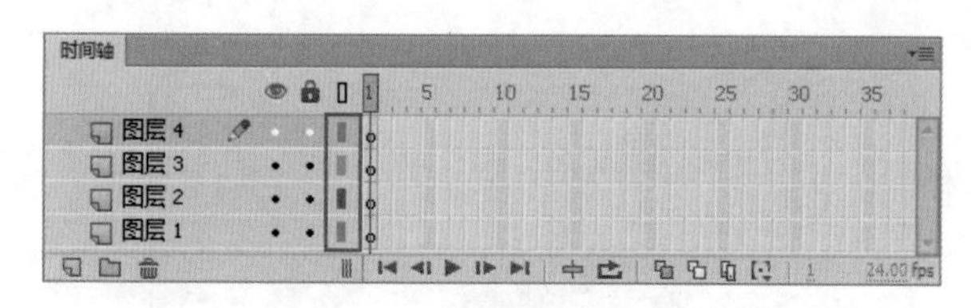

图6-30　轮廓颜色显示区

- 将图层视为轮廓：选中该复选框即可使该图层内的对象以线框模式显示，其线框颜色为在"属性"面板中设置的轮廓颜色。若要取消图层的线框模式可直接单击时间轴上的"将所有图层显示为轮廓"按钮，如果只需要让某个图层以轮廓方式显示，可单击图层上相对应的色块。
- 图层高度：从下拉列表框中选取不同的值可以调整图层的高度，这在处理插入了声音的图层时很实用，有100%、200%、300%这3种高度。将图层3的高度设置为300%后，如图6-31所示。

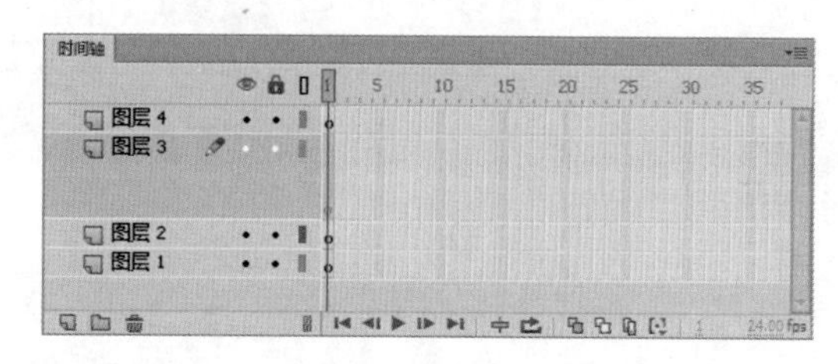

图6-31　设置图层高度

6.3.8 分散到图层

在Flash中可以将一个图层中的多个对象分散到多个图层，使操作变得简单有序。选中要分散的多个对象，执行"修改"→"时间轴"→"分散到图层"命令，如图6-32所示，即可将这些对象分散到多个图层。

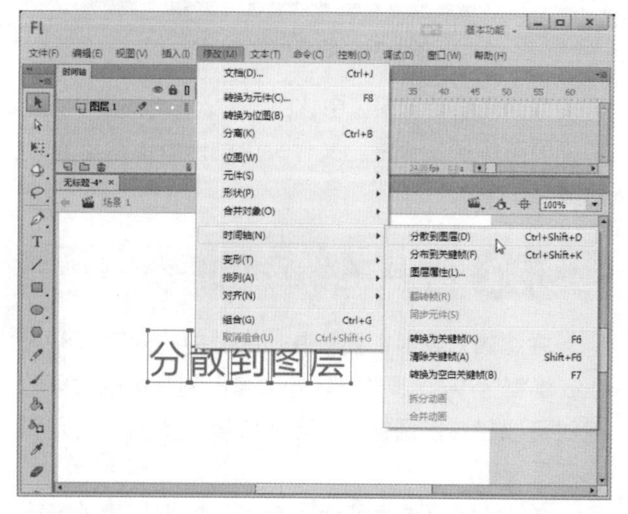

图6-32　执行"分散到图层"命令

6.3.9 隐藏图层

在编辑对象时为了防止影响其他图层，可通过隐藏图层来进行控制。处于隐藏状态的图层不能进行编辑。图层的隐藏方法有以下两种。

- 单击图层区按钮下方要隐藏图层上的·图标，当·图标变为图标时该图层就处于隐藏状态，并且当选取该图层时，图层上出现图标表示不可编辑，如图 6-33 所示。如要恢复显示图层，则再次单击✕图标即可。

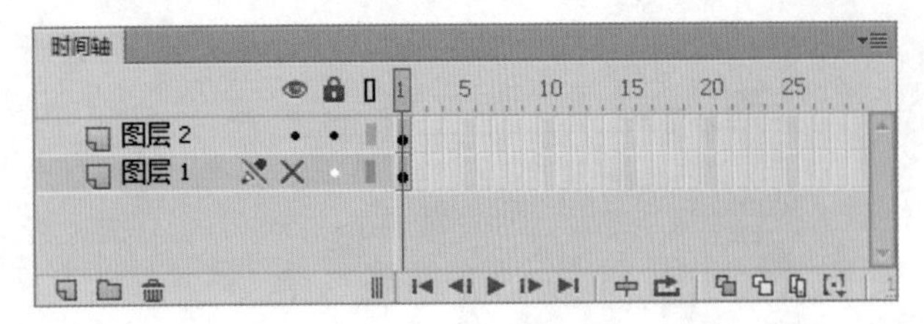

图 6-33　隐藏图层

◆ 单击图层区的👁按钮，则图层区的所有图层都被隐藏，如图 6-34 所示。如要恢复显示所有图层，可以再次单击👁按钮。

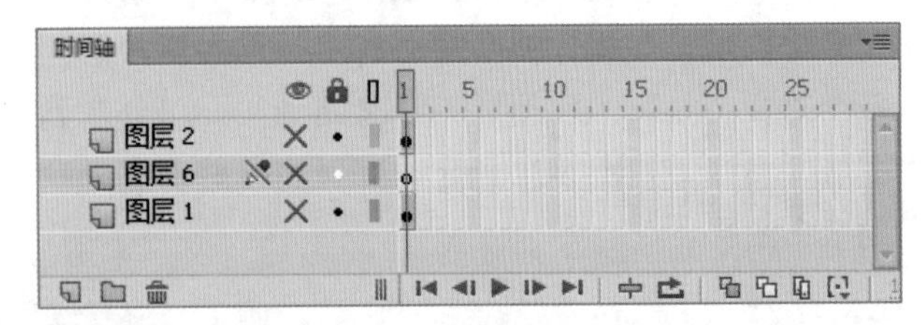

图 6-34　隐藏所有图层

隐藏图层后编辑区中该图层的对象也随之隐藏。如果隐藏图层文件夹，文件夹中的所有图层都自动隐藏。

6.3.10 图层的锁定和解锁

在编辑对象时，要使其他图层中的对象正常显示在编辑区中，又要防止不小心修改到其中的对象，此时可以将该图层锁定。若要编辑锁定的图层则要对图层解锁。

单击锁定图标🔒正下方要锁定的图层上的·图标，当·图标变为🔒图标时，表示该图层已被锁定。再次单击🔒图标即可解锁。

读书笔记

实例操作：小猫甩尾巴

- 光盘 \ 素材 \ 第 6 章 \bj.jpg、1.png、2.png
- 光盘 \ 效果 \ 第 6 章 \ 小猫甩尾巴 .swf

本例制作一只可爱的小猫把尾巴甩来甩去的动画场景，这就需要将小猫身体与尾巴分开来制作，否则小猫身上各部分粘连在一起互相打扰，动作就不协调自然。本例完成后的效果如图 6-35 所示。

图 6-35　完成效果

Step 1 ▸ 启动 Flash CC，新建一个 Flash 空白文档。执行“修改”→“文档”命令，打开“文档设置”对话框，将“舞台大小”设置为 500×350 像素，如图 6-36 所示。设置完成后单击 确定 按钮。

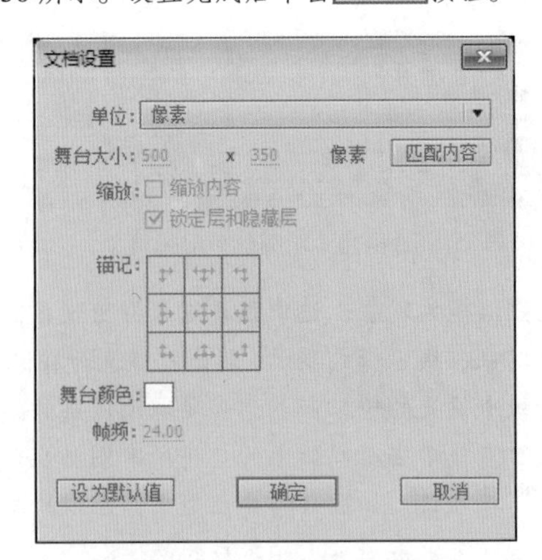

图 6-36　“文档设置”对话框

Step 2 ▸ 选择图层 1 的第 1 帧，执行“文件”→“导入”→“导入到舞台”命令，将一幅猫尾图片导入到舞台上，如图 6-37 所示。

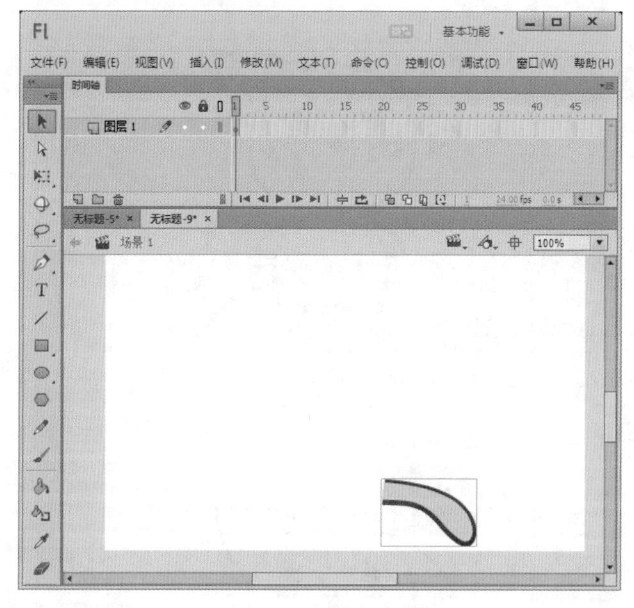

图 6-37　导入图片

Step 3 新建图层 2，选择该层的第 1 帧，执行“文件”→“导入”→“导入到舞台”命令，将一幅猫身体的图片导入到舞台上，如图 6-38 所示。

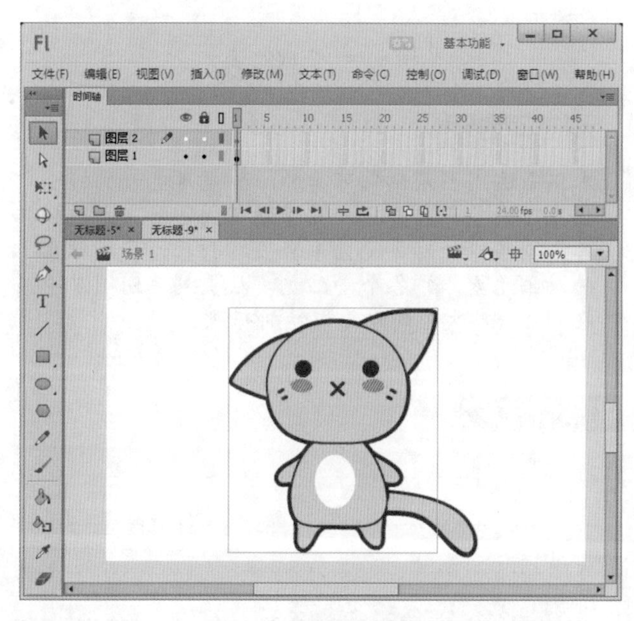

图 6-38　导入图片

Step 4 分别在图层 1 与图层 2 的第 16 帧处插入帧，如图 6-39 所示。

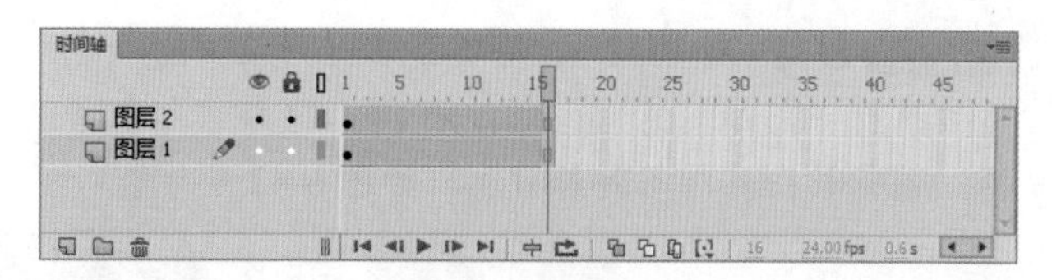

图 6-39　插入帧

Step 5 在图层 1 的第 8 帧处插入关键帧，使用任意变形工具将尾巴旋转到如图 6-40 所示的位置。

图 6-40　旋转尾巴

Step 6 在图层 1 的第 12 帧处插入关键帧，使用任意变形工具将尾巴旋转到如图 6-41 所示的位置。

图 6-41　旋转尾巴

Step 7 ▶ 新建一个图层 3，将其移动到图层 1 的下方，然后执行“文件”→“导入”→“导入到舞台”命令，将一幅背景图片导入到舞台上，如图 6-42 所示。

图 6-42　导入图片

Step 8 ▶ 新建一个图层 4，将其移动到图层 1 的下方，图层 3 的上方，然后使用椭圆工具在舞台上绘制一个无边框、填充色为灰色的椭圆，如图 6-43 所示。

图 6-43　绘制椭圆

Step 9 ▶ 保存动画文件，然后按 Ctrl+Enter 组合键，欣赏本例的完成效果，如图 6-44 所示。

图 6-44　完成效果

技巧秒杀

本例是运用图层制作可爱的小猫甩尾巴动画，小猫身体的各部分要分开放置到不同图层中，这样各个图层中的动画元素不会互相打扰，形成独立的动画元素。将各个动画元素放置到不同图层中在制作一些大型的动画中特别有用。

读书笔记

知识大爆炸——图层文件夹的知识

在 Flash CC 中，可以插入图层文件夹，所有的图层都可以被收拢到图层文件夹中，方便用户管理。

1. 插入图层文件夹

插入图层文件夹的操作步骤如下。

Step 1 单击图层区左下角的“新建文件夹”按钮，即可在当前图层上建立一个图层文件夹，如图 6-45 所示。

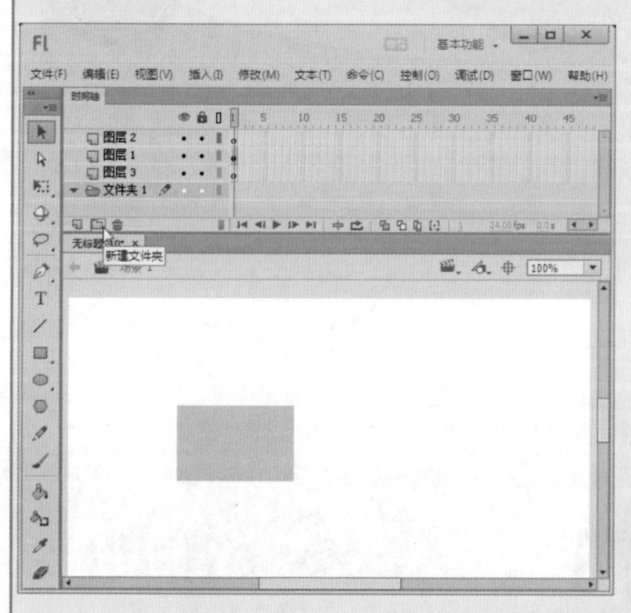

图 6-45 插入图层文件夹

Step 2 选中将要放入图层文件夹的所有图层，将其拖动到文件夹中，即可将图层放置于图层文件夹，如图 6-46 所示。

当文件夹的数量增多后，可以为文件夹再添加一个上级文件夹，就像 Windows 系统中的目录和子目录的关系，文件夹的层数没有限制，如图 6-47 所示。

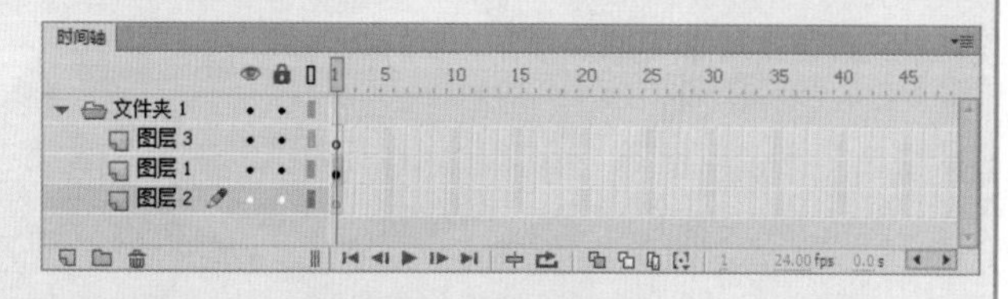

图 6-46 拖动图层

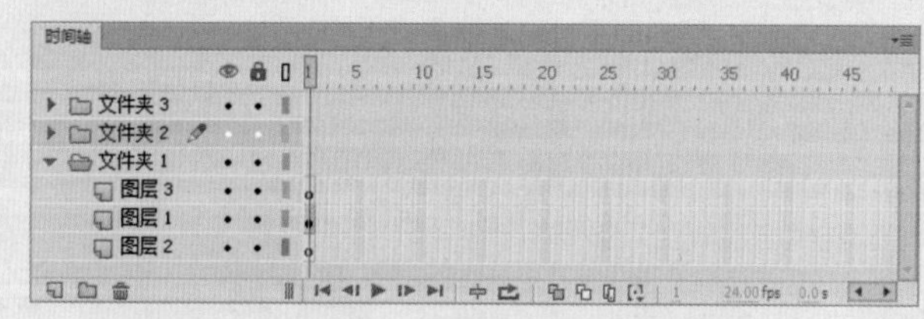

图 6-47 多级图层文件夹

2. 将图层文件夹中的图层取出

将图层文件夹中的图层取出的具体操作步骤如下。

Step 1 在图层区中选择要取出的图层。

Step 2 按住鼠标左键不放，拖动到图层文件夹上方后释放鼠标，图层从图层文件夹中取出，如图 6-48 所示。

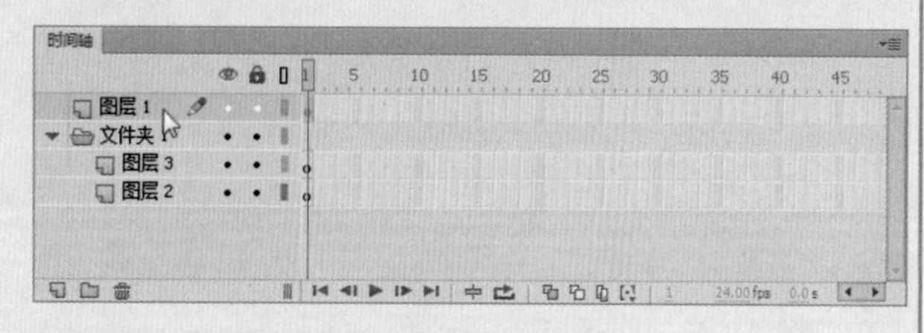

图 6-48 取出图层

读书笔记

01 02 03 04 05 06 07 08 09 10 11 12 .....

Flash的基本动画

本章导读

一个完整、精彩的 Flash 动画作品是由一种或几种动画类型结合而成的。本章通过对实例的详细讲解，介绍 Flash 中几种基础动画的创建方法。希望读者通过本章内容的学习，能了解逐帧动画和补间动画的原理，能够灵活运用这几种动画的创建方式，编辑出更多的 Flash 动画效果。

7.1 逐帧动画

逐帧动画技术利用人的视觉暂留原理，快速地播放连续的、具有细微差别的图像，使原来静止的图形运动起来。人眼所看到的图像大约可以暂存在视网膜上 1/16 秒，如果在暂存的影像消失之前观看另一张有细微差异的图像，并且后面的图片也在相同的极短时间间隔后出现，所看到的将是连续的动画效果。电影的拍摄和播放速度为每秒 24 帧画面，比视觉暂存的 1/16 秒短，因此看到的是活动的画面，实际上只是一系列静止的图像。

要创建逐帧动画，需要将每个帧都定义为关键帧，然后给每个帧创建不同的图像。每个新关键帧最初包含的内容和它前面的关键帧是一样的，因此可以递增地修改动画中的帧。制作逐帧动画的基本思想是把一系列相差甚微的图形或文字放置在一系列的关键帧中，动画的播放看起来就像一系列连续变化的动画。其最大的不足就是制作过程较为复杂，尤其在制作大型的 Flash 动画时，它的制作效率是非常低的，在每一帧中都将旋转图形或文字，所以占用的空间会比制作渐变动画所耗费的空间大。但是，逐帧动画的每一帧都是独立的，它可以创建出许多依靠 Flash CC 的渐变功能无法实现的动画，所以在许多优秀的动画设计中也用到了逐帧动画。

实例操作：小马奔腾

● 光盘 \ 素材 \ 第 7 章 \1.png、2.png、3.png、4.png、5.png　● 光盘 \ 效果 \ 第 7 章 \ 小马奔腾 .swf

本例首先创建多个帧，然后使用逐帧动画来制作小马奔腾的动作。完成后的效果如图 7-1 所示。

图 7-1　完成效果

Step 1 ▶ 启动 Flash CC，新建一个 Flash 空白文档。执行“修改”→“文档”命令，打开“文档设置”对话框，将“舞台大小”设置为 520×400 像素，“帧频”设置为 12，如图 7-2 所示。设置完成后单击 确定 按钮。

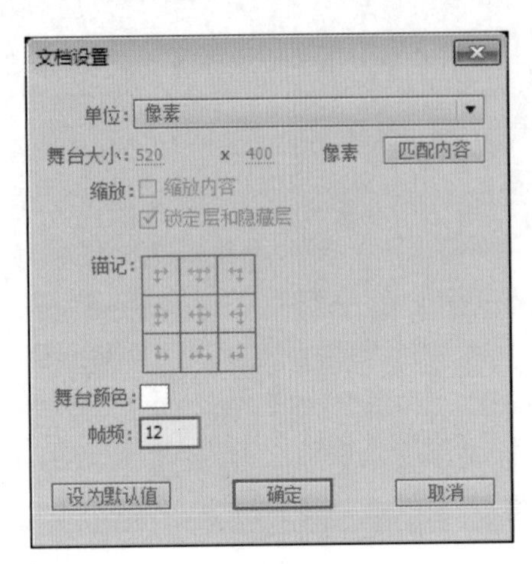

图 7-2　“文档设置”对话框

Step 2 ▶ 分别选中图层 1 的第 1 ~ 5 帧，按 F7 键插入空白关键帧，如图 7-3 所示。

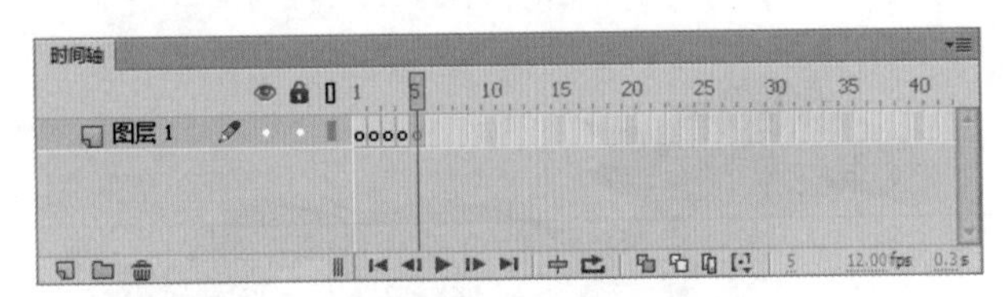

图 7-3　插入空白关键帧

读书笔记

Step 3 ▶ 选中图层 1 的第 1 帧，执行“文件”→“导入”→“导入到舞台”命令，将一幅小马图像导入到舞台中。按 Ctrl+K 组合键打开“对齐”面板，单击“水平中齐”按钮与“垂直居中分布”按钮，如图 7-4 所示。

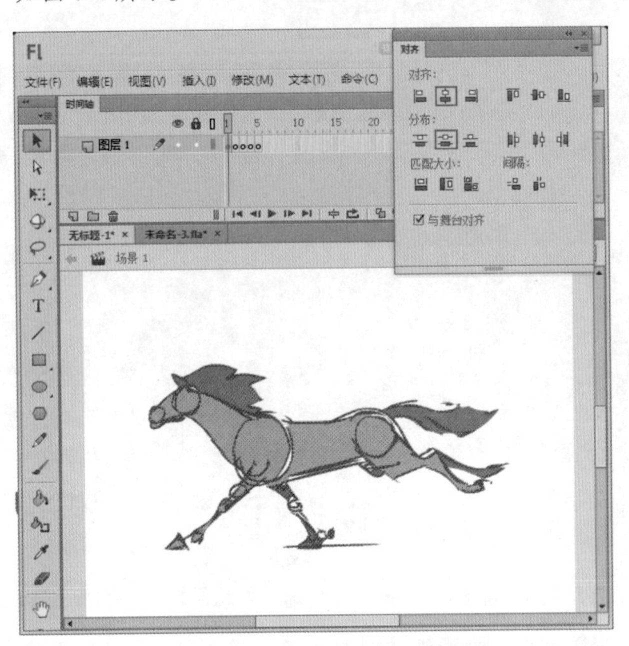

图 7-4　导入图像

Step 4 ▶ 选中图层 1 的第 2 帧，执行“文件”→“导入”→“导入到舞台”命令，将一幅小马图像导入到舞台中。然后在“对齐”面板中单击“水平中齐”按钮与“垂直居中分布”按钮，如图 7-5 所示。

图 7-5　导入图像

Step 5 ▶ 选中图层 1 的第 3 帧，执行“文件”→“导入”→“导入到舞台”命令，将一幅小马图像导入到舞台中。然后在“对齐”面板中单击“水平中齐”按钮与“垂直居中分布”按钮，如图 7-6 所示。

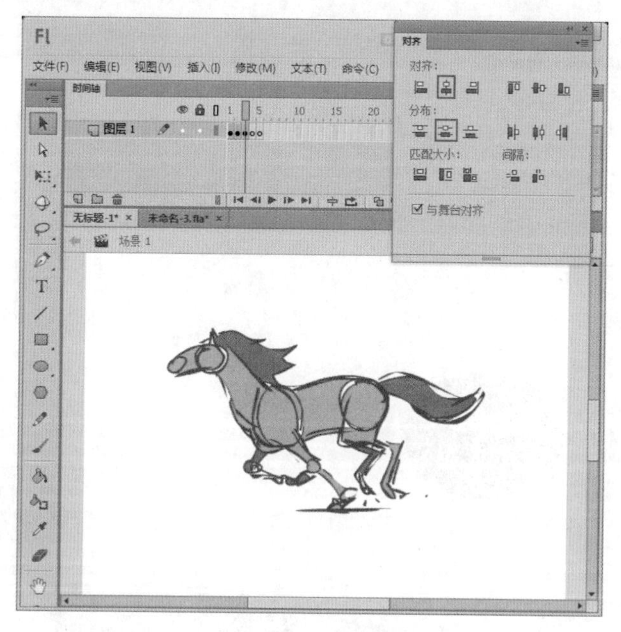

图 7-6 导入图像

Step 6 ▶ 按照同样的方法，再导入两幅图像到图层 1 剩余的空白关键帧所在的舞台上。并在“对齐”面板中设置图像相对于舞台水平居中和底部分布，如图 7-7 所示。

图 7-7 导入图像

Step 7 ▶ 按 Ctrl+S 组合键保存文件，然后按 Ctrl+Enter 组合键观看逐帧动画效果，如图 7-8 所示。

图 7-8 完成效果

技巧秒杀

本例使用逐帧动画来制作一个小马奔腾的动画，逐帧动画的每一帧都是独立的动画内容，所以逐帧动画具有非常大的灵活性，几乎可以表现任何想表现的内容。由于逐帧动画的帧序列内容不一样，不仅增加了制作负担而且最终输出的文件量也很大，但它的优势也很明显：因为它与电影播放模式相似，很适合于表现非常细腻的动画，如 3D 效果、人物或动物动作等效果。

读书笔记

7.2 动作补间动画

与逐帧动画的创建比较，补间动画的创建就相对简便多了。在一个图层的两个关键帧之间建立补间动画关系后，Flash 会在两个关键帧之间自动生成补充动画图形的显示变化，达到更流畅的动画效果，这就是补间动画。

而动作补间动画则是指在时间轴的一个图层中，创建两个关键帧，分别为这两个关键帧设置不同的位置、大小、方向等参数，再在两关键帧之间创建动作补间动画效果，是 Flash 中比较常用的动画类型。

用鼠标选取要创建动画的关键帧后，右击，在弹出的快捷菜单中选择“创建传统补间”命令，或者执行“插入”→“传统补间”命令，如图 7-9 所示，即可快速完成补间动画的创建。

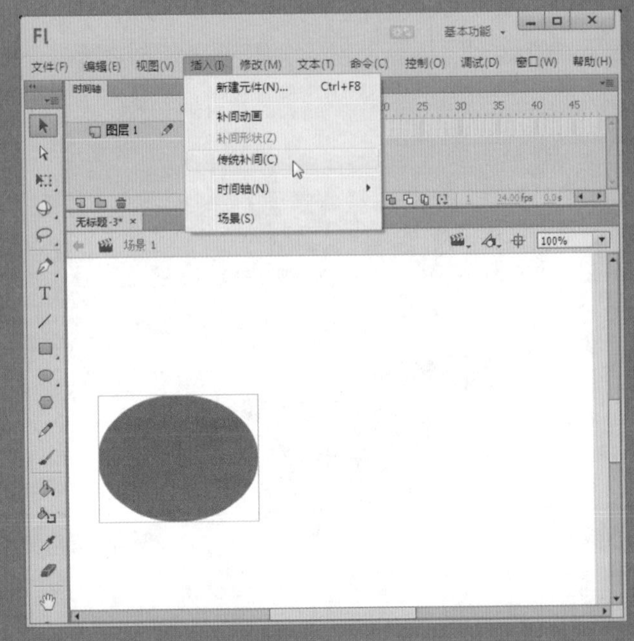

图 7-9　执行“插入”→“传统补间”命令

实例操作：纸飞机

● 光盘 \ 素材 \ 第 7 章 \bj.jpg、6.png　● 光盘 \ 效果 \ 第 7 章 \ 纸飞机 .swf

本例就来制作一个简单的动作补间动画，这是一架纸飞机由慢到快，由右上方向左下方运动的动画，最终效果如图 7-10 所示。

图 7-10　完成效果

Step 1 ▶ 启动 Flash CC，新建一个 Flash 空白文档。执行“修改”→“文档”命令，打开“文档设置”对话框，将“舞台大小”设置为 600×400 像素，如图 7-11 所示。设置完成后单击 确定 按钮。

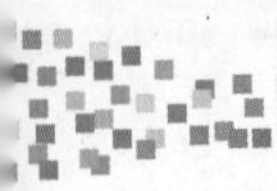

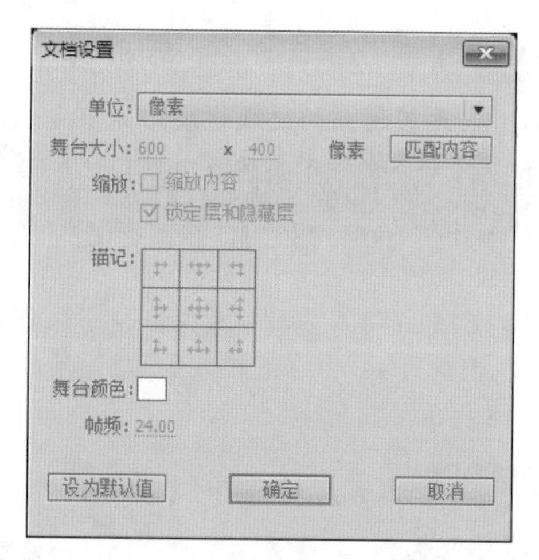

图 7-11 “文档设置”对话框

Step 2 ▶ 执行“文件”→“导入”→“导入到舞台”命令，将一幅背景图片导入到舞台上，如图 7-12 所示。

图 7-12 导入图片

Step 3 ▶ 新建一个图层 2，执行“文件”→“导入”→“导入到舞台”命令，将一幅纸飞机图片导入到舞台上，并将其移动到舞台的右上方，如图 7-13 所示。

Step 4 ▶ 在图层 1 的第 75 帧处插入帧，在图层 2 的第 75 帧处插入关键帧，然后选择图层 2 的第 75 帧处的纸飞机图片，将其移动到舞台的左下方，如图 7-14 所示。

Step 5 ▶ 保持第 75 帧处纸飞机图片的选中状态，使用任意变形工具将其放大，如图 7-15 所示。

图 7-13 导入图片

图 7-14 移动图片

图 7-15 放大图片

Step 6 ▶ 选择图层 2 的第 1 ~ 75 帧之间的任意一帧，执行“插入”→“传统补间”命令，如图 7-16 所示，即可为第 1 ~ 75 帧创建补间动画。

图 7-16　创建动画

Step 7 ▶ 选择图层 2 的第 1 帧，打开“属性”面板，在“缓动”文本框中输入“-100”，如图 7-17 所示。

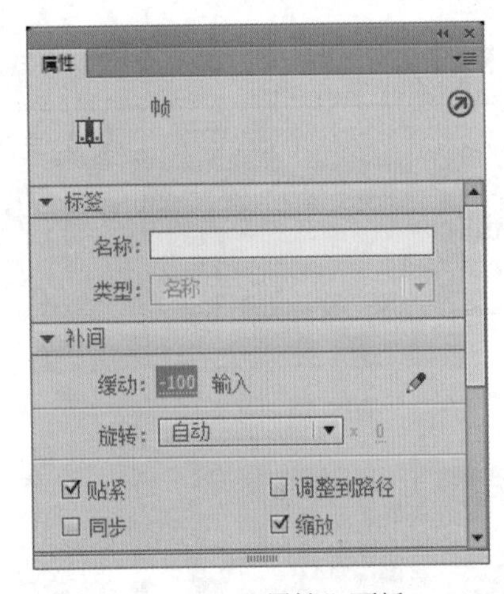

图 7-17　“属性”面板

读书笔记

技巧秒杀

缓动用来设置动画的快慢速度。其值为 -100 ~ 100，可以在文本框中直接输入数字。设置为 100 动画先快后慢，-100 动画先慢后快，其间的数字按照 -100 到 100 的变化趋势逐渐变化。

Step 8 ▶ 按 Enter 键或拖动播放头，即可看见舞台上的纸飞机由慢到快，由右上方向左下方运动的动画，如图 7-18 所示。

图 7-18　在舞台中测试动画

Step 9 ▶ 保存动画文件，然后按 Ctrl+Enter 组合键，欣赏本例的完成效果，如图 7-19 所示。

图 7-19　完成效果

技巧秒杀

在此动画中，我们对两个关键帧之间的纸飞机图片进行了位置的变化、大小的缩放，从而得到了纸飞机由慢到快，由右上方向左下方运动的动画效果。

在创建动作补间动画时，可以先为关键帧创建动画属性后，再移动关键帧中的图形，进行动画编辑。在实际的编辑工作中也可以根据需要，随时对关键帧中图形的位置、大小、方向进行修改。

读书笔记

7.3 形状补间动画

形状补间动画是基于所选择的两个关键帧中的矢量图形存在形状、色彩、大小等的差异而创建的动画关系，在两个关键帧之间插入逐渐变形的图形显示。和动作补间不同，形状补间动画中两个关键帧中的内容主体必须是处于分离状态的图形，独立的图形元件不能创建形状补间的动画。

实例操作：蔬菜变形

● 光盘 \ 素材 \ 第 7 章 \qiezi.swf、lb.swf　● 光盘 \ 效果 \ 第 7 章 \ 蔬菜变形 .swf

下面使用形状补间动画来制作茄子在经过 35 个帧的变化后，逐渐变成一个胡萝卜的动画过程，最终效果如图 7-20 所示。

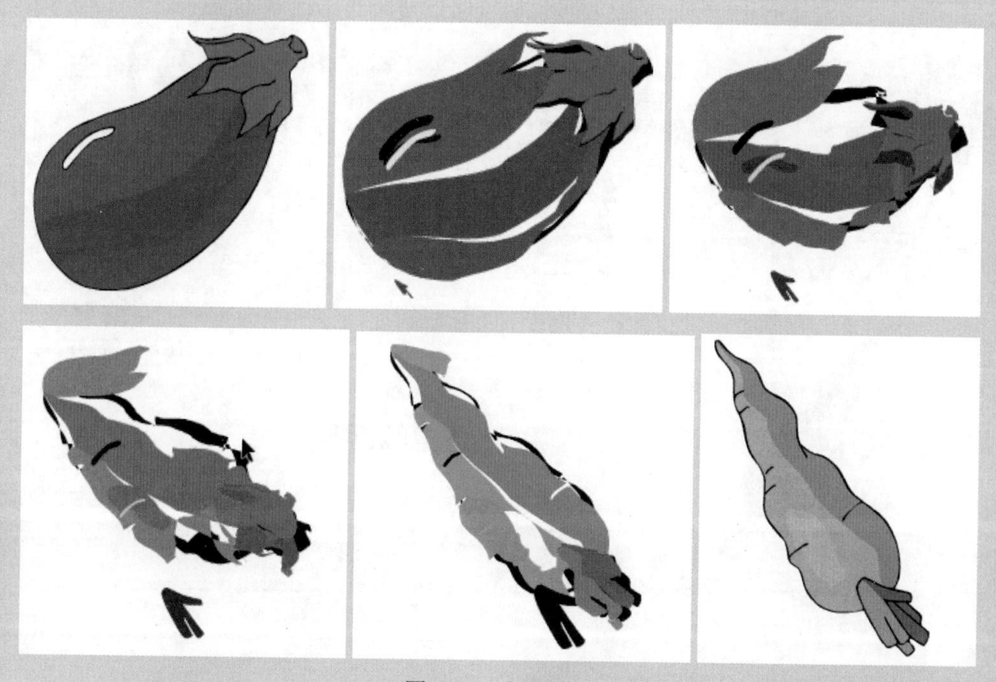

图 7-20　完成效果

Step 1 ▶ 在 Flash CC 中新建一个空白文档，导入一幅茄子图片并将其放置到舞台的中间，然后将茄子图片打散，如图 7-21 所示。

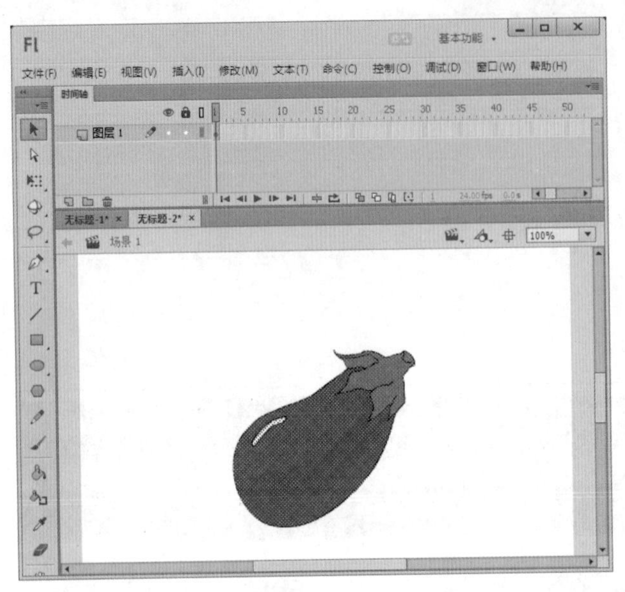

图 7-21　导入图片

Step 2 ▶ 在时间轴中选择当前图层的第 35 帧，按 F7 键，插入一个空白关键帧，导入一幅胡萝卜图片并将其放置到画面的中间，然后将胡萝卜图片打散，如图 7-22 所示。

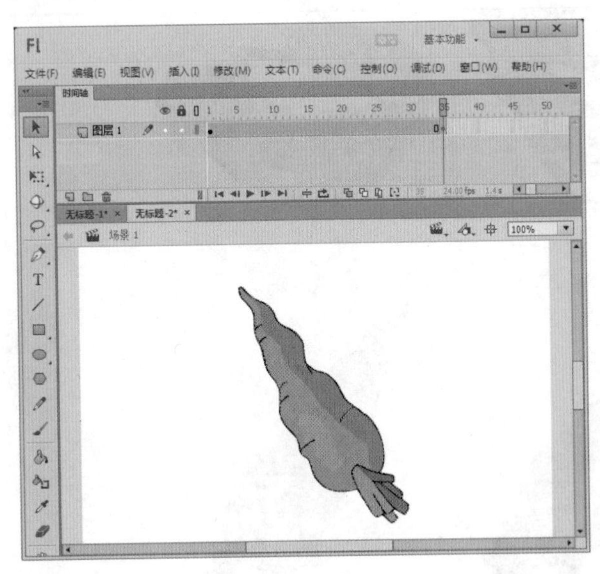

图 7-22　导入图片

Step 3 ▶ 在时间轴上选择第 1 帧，执行“插入”→“补间形状”命令，即可为选择的关键帧创建形状补间动画，如图 7-23 所示。

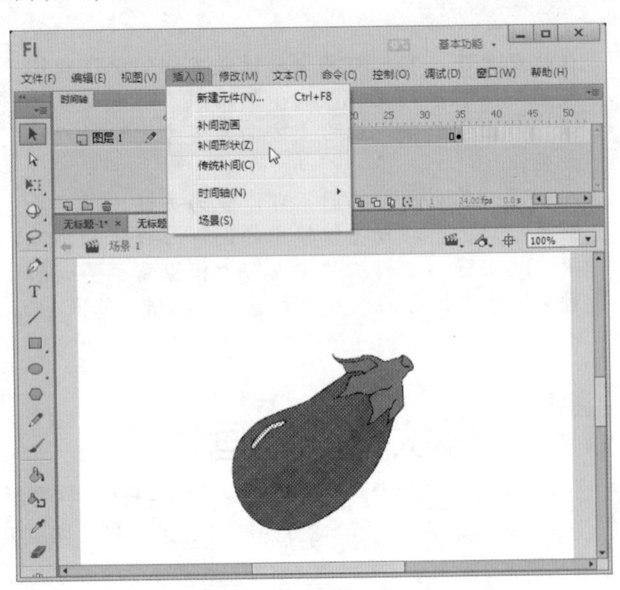

图 7-23　创建形状补间动画

Step 4 ▶ 在“属性”面板的“混合”下拉列表框中选择“分布式”选项，可以使关键帧之间的动画形状比较平滑，如图 7-24 所示。

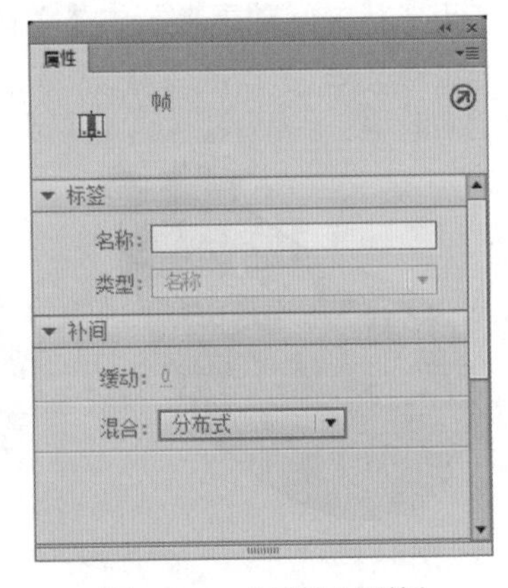

图 7-24　“属性”面板

读书笔记

Step 5 ▶ 保存动画文件，然后按 Ctrl+Enter 组合键，欣赏本例的完成效果，如图 7-25 所示。

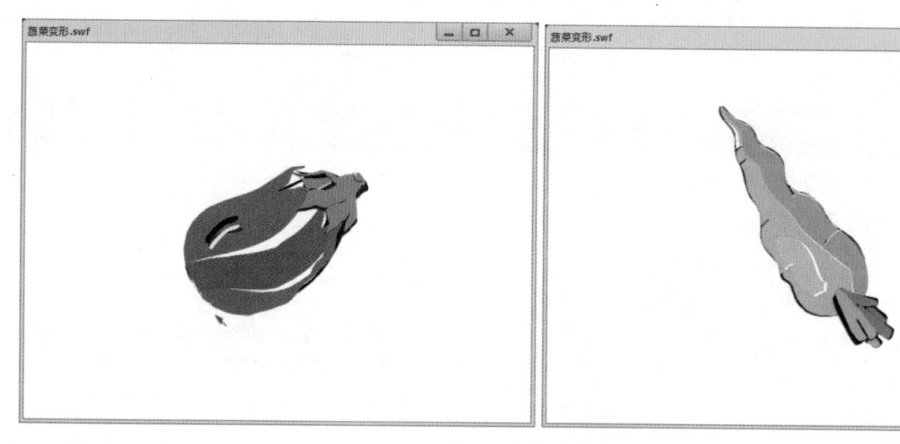

图 7-25 完成效果

技巧秒杀

若在“属性”面板的“混合”下拉列表框中选择“角形”选项，关键帧之间的动画形状会保留有明显的角和直线，如图 7-26 所示。

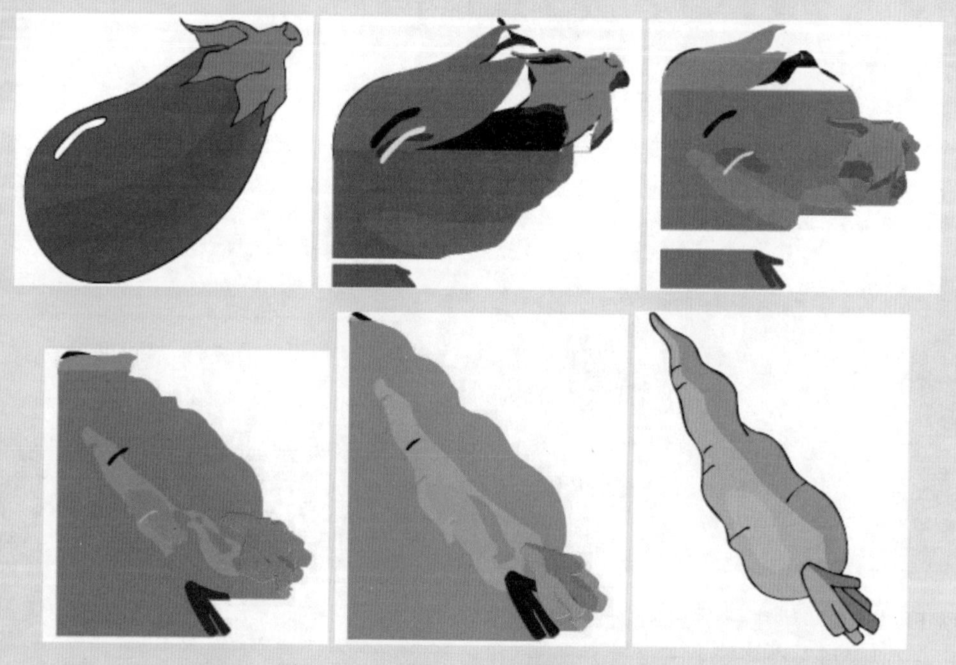

图 7-26 “角形”方式形状变化的过程

7.4 引导动画

引导层作为一个特殊的图层，在 Flash 动画设计中应用十分广泛。使用引导层，可以实现对象沿着特定的路径运动，还可以使多个图层与同一个运动引导层相关联，从而使多个对象沿相同的路径运动。

实例操作：气球

- 光盘 \ 素材 \ 第 7 章 \bj2.jpg、qiqiu.png
- 光盘 \ 效果 \ 第 7 章 \ 气球 .swf

下面就通过引导层来制作一个气球沿着特定轨迹运动的动画效果，最终效果如图 7-27 所示。

图 7-27　完成效果

Step 1 启动 Flash CC，新建一个 Flash 空白文档。执行“修改”→“文档”命令，打开“文档设置”对话框，将“舞台大小”设置为 600×500 像素，如图 7-28 所示。设置完成后单击 确定 按钮。

Step 2 执行“文件”→“导入”→“导入到舞台”命令，将一幅背景图片导入到舞台上，如图 7-29 所示。

Step 3 新建一个图层 2，执行“文件”→“导入”→“导入到舞台”命令，将一幅气球图片导入到舞台上，如图 7-30 所示。

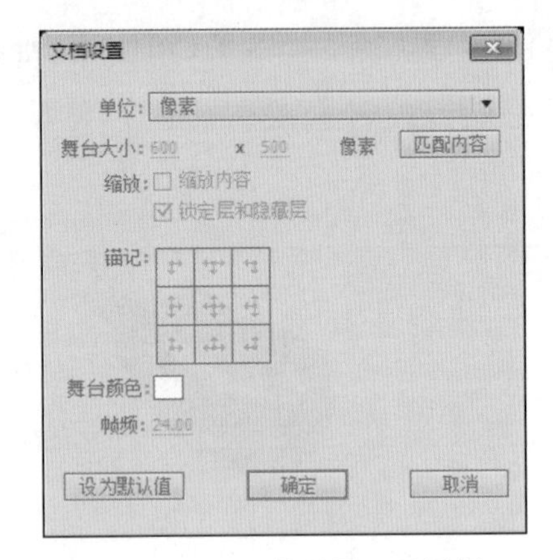

图 7-28　“文档设置”对话框

图 7-29　导入图片

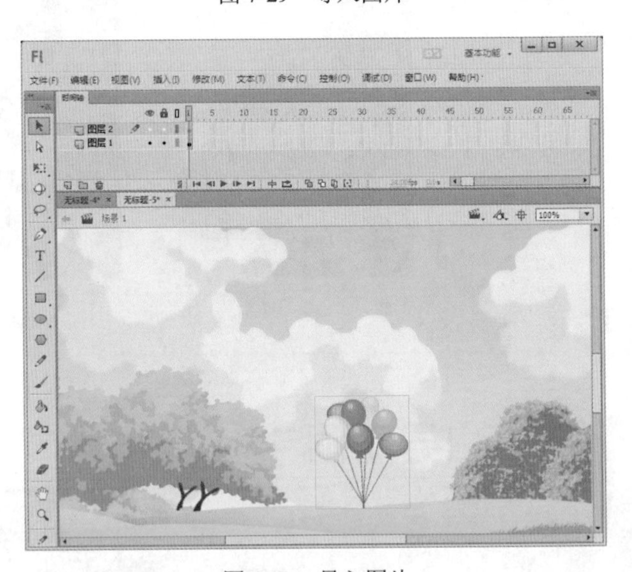

图 7-30　导入图片

Step 4 选中图层 2，右击，在弹出的快捷菜单中选择“添加传统运动引导层”命令，如图 7-31 所示。这样就会在图层 2 的上方新建一个引导层。

图 7-31　添加引导层

Step 5 选中引导层的第 1 帧，使用铅笔工具绘制一条曲线，如图 7-32 所示。

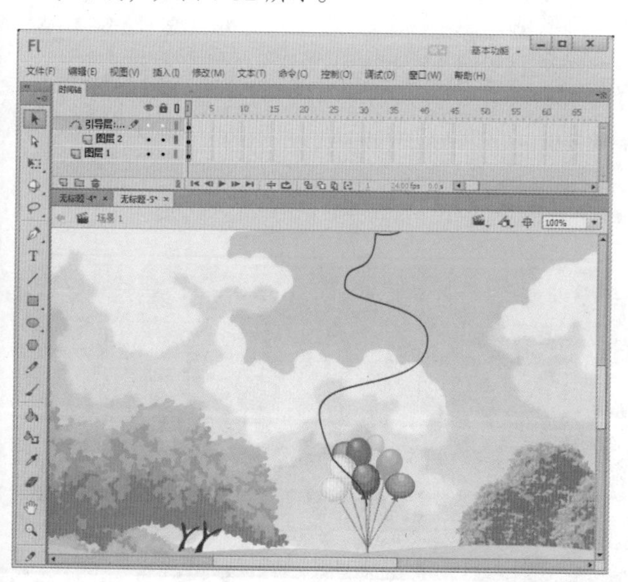

图 7-32　绘制曲线

技巧秒杀

绘制的曲线就是气球的运动轨迹，该曲线在最终动画效果中是不显示的，只是起引导作用。

Step 6 在图层 1 与引导层的第 85 帧处插入帧，在图层 2 的第 85 帧处插入关键帧，如图 7-33 所示。

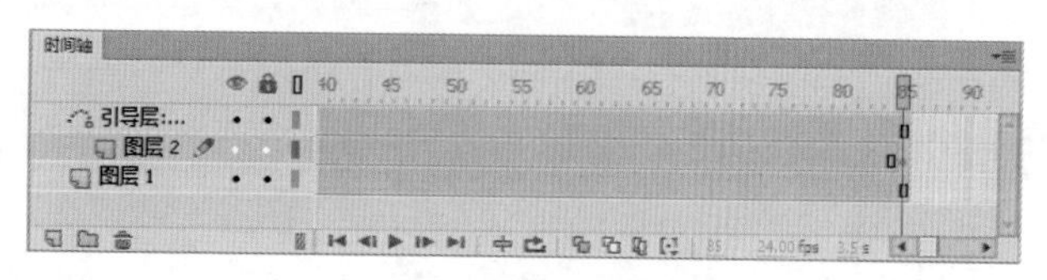

图 7-33　插入关键帧与帧

Step 7 使用任意变形工具选中图层 2 第 1 帧中的气球，将其移动到曲线的开始处，注意气球的中心点要与曲线开始端重合，如图 7-34 所示。

图 7-34　对准中心点

Step 8 使用任意变形工具选中图层 2 第 85 帧中的气球，将其沿着曲线移动到曲线的终点，如图 7-35 所示。

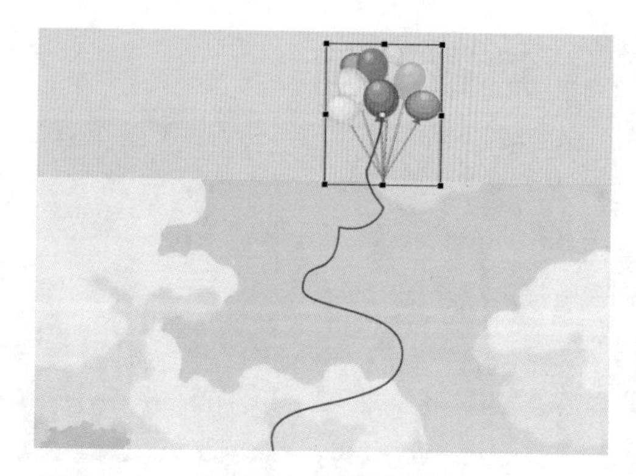

图 7-35　拖动气球

读书笔记

Step 9 ▶ 在图层 2 的第 1 帧与第 85 帧之间创建动作补间动画，如图 7-36 所示。

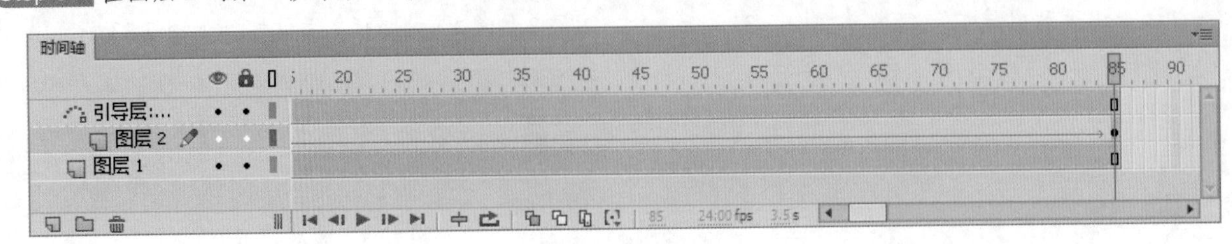

图 7-36　创建动画

Step 10 ▶ 保存动画文件，然后按 Ctrl+Enter 组合键，欣赏本例的完成效果，如图 7-37 所示。

图 7-37　完成效果

7.5 遮罩动画

在制作动画的过程中，有些效果用通常的方法很难实现，如手电筒、百叶窗、放大镜等效果，以及一些文字特效。这时，就要用到遮罩动画了。

要创建遮罩动画，需要有两个图层，一个遮罩层，一个被遮罩层。要创建动态效果，可以让遮罩层动起来。对于用作遮罩的填充形状，可以使用补间形状；对于文字对象、图形实例或影片剪辑，可以使用补间动画。

要创建遮罩层，可以将遮罩项目放在要用作遮罩的层上。和填充或笔触不同，遮罩项目像是个窗口，透过它可以看到位于它下面的链接层区域。除了透过遮罩项目显示的内容之外，其余的所有内容都被遮罩层的其余部分隐藏起来。一个遮罩层只能包含一个遮罩项目。按钮内部不能有遮罩层，也不能将一个遮罩应用于另一个遮罩。

在 Flash 中，使用遮罩层可以制作出特殊的遮罩动画效果，例如聚光灯效果。如果将遮罩层比作聚光灯，当遮罩层移动时，它下面被遮罩的对象就像被灯光扫过一样，被灯光扫过的地方清晰可见，没有被扫过的地方将不可见。另外，一个遮罩层可以同时遮罩几个图层，从而产生出各种特殊的效果。

实例操作：炫彩文字动画

- 光盘\素材\第 7 章\bj3.jpg
- 光盘\效果\第 7 章\炫彩文字动画 .swf

下面就通过遮罩层来制作一个炫彩文字动画效果，完成后的效果如图 7-38 所示。

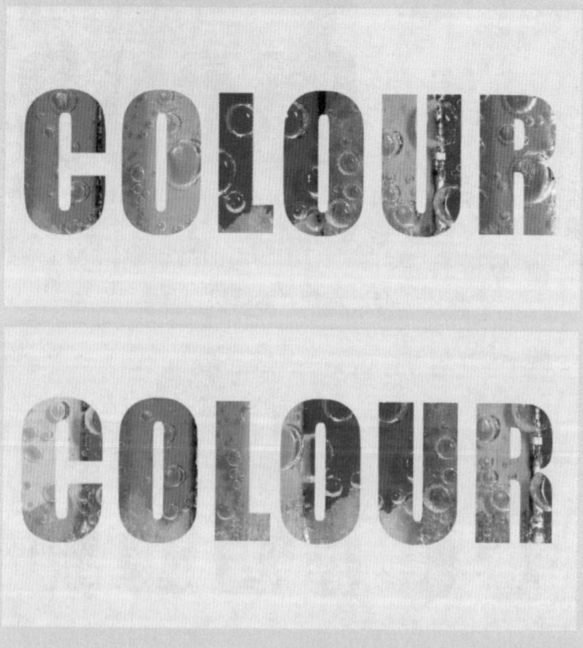

图 7-38　完成效果

Step 1 启动 Flash CC，新建一个 Flash 空白文档。执行“修改”→“文档”命令，打开“文档设置”对话框，将“舞台大小”设置为 650×350 像素，“舞台颜色”设置为黄色，“帧频”设置为 12，如图 7-39 所示。设置完成后单击 确定 按钮。

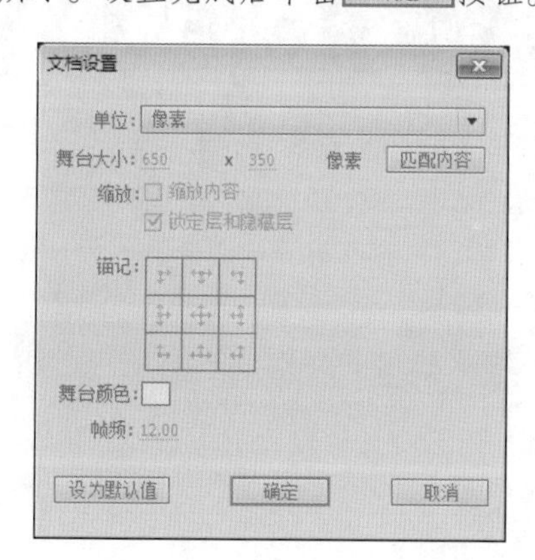

图 7-39　“文档设置”对话框

Step 2 选择文本工具 T，在“属性”面板中设置文字的字体为 Impact，将字号设置为 122，将“字母间距”设置为 4，将字体颜色设置为黑色，如图 7-40 所示。

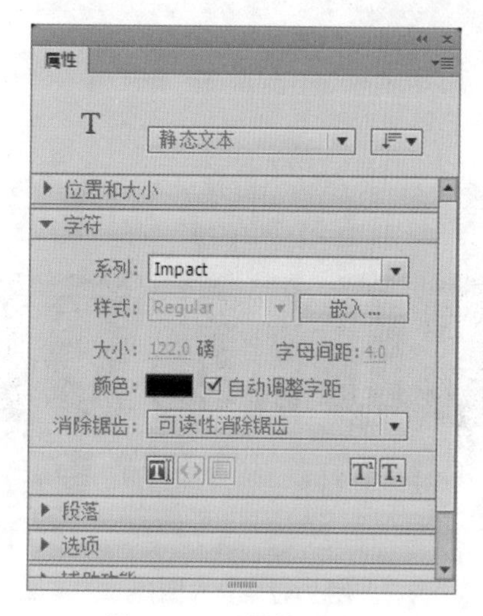

图 7-40　“属性”面板

Step 3 在舞台上输入文字 COLOUR，如图 7-41 所示。

图 7-41　输入文字

Step 4 单击“新建图层”按钮，新建图层 2，将其拖动到图层 1 的下方，然后导入一幅图像到舞台中，如图 7-42 所示。

Step 5 在图层 1 的第 60 帧处插入帧，在图层 2 的第 60 帧处插入关键帧，如图 7-43 所示。

Step 6 将图层 2 的第 60 帧处的图像向右移动，然后在图层 2 的第 1 帧与第 60 帧之间创建动作补间动

画，如图 7-44 所示。

图 7-42　导入图片

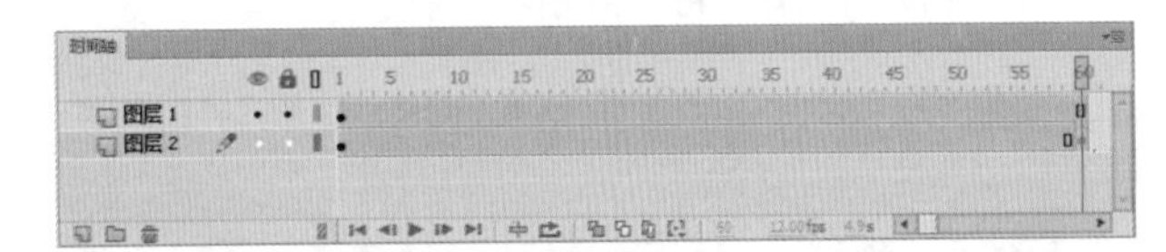

图 7-43　插入关键帧与帧

图 7-44　创建动画

Step 7 ▶ 在图层 1 上右击，在弹出的快捷菜单中选择“遮罩层”命令，如图 7-45 所示。

Step 8 ▶ 保存文件并按 Ctrl+Enter 组合键欣赏最终效果，如图 7-46 所示。

图 7-45　选择“遮罩层”命令

图 7-46　完成效果

读书笔记

7.6 动画预设

在 Flash CC 中，只有元件和文本才能应用预设动画。在舞台上输入文字“动画预设”，执行“窗口”→“动画预设”命令，打开“动画预设”面板，如图 7-47 所示。

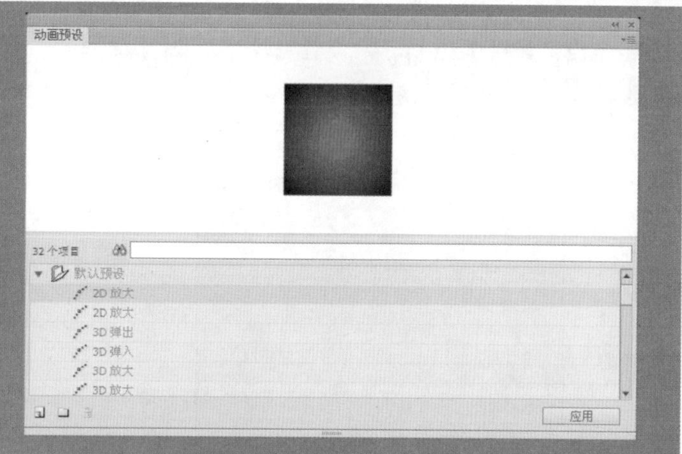

图 7-47 “动画预设”面板

选择“默认预设”文件夹下的“2D 放大”选项，单击 应用 按钮，然后按 Ctrl+Enter 组合键，即可看到文字由小渐渐放大的效果，如图 7-48 所示。

图 7-48 2D 放大

实例操作：电影特效文字

● 光盘 \ 素材 \ 第 7 章 \1.jpg ● 光盘 \ 效果 \ 第 7 章 \ 电影特效文字 .swf

下面就通过 Flash CC 的动画预设功能来制作一个炫酷文字动画效果，完成后如图 7-49 所示。

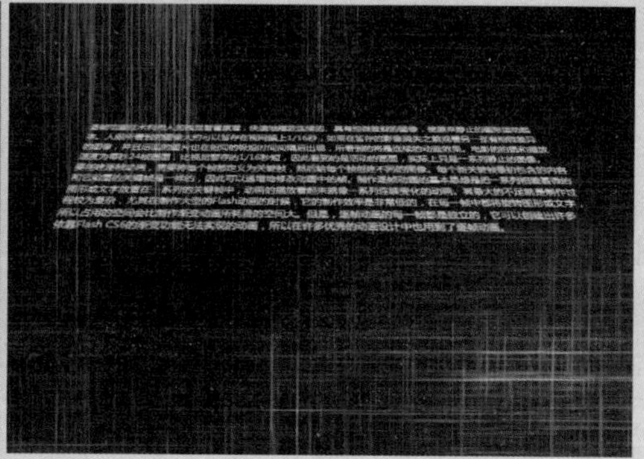

图 7-49 完成效果

Step 1 ▶ 启动 Flash CC，新建一个 Flash 空白文档。执行“修改”→“文档”命令，打开“文档设置”对话框，将“舞台大小”设置为600×420像素，“帧频”设置为12，如图7-50所示。设置完成后单击 确定 按钮。

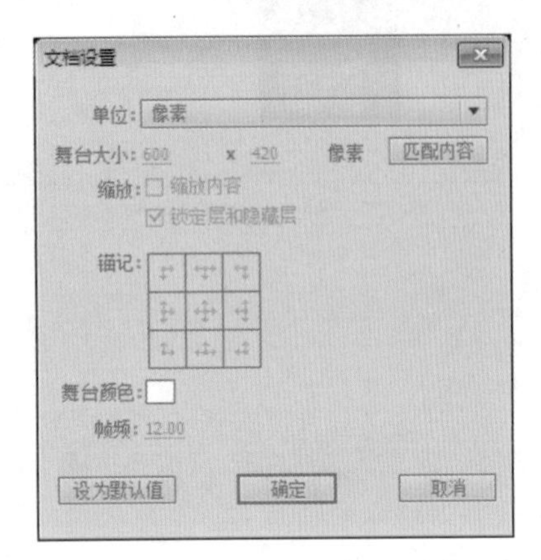

图7-50 “文档设置”对话框

Step 2 ▶ 执行“文件”→“导入”→“导入到舞台”命令，将一幅背景图片导入到舞台上，如图7-51所示。

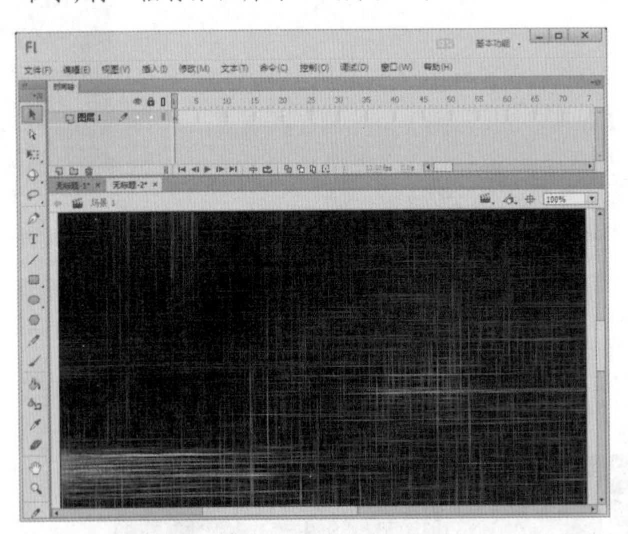

图7-51 导入图片

Step 3 ▶ 选择文本工具T，在“属性”面板中设置文字的字体为“微软雅黑”，将字号设置为12，字体颜色设置为白色，如图7-52所示。

Step 4 ▶ 单击“新建图层”按钮，新建图层2，在舞台上输入一段文字，如图7-53所示。

Step 5 ▶ 选择输入的文字，按F8键，打开“转换为元件”对话框，在“类型”下拉列表框中选择“影片剪辑”选项，如图7-54所示。

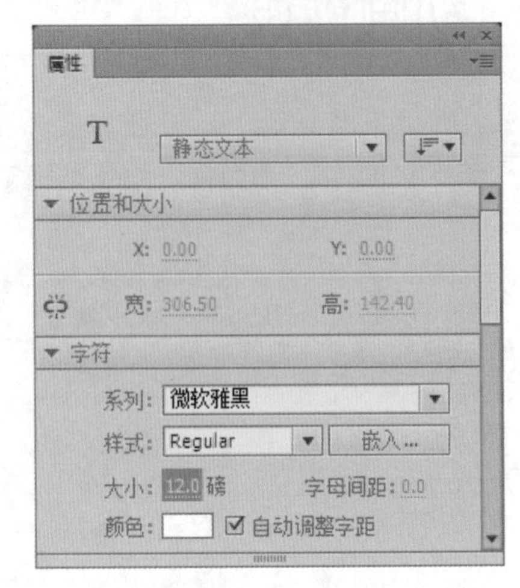

图7-52 “属性”面板

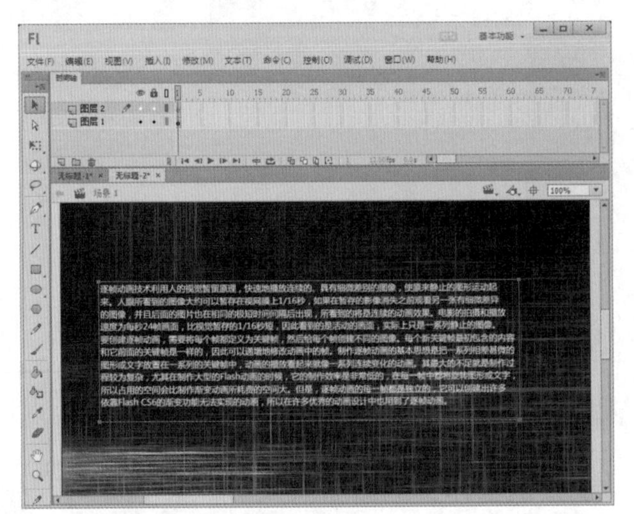

图7-53 输入文字

转换为元件
名称(N): 元件 1 确定
类型(T): 影片剪辑 对齐: 取消
文件夹: 库根目录
高级

图7-54 转换元件

Step 6 ▶ 执行“窗口”→“动画预设”命令，打开“动画预设”面板，选择“默认预设”文件夹下的“3D文本滚动”选项，如图7-55所示。完成后单击 应用 按钮。

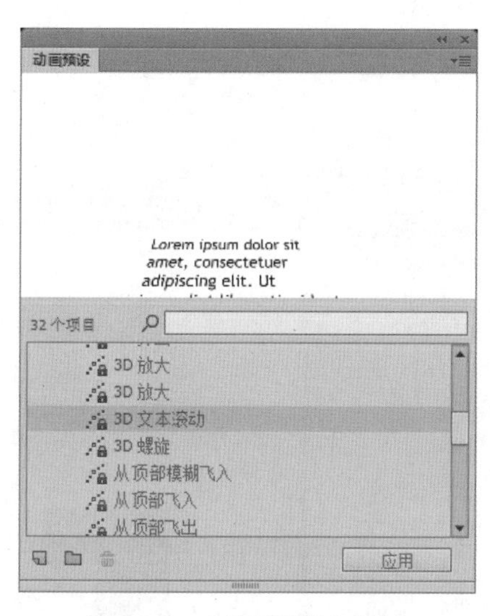

图 7-55 “动画预设”面板

Step 7 ▶ 在图层 1 的第 40 帧处按 F5 键插入帧，如图 7-56 所示。

图 7-56 插入帧

Step 8 ▶ 保存文件并按 Ctrl+Enter 组合键，欣赏最终效果，如图 7-57 所示。

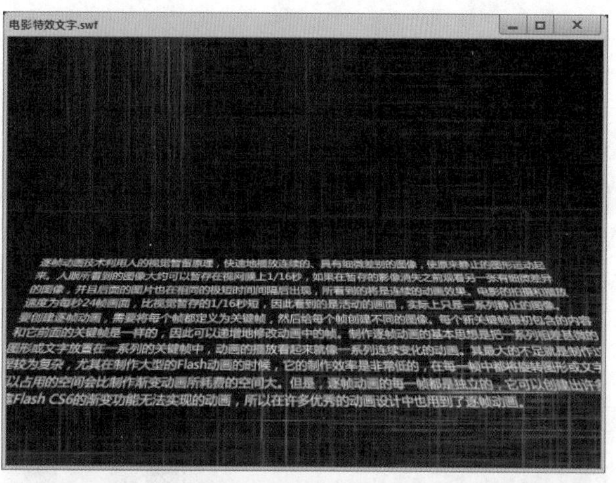

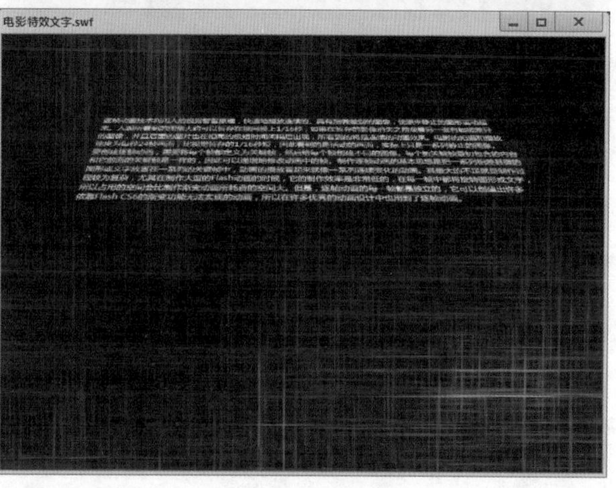

图 7-57 完成效果

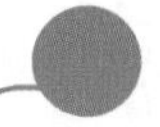

知识大爆炸
——形状补间动画提示的知识

在使用形状补间动画制作变形动画时，如果动画比较复杂或特殊，一般不容易控制，系统自动生成的过渡动画不能令人满意。这时，使用变形提示功能即可让过渡动画按照自己设想的方式进行。其方法是分别在动画的起始帧和结束帧的图形上指定一些变形提示点。现在结合实例来介绍加入了变形提示的变形动画的制作。

1. 设置起始帧与结束帧状态

插入图层文件夹的操作步骤如下。

Step 1 ▶ 新建一个 Flash 文件，选择工具箱中的文本工具 **T**，然后在“属性”面板中设置文字的字体为 Impact，字号为 166，颜色为红色，然后在舞台上输入字母“F”，如图 7-58 所示。

Step 2 ▶ 用选择工具选择输入的文字对象，然后执行“修改”→“分离”命令，将该文字对象分离，如图 7-59 所示。

图 7-58　输入文字

图 7-59　分离文字

Step 3 ▶ 在时间轴上的第 30 帧处插入空白关键帧，然后输入字母“L”，并执行“修改”→“分离”命令，将输入的文字对象分离，如图 7-60 所示。

Step 4 ▶ 在时间轴上选择第 1 帧与第 30 帧之间的任意一帧，然后执行“插入”→“补间形状”命令，如图 7-61 所示。这样一个形状变形动画就基本制作完成了。

图 7-60　分离文字

图 7-61　创建动画

2. 添加形状显示

Step 1 ▶ 执行“修改”→“形状”→“添加形状提示”命令，或按 Shift+Ctrl+H 组合键，这样就添加了一个形状提示符，在场景中会出现一个“ⓐ”，将其拖动至形体 F 的左上角。以同样的方法再添加一个形状提示符，相应地在场景中会增加一个形状提示符“ⓑ”，将其拖动至形体 F 的右下角，如图 7-62 所示。如果需要精确定义变形动画的变化，还可以添加更多的形状提示符。

Step 2 ▶ 在时间轴上选中第 30 帧，在舞台中多出了和在第 1 帧中添加的提示符一样的形状提示符，这时拖动提示符“ⓑ”至形体 L 的左上角，拖动提示符“ⓐ”至形体 L 的右下角，拖动时提示符变为绿色表示自定义的形状变形能够实现，如图 7-63 所示。

图 7-62　定位形状提示符

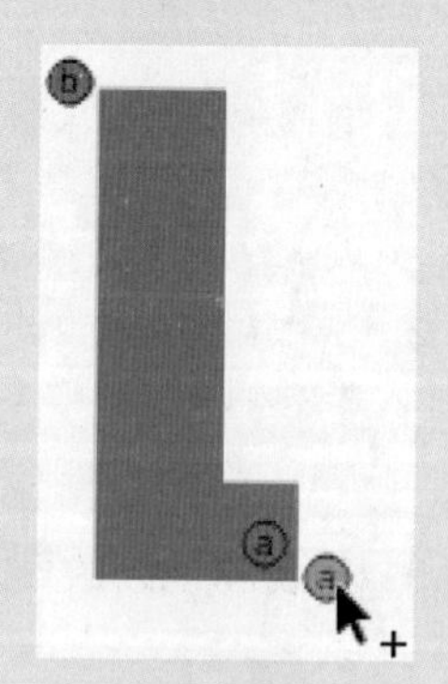

图 7-63　形状提示符

读书笔记

学习完 Flash CC 的基础操作后，下面介绍元件、库和实例、声音和视频的导入与使用、ActionScript 脚本、优化和发布动画等内容。

>>>

01 02 03 04 05 06 07 **08** 09 10 11 12……

元件、库和实例

本章导读

在 Flash CC 中，对于需要重复使用的资源可以将其制作成元件，然后从“库”面板中拖曳到舞台上使其成为实例。合理地利用元件、库和实例，对提高影片制作效率有很大的帮助。

8.1 元件

Flash 电影中的元件就像影视剧中的演员、道具，都是具有独立身份的元素。它们在影片中发挥着各自的作用，是 Flash 动画影片构成的主体。Flash 电影中的元件可以根据它们在影片中发挥作用的不同，分为图形、按钮和影片剪辑 3 种类型。

8.1.1 创建图形元件

在 Flash 电影中，一个元件可以被多次使用在不同位置。各个元件之间可以相互嵌套，不管元件的行为属于何种类型，都能以一个独立的部分存在于另一个元件中，使制作的 Flash 电影有更丰富的变化。图形元件是 Flash 电影中最基本的元件，主要用于建立和存储独立的图形内容，也可以用来制作动画，但是当把图形元件拖曳到舞台中或其他元件中时，不能对其设置实例名称。

在 Flash CC 中可将编辑好的对象转换为元件，也可以创建一个空白的元件，然后在元件编辑模式下制作和编辑元件。下面逐一介绍这两种方法。

1. 将对象转换为图形元件

在场景中，选中的任何对象都可以转换为元件。下面就介绍转换的方法。

Step 1 ▶ 使用选择工具选中舞台中的对象，如图 8-1 所示。

图 8-1　选中对象

Step 2 ▶ 执行“修改”→“转换为元件”命令或者按 F8 键，打开“转换为元件”对话框。在“名称”文本框中输入元件的名称“图形 1”，在“类型”下拉列表框中选择“图形”选项，如图 8-2 所示。单击 确定 按钮后，位于舞台中的对象就转换为元件了。

图 8-2　“转换为元件”对话框

技巧秒杀

为元件起一个唯一的、便于记忆的名字是非常必要的，这样有助于在制作大型动画时，在众多的元件中找到自己需要的元件。

2. 创建新的图形元件

创建新的图形元件是指直接创建一个空白的图形元件，然后进入元件编辑模式创建和编辑图形元件的内容。

Step 1 ▶ 执行“插入”→“新建元件”命令，打开“创建新元件”对话框，在“名称”文本框中输入元件的名称“小鸟”，在“类型”下拉列表框中选择“图形”选项，如图 8-3 所示。

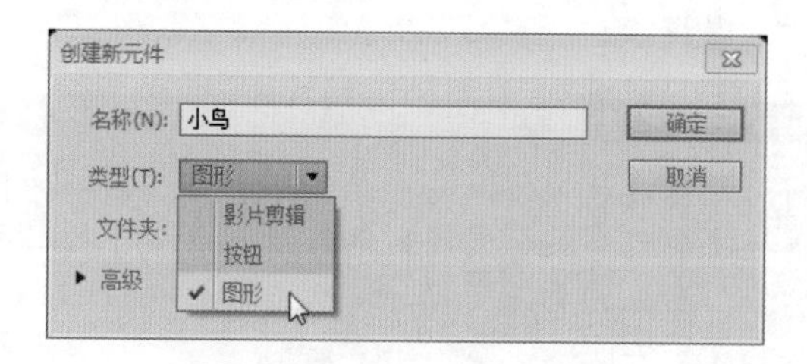

图 8-3　“创建新元件”对话框

Step 2 ▶ 单击 确定 按钮后，工作区会自动从影片的场景转换到元件编辑模式。在元件的编辑区中心处有一个“+”光标，如图 8-4 所示，现在即可在这个编辑区中编辑图形元件。

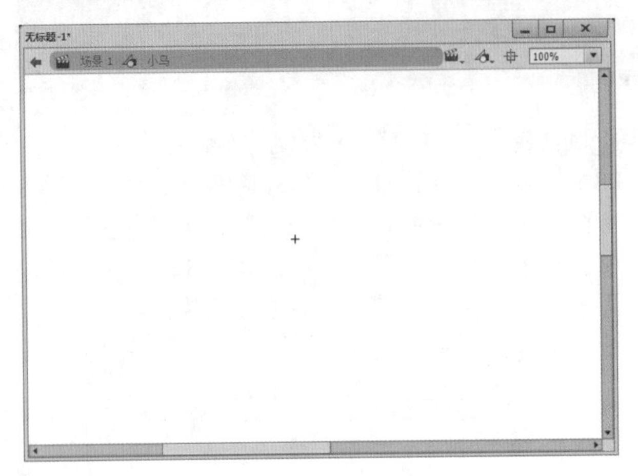

图 8-4　图形元件编辑区

Step 3 ▶ 在元件编辑区中可以自行绘制图形或导入图形，如图 8-5 所示。

图 8-5　导入图形

Step 4 ▶ 执行“编辑”→“编辑文档”命令或者直接单击元件编辑区左上角的场景名称 场景 1，即可回到场景编辑区。

技巧秒杀

图形元件被放入其他场景或元件中后，不能对其进行编辑。如果对某图形元件不满意，可以双击“库”面板的元件图标，或双击场景中的元件进入元件编辑区，对元件进行编辑。

8.1.2 创建影片剪辑元件

影片剪辑是 Flash 电影中常用的元件类型，是独立于电影时间线的动画元件，主要用于创建具有一段独立主题内容的动画片段。当影片剪辑所在图层的其他帧没有其他元件或空白关键帧时，它不受目前场景中帧长度的限制，作循环播放；如果有空白关键帧，并且空白关键帧所在位置比影片剪辑动画的结束帧靠前，影片会结束，同样也作提前结束循环播放。

如果在一个 Flash 影片中，某一个动画片段会在多个地方使用，这时可以把该动画片段制作成影片剪辑元件。和制作图形元件一样，在制作影片剪辑时，可以创建一个新的影片剪辑，也就是直接创建一个空白的影片剪辑，然后在影片剪辑编辑区中对影片剪辑进行编辑。

创建影片剪辑的操作步骤如下：

Step 1 ▶ 执行“插入”→“新建元件”命令，打开“创建新元件”对话框。在“名称”文本框中输入影片剪辑的名称，在“类型”下拉列表框中选择“影片剪辑”选项，如图 8-6 所示。

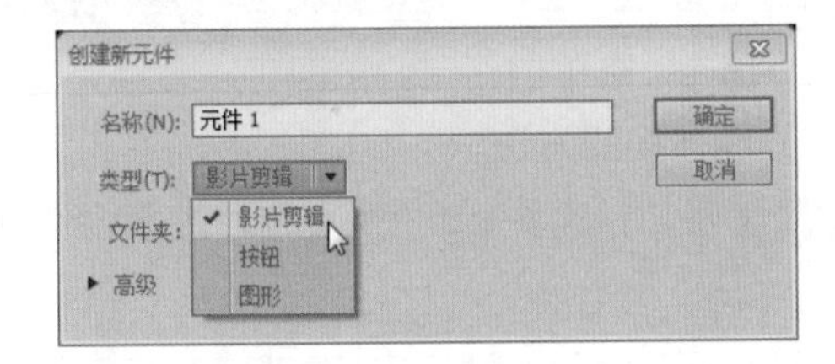

图 8-6　创建影片剪辑

Step 2 ▶ 单击 确定 按钮，系统自动从影片的场景转换到影片剪辑编辑模式。此时在元件的编辑区的中心将会出现一个“+”光标，现在即可在这个编辑区中编辑影片剪辑。

读书笔记

实例操作：古诗

- 光盘\素材\第 8 章\1.jpg
- 光盘\效果\第 8 章\古诗 .swf

本例就使用影片剪辑元件来制作一个古诗缓缓出现的动画，完成后的效果如图 8-7 所示。

图 8-7 完成效果

Step 1 启动 Flash CC，新建一个 Flash 空白文档。执行“修改”→“文档”命令，打开“文档设置”对话框，将“舞台大小”设置为 600×400 像素，“舞台颜色”设置为黑色，如图 8-8 所示。设置完成后单击 确定 按钮。

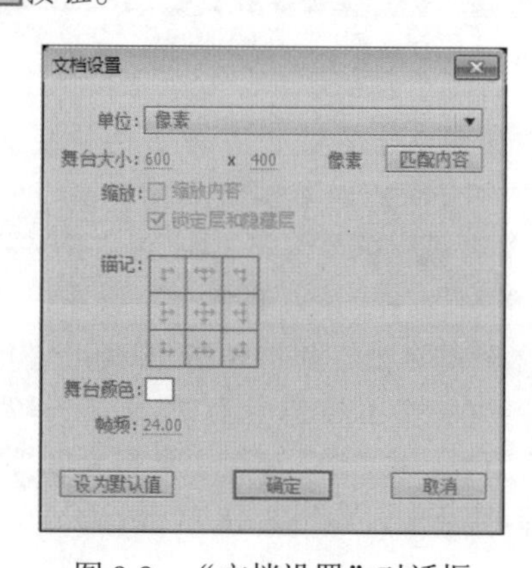

图 8-8 “文档设置”对话框

Step 2 执行“插入”→“新建元件”命令，打开“创建新元件”对话框。在“名称”文本框中输入影片剪辑的名称“古诗”，在“类型”下拉列表框中选择“影片剪辑”选项，如图 8-9 所示。

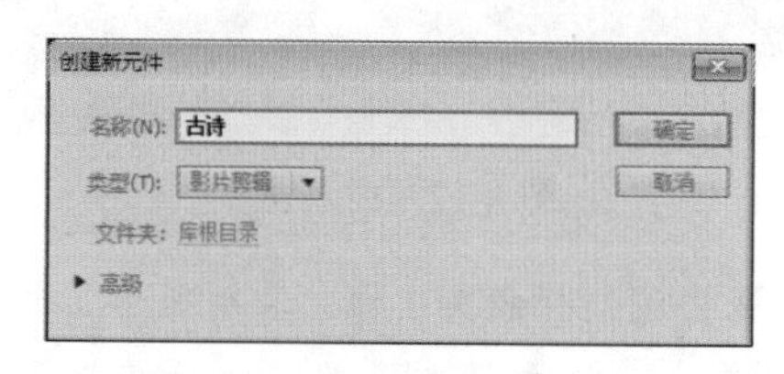

图 8-9 创建影片剪辑

Step 3 选择文本工具T，在“属性”面板中设置字体为“宋体”，“大小”为 23，“颜色”为黑色，“字母间距”为 6，如图 8-10 所示。

图 8-10 “属性”面板

Step 4 使用文本工具在舞台上输入一首如图 8-11 所示的古诗。

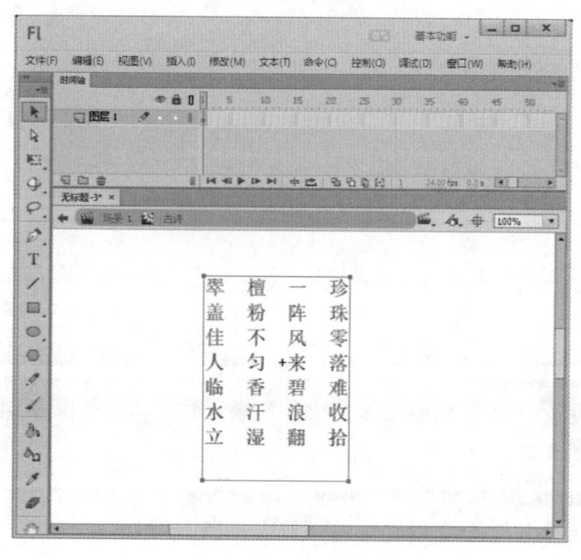

图 8-11 输入古诗

Step 5 ▶ 新建图层 2，在图层 2 与图层 1 的第 130 帧处插入帧，如图 8-12 所示。

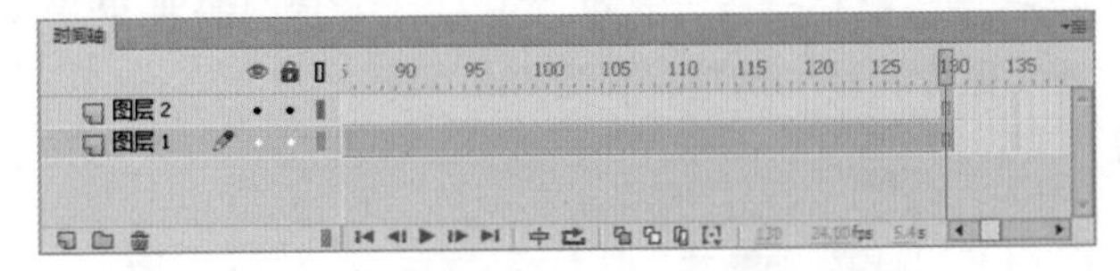

图 8-12　插入帧

Step 6 ▶ 选择图层 2 的第 1 帧，使用矩形工具在文本的左侧绘制一个无边框，填充色任意的矩形，如图 8-13 所示。

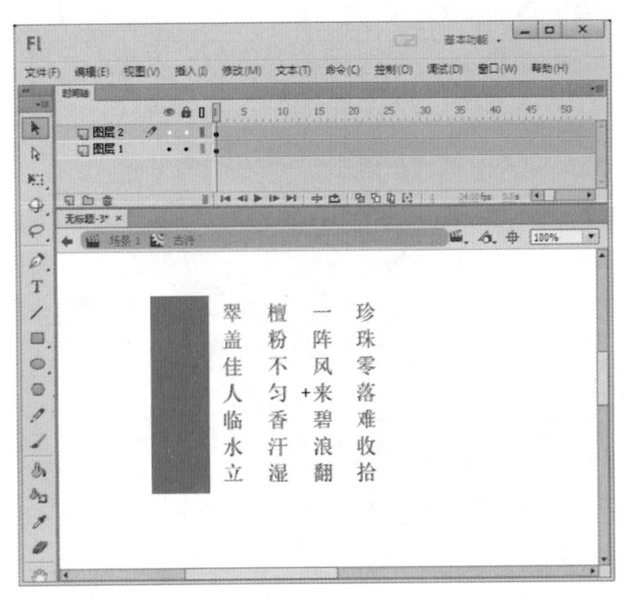

图 8-13　绘制矩形

Step 7 ▶ 在图层 2 的第 80 帧处插入关键帧，使用任意变形工具将矩形放大至完全遮住文本，如图 8-14 所示。

Step 8 ▶ 选择图层 2 的第 1 帧，执行“插入”→“补间形状”命令创建动画，如图 8-15 所示。

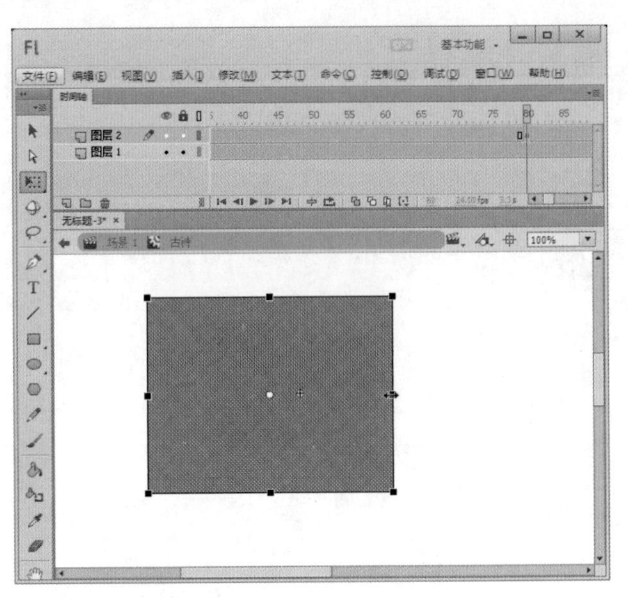

图 8-14　放大矩形

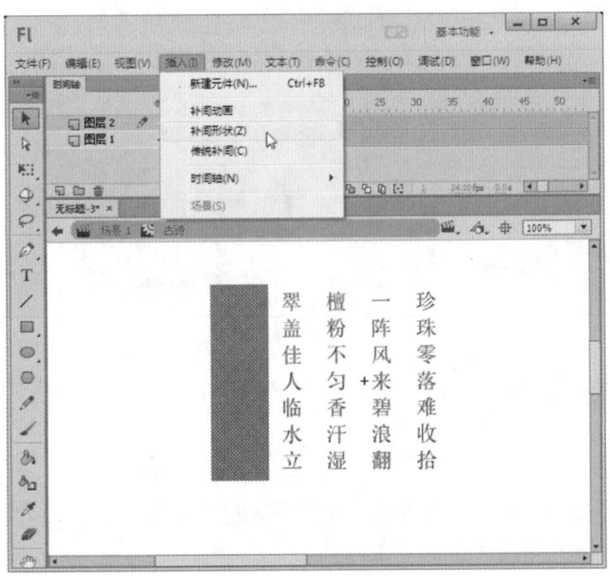

图 8-15　创建动画

Step 9 ▶ 在图层 2 上右击，在弹出的快捷菜单中选择“遮罩层”命令，如图 8-16 所示。

Step 10 ▶ 单击 场景 1 按钮返回主场景，执行“文件”→“导入”→“导入到舞台”命令，将一幅背景图片导入到舞台上，如图 8-17 所示。

Step 11 ▶ 新建一个图层 2，执行“窗口”→“库”命令，打开“库”面板，从“库”面板中将影片剪辑元件“古诗”拖曳到舞台上，如图 8-18 所示。

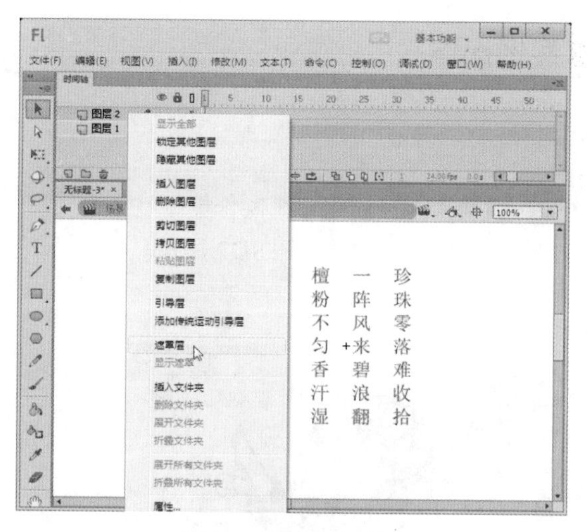

图 8-16　创建遮罩层

图 8-17　导入图片

图 8-18　拖曳元件

Step 12 ▶ 保存动画文件，然后按 Ctrl+Enter 组合键，欣赏本例的完成效果，如图 8-19 所示。

图 8-19　完成效果

8.1.3 创建按钮元件

按钮元件可以创建用于响应鼠标单击、滑过或其他动作的交互式按钮。可以定义与各种按钮状态关联的图形，然后将动作指定给按钮实例。

创建按钮元件的操作步骤如下。

Step 1 ▶ 在 Flash CC 中执行“插入”→“新建元件”命令，打开“创建新元件”对话框。在“名称”文本框中输入按钮的名称“按钮”，在“类型”下拉列表框中选择“按钮”选项，完成后单击 确定 按钮。

Step 2 ▶ 进入按钮编辑区，可以看到时间轴控制栏中已不再是我们所熟悉的带有时间标尺的时间栏，取代时间标尺的是 4 个空白帧，分别为“弹起”“指针经过”“按下”“点击”，如图 8-20 所示。

Step 3 ▶ 在工作区中绘制图形或导入图形，如图 8-21 所示，即可制作按钮元件。

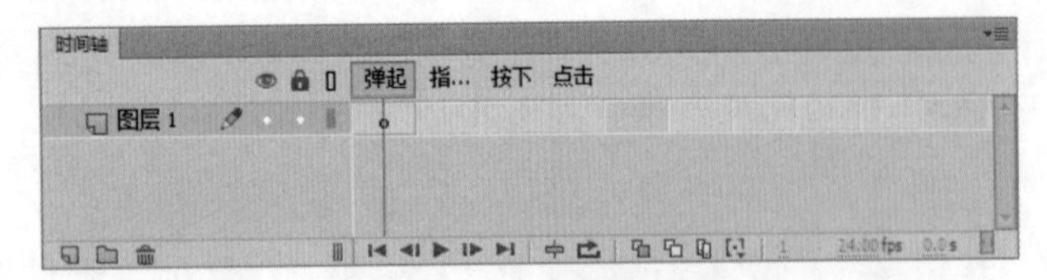

图 8-20　按钮层的状态

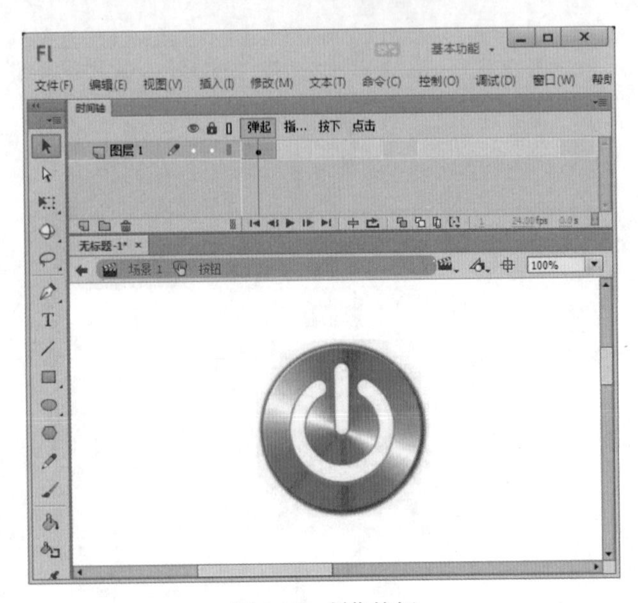

图 8-21　制作按钮

知识解析：按钮元件的时间轴

- 弹起：按钮在通常情况下呈现的状态，即鼠标没有在此按钮上或者未单击此按钮时的状态。
- 指针经过：鼠标指向状态，即当鼠标移动至该按钮上但没有按下此按钮时所处的状态。
- 按下：鼠标按下该按钮时，按钮所处的状态。
- 点击：这种状态下可以定义响应按钮事件的区域范围，只有当鼠标进入到这一区域时，按钮才开始响应鼠标的动作。另外，这一帧仅仅代表一个区域，并不会在动画选择时显示出来。通常，该范围不用特别设定，Flash 会自动依照按钮的“弹起”或“指针经过”状态时的面积作为鼠标的反应范围。

读书笔记

实例操作：功夫猴子按钮

- 光盘 \ 素材 \ 第 8 章 \h1.jpg、h2.jpg、h3.jpg
- 光盘 \ 效果 \ 第 8 章 \ 功夫猴子按钮 .swf

本例就使用按钮元件来制作一个功夫猴子按钮的动画，完成后的效果如图 8-22 所示。

图 8-22　完成效果

Step 1 启动 Flash CC，新建一个 Flash 空白文档。执行“修改”→“文档”命令，打开“文档设置”对话框，将“舞台大小”设置为 500×380 像素，“帧频”设置为 12，如图 8-23 所示。设置完成后单击 确定 按钮。

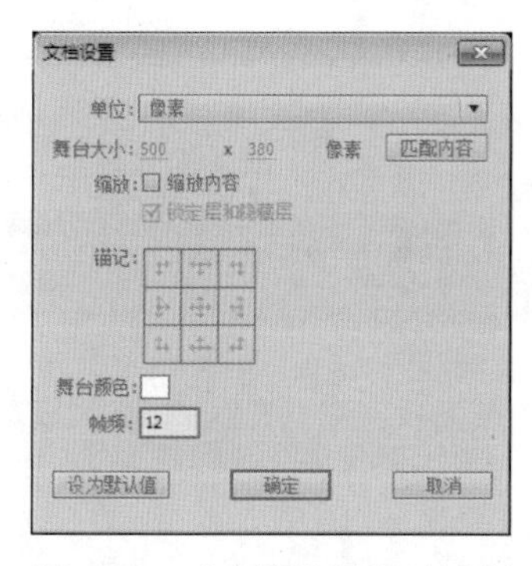

图 8-23 “文档设置”对话框

Step 2 ▶ 执行“插入”→“新建元件”命令，打开“创建新元件”对话框。在“名称”文本框中输入按钮的名称“功夫”，在“类型”下拉列表框中选择“按钮”选项，如图 8-24 所示。完成后单击 确定 按钮进入按钮元件编辑区。

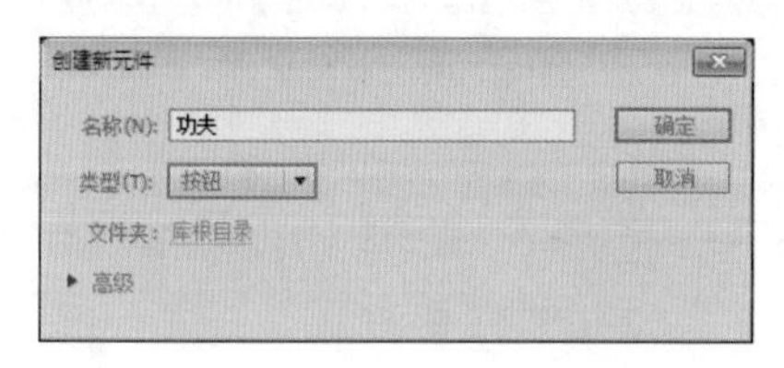

图 8-24 “创建新元件”对话框

Step 3 ▶ 执行“文件”→“导入”→“导入到舞台”命令，将一幅图像导入到舞台中，然后按 Ctrl+K 组合键打开“对齐”面板，单击“水平中齐”按钮与“垂直居中分布”按钮，如图 8-25 所示。

图 8-25 导入图像

Step 4 ▶ 选择文本工具 T，输入文字“嘿！”，字体选择“黑体”，字号为 26，字体颜色为黑色，如图 8-26 所示。

图 8-26 输入文字

Step 5 ▶ 使用椭圆工具在工作区中绘制一个无填充色、边框为深灰色的椭圆。并分别用选择工具选中椭圆的上下边框，按住鼠标左键不放稍稍向上与下拉一下，调整椭圆的形状。完成后将椭圆边框拖动到如图 8-27 所示的位置。

图 8-27 调整椭圆

读书笔记

Step 6 ▶ 使用椭圆工具 在工作区中绘制 3 个边框为深灰色、填充为无的椭圆。再按照同样的方法选取选择工具 调整椭圆的形状，如图 8-28 所示。

图 8-28　调整椭圆

Step 7 ▶ 在“指针经过”处插入空白关键帧，执行“文件”→“导入”→“导入到舞台”命令，将一幅图像导入到舞台中，然后按 Ctrl+K 组合键打开“对齐”面板，单击“水平中齐”按钮 与“垂直居中分布”按钮 ，如图 8-29 所示。

图 8-29　导入图像

Step 8 ▶ 选择文本工具 T，输入文字“呀！”，字体选择“黑体”，字号为 26，字体颜色为黑色，如图 8-30 所示。

Step 9 ▶ 按照同样的方法，使用椭圆工具 在工作区中绘制 4 个边框为深灰色、填充为无的椭圆，如图 8-31 所示。

图 8-30　输入文字

图 8-31　绘制椭圆

读书笔记

Step 10 ▶ 在“按下”处插入空白关键帧，执行“文件”→“导入”→“导入到舞台”命令，将一幅图像导入到舞台中，然后按Ctrl+K组合键打开“对齐”面板，单击“水平中齐”按钮与“垂直居中分布”按钮，如图8-32所示。

图8-32　导入图像

Step 11 ▶ 选择文本工具T，输入文字“哈！”，字体选择“黑体”，字号为26，字体颜色为黑色，如图8-33所示。

图8-33　输入文字

Step 12 ▶ 按照同样的方法，使用椭圆工具在工作区中绘制4个边框为深灰色、填充为无的椭圆，如图8-34所示。

图8-34　绘制椭圆

Step 13 ▶ 单击 场景1 按钮返回主场景，执行“窗口”→“库”命令，打开“库”面板，从“库”面板中将按钮元件“功夫”拖曳到舞台上，如图8-35所示。

图8-35　拖曳元件

Step 14 ▶ 按Ctrl+S组合键保存文件，然后按Ctrl+Enter组合键观看动画效果，如图8-36所示。

图 8-36　完成效果

8.2 库

“库”是一个可重用元素的仓库，这些元素称为元件，可将它们作为元件实例置入 Flash 影片中。导入的声音和位图将自动存置于“库”中。通过创建，“图形”元件、“按钮”元件和“影片剪辑”元件也同样保存在“库”中。

8.2.1 库的界面

执行“窗口”→“库”命令或按 F11 键，打开“库”面板，如图 8-37 所示。每个 Flash 文件都对应一个用于存放元件、位图、声音和视频文件的图库。利用“库”面板可以查看和组织库中的元件。当选取库中的一个元件时，“库”面板上部的小窗口中将显示出来。

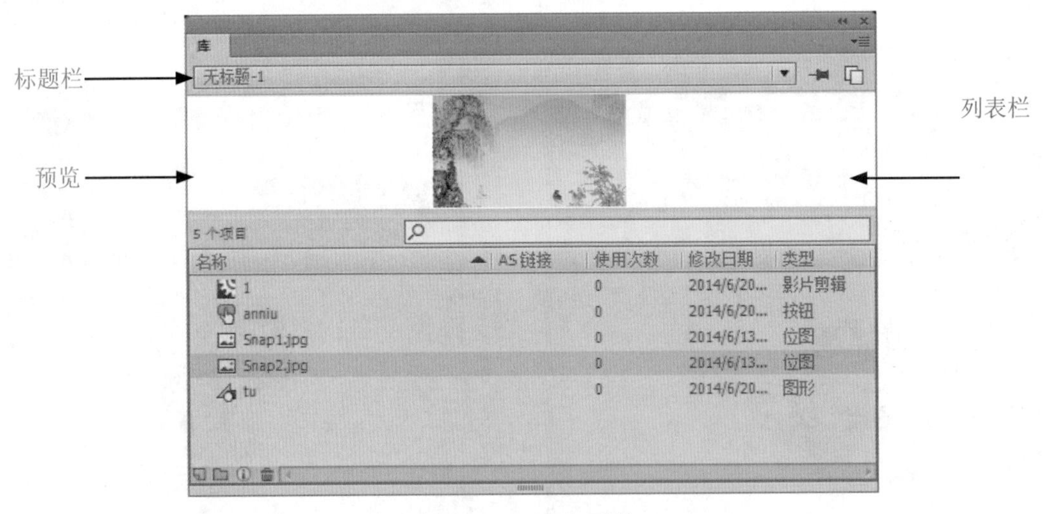

图 8-37　“库”面板

读书笔记

下面对“库”面板中各按钮的功能说明如下。

1. 标题栏

标题栏中显示当前Flash文件的名称，也可以在下拉列表框中选择其他的Flash文档。

2. 预览窗口

用于预览所选中的图片或元件。如果被选中的元件是单帧，则在预览窗口中显示整个图形元件。如果被选中的元件是按钮元件，将显示按钮的普通状态。如果选定一个多帧动画文件，预览窗口右上角会出现■▶按钮，单击▶按钮可以播放动画或声音，单击■按钮停止动画或声音的播放。

3. 列表栏

在列表栏中，列出了库中包含的所有元素及它们的各种属性。

8.2.2 库的管理

在“库”面板中可以对文件进行重命名、删除文件，并可以对元件的类型进行转换。

1. 文件的重命名

对库中的文件或文件夹重命名的方法有以下几种：

- 双击要重命名的文件的名称。
- 在需要重命名的文件上右击，在弹出的快捷菜单中选择“重命名”命令。
- 选择重命名的文件，单击“库”面板标题栏右端的下拉菜单按钮，在弹出的快捷菜单中选择“重命名”命令。

读书笔记

执行上述操作中的一种后，会看到该元件名称处的光标闪动，如图8-38所示，输入名称即可。

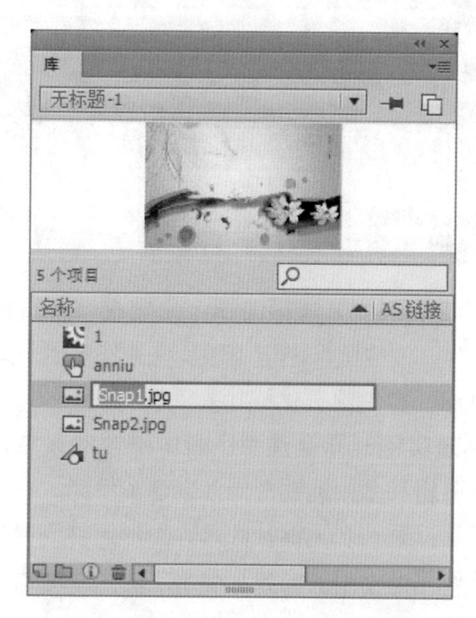

图8-38　重命名文件

2. 文件的删除

对库中多余的文件，可以选中该文件后右击，在弹出的快捷菜单中选择“删除”命令，或单击“库”面板下边的“删除”按钮。在Flash CC中，删除元件的操作可以通过执行“编辑”→“撤销”命令对其进行撤销。

3. 元件的转换

在Flash影片动画的编辑中，可以随时将元件库中元件的行为类型转换为需要的类型。例如将图形元件转换成影片剪辑，使之具有影片剪辑元件的属性。在需要转换行为类型的图形元件上右击，在弹出的快捷菜单中选择“属性”命令，在弹出的“元件属性”对话框中即可为元件选择新的行为类型了，如图8-39所示。

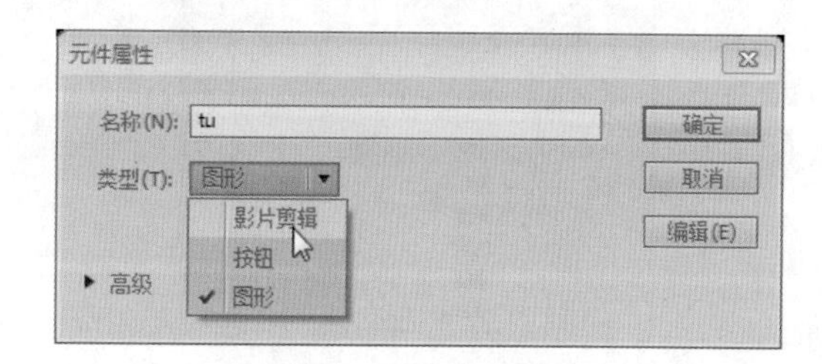

图8-39　转换元件

8.3 实例

将“库”面板中的元件拖曳到场景或其他元件中，实例便创建成功，也就是说在场景中或元件中的元件被称为实例。一个元件可以创建多个实例，并且对某个实例进行修改不会影响元件，也不会影响到其他实例。

8.3.1 创建实例

创建实例的方法很简单，只需在“库”面板中选中元件，按住鼠标左键不放，将其拖曳到场景中，松开鼠标，实例便创建成功。

创建实例时需要注意场景中帧数的设置，多帧的影片剪辑和多帧的图形元件创建实例时，在舞台中影片剪辑设置一个关键帧即可，图形元件则需要设置与该元件完全相同的帧数，动画才能完整地播放。

8.3.2 编辑实例

对实例进行编辑，一般指的是改变其颜色样式、实例名设置等。要对实例的内容进行改变只有进入到元件中才能操作，并且这样的操作会改变所有用该元件创建的实例。

1. 颜色样式

选择舞台中的元件，也就是实例后，打开“属性”面板，在“样式”下拉列表框中有5个可选操作：“无”“亮度”“色调”“高级”和Alpha，如图8-40所示。选择“无”表示不作任何修改，其他4个选项的功能如下：

图 8-40 “样式”下拉列表

（1）亮度

调节图像的相对亮度或暗度，度量范围是从黑（-100%）到白（100%）。若要调整亮度，单击“亮度”后面的三角形并拖动滑块，或者在框中输入一个值即可。调整实例的亮度值为70%时，效果如图8-41所示。

图 8-41 调整亮度后的效果

（2）色调

使用一种颜色对实例进行着色操作。可以在颜色框中选择一种颜色，或调整红、绿、蓝的数字来选定颜色。颜色选定后，在右边的色彩数量调节框中输入数字，该数字表示此种颜色对实例的影响大小，0表示没有影响，100%表示实例完全变为选定的颜色，调整色调为红色，色彩数量为80%，效果如图8-42所示。

读书笔记

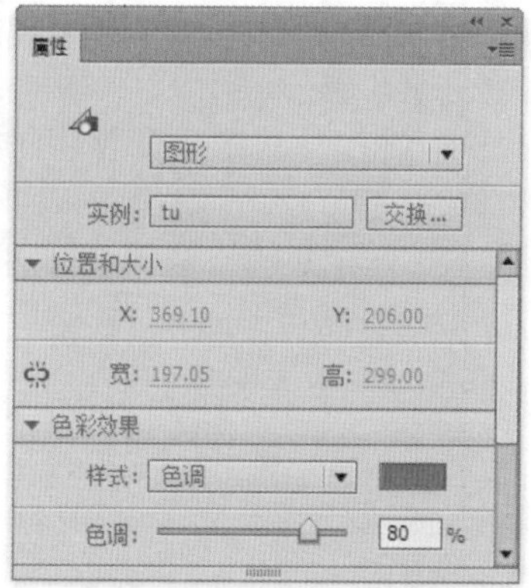

图 8-42　调整色调

（3）高级

选择“高级”选项，可以调节实例的颜色和透明度。这在制作颜色变化非常精细的动画时最有用。每一项都有左右两个调节框，左边的调节框用来输入减少相应颜色分量或透明度的比例，右边的调节框通过具体数值来增加或减少相应颜色和透明度的值，如图 8-43 所示。

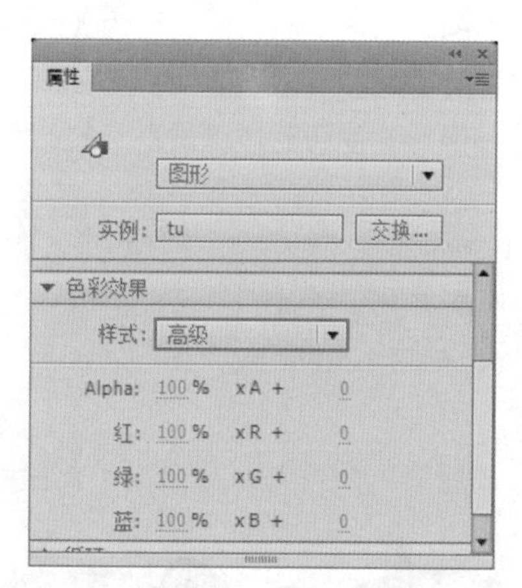

图 8-43　“高级”选项

读书笔记

（4）Alpha

使用 Alpha 选项调整实例的透明程度。数值在 0% ~ 100% 之间，0% 表示完全透明，100% 表示完全不透明，当 Alpha 值设为 36% 时，效果如图 8-44 所示。

图 8-44　调整 Alpha 值

2. 设置实例名

实例名的设置只针对影片剪辑和按钮元件，图形元件及其他的文件是没有实例名的。当实例创建成功后，在舞台中选择实例，打开“属性”面板，在实例名称文本框中输入的名字为该实例的实例名称，如图 8-45 所示。

图 8-45　“属性”面板

实例名称用于脚本中对某个具体对象进行操作时，称呼该对象的代号。可以使用中文也可以使用英文和数字，在使用英文时注意大小写，因为 Action Script 是会识别大小写的。

3. 交换实例

当在舞台中创建实例后，也可以为实例指定另外的元件，舞台上的实例变为另一个实例，但是原来的实例属性不会改变。

交换实例的具体操作步骤如下。

Step 1 ▶ 在“属性”面板中单击按钮，弹出“交换元件”对话框，如图 8-46 所示。

Step 2 ▶ 在“交换元件”对话框中选择想要交换的文件，单击 确定 按钮，交换成功。

读书笔记

图 8-46 “交换元件”对话框

知识大爆炸——元件混合模式的知识

在 Flash 动画制作中使用“混合”功能可以得到多层复合的图像效果。该模式将改变两个或两个以上重叠对象的透明度或者颜色相互关系，使结果显示重叠影片剪辑中的颜色，从而创造独特的视觉效果。用户可以通过“属性”面板中的混合选项为目标添加该模式，如图 8-47 所示。

由于混合模式的效果取决于混合对象的混合颜色和基准颜色，因此在使用时应测试不同的颜色，以得到理想的效果。Flash CC 为用户提供了以下几种混合模式。

- 一般：正常应用颜色，不与基准颜色发生相互关系，如图 8-48 所示。
- 图层：可以层叠各个影片剪辑，而不影响其颜色，如图 8-49 所示。
- 变暗：只替换比混合颜色亮的区域，比混合颜色暗的区域不变，如图 8-50 所示。

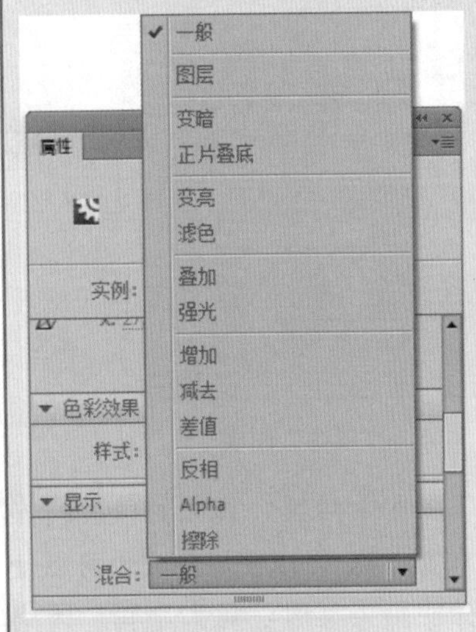

图 8-47 “混合”功能

图 8-48 一般混合模式

图 8-49 图层混合模式

图 8-50 变暗混合模式

◆ 正片叠底：将基准颜色复合为混合颜色，从而产生较暗的颜色，与变暗的效果相似，如图 8-51 所示。
◆ 变亮：只替换比混合颜色暗的像素，比混合颜色亮的区域不变，如图 8-52 所示。
◆ 滤色：将混合颜色的反色复合为基准颜色，从而产生漂白效果，如图 8-53 所示。
◆ 叠加：进行色彩增值或滤色，具体情况取决于基准颜色，如图 8-54 所示。

图 8-51 正片叠底混合模式

图 8-52 变亮混合模式

图 8-53 滤色混合模式

图 8-54 叠加混合模式

◆ 强光：进行色彩增值或滤色，具体情况取决于混合模式颜色。该效果类似于用点光源照射对象，如图 8-55 所示。
◆ 增加：根据比较颜色的亮度，从基准颜色增加混合颜色，有类似变亮的效果，如图 8-56 所示。
◆ 减去：根据比较颜色的亮度，从基准颜色减去混合颜色，如图 8-57 所示。
◆ 差值：从基准颜色减去混合颜色，或者从混合颜色减去基准颜色，具体情况取决于哪个的亮度值较大，如图 8-58 所示。

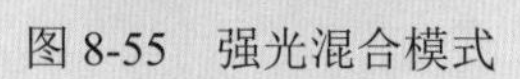

图 8-55 强光混合模式

图 8-56 增加混合模式

图 8-57 减去混合模式

图 8-58 差值混合模式

◆ 反相：是取基准颜色的反色，该效果类似于彩色底片，如图 8-59 所示。
◆ Alpha：应用 Alpha 遮罩层。模式要求将图层混合模式应用于父级影片剪辑。不能将背景剪辑更改为

Alpha 并应用它，因为该对象将是不可见的，如图 8-60 所示。

◆ 擦除：删除所有基准颜色像素，包括背景图像中的基准颜色像素。混合模式要求将图层混合模式应用于父级影片剪辑。不能将背景剪辑更改为“擦除”并应用它，因为该对象将是不可见的，如图 8-61 所示。

图 8-59 反相混合模式

图 8-60 Alpha 混合模式

图 8-61 擦除混合模式

读书笔记

01 02 03 04 05 06 07 08 09 10 11 12 ......

声音和视频的导入与使用

本章导读

要使 Flash 动画更加完善、更加引人入胜，只有漂亮的造型、精彩的情节是不够的，为 Flash 动画添加上生动的声音效果，除了可以使动画内容更加完整外，还有助于动画主题的表现。本章主要介绍动画中声音的导入，希望读者通过对本章内容的学习，能了解声音的各种导入格式，掌握声音的导入及处理方法。

9.1 声音的导入及使用

声音是多媒体作品中不可或缺的一种媒介手段。在动画设计中，为了追求丰富的、具有感染力的动画效果，恰当地使用声音是十分必要的。优美的背景音乐、动感的按钮音效以及适当的旁白可以更贴切地表达作品的深层内涵，使影片意境的表现更加充分。

9.1.1 声音的类型

在 Flash 中，可以使用多种方法在电影中添加声音，例如给按钮添加声音后，鼠标光标经过按钮或按下按钮时将发出特定的声音。

在 Flash 中有两种类型的声音，即事件声音和流式声音。

1. 事件声音

事件声音在动画完全下载之前，不能持续播放，只有下载结束后才可以，并且在没有得到明确的停止指令前，播放是不会结束的，声音会不断地重复播放。当选择了这种声音播放形式后，声音的播放就独立于帧播放，在播放过程中与帧无关。

2. 流式声音

Flash 将流式声音分成小片段，并将每一段声音结合到特定的帧上，对于流式声音，Flash 迫使动画与声音同步。在动画播放过程中，只需下载开始的几帧后就可以播放。

9.1.2 导入声音

Flash 影片中的声音，是通过对外部的声音文件导入而得到的。与导入位图的操作一样，执行“文件”→“导入”→“导入到舞台”命令，打开“导入”对话框，如图 9-1 所示。在对话框中选择声音文件，就可以进行对声音文件的导入。Flash CC 可以直接导入 WAV 声音（*.wav）、MP3 声音（*.mp3）、AIFF 声音（*.aif）、Midi 格式（*.mid）等格式的声音文件。

导入的声音文件作为一个独立的元件存在于“库”面板中，单击“库”面板预览窗格右上角的“播放”按钮▶，可以对其进行播放预览，如图 9-2 所示。

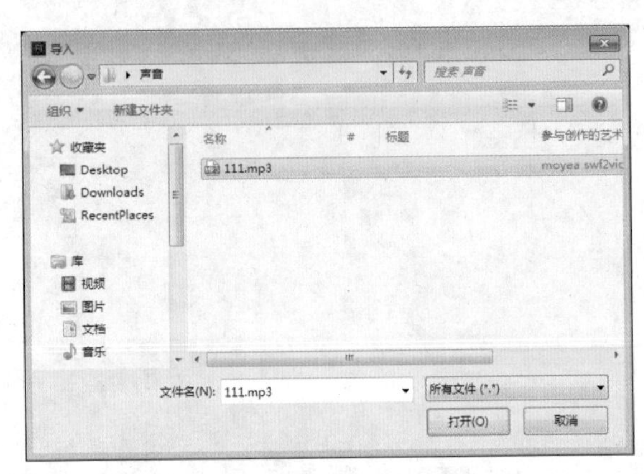

图 9-1　“导入”对话框

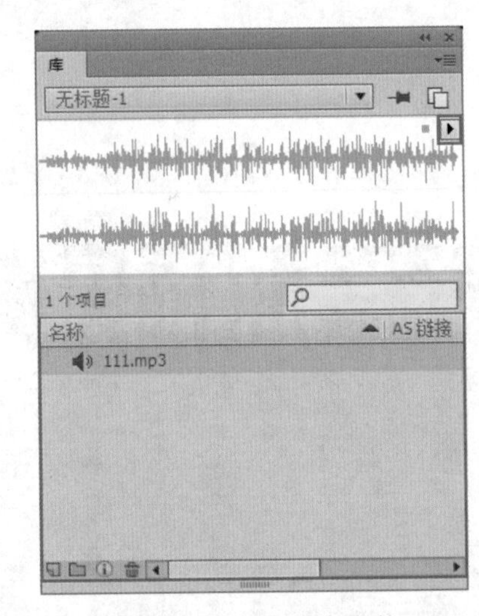

图 9-2　库中的声音文件

执行“文件”→“导入”→“导入到舞台”命令只能将声音导入到元件库中，而不是场景中，所以要使影片具有音效还要将声音加入到场景中。

选择需添加声音的关键帧或空白关键帧，从“库”面板中选择声音元件，按住鼠标左键不放直接将其拖曳到绘图工作区即可；选择需添加声音的关键帧或空白关键帧，在“属性”面板的“名称”下拉列表框中可以选择需要的声音元件，如图 9-3 所示。

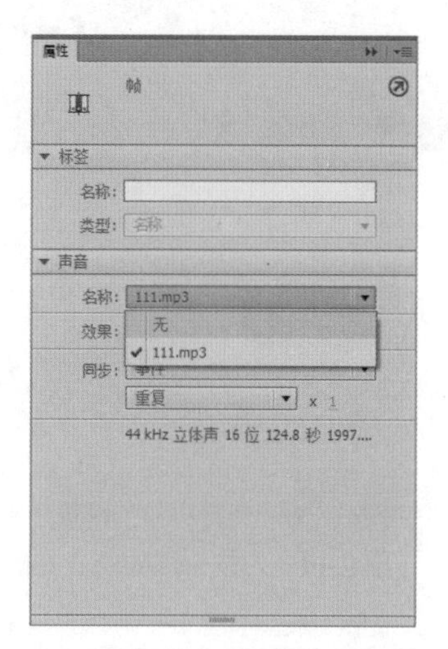

图 9-3　选择声音

9.1.3 为按钮添加声音

在 Flash 中，可以使声音和按钮元件的各种状态相关联，当按钮元件关联了声音后，该按钮元件的所有实例中都有声音。

下面将介绍一个“有声音按钮”的制作过程，当用鼠标单击该按钮时会发出声音。

Step 1 新建一个 Flash 文档，执行“文件”→“导入”→“导入到舞台”命令，在弹出的“导入”对话框中选择一个声音文件，如图 9-4 所示。完成后单击 打开(O) 按钮，声音就被导入到 Flash 中。

图 9-4　“导入”对话框

Step 2 执行“插入”→“新建元件”命令，打开“创建新元件”对话框，在“名称”文本框中输入元件的名称“声音按钮”，在“类型”下拉列表框中选择“按钮”选项，如图 9-5 所示。然后单击 确定 按钮，进入按钮元件编辑区。

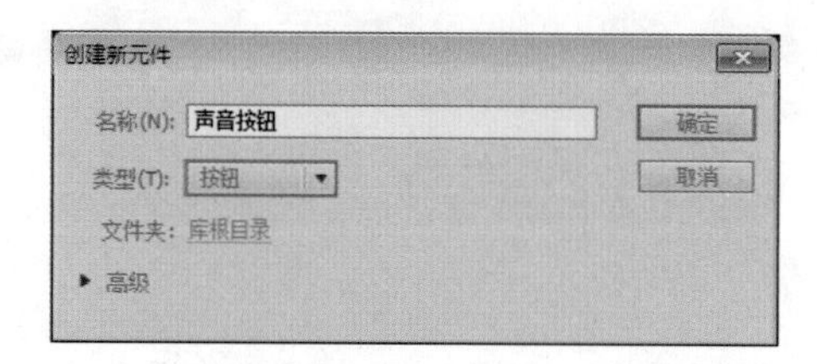

图 9-5　“创建新元件”对话框

Step 3 执行“文件”→“导入”→“导入到舞台”命令，将一幅按钮图像导入到工作区中，如图 9-6 所示。

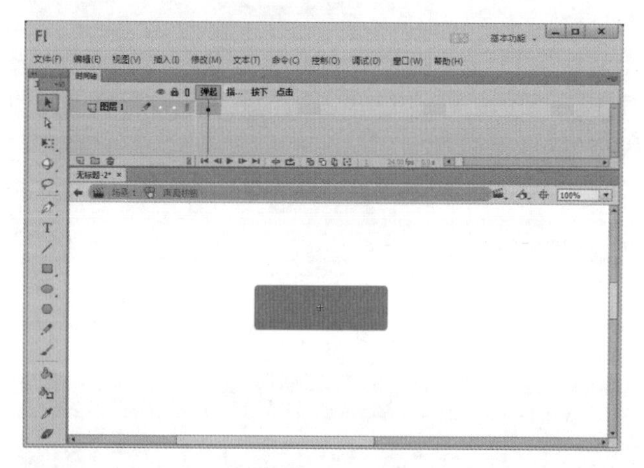

图 9-6　导入图像

Step 4 在工具箱中单击“文本工具”按钮 T，在按钮图像上输入“Sound”，字体为 Kalinga，大小为 33，颜色为白色，如图 9-7 所示。

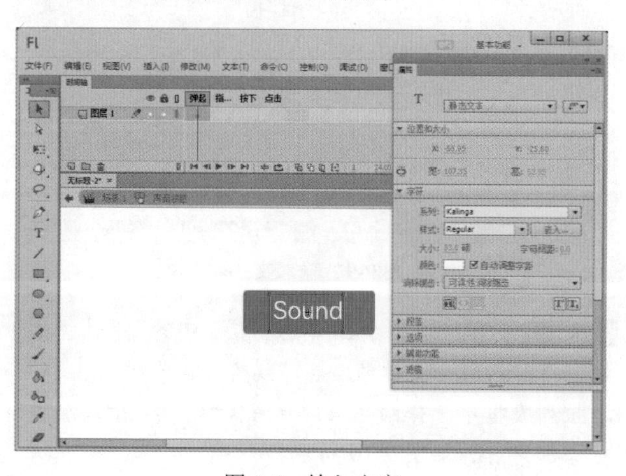

图 9-7　输入文字

Step 5 ▶ 选择时间轴上的“指针经过”帧，按 F7 键插入空白关键帧，然后执行“文件”→“导入”→“导入到舞台”命令，将一幅按钮图像导入到工作区中，如图 9-8 所示。

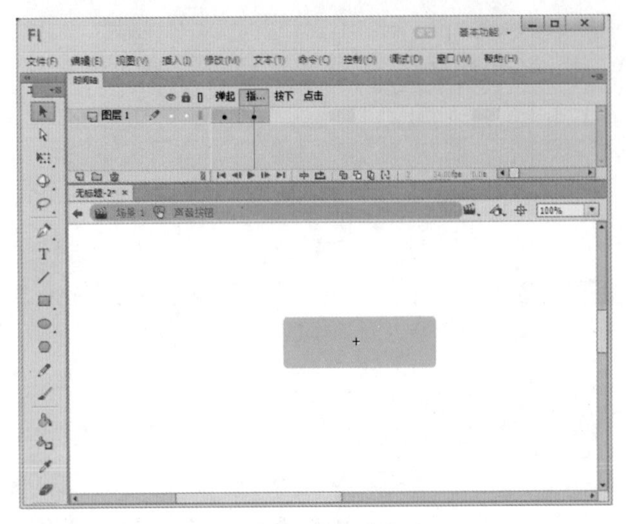

图 9-8　导入图像

Step 6 ▶ 在工具箱中单击“文本工具”按钮 T，在按钮图像上输入“Sound”，字体为 Lucida Sans Unicode，大小为 35，颜色为白色，如图 9-9 所示。

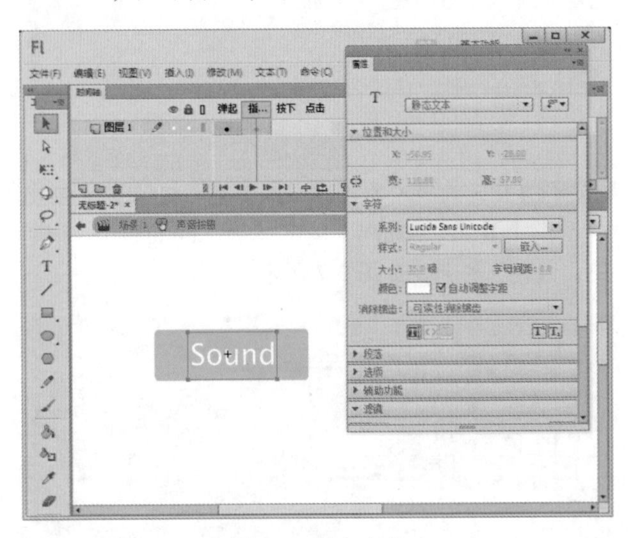

图 9-9　输入文字

Step 7 ▶ 新建一个图层 2，单击图层 2 中的“指针经过”帧，将它设置为关键帧。在“属性”面板的“名称”下拉列表框中选择刚导入的声音文件，为“指针经过”帧添加声音，如图 9-10 所示。

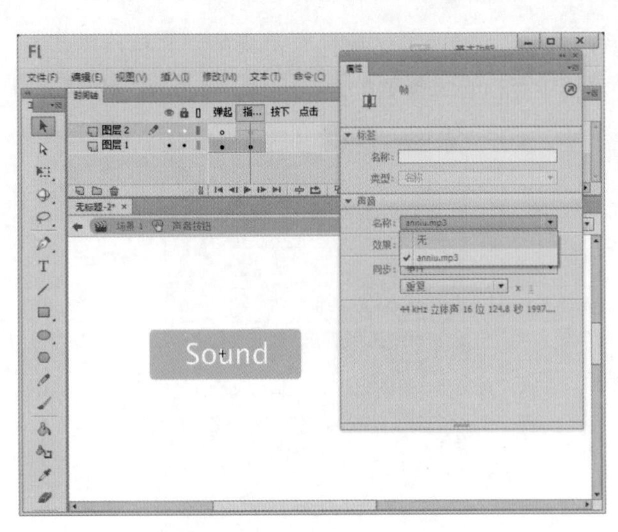

图 9-10　为按钮添加声音

技巧秒杀

为“指针经过”帧添加声音，表示在浏览动画时，将鼠标移动到按钮上就会发出声音。

Step 8 ▶ 返回到主场景中，将创建的按钮元件从“库”面板拖曳到舞台中，如图 9-11 所示。

图 9-11　拖曳按钮元件

读书笔记

Step 9 ▶ 保存文件，然后按 Ctrl+Enter 组合键预览影片，如图 9-12 所示。

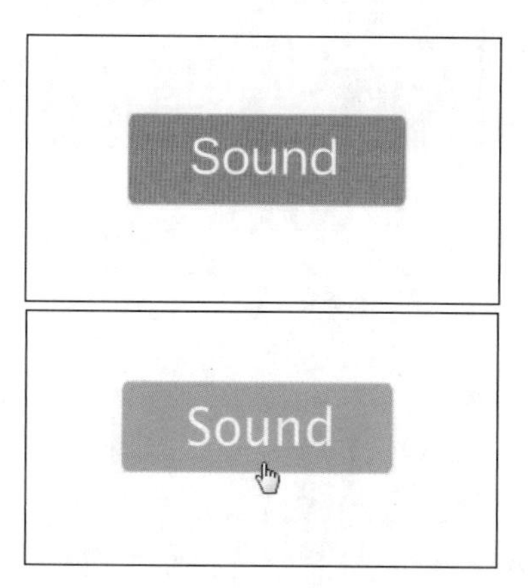

图 9-12　预览影片

图 9-13　时间轴

图 9-14　“导入”对话框

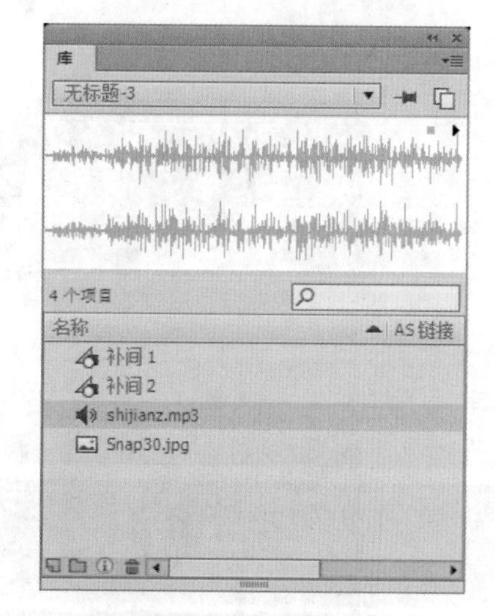

图 9-15　“库”面板

技巧秒杀

为按钮添加音效时，虽然过程并不复杂，但在实际应用中会增加访问者下载页面数据的时间。所以，在制作应用于网页的动画作品时，一定要注意声音文件的大小。

在设计过程中，可以将声音放在一个独立的图层中，这样做有利于方便管理不同类型的设计素材资源。

在制作声音按钮时，将音乐文件放在按钮的“按下”帧中，当用鼠标单击按钮时，会发出声音。当然，也可以设置按钮在其他状态时的声音，这时只需要在对应状态下的帧中拖入声音即可。

9.1.4 为主时间轴使用声音

当把声音引入到“库”面板中后，即可将它应用到动画中。下面结合实例说明为 Flash 动画加入声音的操作步骤。

Step 1 ▶ 打开一个已经完成了的简单动画，其时间轴的状态如图 9-13 所示。

Step 2 ▶ 执行“文件”→“导入”→“导入到舞台”命令，在弹出的“导入”对话框中选择要导入的声音文件，然后单击 确定 按钮，导入声音文件，如图 9-14 所示。

Step 3 ▶ 执行“窗口”→“库”命令，打开“库”面板。导入到 Flash 中的声音文件已经在“库”面板中了，如图 9-15 所示。

Step 4 ▶ 新建一个图层来放置声音，并将该图层命名为“声音”，如图 9-16 所示。

图 9-16　新建图层

技巧秒杀

一个层中可以放置多个声音文件，声音与其他对象也可以放在同一个图层中。但建议将声音对象单独使用一个图层，这样便于管理。当播放动画时，所有图层中的声音都将一起被播放。

Step 5 在时间轴上选择需要加入声音的帧，这里选择“声音”层中的第 1 帧，然后在“属性”面板的“名称”下拉列表框中选中刚刚导入到影片中的声音文件。在“同步”下拉列表框中选择“数据流”选项，其他选项保持默认设置，如图 9-17 所示。

Step 6 声音被导入 Flash 后，其时间轴的状态如图 9-18 所示。按 Ctrl+Enter 组合键预览动画效果即可。

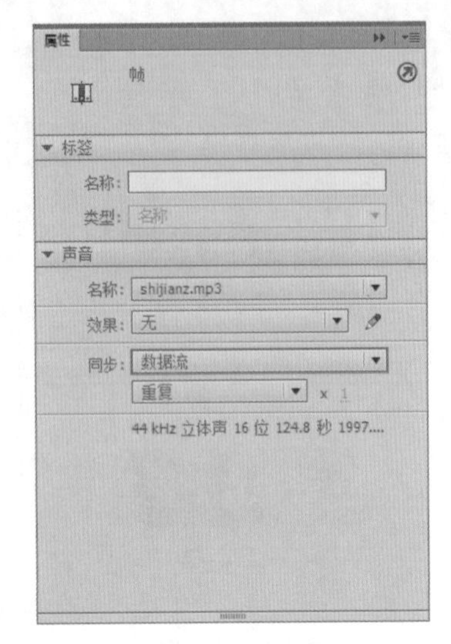

图 9-17　声音“属性”面板

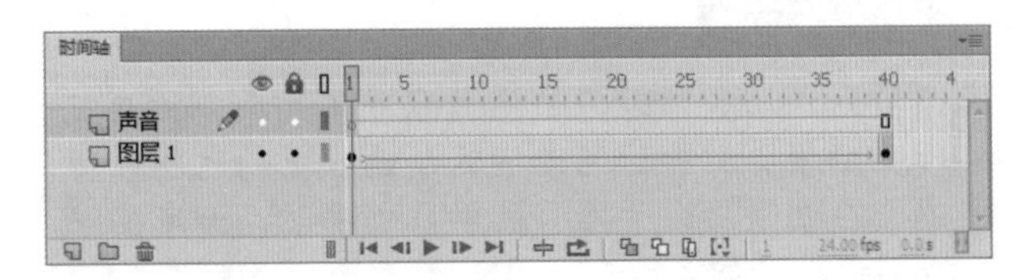

图 9-18　导入声音的时间轴

实例操作：小青蛙

● 光盘 \ 素材 \ 第 9 章 \11.png、12.jpg、11.wav　● 光盘 \ 效果 \ 第 9 章 \ 小青蛙 .swf

本例制作一只小青蛙呱呱叫的动画，完成后的效果如图 9-19 所示。

图 9-19　完成效果

Step 1 ▶ 新建一个Flash空白文档，执行“修改”→“文档”命令，打开“文档设置”对话框，将“舞台大小”设置为660×480像素，完成后单击 确定 按钮，如图9-20所示。

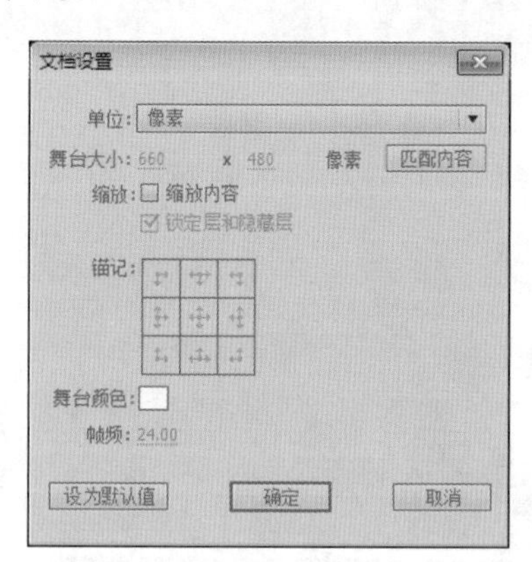

图9-20 “文档设置”对话框

Step 2 ▶ 执行“插入”→“新建元件”命令，打开“创建新元件”对话框。在“名称”文本框中输入“青蛙”，在“类型”下拉列表框中选择“影片剪辑”选项，如图9-21所示。

图9-21 “创建新元件”对话框

Step 3 ▶ 完成后单击 确定 按钮进入影片剪辑“青蛙”的编辑区中，将一幅青蛙图片导入到编辑区中，如图9-22所示。

图9-22 导入图片

Step 4 ▶ 在时间轴的第5帧、第10帧、第15帧、第20帧、第25帧处插入关键帧，如图9-23所示。

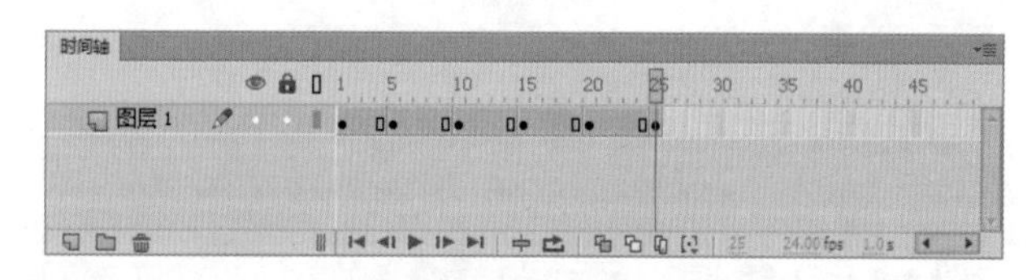

图9-23 插入关键帧

Step 5 ▶ 分别选择第5帧与第15帧中的青蛙，将其向上移动，如图9-24所示。

图9-24 移动图片

Step 6 ▶ 选中第 25 帧中的青蛙，使用任意变形工具将其水平翻转，如图 9-25 所示。

图 9-25　水平翻转图片

Step 7 ▶ 在时间轴的第 30 帧、第 35 帧、第 40 帧、第 45 帧处插入关键帧，在第 50 帧处插入帧，如图 9-26 所示。

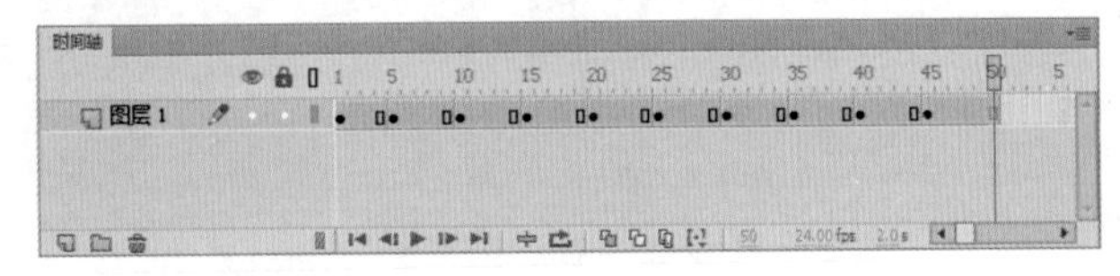

图 9-26　插入关键帧与帧

Step 8 ▶ 分别选择第 30 帧与第 40 帧中的青蛙，将其向上移动，如图 9-27 所示。

图 9-27　移动图片

Step 9 ▶ 执行“文件”→“导入”→“导入到库”命令，将一个声音文件导入到“库”面板中，如图 9-28 所示。

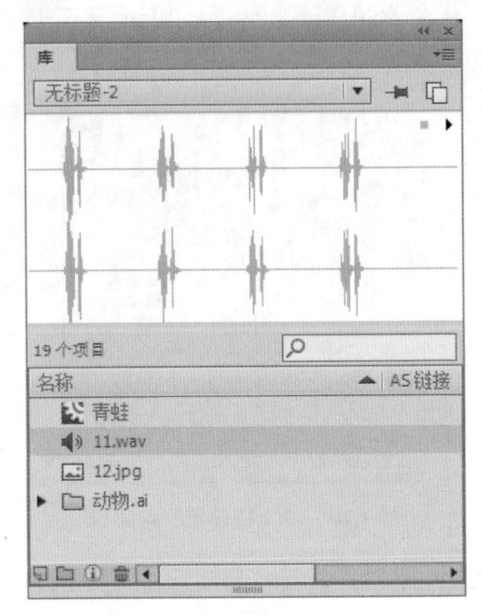

图 9-28　导入声音文件

Step 10 ▶ 新建图层 2，选择该层的第 1 帧，然后在“属性”面板的“名称”下拉列表框中选择刚导入的音乐文件，如图 9-29 所示。

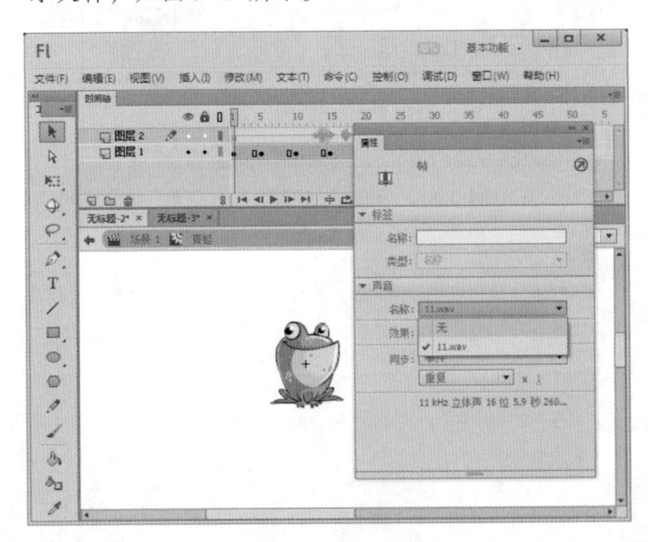

图 9-29　选择声音文件

Step 11 ▶ 单击 场景 1 按钮，返回主场景，执行“文件”→“导入”→“导入到舞台”命令，将一幅背景图像导入到舞台中，如图 9-30 所示。

Step 12 ▶ 新建图层 2，从“库”面板中将影片剪辑“青蛙”拖曳到舞台上，如图 9-31 所示。

图 9-30　导入图像

图 9-31　拖曳元件

Step 13 ▶ 保存动画文件，然后按 Ctrl+Enter 组合键，欣赏本例的完成效果，如图 9-32 所示。

图 9-32　完成效果

9.2 声音的处理

在使用导入的声音文件前，需要对导入声音进行适当的处理。可以通过“属性”面板、“声音属性”对话框和“编辑封套”对话框处理声音效果。

9.2.1 声音属性的设置

向 Flash 动画中引入声音文件后，该声音文件首先被放置在“库”面板中，执行下列操作之一都可以打开“声音属性”对话框。

- 选中“库”面板中的声音文件，右击，在弹出的快捷菜单中选择“属性”命令。
- 选中“库”面板中的声音文件，在“库”面板中的按钮上单击，在弹出的快捷菜单中选择“属性”命令。
- 选中“库”面板中的声音文件，单击“库”面板下方的“属性”按钮。

在如图 9-33 所示的“声音属性”对话框中，可以对当前声音的压缩方式进行调整，也可以更换导入文件的名称，还可以查看属性信息等。

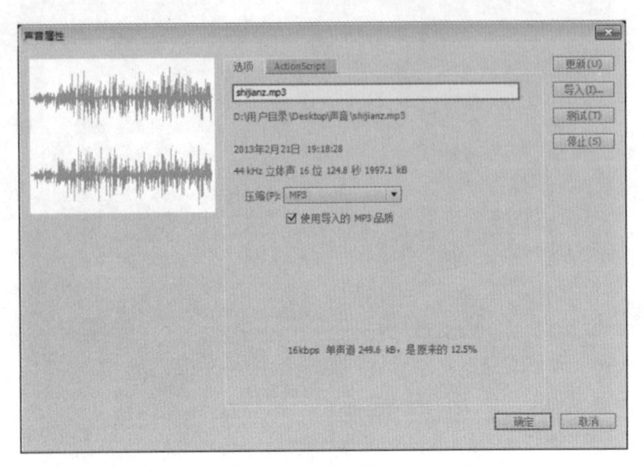

图 9-33 “声音属性”对话框

“声音属性”对话框顶部文本框中将显示声音文件的名称，其下方是声音文件的基本信息，左侧是输入的声音的波形图，右侧是一些按钮。

知识解析：“声音属性”对话框

- 更新(U)：对声音的原始文件进行连接更新。
- 导入(I)...：导入新的声音内容。新的声音将在元件库中使用原来的名称并对其进行覆盖。
- 测试(T)：对目前的声音元件进行播放预览。
- 停止(S)：停止对声音的预览播放。

在“声音属性”对话框的“压缩”下拉列表框中共有 5 个选项，分别为“默认值”、ADPCM（自适应音频脉冲编码）、MP3、“原始”和“语音”。现将各选项的含义做简要说明。

- **默认值**：使用全局压缩设置。
- **ADPCM**：自适应音频脉冲编码方式用来设置 16 位声音数据的压缩，导出较短小的事件声音时使用该选项。其中包括了 3 项设置，如图 9-34 所示。

① 预处理：将立体声合成为单声道，对于本来就是单声道的声音不受该选项影响。

② 采样率：用于选择声音的采样频率。采样频率为 5kHz 是语音最低的可接受标准，低于这个比率，人的耳朵将听不见；11kHz 是电话音质；22kHz 是调频广播音质，也是 Web 回放的常用标准；44kHz 是标准 CD 音质。如果作品中要求的质量很高，要达到 CD 音乐的标准，必须使用 44kHz 的立体声方式，其每 1 分钟长度的声音约占 10MB 的磁盘空间，容量是相当大的。因此，既要保持较高的声音质量，又要减小文件的容量，常规的做法是选择 22kHz 的音频质量。

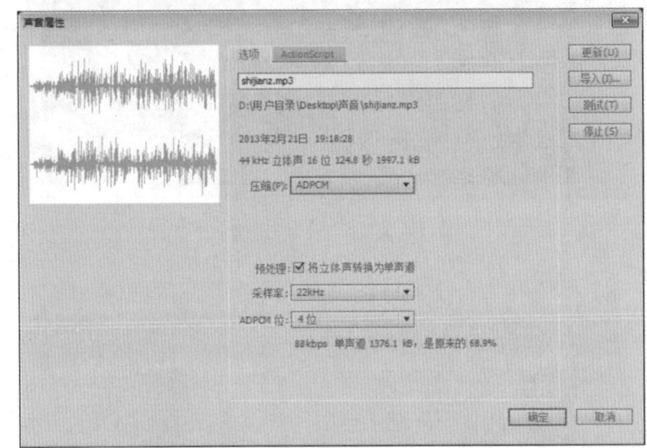

图 9-34 “声音属性”对话框

> **技巧秒杀**
>
> 由于 Flash 不能增强音质，所以如果某段声音是以 11kHz 的单声道录制的，则该声音在导出时间将仍保持 11kHz 单声道，即使将其采样频率更改为 44kHz 立体声也无效。

③ ADPCM 位：决定在 ADPCM 编辑中使用的位数，压缩比越高，声音文件大小越小，音质越差。在此系统提供了 4 个选项，分别为“2 位”、“3 位”、“4 位”和“5 位”。5 位为音质最好。

- **MP3**：如果选择了该选项，声音文件会以较小的比特率、较大的压缩比率达到近乎完美的 CD 音质。在需要导出较长的流式声音（例如音乐音轨）时，即可使用该选项。
- **Raw**：选择了该选项，在导出声音的过程中将不进行任何加工。但是可以设置“预处理”中的“转换立体声成单声”选项和“采样频率”选项，如图 9-35 所示。

① 预处理：在“位比率”为 16kbit/s 或更低时，

“预处理”的“转换立体声成单声”选项显示为灰色，表示不可用。只有在“位比率”高于 16kbit/s 时，该选项才有效。

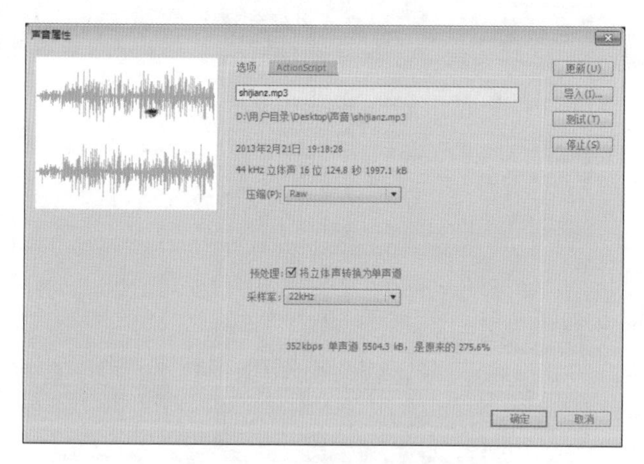

图 9-35 选择 Raw 压缩格式

② 采样率：决定由 MP3 编码器生成的声音的最大比特率。MP3 比特率参数只在选择了 MP3 编码作为压缩选项时才会显示。在导出音乐时，将比特率设置为 16kbit/s 或更高将获得最佳效果。该选项最低值为 8kbit/s，最高值为 160kbit/s。

◆ **语音**：如果选择了该选项，该选项中的“预处理”将始终为灰色，为不可选状态，“采样频率”的设置同 ADPCM 中采样频率的设置。

9.2.2 设置事件的同步

通过“属性”面板的“同步”区域，可以为目前所选关键帧中的声音进行播放同步的类型设置，对声音在输出影片中的播放进行控制，如图 9-36 所示。

1. 同步类型

（1）事件

在声音所在的关键帧开始显示时播放，并独立于时间轴中帧的播放状态，即使影片停止也将继续播放，直至整个声音播放完毕。

（2）开始

和“事件”相似，只是如果目前的声音还没有播放完，即使时间轴中已经经过了有声音的其他关键帧，也不会播放新的声音内容。

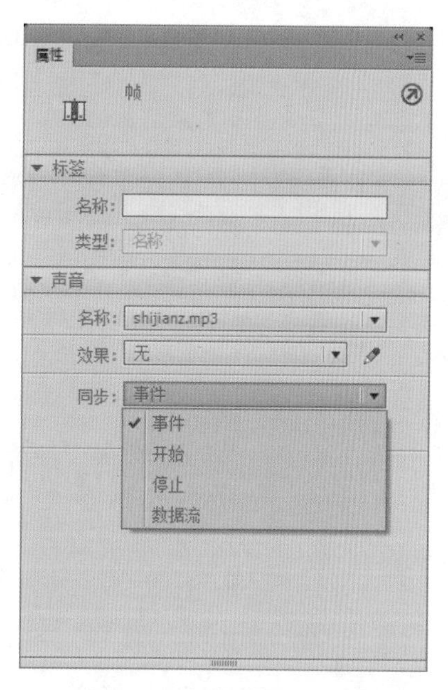

图 9-36 同步类型的设置

（3）停止

时间轴播放到该帧后，停止该关键帧中指定的声音，通常在设置有播放跳转的互动影片中才使用。

（4）数据流

选择这种播放同步方式后，Flash 将强制动画与音频流的播放同步。如果 Flash Player 不能足够快地绘制影片中的帧内容，便跳过阻塞的帧，而声音的播放则继续进行并随着影片的停止而停止。

2. 声音循环

如果要使声音在影片中重复播放，可以在“属性”面板“同步”区域对关键帧上的声音进行设置。

◆ **重复**：设置该关键帧上的声音重复播放的次数，如图 9-37 所示。

◆ **循环**：使该关键帧上的声音一直不停地循环播放，如图 9-38 所示。

技巧秒杀

如果使用“数据流”的方式对关键帧中的声音进行同步设置，则不宜为声音设置重复或循环播放。因为音频流在被重复播放时，会在时间轴中添加同步播放的帧，文件大小就会随声音重复播放的次数陡增。

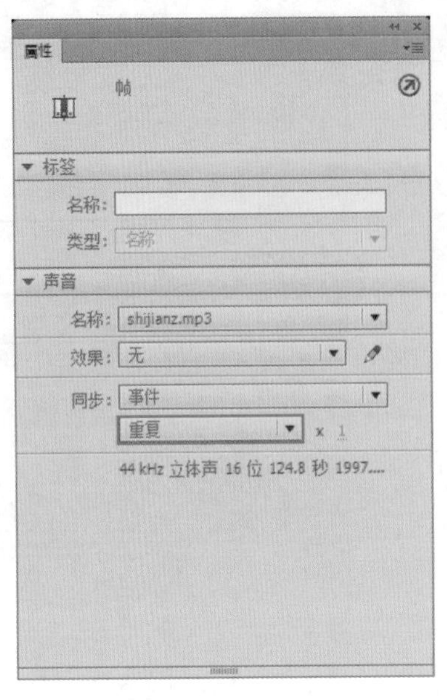

图 9-37　重复设置

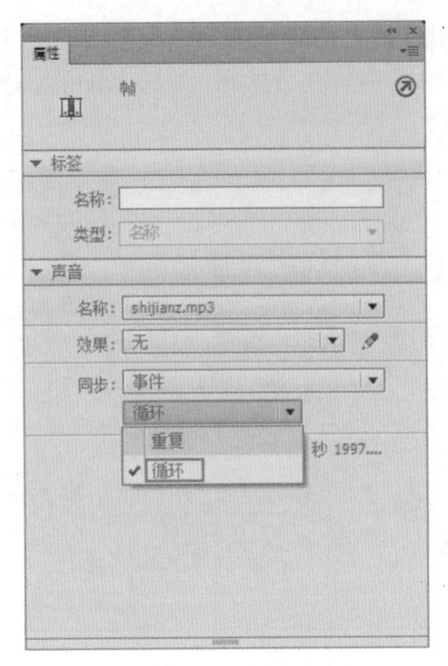

图 9-38　循环设置

9.3 导入视频

Flash CC 可以从其他应用程序中将视频剪辑导入为嵌入或链接的文件。

9.3.1 导入视频的格式

在 Flash CC 中并不是所有的视频都能导入到库中，如果用户的操作系统安装了 QuickTime 4（或更高版本）或安装了 DirectX 7（或更高版本）插件，则可以导入各种文件格式视频剪辑。主要格式包括 AVI（音频视频交叉文件）、MOV（QuickTime 影片）和 MPG/MPEG（运动图像专家组文件），还可以将带有嵌入视频的 Flash 文档发布为 SWF 文件。

如果系统中安装了 QuickTime 4，则在导入嵌入视频时支持以下的视频文件格式，如表 9-1 所示。

表 9-1　安装了 QuickTime 4 可导入的视频格式

文 件 类 型	扩　展　名
音频视频交叉	.avi
数字视频	.dv
运动图像专家组	.mpg、.mpeg
QuickTime 影片	.mov

如果系统安装了 DirectX 7 或更高版本，则在导入嵌入视频时支持以下的视频文件格式，如表 9-2 所示。

表 9-2　安装了 DirectX 7 或更高版本可导入的视频格式

文 件 类 型	扩　展　名
音频视频交叉	.avi
运动图像专家组	.mpg、.mpeg
Windows 媒体文件	.wmv、.asf

在有些情况下，Flash 可能只能导入文件中的视频，而无法导入音频。例如，系统不支持用 QuickTime 4 导入的 MPG/MPEG 文件中的音频。在这种情况下，Flash 会显示警告消息，指明无法导入该文件的音频部分，但是仍然可以导入没有声音的视频。

9.3.2 认识视频编解码器

在默认情况下，Flash 使用 Sorenson Spark 编解码器导入和导出视频。编解码器是一种压缩 / 解压缩算法，用于控制导入和导出期间多媒体文件的压缩和解压缩方式。

Sorenson Spark 是包含在 Flash 中的运动视频编解码器，使用者可以向 Flash 中添加嵌入的视频内容。Spark 是高品质的视频编码器和解码器，显著地降低了将视频发送到 Flash 所需的带宽，同时提高了视频的品质。由于包含了 Spark，Flash 在视频性能方面获得了重大飞跃。在 Flash CS 5.5 或更早的版本中，只能使用顺序位图图像模拟视频。

对于数字媒体，可以应用两种不同类型的压缩：时间和空间。时间压缩可以识别各帧之间的差异，并且只存储这些差异，以便根据帧与前面帧的差异来描述帧。没有更改的区域只是简单地重复前面帧中的内容。时间压缩的帧通常称为帧间。空间压缩适用于单个数据帧，与周围的任何帧无关。空间压缩可以是无损的（不丢弃图像中的任何数据）或有损的（有选择地丢弃数据），空间压缩的帧通常称为内帧。

Sorenson Spark 是帧间编解码器。与其他压缩技术相比，Sorenson Spark 的高效帧间压缩在众多功能中尤为独特。它只需要比大多数其他编解码器都要低得多的数据速率，就能产生高品质的视频。许多其他编解码器使用内帧压缩，例如，JPEG 是内帧编解码器。

帧间编解码器也使用内帧，内帧用作帧间的参考帧（关键帧）。Sorenson Spark 总是从关键帧开始处理，每个关键帧都成为后面的帧间的主要参考帧。只要下一帧与上一帧显著不同，该编解码器就会压缩一个新的关键帧。

读书笔记

实例操作：导入为内嵌视频

- 光盘 \ 素材 \ 第 9 章 \1.flv
- 光盘 \ 效果 \ 第 9 章 \ 导入为内嵌视频 .swf

内嵌视频也称为嵌入视频，是指导入到 Flash 中的视频文件。本例的完成效果如图 9-39 所示。

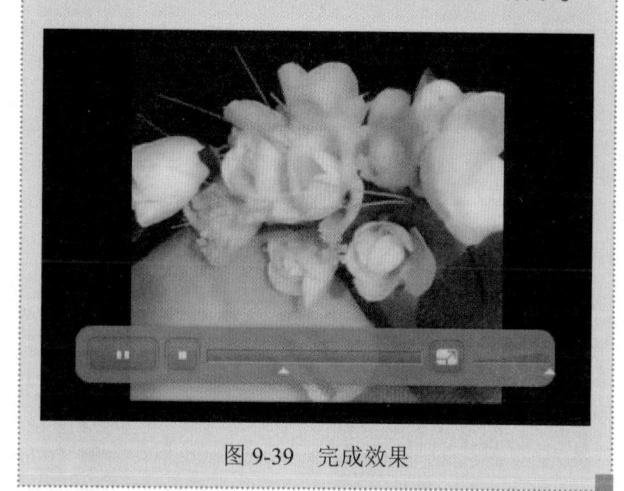

图 9-39　完成效果

Step 1 ▶ 启动 Flash CC，新建一个 Flash 空白文档。执行“文件”→“导入”→“导入视频”命令，打开“导入视频”对话框，如图 9-40 所示。

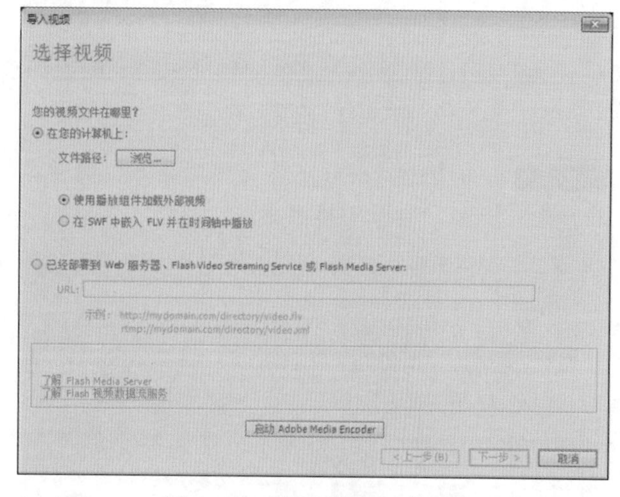

图 9-40　“导入视频”对话框

Step 2 ▶ 单击对话框中的 浏览... 按钮，并在弹出的“打开”对话框中选择一个视频文件，如图 9-41 所示，完成后单击 打开(O) 按钮。

Step 3 ▶ 单击 下一步 > 按钮，进入“设定外观”步骤，在“外观”下拉列表框中选择一种播放器的外观，如图 9-42 所示。

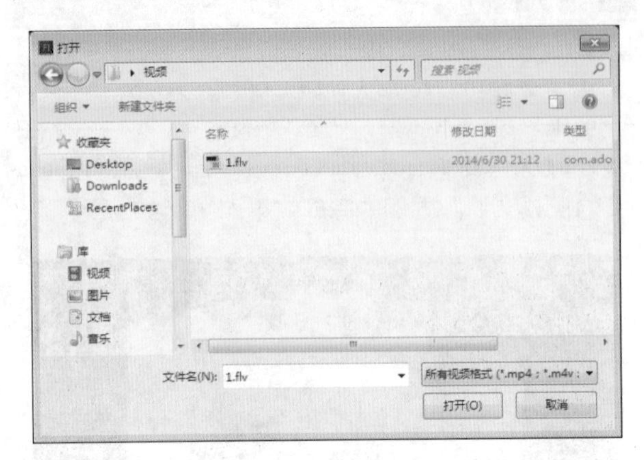

图 9-41　选择视频文件

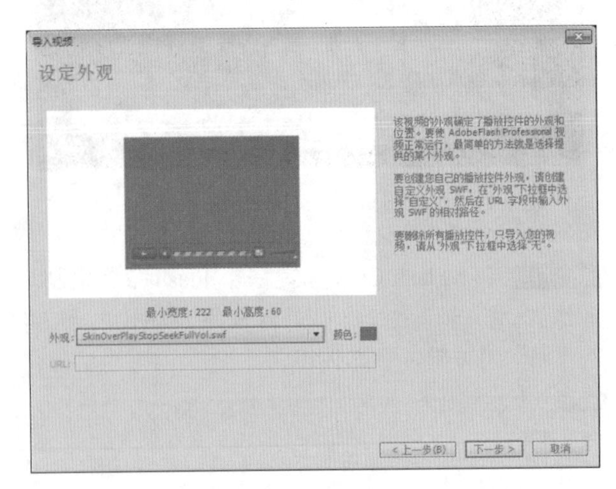

图 9-42　选择外观

Step 4 ▶ 单击 下一步 > 按钮，完成视频导入，然后单击 完成 按钮，如图 9-43 所示。

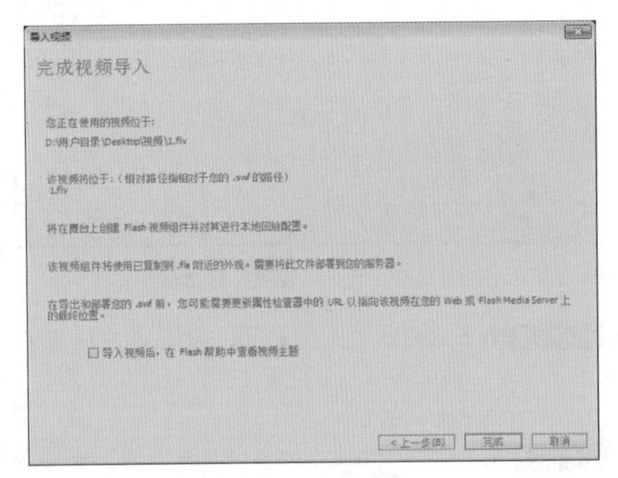

图 9-43　完成视频导入

Step 5 ▶ 视频文件已经成功导入到舞台中了，如图 9-44 所示。

图 9-44　导入视频

Step 6 ▶ 保存动画文件，然后按 Ctrl+Enter 组合键，欣赏本例的完成效果，如图 9-45 所示。

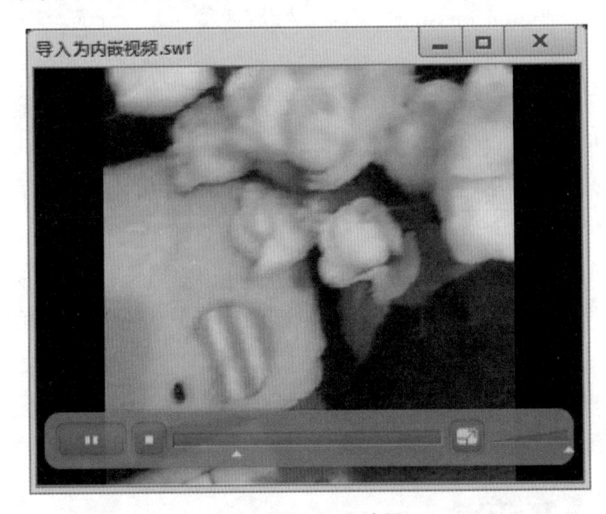

图 9-45　完成效果

读书笔记

知识大爆炸——声音播放效果的知识

在添加了声音到“时间轴”后，选中含有声音的帧，在“属性”面板中可以查看声音的属性，如图 9-46 所示。

在声音“属性”面板的“效果”下拉列表框中可以选择要应用的声音效果，如图 9-47 所示。

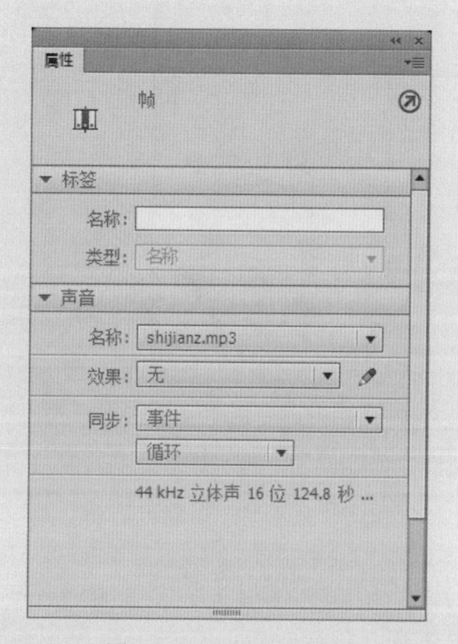

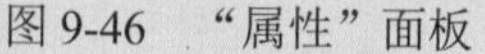

图 9-46 “属性”面板

图 9-47 声音效果

- 无：不对声音文件应用效果，选中此选项将删除以前应用的效果。
- 左声道：只在左声道中播放声音。
- 右声道：只在右声道中播放声音。
- 向右淡出：将声音从左声道切换到右声道。
- 向左淡出：将声音从右声道切换到左声道。
- 淡入：随着声音的播放逐渐增加音量。
- 淡出：随着声音的播放逐渐减小音量。
- 自定义：允许使用“编辑封套”创建自定义的声音淡入和淡出点。选择该项后，会自动打开“编辑封套”对话框，在这里可以对声音进行编辑，如图 9-48 所示。
- 声音效果：用户可以为声音选择许多不同的效果，与声音“属性”面板的“效果”下拉列表框中的效果一样。
- 时间轴：时间轴两头的滑动头分别是“起始滑动头”和“结束滑动头”，通过移动它们的位置可以完成对声音播放长度的截取。
- 播放控制按钮：播放声音和停止声音。
- 显示比例：改变窗口中显示声音的多少与在秒和帧之间切换时间单位。

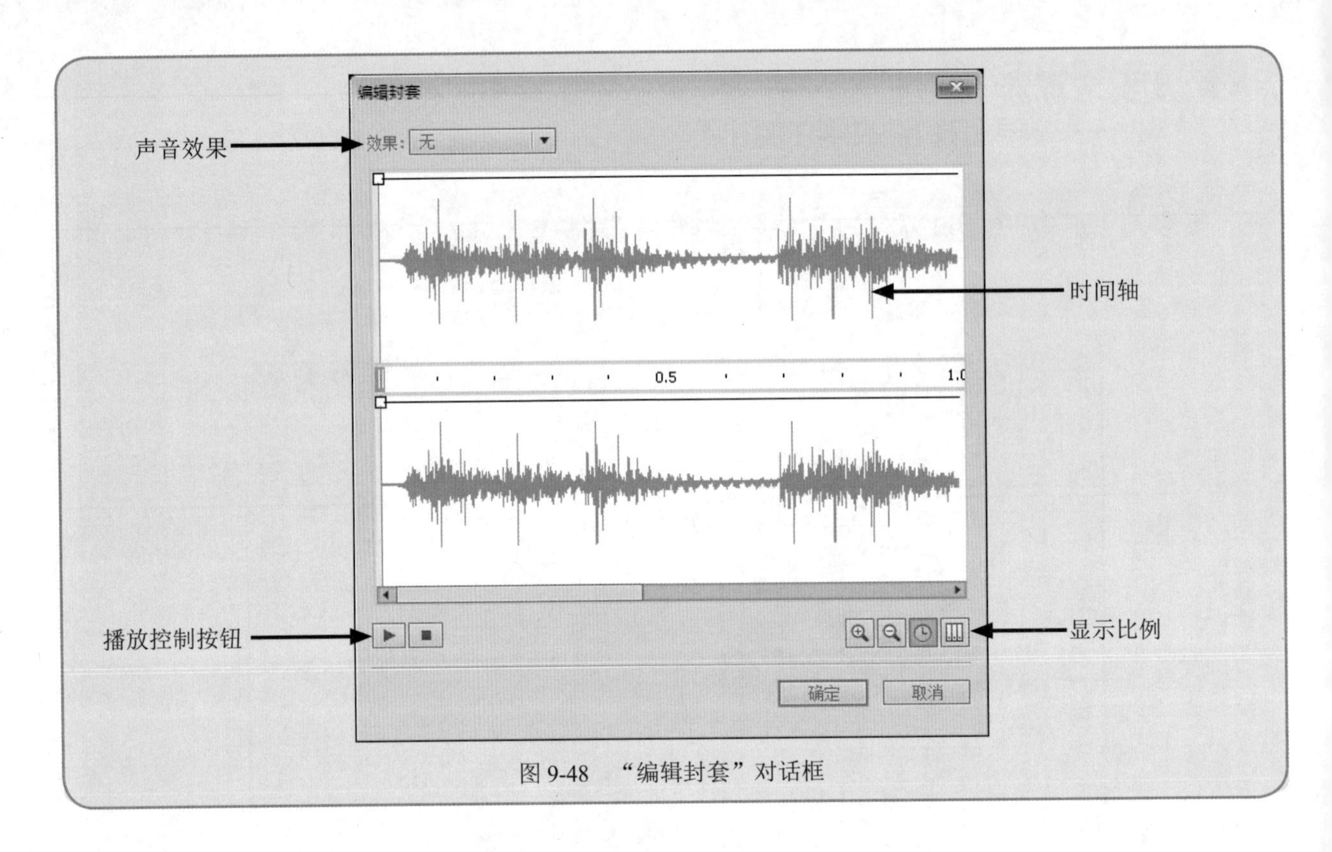

图 9-48 “编辑封套”对话框

读书笔记

01 02 03 04 05 06 07 08 09 10 11 12 ……

ActionScript 脚本

本章导读

ActionScript 是 Flash 的脚本语言，用户可以使用它创建具有交互性的动画，它极大地丰富了 Flash 动画的形式，同时也给创作者提供了无限的创意空间。本章重点介绍 ActionScript 脚本语言的函数、变量、运算符及常见命令。希望读者通过本章内容的学习，能了解 ActionScript 的类型、掌握常见 Actions 命令语句及语句中参数的使用等知识。

10.1 Flash 中的 ActionScript

在 Flash CC 中的 ActionScript 更加强化了 Flash 的编程功能，进一步完善了各项操作细节，让动画制作者更加得心应手。Flash CC 中取消了 ActionScript 2.0 脚本，升级为 ActionScript 3.0 脚本。ActionScript 3.0 能帮助我们轻松实现对动画的控制，以及对象属性的修改等操作。还可以取得使用者的动作或资料、进行必要的数值计算以及对动画中的音效进行控制等。灵活运用这些功能并配合 Flash 动画内容进行设计，想做出任何互动式的网站，或是网页上的游戏，都不再是一件困难的事情了。

10.1.1 ActionScript 概述

ActionScript 3.0 是一门功能强大、符合业界标准的一门面向对象的编程语言。它在 Flash 编程语言中有着里程碑的作用，是用来开发富应用程序（RIA）的重要语言。

ActionScript 3.0 在用于脚本撰写的国际标准化编程语言 ECMAScript 的基础之上，对该语言做了进一步的改进，可为开发人员提供用于丰富 Internet 应用程序（RIA）的可靠的编程模型。开发人员可以获得卓越的性能并简化开发过程，便于利用非常复杂的应用程序、大的数据集和面向对象的、可重复使用的基本代码。ActionScript 3.0 在 Flash Player 9 中新的 ActionScript 虚拟机（AVM2）内执行，可为下一代 RIA 带来性能突破。

最初在 Flash 中引入 ActionScript，目的是为了实现对 Flash 影片的播放控制。而 ActionScript 发展到今天，其已经广泛应用到了多个领域，能够实现丰富的应用功能。

ActionScript 3.0 最基本的应用与创作工具 Flash CC 结合，创建各种不同的应用特效，实现丰富多彩的动画效果，使 Flash 创建的动画更加人性化，更具有弹性效果。

10.1.2 ActionScript 3.0 的新功能

ActionScript 3.0 包含 ActionScript 编程人员所熟悉的许多类和功能，但 ActionScript 3.0 在架构和概念上是区别于早期的 ActionScript 版本的。ActionScript 3.0 中的改进部分包括新增的核心语言功能以及能够更好地控制低级对象的改进 Flash Player API。在 ActionScript 3.0 中新增了以下功能。

- 新增了 ActionScript 虚拟机，称为 AVM2，它使用全新的字节码指令集，使性能显著提高。
- 采用了更为先进的编译器代码库，它更为严格地遵循 ECMAScript (ECMA 262) 标准，相对于早期的编译器版本，可执行更深入的优化。
- 一个扩展并改进的应用程序编程接口（API），拥有对对象的低级控制和真正意义上的面向对象的模型。
- 一个基于 ECMAScript for XML（E4X）规范的 XML API。E4X 是 ECMAScript 的一种语言扩展，它将 XML 添加为语言的本机数据类型。
- 一个基于文档对象模型（DOM）第 3 级事件规范的事件模型。

10.2 “动作”面板

如果要在 Flash CC 中加入 ActionScript 3.0 代码，可以直接使用“动作”面板来输入。在“动作”面板中可以为帧与各类元件等添加代码。

执行“窗口”→“动作”命令或按 F9 键，打开“动作”面板，如图 10-1 所示。

图 10-1 “动作”面板

知识解析：“动作”面板

◆ 工具栏：工具栏中包括了创建代码时常用的一些工具。

◎ “插入实例路径和名称”按钮：单击此按钮可以打开“插入目标路径”对话框，如图 10-2 所示。在该对话框中可以选择需添加动作脚本的对象。

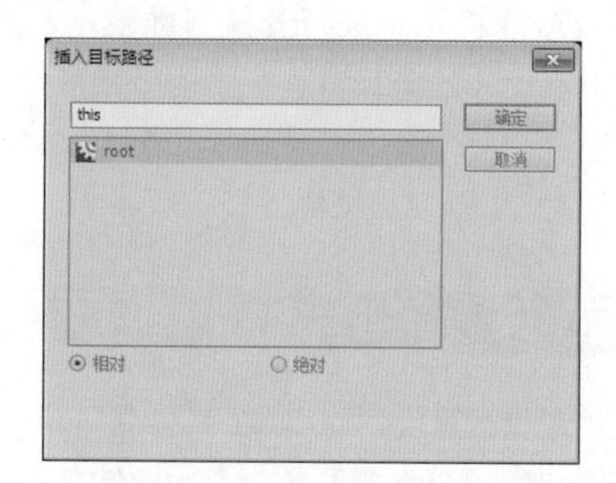

图 10-2 “插入目标路径”对话框

◎ “查找”按钮：单击此按钮可以对脚本编辑窗格中的动作脚本内容进行查找并替换，如图 10-3 所示。

◎ “代码片段”按钮：单击该按钮可以打开“代码片段”对话框，如图 10-4 所示。在此对话框中可以直接将 ActionScript 3.0 代码添加到 FLA 文件中，实现常见的交互功能。

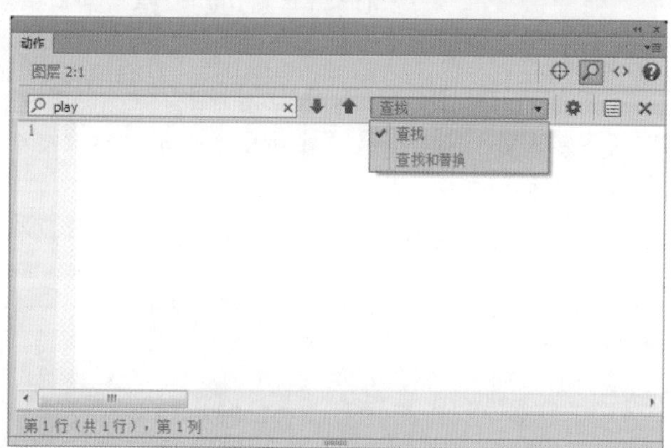

图 10-3 查找与替换代码

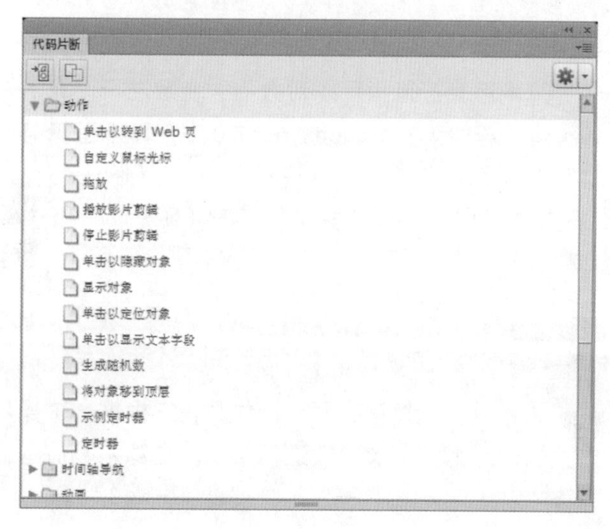

图 10-4 “代码片段”对话框

◎ “帮助”按钮：单击此按钮可以打开“帮助”面板来查看对动作脚本的用法、参数、相关说明等。

◆ 脚本编辑窗口：在脚本编辑窗口中，用户可以直接输入脚本代码。

读书笔记

10.3 运算符

在 ActionScript 3.0 的运算符中包括赋值运算符、算术运算符、算术赋值运算符、按位运算符、比较运算符、逻辑运算符和字符串运算符等。

10.3.1 赋值运算符

赋值运算符“=”可将符号右边的值指定给符号左边的变量。赋值运算符只有“=”。

在“=”右边的值可以是基元数据类型，也可以是一个表达式、函数返回值或对象的引用，在“=”左边的对象必须为一个变量。

使用赋值运算符的正确表达方式如下：

```
var a:int=66;      //声明变量，并赋值 var b:string;
b="boss";          //对已声明的变量赋值
A= 1+9-2;          //将表达式赋值给 A
var a:object=d; //将 d 持有对象的引用赋值给 a，a、d 将会指向同一个对象。
```

10.3.2 算术运算符

算术运算符是指可以对数值、变量进行计算的各种运算符号。在 ActionScript 3.0 中，算术运算符包括“+（加法）”、“--（递减）”、“/（除法）”、“++（递增）”、“%（模）”、“*（乘法）”和“-（减法）”。

10.3.3 算术赋值运算符

算术赋值运算符有两个操作数，它根据一个操作数的值对另一个操作数进行赋值。在算术赋值运算符中包括“+=”、“-=”、“*=”、“/=”和“%=”。

10.3.4 按位运算符

在按位运算符中包括了“&（按位 AND）”、“<<（按位向左移位）”、“~（按位 NOT）”、“|（按位 OR）”、“>>（按位向右移位）”、“>>>>（按位无符号向右移位）”和“^（按位 XOR）”运算符。

10.3.5 比较运算符

比较运算符用于进行变量与数值间、变量与变量间大小比较的运算符。在比较运算符中包括了“= =”、“>”、“>=”、“!=”、“<”、“<=”、“= = =”和“!= =”运算符。

10.3.6 逻辑运算符

使用逻辑运算符，可以对数字、变量等进行比较，然后得出它们的交集或并集作为输出结果。逻辑运算符包括“&&”、“||”和“!”3 种。

10.3.7 字符串运算符

使用字符串运算符，可以连接字符串以及对字符串赋值等。字符串运算符包括“+”、“+=”和“""”。

10.4 语句、关键字和指令

语句是在运行时执行或指定动作的语言元素，例如，return 语句会为执行该语句的函数返回一个结果。if 语句对条件进行计算，以确定应采取的下一个动作；switch 语句创建 ActionScript 语句的分支结构。

属性关键字更改定义的含义，可以应用于类、变量、函数和命名空间定义。定义关键字用于定义实体，例如变量、函数、类和接口。

10.4.1 语句

语句是在运行时执行或指定动作的语言元素，常用的语句包括 break、case、continue、default、do...while、else、for、for each...in、for...in、if、lable、return、super、switch、throw、try...catch...finally 等。

- break：出现在循环（for、for...in、for each...in、do...while 或 while）内，或出现在与 switch 语句中的特定情况相关联的语句块内。
- case：定义 switch 语句的跳转目标。
- continue：跳过最内层循环中所有其余的语句并开始循环的下一次遍历，就像控制正常传递到了循环结尾一样。
- default：定义 switch 语句的默认情况。
- do...while：与 while 循环类似，不同之处是在对条件进行初始计算前执行一次语句。
- else：指定当 if 语句中的条件返回 false 时运行的语句。
- for：计算一次 init（初始化）表达式，然后开始一个循环序列。
- for each...in：遍历集合的项目，并对每个项目执行 statement。
- for...in：遍历对象的动态属性或数组中的元素，并对每个属性或元素执行 statement。
- if：计算条件以确定下一条要执行的语句。
- lable：将语句与可由 break 或 continue 引用的标识符相关联。
- return：导致立即返回执行调用函数。
- super：调用方法或构造函数的超类或父版本。
- switch：根据表达式的值，使控制转移到多条语句的其中一条。
- throw：生成或引发一个可由 catch 代码块处理或捕获的错误。
- try...catch...finally：包含一个代码块，在其中可能会发生错误，然后对该错误进行响应。
- while：计算一个条件，如果该条件的计算结果为 true，则会执行一条或多条语句，之后循环会返回并再次计算条件。
- with：建立要用于执行一条或多条语句的默认对象，从而潜在地减少需要编写的代码量。

10.4.2 定义关键字

定义关键字用于定义变量、函数、类和接口等实体对象，包括 ... (rest) parameter、class、const、extends、function、get、implements、interface、namespace、package、set、var 等。

10.4.3 属性关键字

属性关键字用于更改类、变量、函数和命名空间定义的含义，包括 dynamic、final、internal、native、override、private、protected、public 和 static。

10.4.4 指令

指令是指在编译或运行时起作用的语句和定义，包括 default xml namespace、import、include 和 use namespace。

10.5 ActionScript 3.0 程序设计

任何一门编程语言都要设计程序，ActionScript 3.0 也不例外。本节将介绍 ActionScript 3.0 系统的基本语句以及程序设计的一般过程。首先介绍程序控制的逻辑运算，然后着重介绍条件语句和循环语句。

10.5.1 逻辑运算

在程序设计的过程中，要实现程序设计的目的，必须进行逻辑运算。只有进行逻辑运算，才能控制程序不断向最终要达到的目的前进，直到最后实现目标。

逻辑运算又称为布尔运算，通常用来测试真假值。逻辑运算主要使用条件表达式进行判断，如果符合条件，则返回结果 true，不符合条件，返回结果 false。

条件表达式中最常见的形式就是利用关系运算符进行操作数比较，进而得到判断条件。

当然，有的情况下需要控制的条件比较多，那么就需要使用逻辑表达式进行逻辑运算，得到一个组合条件，并控制最后的输出结果。

常见的条件表达式举例如下。

- （a>0）：表示判断条件为 a>0。若是，返回 true；否则返回 false。
- （a==b）&&（a>0）：表示判断条件为 a 大于 0，并且 a 与 b 相等。若是，返回 true，否则返回 false。
- （a==b）||（a>0）：表示判断条件为 a 大于 0，或者 a 与 b 相等。若是，返回 true，否则返回 false。

10.5.2 程序的 3 种结构

在程序设计的过程中，如何安排每句代码执行的先后次序，这个先后执行的次序，称之为“结构”。常见的程序结构有 3 种：顺序结构、选择结构和循环结构。下面逐个介绍这 3 种程序结构的概念和流程。

1. 顺序结构

顺序结构最简单，就是按照代码的顺序，一句一句地执行操作，即程序是完全从第一句运行到最后一句，中间没有中断，没有分支，没有反复。

ActionScript 代码中的简单语句都是按照顺序进行处理，这就是顺序结构。请看下面的示例代码。

```
//执行的第一句代码，初始化一个变量
var a:int;
//执行第二句代码，给变量 a 赋值数值 1
a=1;
//执行第三句代码，变量 a 执行递加操作
a++;
```

2. 选择结构

当程序有多种可能的选择时，就要使用选择结构。选择哪一个，要根据条件表达式的计算结果而定。选择结构如图 10-5 所示。

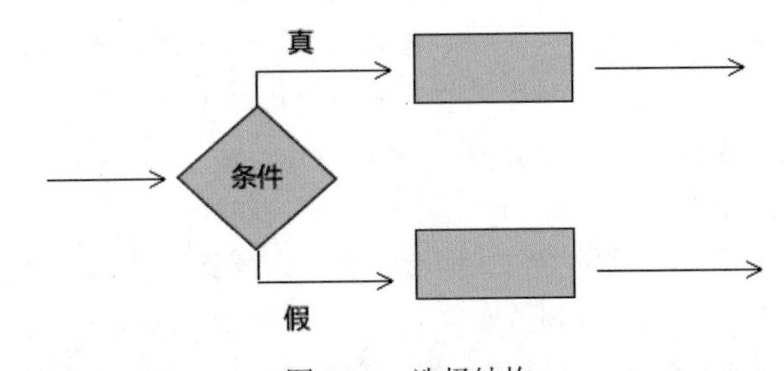

图 10-5　选择结构

3. 循环结构

循环结构就是多次执行同一组代码，重复的次数由一个数值或条件来决定。循环结构如图 10-6 所示。

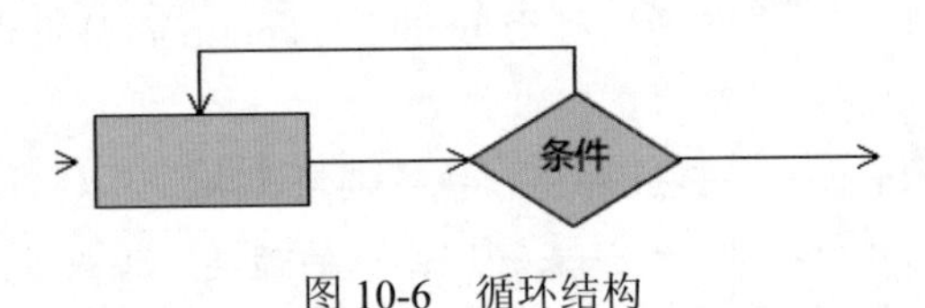

图 10-6　循环结构

10.5.3 选择程序的结构

选择程序结构就是利用不同的条件去执行不同的语句或者代码。ActionScript 3.0 有 3 个可用来控制程序流的基本条件语句。其分别为 if...else 条件语句、if...else if 条件语句、switch 条件语句。下面就介绍这 3 种不同的选择程序结构。

1. if...else 条件语句

if...else 条件语句判断一个控制条件，如果该条件能够成立，则执行一个代码块，否则执行另一个代码块。

if...else 条件语句基本格式如下：

```
if( 表达式 ){
 语句 1;
}
else
 {
语句 2;
}
```

2. if...else if...else 语句

if...else 条件语句执行的操作最多只有两种选择，如果有更多的选择，则可以使用 if...else if...else 条件语句。

if...else if...else 条件语句基本格式如下：

```
if(表达式 1){
 语句 1;
}
else if(表达式 2){
语句 2;
}
else if(表达式 3){
语句 3;
}


else if(表达式 n){
语句 n;
}
else{
  语句 m;
}
```

3. switch 语句

switch 语句相当于一系列的 if...else if...else 语句，但是要比 if 语句更清晰。switch 语句不是对条件进行测试以获得布尔值，而是对表达式进行求值并使用计算结果来确定要执行的代码块。

switch 语句格式如下：

```
switch ( 表达式 ) {
   case:
     程序语句 1;
    break;
   case:
     程序语句 2;
    break;
   case:
     程序语句 3;
    break;
  default:
    默认执行程序语句 ;
 }
```

10.5.4 循环程序的结构

在现实生活中有很多规律性的操作，作为程序来说就是要重复执行某些代码。其中重复执行的代码称为循环体，能否重复操作，取决于循环的控制条件。循环语句可以认为是由循环体和控制条件两部分组成。

循环程序的结构一般认为有两种：

- 先进行条件判断，若条件成立，则执行循环体代码，执行完之后再进行条件判断，如条件成立则继续，否则退出循环。若第一次条件就不满足，则一次也不执行，直接退出。
- 先执行依次操作，不管条件，执行完成之后进行条件判断，若条件成立，循环继续，否则退出循环。

1. for 循环语句

for 循环语句是 ActionScript 编程语言中最灵活、

应用最为广泛的语句。

for 循环语句语法格式如下：

```
for( 初始化；循环条件；步进语句 ) {
 循环执行的语句；
}
```

格式说明如下。

◆ **初始化**：把程序循环体中需要使用的变量进行初始化。注意要使用 var 关键字来定义变量，否则编译时会报错。

◆ **循环条件**：逻辑运算表达式，运算的结果决定循环的进程。若为 flase，则退出循环，否则继续执行循环代码。

◆ **步进语句**：算术表达式，用于改变循环变量的值。通常为使用 ++（递增）或 --（递减）运算符的赋值表达式。

◆ **循环执行的语句**：循环体，通过不断改变变量的值，以达到需要实现的目标。

2. while 循环语句

while 循环语句是典型的"当型循环"语句，意思是当满足条件时，执行循环体的内容。

while 循环语句语法格式如下：

```
while( 循环条件 ) {
 循环执行的语句
}
```

格式说明如下。

◆ **循环条件**：逻辑运算表达式，运算的结果决定循环的进程。若为 true，继续执行循环代码，否则退出循环。

◆ **循环执行的语句**：循环体，其中包括变量改变赋值表达式，执行语句并实现变量赋值。

3. do...while 循环语句

do...while 循环是另外一种 while 循环，它保证至少执行一次循环代码，这是因为其是在执行代码块后才会检查循环条件。

do...while 循环语句语法格式如下：

```
do {
 循环执行的语句
} while ( 循环条件 )
```

格式说明如下。

◆ **循环执行的语句**：循环体，其中包括变量改变赋值表达式，执行语句并实现变量赋值。

◆ **循环条件**：逻辑运算表达式，运算的结果决定循环的进程。若为 true，继续执行循环代码，否则退出循环。

4. 循环的嵌套

嵌套循环语句，就是在一个循环的循环体中存在另一个循环体，如此重复下去直到循环结束为止，即为循环中的循环。以 for 循环为例，格式如下所示。

```
for ( 初始化；循环条件；步进语句 ) {
for ( 初始化；循环条件；步进语句 ) {
循环执行的语句；
}
}
```

实例操作：蒲公英

- 光盘 \ 素材 \ 第 10 章 \1.jpg、2.png
- 光盘 \ 效果 \ 第 10 章 \ 蒲公英 .swf

本案例主要使用了 ActionScript 3.0 技术来编辑制作蒲公英不断向上飘动的动态效果，完成后如图 10-7 所示。

图 10-7　完成效果

图 10-7　完成效果（续）

Step 1 启动 Flash CC，新建一个 Flash 空白文档。执行“修改”→“文档”命令，打开“文档设置”对话框，将“背景颜色”设置为黑色，“帧频”设置为 30，如图 10-8 所示。设置完成后单击 确定 按钮。

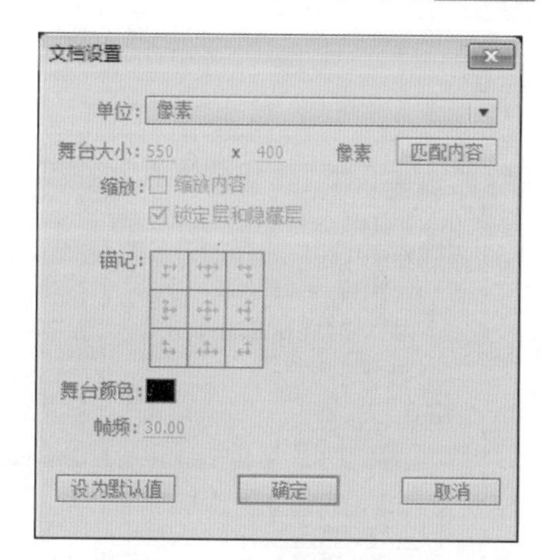

图 10-8　“文档设置”对话框

Step 2 执行“插入”→“新建元件”命令，打开“创建新元件”对话框。在“名称”文本框中输入按钮的名称 MoveBall，在“类型”下拉列表框中选择“影片剪辑”选项，如图 10-9 所示。完成后单击 确定 按钮进入按钮元件编辑区。

Step 3 执行“文件”→“导入”→“导入到舞台”命令，在编辑区中导入一幅蒲公英图像，如图 10-10 所示。

Step 4 打开“库”面板，在影片剪辑元件 MoveBall 上右击，在弹出的快捷菜单中选择“属性”命令，如图 10-11 所示。

图 10-9　“创建新元件”对话框

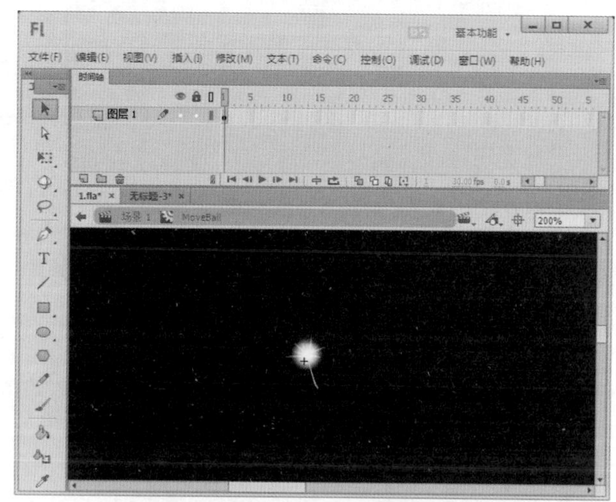

图 10-10　导入图像

图 10-11　选择“属性”命令

Step 5 打开“元件属性”对话框，单击 高级 按钮，选中“为 ActionScript 导出”复选框，完成后单击 确定 按钮，如图 10-12 所示。

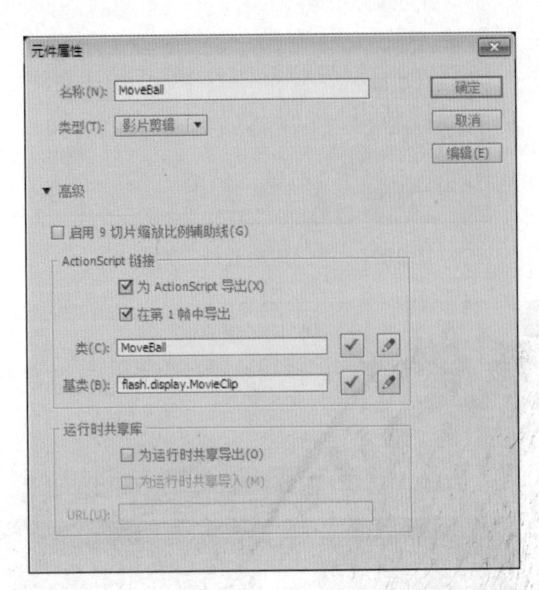

图 10-12　选中“为 ActionScript 导出”复选框

Step 6 按 Ctrl+N 组合键打开“新建文档”对话框，选择“ActionScript 文件”选项，单击 确定 按钮，如图 10-13 所示。

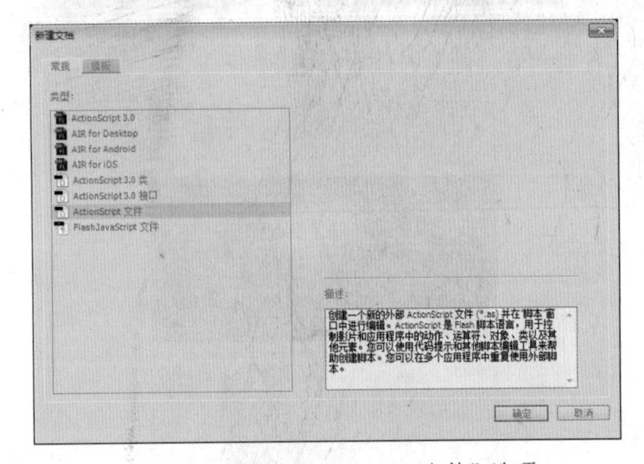

图 10-13　选择“ActionScript 文件”选项

Step 7 这样就新建一个 ActionScript 文件，并按 Ctrl+S 组合键将其保存为 MoveBall.as，然后在 MoveBall.as 中输入如下代码，如图 10-14 所示。

```
package {
    import flash.display.Sprite;
    import flash.events.Event;
    public class MoveBall extends Sprite {
        private var yspeed:Number;
        private var W:Number;
        private var H:Number;
        private var space:uint = 10;
        public function MoveBall(yspeed:Number,w:Number,
h:Number) {

            this.yspeed = yspeed;
            this.W = w;
            this.H = h;
            init();
        }
        private function init() {
            this.addEventListener(Event.ENTER_FRAME,
enterFrameHandler);
        }
        private function enterFrameHandler(event:Event) {
            this.y -= this.yspeed/2;
            if (this.y<-space) {
                this.x = Math.random()*this.W;
                this.y = this.H + space;
            }
        }
    }
}
```

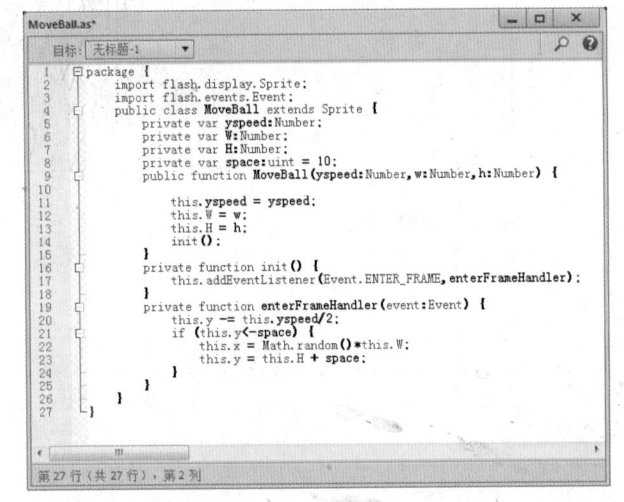

图 10-14　添加代码

读书笔记

Step 8 ▶ 单击 场景 1 按钮返回到主场景中，执行“文件”→“导入”→“导入到舞台”命令，将一幅背景图像导入到舞台上，如图 10-15 所示。

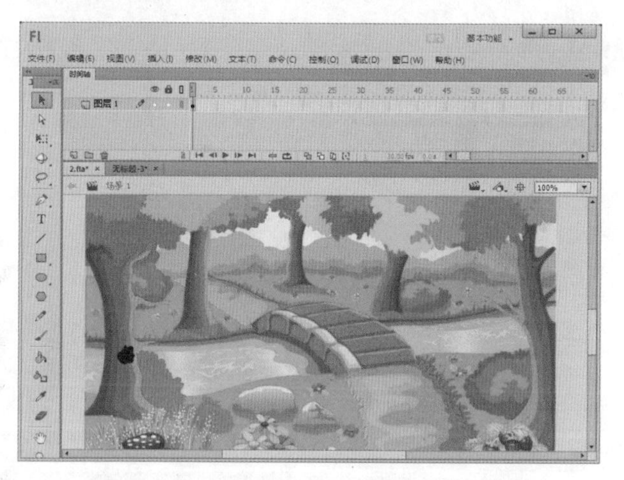

图 10-15　导入背景图像

Step 9 ▶ 新建图层 2，选择该层的第 1 帧，按 F9 键打开“动作”面板，输入如下代码，如图 10-16 所示。

```
var W = 560,H = 240,speed = 2;
var container:Sprite = new Sprite();
addChild(container);
var Num = 30;
for (var i:uint=0; i<Num; i++) {
        speed = Math.random()*speed+2;
        var boll:MoveBall = new MoveBall(speed,W,H);
    boll.x=Math.random()*W;
    boll.y=Math.random()*H;
    boll.alpha  = .1+Math.random();
    boll.scaleX =boll.scaleY= Math.random();
    container.addChild(boll);
}
```

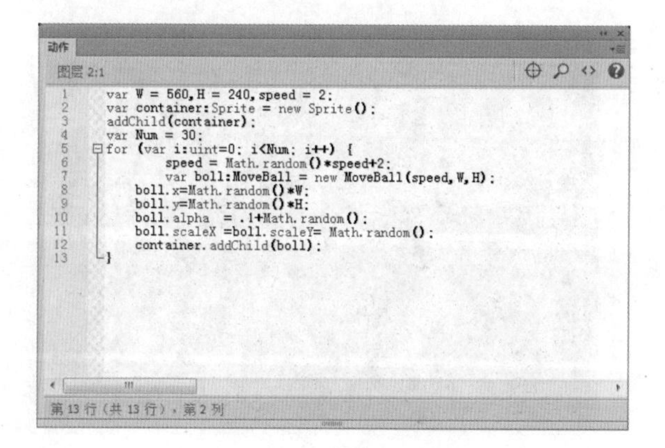

图 10-16　输入代码

Step 10 ▶ 保存动画文件，然后按 Ctrl+Enter 组合键，欣赏本例的完成效果，如图 10-17 所示。

图 10-17　完成效果

读书笔记

实例操作：雨天的荷塘

- 光盘 \ 素材 \ 第 10 章 \3.jpg
- 光盘 \ 效果 \ 第 10 章 \ 雨天的荷塘 .swf

本案例使用导入功能，将背景图片导入到舞台中；再使用线条工具，绘制出雨点的外形；最后使用 ActionScript 技术，编辑出雨点不断下落的效果，完成后的效果如图 10-18 所示。

图 10-18　完成效果

Step 1 ▶ 新建一个 Flash 文档，执行“修改”→“文档”命令，打开“文档设置”对话框，将“舞台大小”设置为 600×450 像素，“舞台颜色”设置为黑色，如图 10-19 所示。完成后单击 确定 按钮。

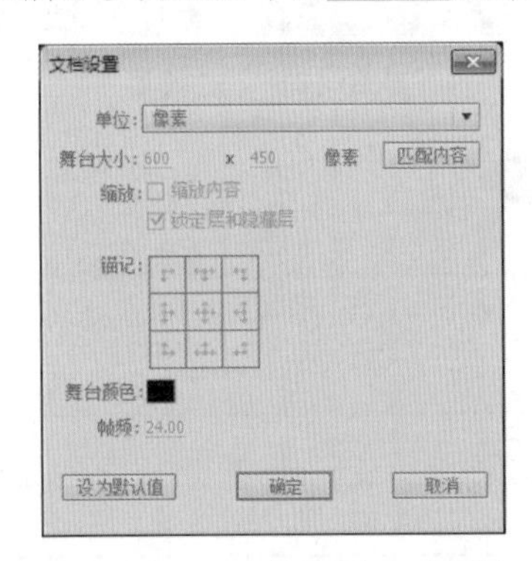

图 10-19　“文档设置”对话框

Step 2 ▶ 执行“文件”→“导入”→“导入到舞台”命令，将一幅背景图像导入到舞台中，如图 10-20 所示。

Step 3 ▶ 执行“插入”→“新建元件”命令，打开“创建新元件”对话框。在“名称”文本框中输入按钮的名称 yd，在“类型”下拉列表框中选择“影片剪辑”选项，如图 10-21 所示。完成后单击 确定 按钮进入按钮元件编辑区。

图 10-20　导入背景图像

图 10-21　“创建新元件”对话框

Step 4 ▶ 使用线条工具 在工作区中绘制一条线段，在时间轴的第 24 帧处插入关键帧，然后选中该帧处的线条，将其向左下方移动一段距离。这里移动的距离就是雨点从天空落向地面的距离。最后在第 1 帧与第 24 帧之间创建补间动画，如图 10-22 所示。

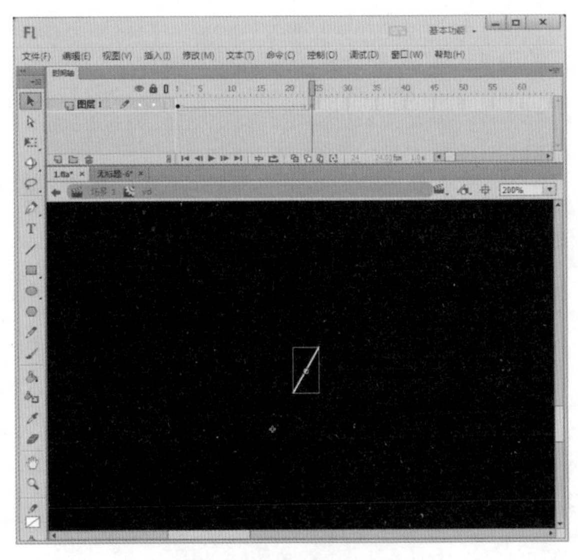

图 10-22　移动线条

Step 5 ▶ 新建一个图层 2，并把它拖到图层 1 的下方。然后在图层 2 的第 24 帧处插入空白关键帧，使用椭圆工具在线条的下方绘制一个边框为白色，无填充色，宽和高分别为 57 像素与 7 像素的椭圆，如图 10-23 所示。

图 10-23　绘制椭圆

Step 6 ▶ 选中图层 2 的第 24 帧，按住鼠标左键不放，将它向右移动一个帧的距离。也就是将图层 2 的第 24 帧移到第 25 帧处。然后选中第 25 帧处的椭圆，按 F8 键，将其转换为图形元件，在“名称”文本框中输入“水纹”，如图 10-24 所示。

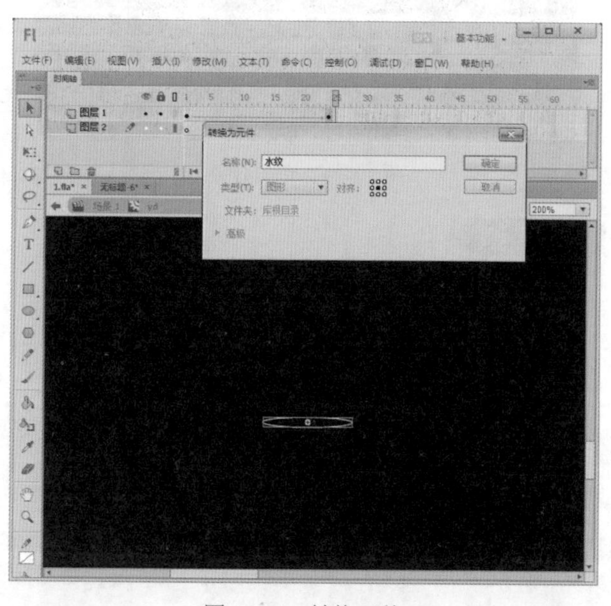

图 10-24　转换元件

Step 7 ▶ 在图层 2 的第 40 帧处插入关键帧。选中该帧处的椭圆，使用任意变形工具将其宽和高分别放大至 118 像素与 13 像素。然后在“属性”面板中将它的 Alpha 值设置为 0%。最后在图层 2 的第 25 帧与第 40 帧之间创建补间动画，如图 10-25 所示。

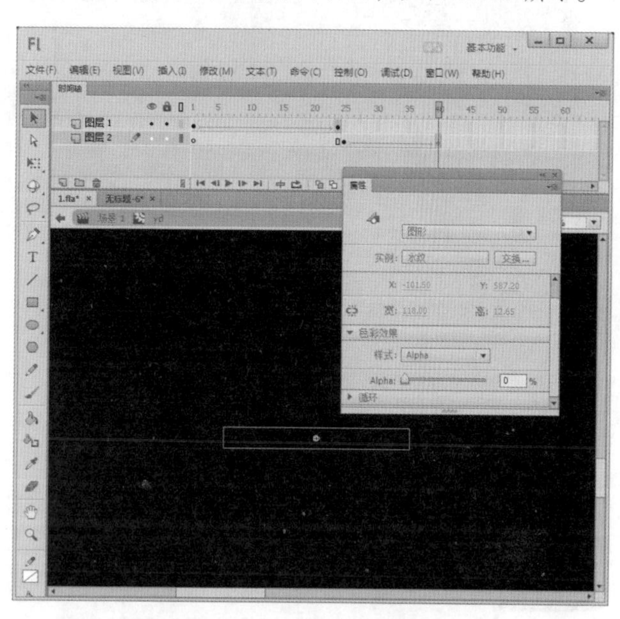

图 10-25　设置 Alpha 值

Step 8 ▶ 打开“库”面板，在影片剪辑元件 yd 上右击，在弹出的快捷菜单中选择“属性”命令，如图 10-26 所示。

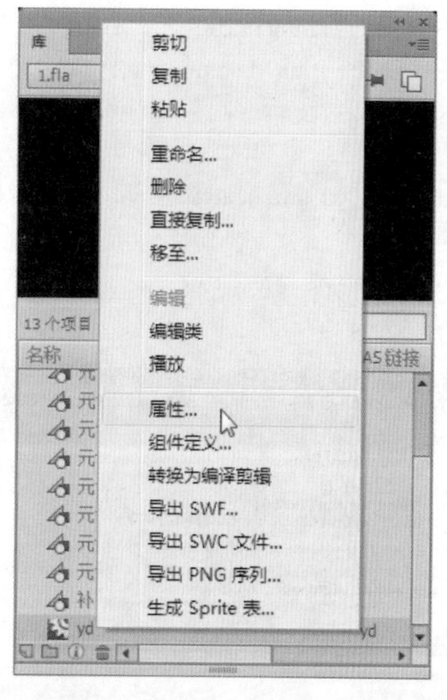

图 10-26　选择“属性”命令

Step 9 ▶ 打开“元件属性”对话框，单击 高级 按钮，选中“为 ActionScript 导出”复选框，如图 10-27 所示。完成后单击 确定 按钮。

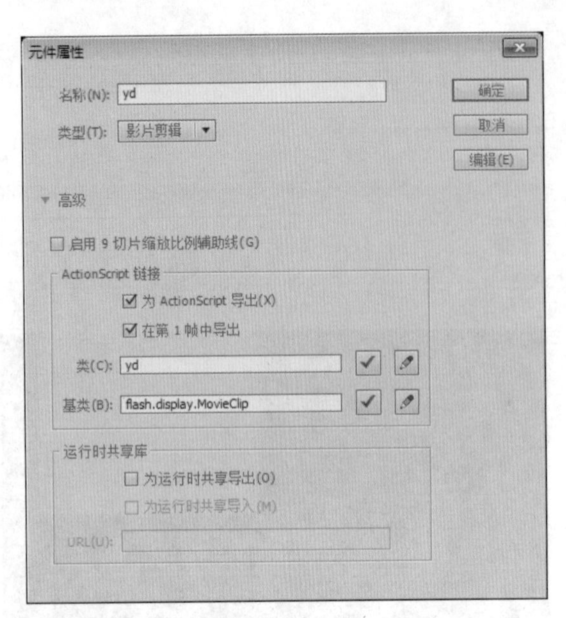

图 10-27　选中“为 ActionScript 导出”复选框

Step 10 返回主场景，新建一个图层 2，选中该层的第 1 帧，在“动作”面板中添加如下代码，如图 10-28 所示。

```
for(var i=0;i<100;i++)
{
var yd_mc = new yd ();
yd_mc.x = Math.random()*650;
yd_mc.gotoAndPlay(int(Math.random()*40)+1);


yd_mc.alpha = yd_mc.scaleX = yd_mc.scaleY = Math.
random()*0.7+0.3;
    stage.addChild(yd_mc);
}
```

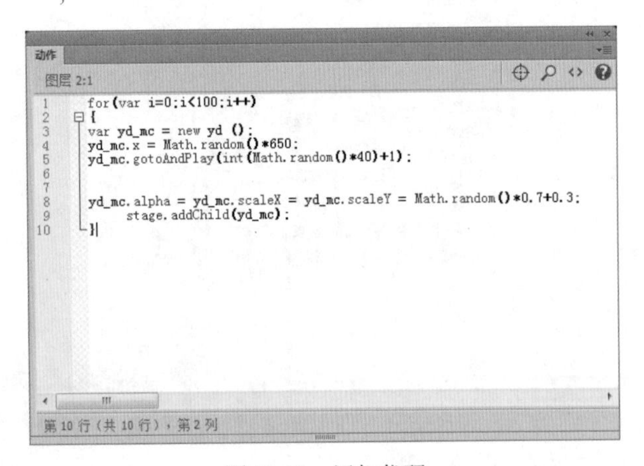

图 10-28　添加代码

Step 11 保存动画文件，然后按 Ctrl+Enter 组合键，欣赏本例的完成效果，如图 10-29 所示。

图 10-29　完成效果

读书笔记

实例操作：波纹特效

- 光盘 \ 素材 \ 第 10 章 \ Water lilies.jpg
- 光盘 \ 效果 \ 第 10 章 \ 波纹特效 .swf

本例利用 ActionScript 脚本制作一个使用鼠标经过图片，图片上产生阵阵波纹的效果，完成后的效果如图 10-30 所示。

图 10-30　完成效果

Step 1 新建一个 Flash 文档，执行“修改”→“文档”命令，打开“文档设置”对话框，将“舞台大小”设置为 400×300 像素，“帧频”设置为 30，如图 10-31 所示。完成后单击 确定 按钮。

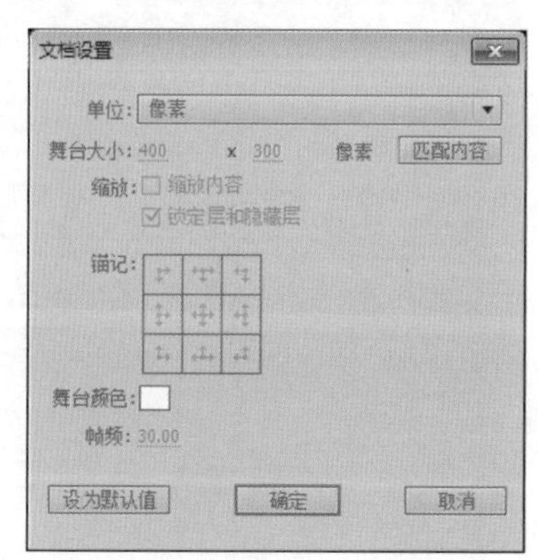

图 10-31　“文档设置”对话框

Step 2 执行“文件”→“导入”→“导入到库”命令，将一幅图片导入到“库”面板中，如图 10-32 所示。

图 10-32　导入图片到库

Step 3 在“库”面板中的图像上右击，在弹出的快捷菜单中选择“属性”命令，如图 10-33 所示。

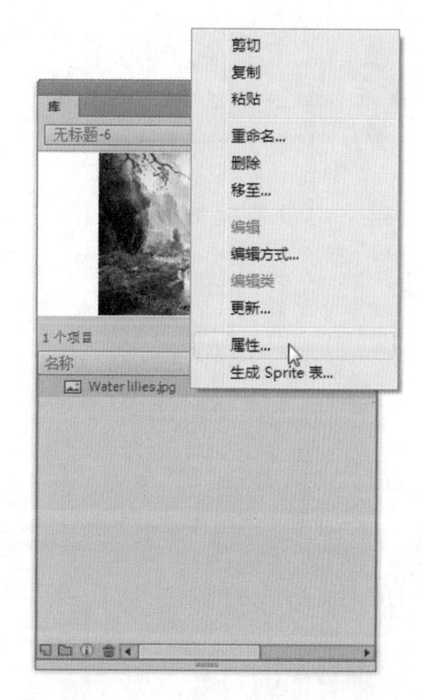

图 10-33　选择“属性”命令

Step 4 ▶ 打开“位图属性”对话框，选择 ActionScript 选项卡，选中“为 ActionScript 导出”复选框，在“类”文本框中输入“pic00”，如图 10-34 所示。完成后单击 确定 按钮。

图 10-34　ActionScript 选项卡

Step 5 ▶ 按 Ctrl+N 组合键打开“新建文档”对话框，选择“ActionScript 文件”选项，如图 10-35 所示。完成后单击 确定 按钮。

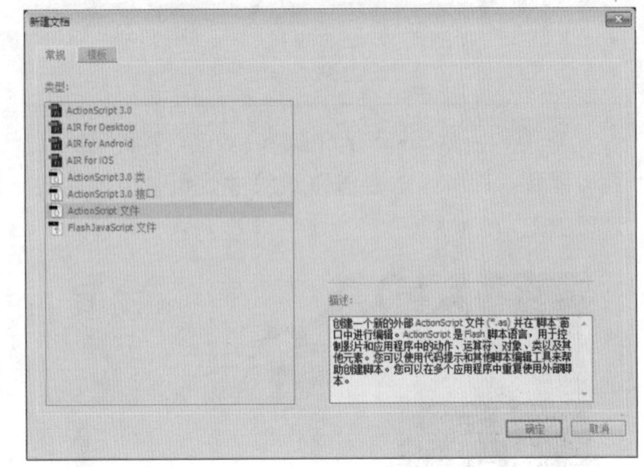

图 10-35　“新建文档”对话框

Step 6 ▶ 按 Ctrl+S 组合键将其保存为 waveclass.as。在 waveclass.as 文件中输入如下代码，如图 10-36 所示。

```
package {
    import flash.display.*;
    import flash.events.*;
    import flash.filters.ConvolutionFilter;
    import flash.filters.DisplacementMapFilter;
    import flash.geom.*;
    import flash.net.URLRequest;
    public class waveclass extends Sprite {
        private var mouseDown:Boolean = false;
        private var damper,result,result2,source,buffer,output,surface:BitmapData;
        var pic:Bitmap;
        private var bounds:Rectangle;
        private var origin:Point;
        private var matrix,matrix2:Matrix;
        private var wave:ConvolutionFilter;
        private var damp:ColorTransform;
        private var water:DisplacementMapFilter;
        //
        private var imgW:Number = 400;
        private var imgH:Number = 300;

        public function waveclass () {
            super ();
            buildwave ();
        }
```

```
private function buildwave () {
    damper = new BitmapData(imgW, imgH, false, 128);
    result = new BitmapData(imgW, imgH, false, 128);
    result2 = new BitmapData(imgW*2, imgH*2, false, 128);
    source = new BitmapData(imgW, imgH, false, 128);
    buffer = new BitmapData(imgW, imgH, false, 128);
    output = new BitmapData(imgW*2, imgH*2, true, 128);
    bounds = new Rectangle(0, 0, imgW, imgH);
    origin = new Point();
    matrix = new Matrix();
    matrix2 = new Matrix();
    matrix2.a = matrix2.d=2;
    wave = new ConvolutionFilter(3, 3, [1, 1, 1, 1, 1, 1, 1, 1, 1], 9, 0);
    damp = new ColorTransform(0, 0, 9.960937E-001, 1, 0, 0, 2, 0);
    water = new DisplacementMapFilter(result2, origin, 4, 4, 48, 48);
    var _bg:Sprite = new Sprite();
    addChild (_bg);
    _bg.graphics.beginFill (0xFFFFFF,0);
    _bg.graphics.drawRect (0,0,imgW,imgH);
    _bg.graphics.endFill ();
    addChild (new Bitmap(output));
    buildImg ();
}
private function frameHandle (_e:Event):void {

    var _x:Number = mouseX/2;
    var _y:Number = mouseY/2;
    source.setPixel (_x+1, _y, 16777215);
    source.setPixel (_x-1, _y, 16777215);
    source.setPixel (_x, _y+1, 16777215);
    source.setPixel (_x, _y-1, 16777215);
    source.setPixel (_x, _y, 16777215);
    result.applyFilter (source, bounds, origin, wave);
    result.draw (result, matrix, null, BlendMode.ADD);
    result.draw (buffer, matrix, null, BlendMode.DIFFERENCE);
    result.draw (result, matrix, damp);
    result2.draw (result, matrix2, null, null, null, true);
    output.applyFilter (surface, new Rectangle(0, 0, imgW, imgH), origin, water);
    buffer = source;
    source = result.clone();
}
private function buildImg ():void {
    surface = new pic00(10,10);
```

```
            addEventListener (Event.ENTER_FRAME,frameHandle);
        }
    }
}
```

```
waveclass.as
目标: 1.fla
1   package {
2       import flash.display.*;
3       import flash.events.*;
4       import flash.filters.ConvolutionFilter;
5       import flash.filters.DisplacementMapFilter;
6       import flash.geom.*;
7       import flash.net.URLRequest;
8       public class waveclass extends Sprite {
9           private var mouseDown:Boolean = false;
10          private var damper,result,result2,source,buffer,output,surface:BitmapData;
11          var pic:Bitmap;
12          private var bounds:Rectangle;
13          private var origin:Point;
14          private var matrix,matrix2:Matrix;
15          private var wave:ConvolutionFilter;
16          private var damp:ColorTransform;
17          private var water:DisplacementMapFilter;
18          //
19          private var imgW:Number = 400;
20          private var imgH:Number = 300;
21
22          public function waveclass () {
23              super ();
24              buildwave ();
25          }
26          private function buildwave () {
27              damper = new BitmapData(imgW, imgH, false, 128);
28              result = new BitmapData(imgW, imgH, false, 128);
29              result2 = new BitmapData(imgW*2, imgH*2, false, 128);
30              source = new BitmapData(imgW, imgH, false, 128);
31              buffer = new BitmapData(imgW, imgH, false, 128);
32              output = new BitmapData(imgW*2, imgH*2, true, 128);
33              bounds = new Rectangle(0, 0, imgW, imgH);
34              origin = new Point();
35              matrix = new Matrix();
36              matrix2 = new Matrix();
37              matrix2.a = matrix2.d=2;
38              wave = new ConvolutionFilter(3, 3, [1, 1, 1, 1, 1, 1, 1, 1, 1], 9, 0);
39              damp = new ColorTransform(0, 0, 9.960937E-001, 1, 0, 0, 2, 0);
40              water = new DisplacementMapFilter(result2, origin, 4, 4, 48, 48);
41              var _bg:Sprite = new Sprite();
42              addChild (_bg);
43              _bg.graphics.beginFill (0xFFFFFF,0);
44              _bg.graphics.drawRect (0,0,imgW,imgH);
45              _bg.graphics.endFill ();
46              addChild (new Bitmap(output));
第 6 行（共 72 行），第 25 列
```

图 10-36　输入代码

Step 7 返回到主场景中，打开“属性”面板，在“类”文本框中输入“waveclass”，如图 10-37 所示。

图 10-37　设置类名称

Step 8 保存动画文件，然后按 Ctrl+Enter 组合键，欣赏本例的完成效果，如图 10-38 所示。

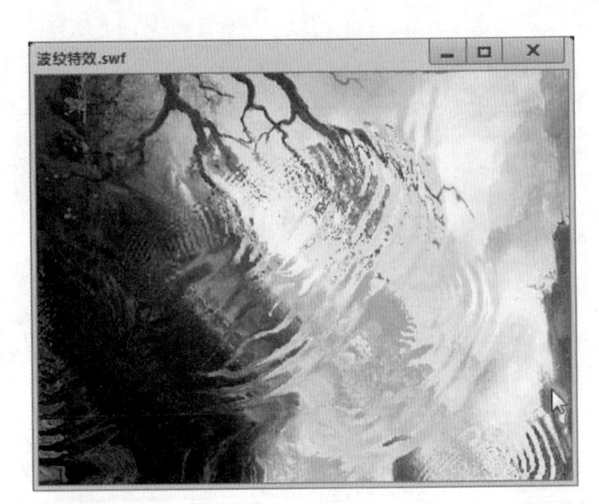

图 10-38　完成效果

读书笔记

知识大爆炸
——良好的编程习惯

运用良好的编程技巧编出的程序要具备以下条件：易于管理及更新、可重复使用及可扩充、代码精简。

要做到这些条件除了从编写过程中不断积累经验，在学习初期养成好的编写习惯也是非常重要的。遵循一定的规则可以减少编程的错误，并能使编出的动作脚本程序更具可读性。

1. 命名规则

在 Flash 制作中命名规则必须保持统一性和唯一性。任何一个实体的主要功能或用途必须能够根据命名明显地看出来。因为 ActionScript 是一个动态类型的语言，命名最好是包含有代表对象类型的后缀。如：

- 影片名字：my_movie.swf。
- URL 实体：course_list_output。
- 组件或对象名称：chat_mc。
- 变量或属性：userName。

命名“方法”和“变量”时应该以小写字母开头，命名“对象”和“对象的构造方法”应该以大写字母开头。名称中可以包含数字和下划线，下划线后多为被命名者的类型。

下面列出一些非法的命名格式。

- flower/bee = true;　　　　//包含非法字符“/”
- _number =5;　　　　//首字符不能使用下划线
- 5number = 0;　　　　//首字符不能使用数字
- & = 10;　　　　//运算符号不能用于命名

另外，ActionScript 使用的保留字不能用来命名变量。

ActionScript 是基于 ECMAScript，所以可以根据 ECMAScript 的规范来命名。如：

- Studentnamesex = "female";　//大小写混和的方式
- STAR = 10;　　　　//常量使用全部大写
- student_name_sex ="female";　//全部小写，使用下划线分隔字串
- MyObject=function(){};　　//构造函数
- f = new MyObject();　　　//对象

2. 给代码添加注释

使用代码注释能够使得程序更清晰，增加其可读性。Flash 支持的代码注释方法有两种。

第 1 种：单行注释，通常用于变量的说明。在一行代码结束后使用“//”，将注释文字输入其后即可。只能输入一行的注释，如果注释文字过多，需要换行，可以使用下面介绍的“多行注释”。

第 2 种：多行注释，通常用于功能说明和大段文字的注释。在一段代码之后使用“/*”及“*/”，将注释文字输入两个“*”的中间，在这之间的文字可以是多行。

3. 保持代码的整体性

无论什么情况，应该尽可能保证所有代码在同一个位置，这样使得代码更容易搜索和调试。在调试程序时很大的困难就是定位代码，所以为了便于调试通常会把代码都放在第 1 帧中，并且单独放在最顶层。如果在第 1 帧中集中了大量的代码，必须用注释标记区分，并在开头加上代码说明。

4. 初始化应用程序

记得一定要初始化应用程序，init() 函数应该是应用程序类的第 1 个函数，如果使用面向对象的编程方式则应该在构造函数中进行初始化工作。该函数只是对应用程序中的变量和对象初始化，其他的调用可以通过事件驱动。

读书笔记

01 02 03 04 05 06 07 08 09 10 11 12……

优化和发布动画

本章导读

在完成了一个 Flash 影片的制作以后，可以优化 Flash 作品，并且可以使用播放器预览影片效果。本章对 Flash 动画的发布进行了详细、全面的讲解，提供了完善的方案，帮助用户在以后使用 Flash 制作出更优秀，更受欢迎的优秀动画。

11.1 动画的优化

由于 Flash 优越的流媒体技术可以使影片一边下载一边播放，在网站上展示的作品就可以边下载边进行播放。但是当作品很大时，便会出现停顿或卡帧现象。为了使浏览者可以顺利地观看影片，影片的优化是必不可少的。作为发布过程的一部分，Flash 会自动对影片执行一些优化。例如，它可以在影片输出时检查重复使用的形状，并在文件中把它们放置到一起，与此同时把嵌套组合转换成单个组合。

11.1.1 减小影片的大小

要减小影片的大小，应注意以下几点：

- 尽量多使用补间动画，少用逐帧动画，因为补间动画与逐帧动画相比，占用的空间较少。
- 在影片中多次使用的元素，转换为元件。
- 动画中最好使用影片剪辑而不是图形元件。
- 尽量少使用位图制作动画，位图多用于制作背景和静态元素。
- 在尽可能小的区域中编辑动画。
- 尽可能使用数据量小的声音格式。

11.1.2 文本的优化

要优化文本，应注意以下几点：

- 在同一个影片中，使用的字体尽量少，字号尽量小。
- 嵌入字体最好少用，因为它们会增加影片的大小。
- 对于“嵌入字体”选项，只选中需要的字符，不要包括所有字体。

11.1.3 颜色的优化

对于颜色的优化，应注意以下几点：

- 使用“属性”面板，将由一个元件创建出的多个实例的颜色进行不同的设置。
- 选择色彩时，尽量使用颜色样本中给出的颜色，因为这些颜色属于网络安全色。
- 尽量减少 Alpha 的使用，因为它会增加影片的大小。
- 尽量少使用渐变效果，在单位区域里使用渐变色比使用纯色多需要 50 个字节。

11.1.4 影片中的元素和线条的优化

对于影片中的元素和线条优化，应注意以下几点：

- 限制特殊线条类型的数量，实线所需的内存较少，铅笔工具生成的线条比刷子工具生成的线条所需的内存少。
- 使用“优化”命令优化影片中的元素和线条。执行“修改”→“形状”→“优化”命令，打开“优化曲线”对话框，在“优化强度”文本框中输入数值，如图 11-1 所示。数值越大，表示优化程度越大，单击 确定 按钮，打开如图 11-2 所示的对话框。在该对话框中列出了曲线的优化情况，单击 确定 按钮完成优化。

图 11-1 “优化曲线”对话框

Adobe Flash Professional
原始形状有 113 条曲线。
优化后形状有 79 条曲线。
减少了 30%。
确定

图 11-2 优化提示

读书笔记

11.2 发布动画元素

对动画进行优化后，即可导出动画。在 Flash 中既可以发布整个影片的内容，也可以发布图像。下面将分别对其进行讲解。

11.2.1 发布动画

执行“文件”→“导出”→“导出影片”命令，打开“导出影片”对话框，如图 11-3 所示。在“保存类型”下拉列表框中选择文件的类型，并在“文件名”文本框中输入文件名后，单击保存(S)按钮，即可导出动画。

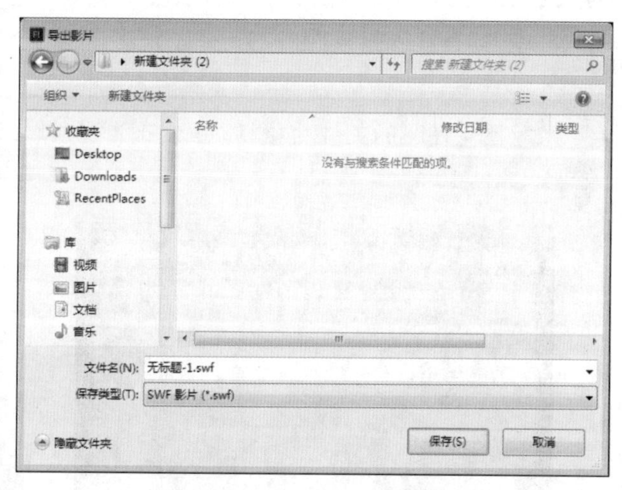

图 11-3 “导出影片”对话框

在“保存类型”下拉列表框中的“SWF 影片（*.swf）”类型的文件，必须在安装了 Flash 播放器后才能播放。

读书笔记

11.2.2 发布图像

发布图像的具体操作步骤如下。

Step 1 执行“文件”→“打开”命令，打开一个动画文件，如图 11-4 所示。

图 11-4 打开动画文件

Step 2 选取某帧或场景中要导出的图形，例如这里选择主场景中第 3 帧的图像，如图 11-5 所示。

图 11-5 选择图像

Step 3 ▶ 执行“文件”→“导出”→“导出图像”命令，弹出“导出图像”对话框，设置保存路径和保存类型以及文件名，如图 11-6 所示。

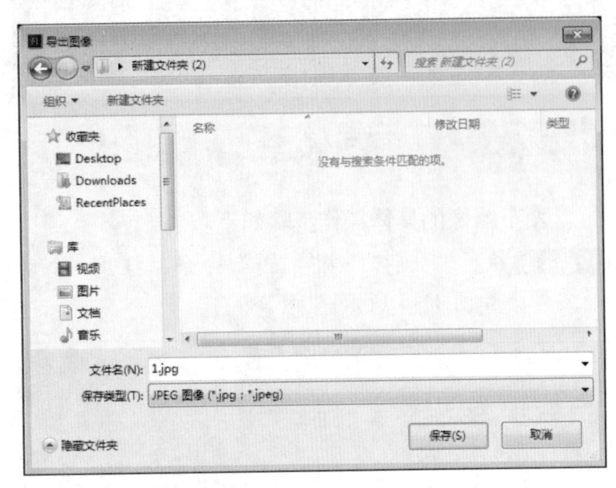

图 11-6 “导出图像”对话框

Step 4 ▶ 单击 保存(S) 按钮，弹出“导出 JPEG”对话框，读者可以自行设置导出位图的尺寸、分辨率等参数，如图 11-7 所示。

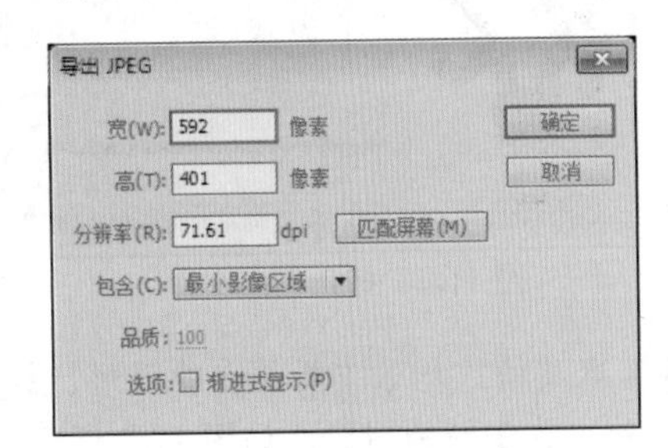

图 11-7 “导出 JPEG”对话框

Step 5 ▶ 在“包含”下拉列表框中选择“完整文档大小”选项，如图 11-8 所示。

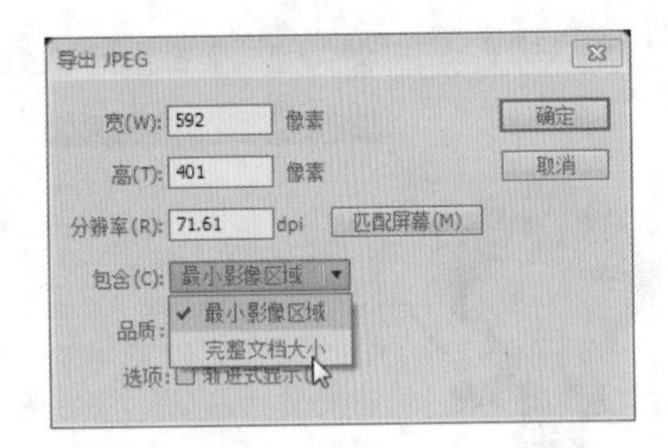

图 11-8 选择“完整文档大小”选项

Step 6 ▶ 设置完成后单击 确定 按钮，即可完成动画图像的导出。此时，可打开导出的图像，如图 11-9 所示。

图 11-9 打开导出的图像

实例操作：将动画发布为视频

- 光盘 \ 素材 \ 第 11 章 \ 素材 .fla
- 光盘 \ 效果 \ 第 11 章 \ 素材 .mov

本例是在 Flash CC 中直接将动画发布为视频，效果如图 11-10 所示。

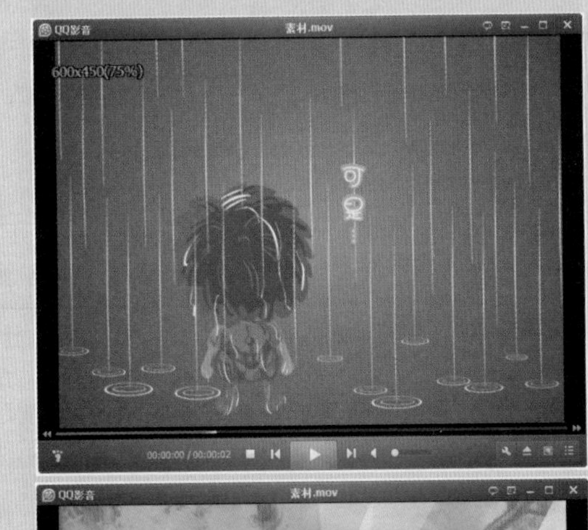

图 11-10 完成效果

Step 1 ▶ 使用 Flash CC 打开一个准备导出为视频的动画源文件，如图 11-11 所示。

图 11-11　打开动画文件

Step 2 ▶ 执行“文件”→“导出”→“导出视频”命令，打开“导出视频”对话框，如图 11-12 所示。

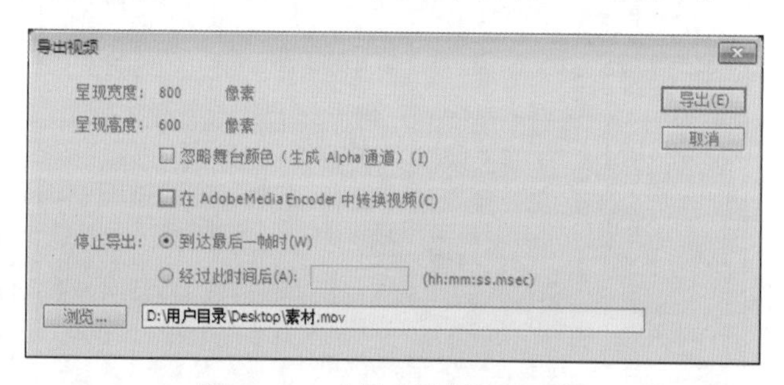

图 11-12　“导出视频”对话框

Step 3 ▶ 设置好视频的发布位置后单击 导出(E) 按钮，弹出“导出 SWF 影片”提示框，如图 11-13 所示，根据动画的大小，导出的时间有所不同。

图 11-13　“导出 SWF 影片”提示框

Step 4 ▶ 导出完成以后，找到导出视频的文件夹，可以看到动画已经变成视频的格式了，如图 11-14 所示。

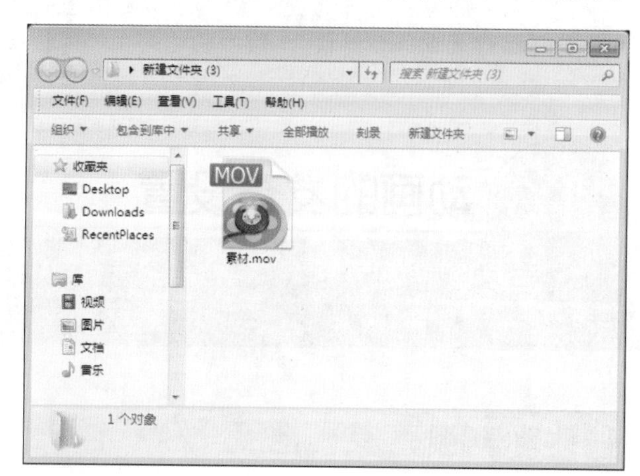

图 11-14　发布为视频

Step 5 ▶ 双击即可用视频播放器打开文件观看视频，如图 11-15 所示。

图 11-15　观看视频

技巧秒杀

本例是将一个动画发布为视频文件，以便在电视上进行播放。为了在电视上流畅地播放动画，在制作时要将动画设置成每秒播放25帧，也就是在“文档设置”对话框中将“帧频”设置为25。

11.3 动画的发布设置

为了Flash作品的推广和传播，还需要将制作的Flash动画文件进行发布。发布是Flash影片的一个独特功能。

11.3.1 设置发布格式

Flash 的“发布设置”对话框可以对动画发布格式等进行设置，还能将动画发布为其他的图形文件和视频文件格式。其具体的设置方法如下。

Step 1 ▶ 执行“文件”→“发布设置”命令，弹出“发布设置”对话框，如图11-16所示。

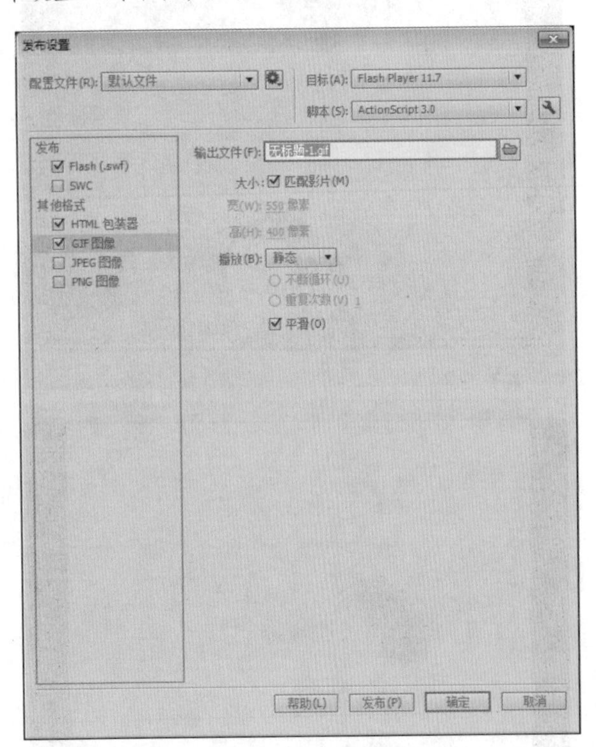

图 11-16 “发布设置”对话框

Step 2 ▶ 选择左侧的Flash选项，进入该选项卡，可以对Flash格式文件进行设置，如图11-17所示。

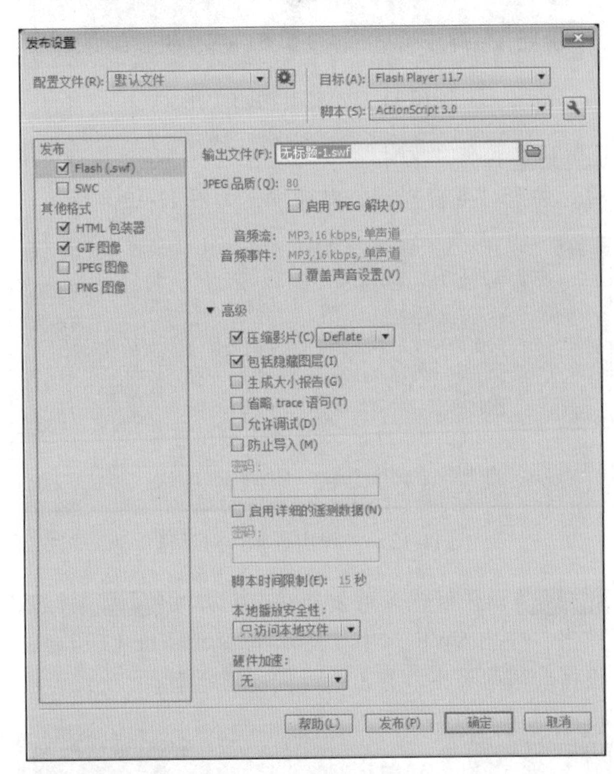

图 11-17 Flash 选项卡

知识解析：Flash 选项卡

◆ JPEG 品质：用于将动画中的位图保存为一定压缩率的JPEG文件，输入或拖动滑块可改变图像的压缩率，如果所导出的动画中不含位图，则该项设置无效。若要使高度压缩的JPEG图像显得更加平滑，请选中“启用JPEG解块”复选框。

此选项可减少由于JPEG压缩导致的典型失真，如图像中通常出现的8×8像素的马赛克。选中此选项后，一些JPEG图像可能会丢失少量细节。

◆ 音频流：在其中可设定导出的流式音频的压缩格式、比特率和品质等。

◆ 音频事件：用于设定导出的事件音频的压缩格式、比特率和品质等。若要覆盖在“属性”面板的“声音”部分中为个别声音指定的设置，请选中“覆盖声音设置”复选框。

◆ 压缩影片：压缩SWF文件以减小文件大小和缩短下载时间。

◆ 包括隐藏图层：导出Flash文档中所有隐藏的图层。取消选中“包括隐藏的图层”复选框将阻止把生成的SWF文件中标记为隐藏的所有图层(包括嵌套在影片剪辑内的图层)导出。

◆ 生成大小报告：创建一个文本文件，记录下最终导出动画文件的大小。

◆ 省略trace语句：用于设定忽略当前动画中的跟踪命令。

◆ 允许调试：允许对动画进行调试。

◆ 防止导入：用于防止发布的动画文件被他人下载到Flash程序中进行编辑。

◆ 密码：当选中“防止导入”或“允许调试”复选框后，可在密码框中输入密码。

◆ 脚本时间限制：若要设置脚本在SWF文件中执行时可占用的最大时间量，请在“脚本时间限制”中输入一个数值。Flash Player将取消执行超出此限制的任何脚本。

◆ 本地播放安全性：包含两个选项，即“只访问本地文件”，允许已发布的SWF文件与本地系统上的文件和资源交互，但不能与网络上的文件和资源交互；“只访问网络文件”，允许已发布的SWF文件与网络上的文件和资源交互，但不能与本地系统上的文件和资源交互。

◆ 硬件加速：使SWF文件能够使用硬件加速。

Step 3 ▶ 对Flash格式进行设置后，在“发布设置”对话框中选择“HTML包装器”选项，进入该选项卡，可以对HTML进行相应设置，如图11-18所示。

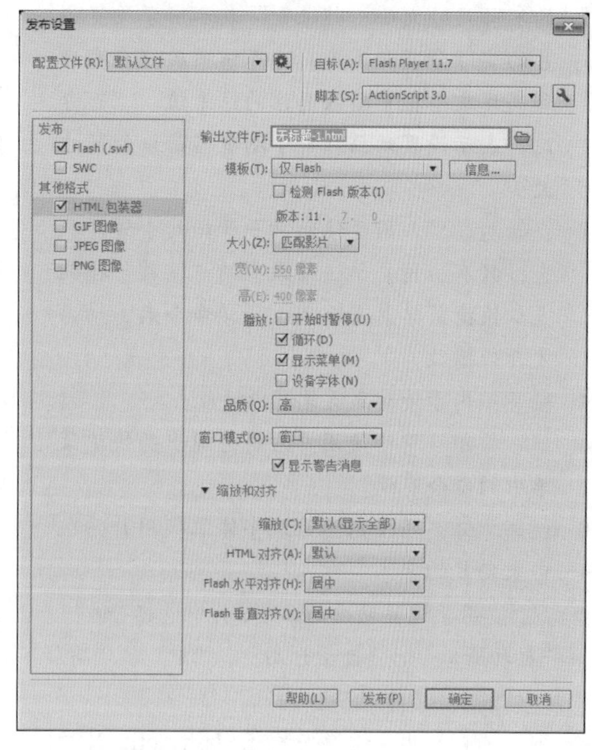

图11-18 “HTML包装器”选项卡

读书笔记

知识解析：“HTML包装器”选项卡

◆ 模板：用于选择所使用的模板，单击右边的 信息... 按钮，弹出“HTML模板信息”对话框，显示出该模板的相关信息，如图11-19所示。

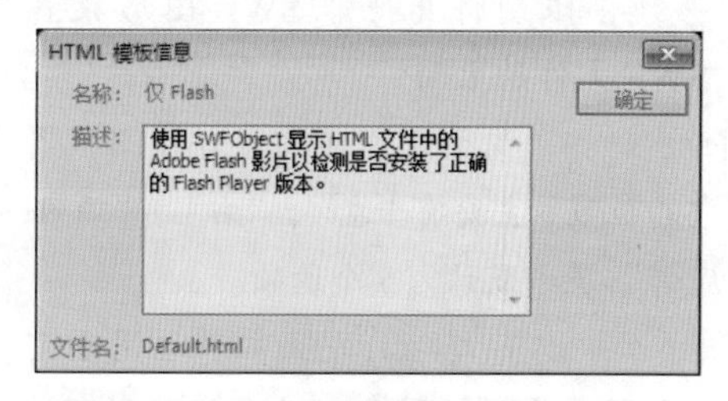

图11-19 “HTML模板信息”对话框

◆ 大小：用于设置动画的宽度和高度值。主要包括“匹配影片”“像素”“百分比”3种选项。“匹配影片”表示将发布的尺寸设置为动画的实际尺寸大小；“像素”表示用于设置影片的实际宽度和高度，选择该项后可在宽度和高度文本框中输入具体的像素值；“百分比”表示设置动画相对于浏览器窗口的尺寸大小。

◆ 开始时暂停：用于使动画一开始处于暂停状态，只有当用户单击动画中的“播放”按钮或从快捷菜单中选择 Play 菜单命令后，动画才开始播放。

◆ 循环：用于使动画反复进行播放。

◆ 显示菜单：用于使用户右击时弹出的快捷菜单中的命令有效。

◆ 设备字体：用反锯齿系统字体取代用户系统中未安装的字体。

◆ 品质：用于设置动画的品质，其中包括“低”、“自动降低”、“自动升高”、“中”、“高”和“最佳”6个选项。

◆ 窗口模式：用于设置安装有 Flash ActiveX 的 IE 浏览器，可利用 IE 的透明显示、绝对定位及分层功能。包含“窗口”、“不透明无窗口”、“透明无窗口”和“直接”4个选项。

◎ 窗口：在网页窗口中播放 Flash 动画。

◎ 不透明无窗口：可使 Flash 动画后面的元素移动，但不会在穿过动画时显示出来。

◎ 透明无窗口：使嵌有 Flash 动画的 HTML 页面背景从动画中所有透明的地方显示出来。

◎ 直接：限制将其他非 SWF 图形放置在 SWF 文件的上面。

◆ HTML 对齐：用于设置动画窗口在浏览器窗口中的位置，主要有“左”、“右”、“顶部”、“底部”及“默认”5个选项。

◆ Flash 水平对齐 /Flash 垂直对齐：用于定义动画在窗口中的位置及将动画裁剪到窗口尺寸。可在“Flash 水平对齐”和“Flash 垂直对齐”列表框中选择需要的对齐方式。其中，“Flash 水平对齐”列表框中主要有“左”“居中”“右”3个选项供选择；“Flash 垂直对齐”列表框中主要有“顶”“居中”“底部”3个选项供选择。

◆ 显示警告消息：用于设置 Flash 是否要警示 HTML 标签代码中所出现的错误。

Step 4 ▶ 完成各个选项卡中的参数设置后，单击 确定 按钮，即可将当前 Flash 文件进行发布。

11.3.2 发布 Flash 作品

在 Flash CC 中，发布动画的方法有以下几种。

◆ 按 Shift+F12 组合键。

◆ 执行“文件”→“发布”命令。

◆ 执行“文件”→“发布设置”命令，弹出“发布设置”对话框，在发布设置完毕后，单击 发布(P) 按钮即可完成动画的发布。

实例操作：将动画发布为网页

● 光盘 \ 素材 \ 第 11 章 \ 动画 .fla
● 光盘 \ 效果 \ 第 11 章 \ 将动画发布为网页 .html

在制作 Flash 动画时，大部分情况就是将完成的动画应用到网页中。在 Flash CC 中可以将动画直接发布输出为 HTML 网页文件，而不需要先将动画导出再插入到网页中去。本例的完成效果如图 11-20 所示。

图 11-20 完成效果

Step 1 ▶ 使用 Flash CC 打开一个准备发布为网页的动画源文件，如图 11-21 所示。

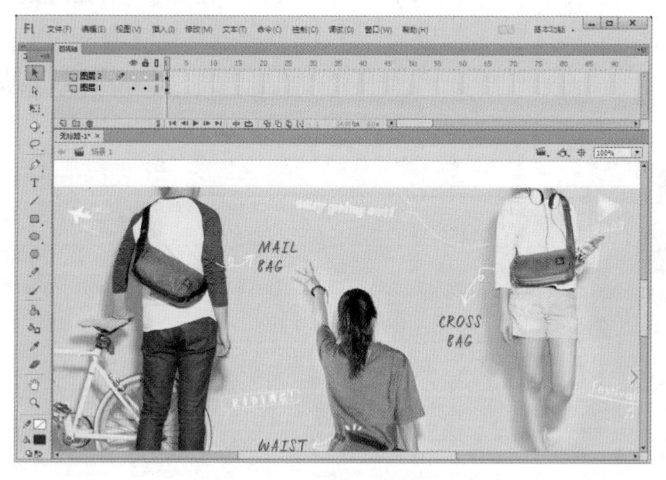

图 11-21　打开动画文件

Step 2 ▶ 执行“文件”→“发布设置”命令，弹出“发布设置”对话框，在“发布”选项区中只保留选中前面两个复选框，如图 11-22 所示。

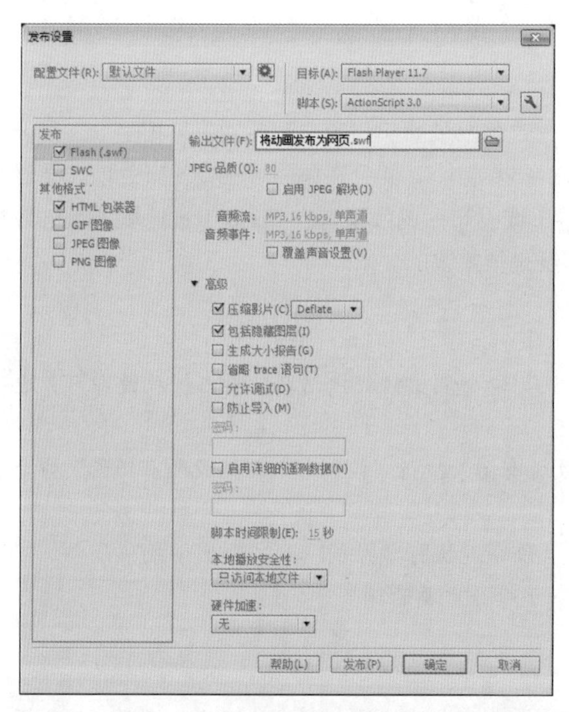

图 11-22　“发布设置”对话框

Step 3 ▶ 选择“HTML 包装器”选项卡，进入 HTML 选项卡，在“输出文件”文本框中输入“将动画发布为网页 .html”，如图 11-23 所示。

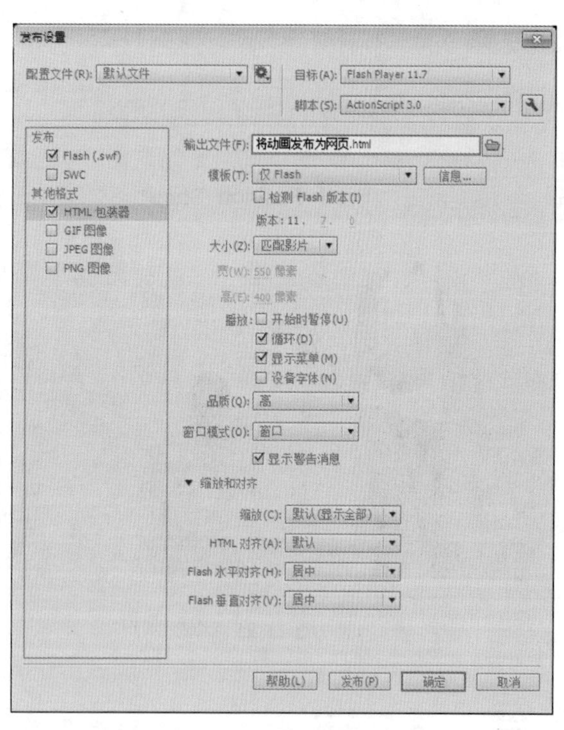

图 11-23　“HTML 包装器”选项卡

Step 4 ▶ 完成后单击 发布(P) 按钮。在发布后的源文件文件夹中选择 HTML 文件，如图 11-24 所示。

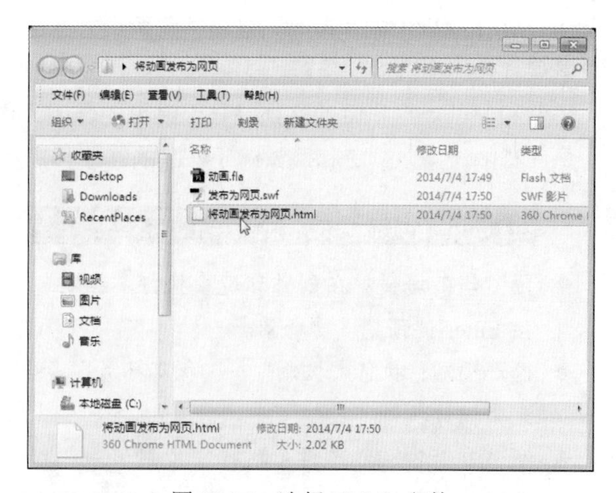

图 11-24　选择 HTML 文件

读书笔记

Step 5 ▶ 双击鼠标将文件打开，如图 11-25 所示。

图 11-25　浏览网页

读书笔记

知识大爆炸——发布动画时的注意事项

在作品导出或发布时，应该注意两个方面的问题：一是作品的效果与用户预期的效果相同；二是要尽量保证作品播放时的流畅。这就要求用户应该把作品设计得尽量小，并且在作品导出或发布之前，要进行预览和测试。这样做的好处是显而易见的，因为作品导出或发布后的效果与在 Flash 中预览和测试的效果是一样的，所以预览和测试对于作品的修改和播放的速度是很重要的。

1. 动画的预览与测试

- 预览当前场景：在创作环境中执行“控制”→“播放”命令调出播放控制器，单击播放键即可，也可按 Enter 键预览当前场景。
- 循环播放：执行“控制”→“循环播放”命令，播放所有场景执行“控制”→“播放所有场景”命令，无声播放执行“控制”→“静音”命令。
- 测试交互性和动态性：执行“控制”→“测试影片”命令或执行“控制”→“测试场景”命令。对于要将作品用于实际应用的设计者来说，测试作品是一个十分重要的环节。

2. 测试动画的目的

- 测试动画的播放效果，查看作品是否按照设计思路产生了预期的效果。在许多情况下使用编辑界面内播放控制栏中的播放控制按钮来测试作品，并不能完全正常地播放出设定效果，因此，需要专门进行效果测试。
- 测试动画作品在设置条件下的传输速度。Flash 动画的播放是以“信号流”的模式进行的，在 Flash 动画播放过程中，不需要等整个作品下载到本地就可以进行播放。如果播放指针到达某一个播放帧时，该播放帧的内容还没有下载到本地，则动画的播放指针会暂时停顿在该帧上，直到该帧中的内容下载完毕，才继续移动，这种情况会造成动画播放停顿，为了查找有可能造成动画停顿的位置，需要使用动画测试。

在动画制作过程中，为了有效控制作品的容量，还要注意以下几点。

- 在动画中避免使用逐帧动画，而用过渡动画代替。由于过渡动画中的过渡是由计算得到，因此其数据量大大少于逐帧动画，动画帧数越多，差别越明显。
- 尽可能将动画中所有相同的对象用在同一个元件上，这样多个相同内容的动画只在作品中保存一次，可以有效地减小作品的大小。
- 使用矢量线代替矢量色块图形，前者数据量要少于后者。
- 对于动画中的音频素材，设置合理的压缩模式和参数，在Flash CC中压缩比例最大的是MP3，且回放音质不错，可尽量使用这一格式。

读书笔记

学习完入门篇与提高篇的知识后，读者对 Flash CC 的操作有了一定的基础，下面介绍滤镜的使用、使用模板创建精美动画、组件的应用、动画中的超“炫”特效，使读者对 Flash 的操作更上一层楼。

>>>

01 02 03 04 05 06 07 08 09 10 11 12

初尝滤镜的使用

本章导读

Flash 滤镜的出现弥补了其在图形效果处理方面的不足，使用户在编辑运动类和烟雾类等图形效果时，可以直接在Flash中添加滤镜效果。这些滤镜包括投影、模糊、发光、斜角等效果，它们能使 Flash 动画影片的画面更加优美，更加引人注目。

12.1 添加滤镜

在舞台上选择文本、影片剪辑实例或按钮实例，“属性”面板上即显示滤镜参数设置区，如图 12-1 所示。

在舞台中选中要添加滤镜效果的对象后，即可在“滤镜”栏中单击“添加滤镜”按钮，然后在弹出的菜单中选择要进行的操作命令。

使用“滤镜”菜单可以为对象应用各种滤镜。在“滤镜”菜单中包括了“投影”、“模糊”、“发光”、“斜角”、“渐变发光”、“渐变斜角”和“调整颜色”等命令，如图 12-2 所示。

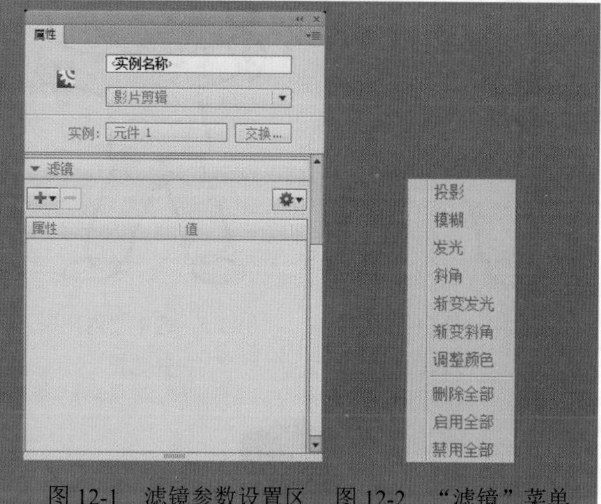

图 12-1　滤镜参数设置区　图 12-2　“滤镜”菜单

12.1.1 投影

“投影”滤镜是模拟光线照在物体上产生阴影的效果。要应用投影效果滤镜，只要选中影片剪辑或文字，然后在“滤镜”下拉菜单中选择“投影”命令即可，如图 12-3 所示。

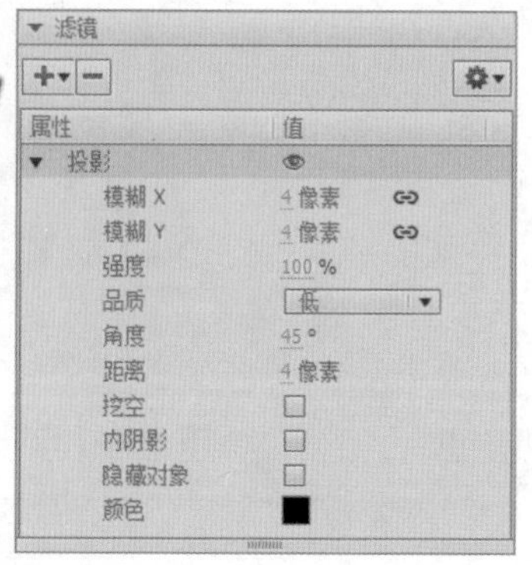

图 12-3　应用“投影”滤镜

读书笔记

知识解析：“投影”滤镜

- 模糊：指投影形成的范围，分为模糊 X 和模糊 Y，分别控制投影的横向模糊和纵向模糊。单击“链接 X 和 Y 属性值”按钮，可以分别设置模糊 X 和模糊 Y 为不同的数值。
- 强度：指投影的清晰程度，数值越高，得到的投影就越清晰。
- 品质：指投影的柔化程度，分为“低”“中”“高”3 个档次，档次越高，效果就越真实。
- 角度：设定光源与源图形间形成的角度，可以通过数值设置。
- 距离：源图形与地面的距离，即源图形与投影效果间的距离。
- 挖空：选中该复选框，将把产生投影效果的源图形挖去，并保留其所在区域为透明，如图 12-4 所示。
- 内阴影：选中该复选框，可以使阴影产生在源图形所在的区域内，使源图形本身产生立体效果，如图 12-5 所示。
- 隐藏对象：该选项可以将源图形隐藏，只在舞台中显示投影效果，如图 12-6 所示。
- 颜色：用于设置投影的颜色。

图 12-4　选中“挖空”复选框

图 12-5　选中“内阴影”复选框

图 12-6　选中“隐藏对象”复选框

12.1.2 模糊

“模糊”滤镜效果，可以使对象的轮廓柔化，变得模糊。通过对模糊 X、模糊 Y 和品质的设置，可以调整模糊的效果，如图 12-7 所示。

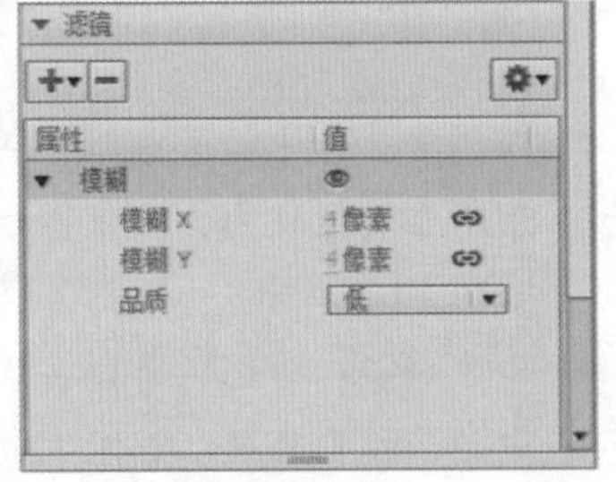

图 12-7　应用“模糊”滤镜

知识解析：“模糊”滤镜

- 模糊 X：设置在 x 轴方向上的模糊半径，数值越大，图像模糊程度越高。
- 模糊 Y：设置在 y 轴方向上的模糊半径，数值越大，图像模糊程度越高。
- 品质：指模糊的程度，分为“低”“中”“高”3 个档次；档次越高，得到的效果就越好，模糊程度就越高，如图 12-8 所示。

图 12-8　模糊品质

12.1.3 发光

“发光”滤镜效果是模拟物体发光时产生的照射效果，其作用类似于使用柔化填充边缘效果，但得到的图形效果更加真实，而且还可以设置发光的颜色，使操作更为简单，如图 12-9 所示。

图 12-9　应用“发光”滤镜

知识解析：“发光”滤镜

- 模糊 X：设置在 x 轴方向上的模糊半径，数值越大，图像模糊程度越高。
- 模糊 Y：设置在 y 轴方向上的模糊半径，数值越大，图像模糊程度越高。
- 强度：指发光的清晰程度，数值越高，得到的发光效果就越清晰。
- 颜色：用于设置投影的颜色。
- 挖空：选中该复选框，将把产生发光效果的源图形挖去，并保留其所在区域为透明，如图 12-10 所示。

挖空前　　挖空后

图 12-10　选中“挖空”复选框

- 内发光：选中该复选框，可以使阴影产生在源图形所在的区域内，使源图形本身产生立体效果，如图 12-11 所示。

图 12-11　选中“内发光”复选框

实例操作：月亮

- 光盘 \ 素材 \ 第 12 章 \1.jpeg
- 光盘 \ 效果 \ 第 12 章 \ 月亮 .swf

本实例主要使用绘图工具与发光滤镜来制作，完成后的效果如图 12-12 所示。

图 12-12　完成效果

Step 1 ▶ 启动 Flash CC，新建一个 Flash 空白文档。执行“修改”→“文档”命令，打开“文档设置”对话框，将“舞台大小”设置为 380×600 像素，如

图 12-13 所示。设置完成后单击[确定]按钮。

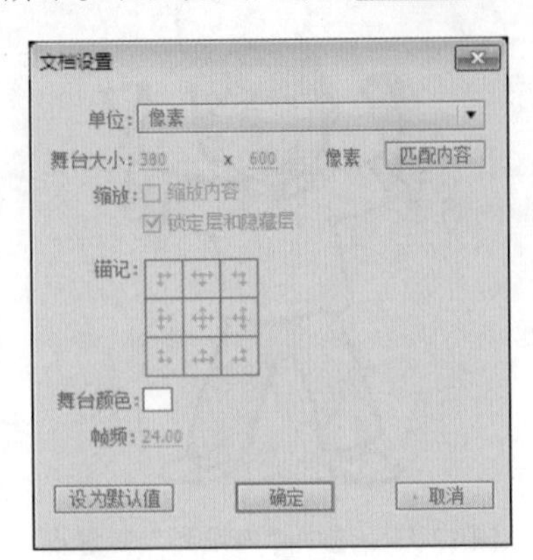

图 12-13 “文档设置”对话框

Step 2 执行“插入”→“新建元件”命令，打开“创建新元件”对话框。在“名称”文本框中输入按钮的名称“月亮”，在“类型”下拉列表框中选择“影片剪辑”选项，如图 12-14 所示。完成后单击[确定]按钮进入按钮元件编辑区。

图 12-14 “创建新元件”对话框

Step 3 使用椭圆工具在编辑区中绘制一个无边框，填充色为黄色的椭圆，如图 12-15 所示。

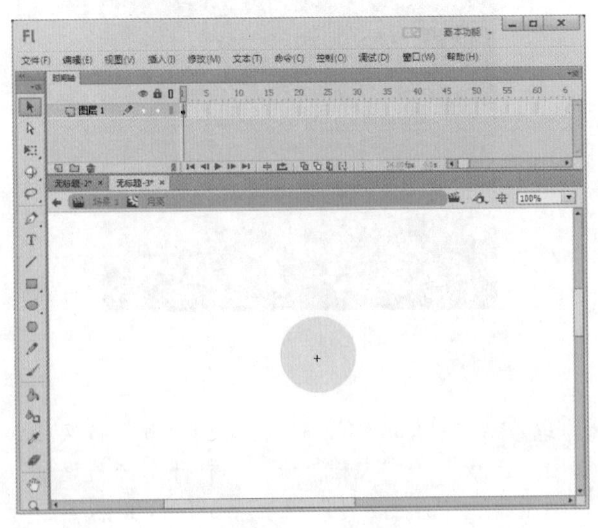

图 12-15 绘制椭圆

Step 4 单击[场景 1]按钮回到主场景，执行“文件”→“导入”→“导入到舞台”命令，将一幅背景图片导入到舞台上，如图 12-16 所示。

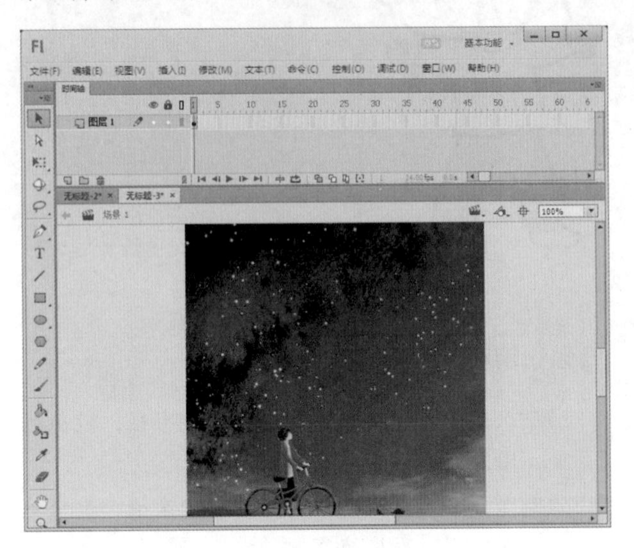

图 12-16 导入图片

Step 5 新建图层 2，打开“库”面板，将“月亮”影片剪辑元件拖入到舞台上，如图 12-17 所示。

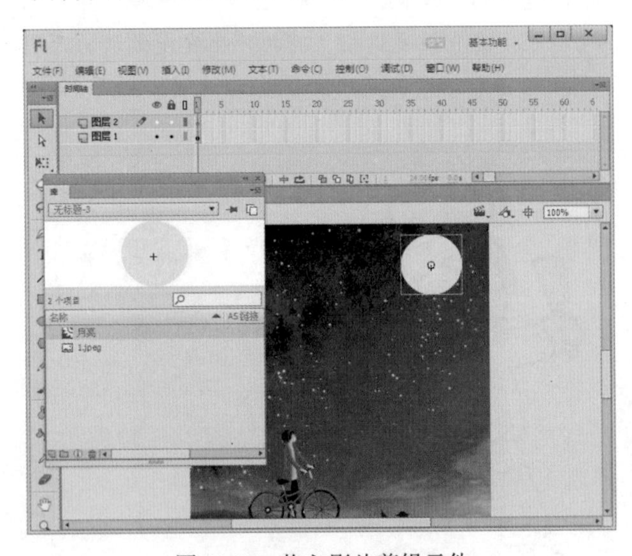

图 12-17 拖入影片剪辑元件

Step 6 打开“属性”面板，单击“添加滤镜”按钮，在弹出的下拉菜单中选择“发光”命令，如图 12-18 所示。

Step 7 将“颜色”设置为浅黄色，将发光的模糊值都修改为 150，“品质”设置为“高”，如图 12-19 所示。

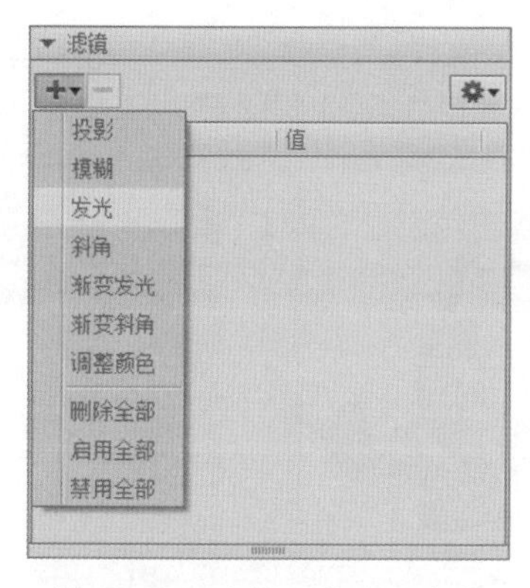

图 12-18　选择“发光”命令

图 12-19　设置参数

Step 8 ▶ 保存动画文件，然后按 Ctrl+Enter 组合键，欣赏本例的完成效果，如图 12-20 所示。

图 12-20　完成效果

12.1.4 斜角

“斜角”滤镜效果可以使对象的迎光面出现高光效果，背光面出现投影效果，从而产生一个虚拟的三维效果，如图 12-21 所示。

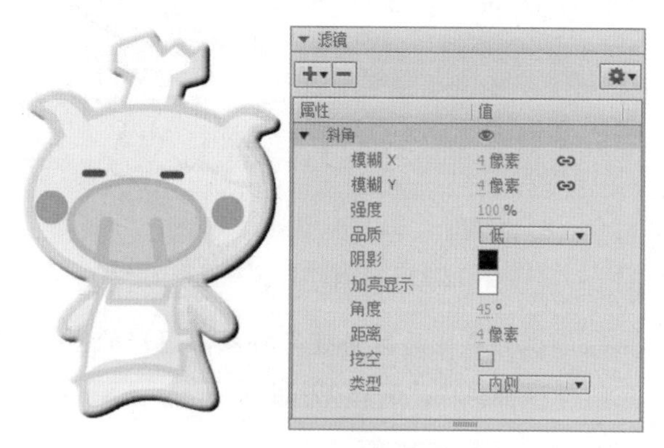

图 12-21　应用“斜角”滤镜

知识解析：“斜角”滤镜

- 模糊：指投影形成的范围，分为模糊 X 和模糊 Y，分别控制投影的横向模糊和纵向模糊。单击“链接 X 和 Y 属性值”按钮，可以分别设置模糊 X 和模糊 Y 为不同的数值。
- 强度：指投影的清晰程度，数值越高，得到的投影就越清晰。
- 品质：指投影的柔化程度，分为“低”“中”“高”3 个档次。档次越高，得到的效果就越真实。
- 阴影：设置投影的颜色，默认为黑色。
- 加亮显示：设置补光效果的颜色，默认为白色。
- 角度：设定光源与源图形间形成的角度。
- 距离：源图形与地面的距离，即源图形与投影效果间的距离。
- 挖空：选中该复选框，将把产生投影效果的源图形挖去，并保留其所在区域为透明。
- 类型：在“类型”下拉列表框中包括 3 个用于设置斜角效果样式的选项：“内侧”“外侧”“全部”。
  - 内侧：产生的斜角效果只出现在源图形的内部，即源图形所在的区域，如图 12-22 所示。
  - 外侧：产生的斜角效果只出现在源图形的外部，即所有非源图形所在的区域，如图 12-23 所示。

原图　　　　内侧

图 12-22　选择“内侧”选项

◎ 全部：产生的斜角效果将在源图形的内部和外部都出现，如图 12-24 所示。

图 12-23　选择“外侧”选项　图 12-24　选择“全部”选项

读书笔记

12.1.5 渐变发光

“渐变发光”滤镜在“发光”滤镜的基础上增添了渐变效果，可以通过面板中的色彩条对渐变色进行控制。渐变发光效果可以对发出光线的渐变样式进行修改，从而使发光的颜色更加丰富，效果更好，如图 12-25 所示。

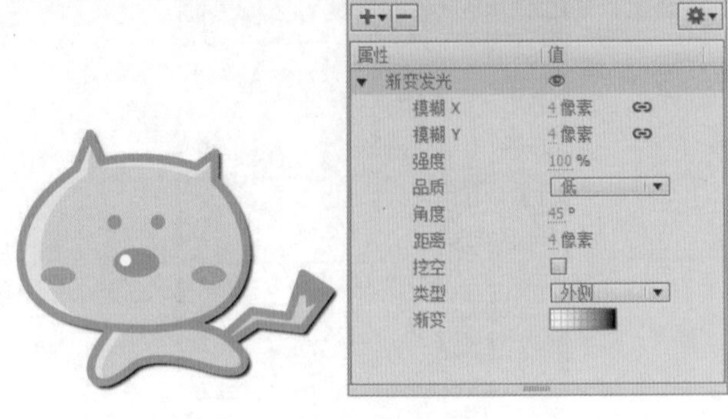

图 12-25　应用“渐变发光”滤镜

知识解析：“渐变发光”滤镜

◆ 模糊：指发光的模糊范围，分为模糊 X 和模糊 Y，分别控制投影的横向模糊和纵向模糊。单击“链接 X 和 Y 属性值”按钮，可以分别设置模糊 X 和模糊 Y 为不同的数值。

◆ 强度：指发光的清晰程度，数值越高，发光部分就越清晰。

◆ 品质：指发光的柔化程度，分为“低”“中”“高”3 个档次，档次越高，效果就越真实。

◆ 角度：设定光源与源图形间形成的角度。

◆ 距离：滤镜距离，即源图形与发光效果间的距离。

◆ 挖空：选中该复选框，将把产生发光效果的源图形挖去，并保留其所在区域为透明。

◆ 类型：设置斜角效果样式，包括“内侧”“外侧”“全部”3 个选项。

◆ 渐变：设置发光的渐变颜色，通过对控制滑块处的颜色设置达到渐变效果，并且可以添加或删除滑块，以完成更多颜色效果的设置，如图 12-26 所示。

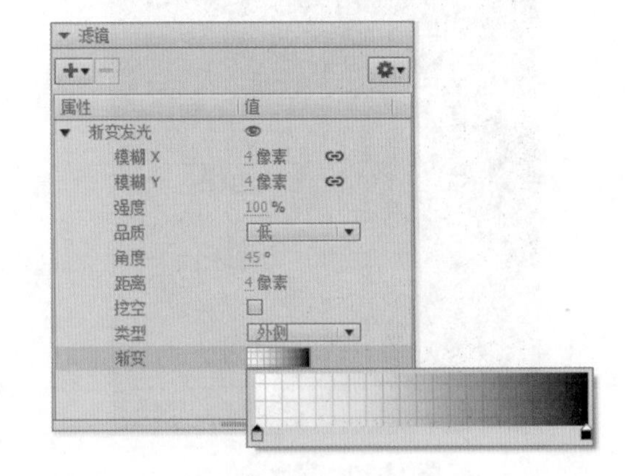

图 12-26　渐变颜色

“渐变发光”滤镜面板的右下角的色彩条用于对发光颜色的设置，其使用方法与“颜色”面板中色彩条的使用方法相同。

若要更改渐变中的颜色，需要从渐变定义栏下选择一个颜色滑块，然后单击渐变栏下方显示的颜色空间以显示“颜色选择器”，如图 12-27 所示。

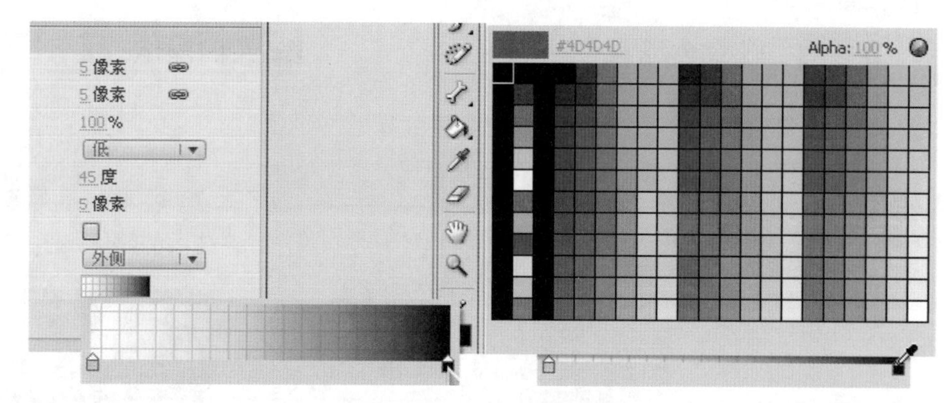

图 12-27　颜色选择器

如果在渐变定义栏中滑动这些滑块，可以调整该颜色在渐变中的级别和位置，应用了该滤镜的图像效果也会随之改变，如图 12-28 所示。

图 12-28　拖动滑块

技巧秒杀

要向渐变中添加滑块，只需要单击渐变定义栏或渐变定义栏的下方即可。将鼠标移到渐变定义栏的下方单击，即可添加一个新的滑块，如图 12-29 所示。

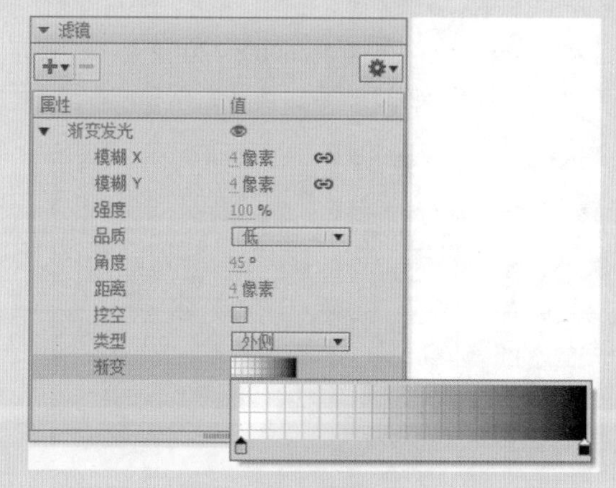

添加滑块前

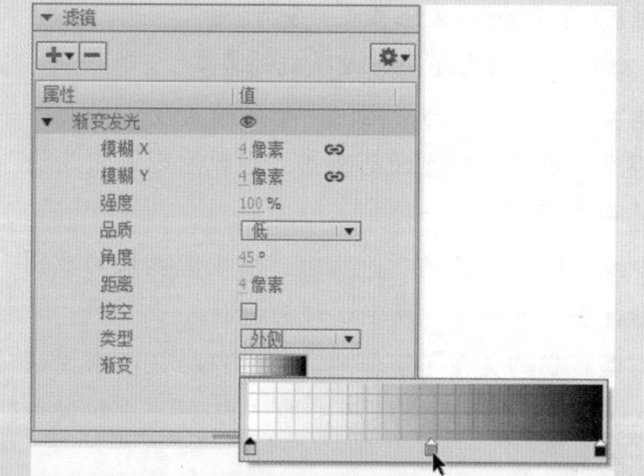

添加滑块后

图 12-29　添加滑块

12.1.6 渐变斜角

“渐变斜角”滤镜在“斜角”滤镜效果的基础上添加了渐变功能，使最后产生的效果更加变化多样，如图 12-30 所示。

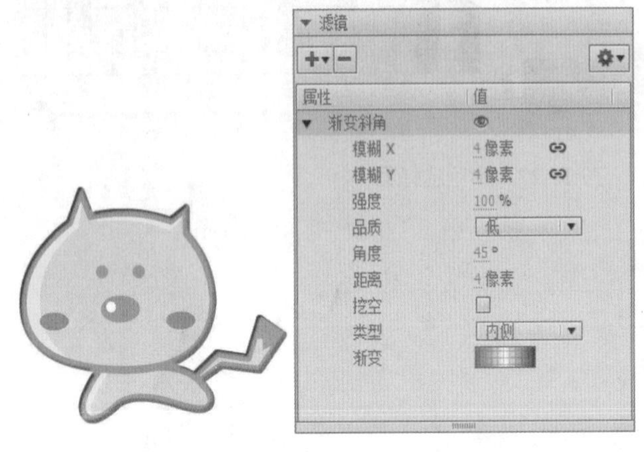

图 12-30　应用“渐变斜角”滤镜

知识解析：“渐变斜角”滤镜

- 模糊：指投影形成的范围，分为模糊 X 和模糊 Y，分别控制投影的横向模糊和纵向模糊。单击“链接 X 和 Y 属性值”按钮，可以分别设置模糊 X 和模糊 Y 为不同的数值。
- 强度：指投影的清晰程度，数值越高，得到的投影就越清晰。
- 品质：指投影的柔化程度，分为“低”“中”“高”3 个档次，档次越高，效果就越真实。
- 角度：设定光源与源图形间形成的角度。
- 距离：源图形与地面的距离，即源图形与投影效果间的距离。
- 挖空：选中该复选框，将把产生投影效果的源图形挖去，并保留其所在区域为透明。
- 类型：在“类型”下拉列表框中包括 3 个用于设置斜角效果样式的选项，即“内侧”“外侧”“全部”。
- 渐变：设置斜角的渐变颜色，通过对控制滑块处的颜色设置达到渐变效果，并且可以添加或删除滑块，以完成更多颜色效果的设置。

实例操作：流转文字效果

- 光盘 \ 素材 \ 第 12 章 \t1.jpg
- 光盘 \ 效果 \ 第 12 章 \ 流转文字效果 .swf

本实例主要使用文本工具与渐变斜角滤镜来制作，完成后的效果如图 12-31 所示。

图 12-31　完成效果

Step 1 ▶ 启动 Flash CC，新建一个 Flash 空白文档。执行“修改”→“文档”命令，打开“文档设置”对话框，将“舞台大小”设置为 600×420 像素，“帧频”设置为 12，如图 12-32 所示。设置完成后单击 确定 按钮。

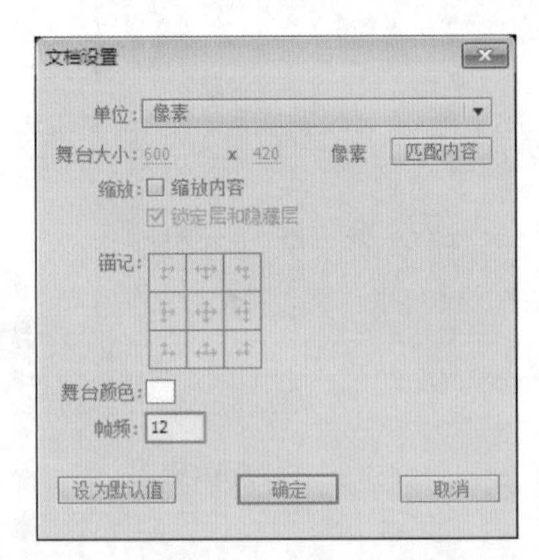

图 12-32　“文档设置”对话框

Step 2 ▶ 选择文本工具 T，在“属性”面板中设置文字的字体为“迷你简菱心”，将“大小”设置为96，将字体颜色设置为红色，然后在舞台上输入文字“波光粼粼”，如图 12-33 所示。

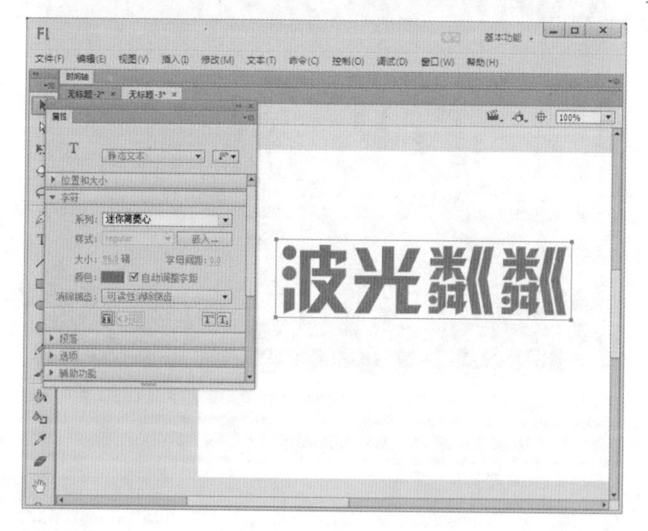

图 12-33　输入文字

Step 3 ▶ 选中文字，按两次 Ctrl+B 组合键将文字打散，然后按 F8 键将其转换为名称为“元件 1”的影片剪辑元件，如图 12-34 所示。

图 12-34　转换元件

Step 4 ▶ 再次将名称为“元件 1”的影片剪辑元件转换为名称为“元件 2”的影片剪辑元件，双击进入“元件 2”的编辑区内，如图 12-35 所示。

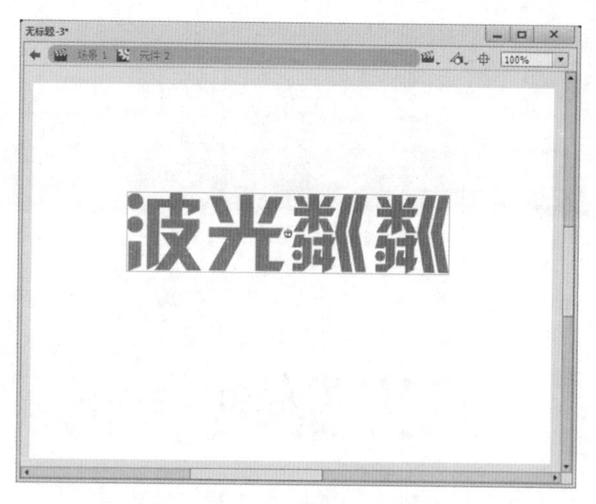

图 12-35　“元件 2”的编辑区

Step 5 ▶ 选中文字，打开“属性”面板，单击“添加滤镜”按钮，在弹出的下拉列表中选择“渐变斜角”命令，如图 12-36 所示。

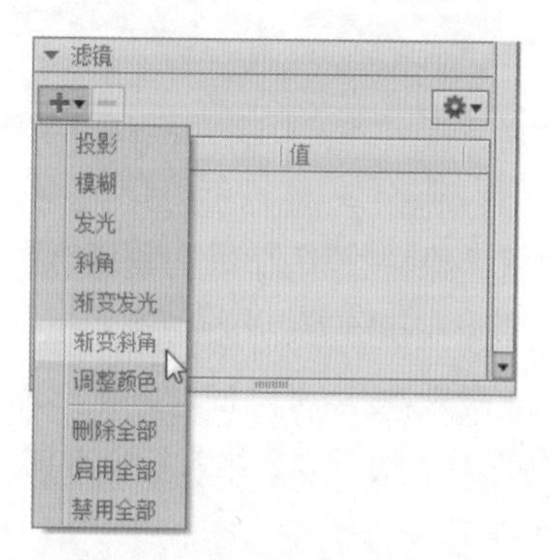

图 12-36　选择“渐变斜角”命令

Step 6 ▶ 将“角度”值设置为 0°，如图 12-37 所示。

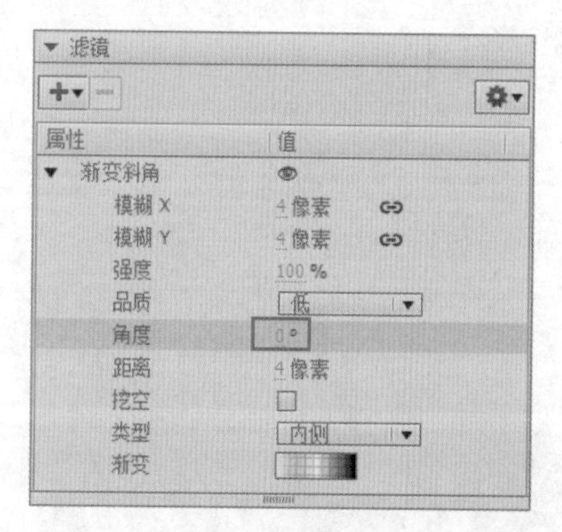

图 12-37　设置角度值

Step 7 ▶ 在时间轴第 30 帧处插入关键帧，打开“属性”面板，将“角度”值设置为 360°，如图 12-38 所示。

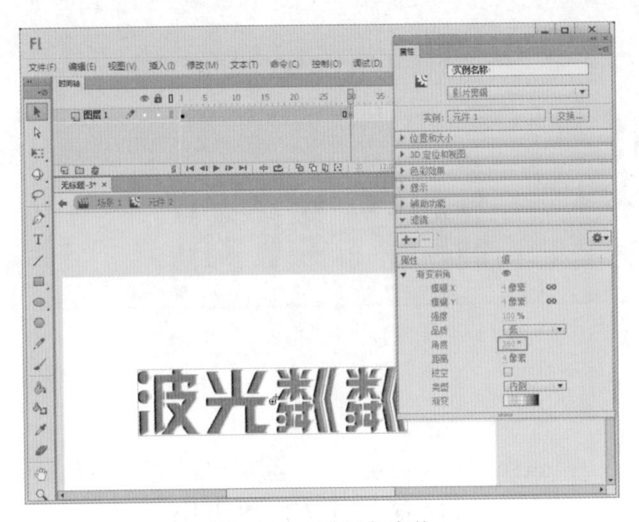

图 12-38　设置角度值

Step 8 ▶ 在第 1 帧与第 30 帧之间创建补间动画，如图 12-39 所示。

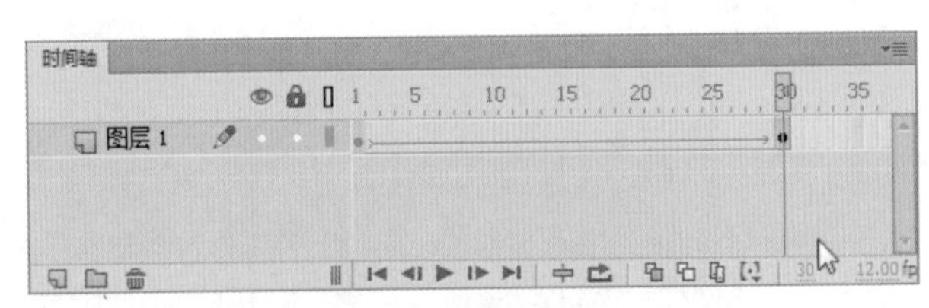

图 12-39　创建动画

Step 9 ▶ 单击 场景 1 按钮回到主场景，新建图层 2，将其拖动到图层 1 的下方，导入一幅图像到舞台上，如图 12-40 所示。

图 12-40　导入图像

Step 10 ▶ 保存文件，按 Ctrl+Enter 组合键，欣赏本例完成效果，如图 12-41 所示。

图 12-41　完成效果

读书笔记

12.2 禁用、启用与删除滤镜

在 Flash 中为对象添加滤镜后，可以通过禁用滤镜和重新启用滤镜来查看对象在添加滤镜前后的效果对比。如果对添加的滤镜不满意，还可以将添加的滤镜删除，重新添加其他滤镜。

12.2.1 禁用滤镜

在为对象添加滤镜后，可以将添加的滤镜禁用，不在舞台上显示滤镜效果。可以同时禁用所有的滤镜，也可以单独禁用某个滤镜。下面分别介绍禁用全部滤镜和单独禁用某个滤镜的方法。

1. 禁用所有滤镜

Step 1 在“滤镜”参数栏中单击“添加滤镜”按钮，在弹出的下拉列表中选择“禁用全部”命令，如图 12-42 所示。

图 12-42 选择“禁用全部”命令

Step 2 在“滤镜”参数栏中可以看到滤镜列表框中的滤镜项目前面都出现了一个图标，表示所有的滤镜都已经禁用，舞台中所有应用了滤镜的对象都回复到初始状态，如图 12-43 所示。

2. 禁用单个滤镜

Step 1 为舞台中的对象添加滤镜，此时，在“滤镜”参数栏中显示添加的滤镜，如图 12-44 所示，表示该滤镜已经启用。

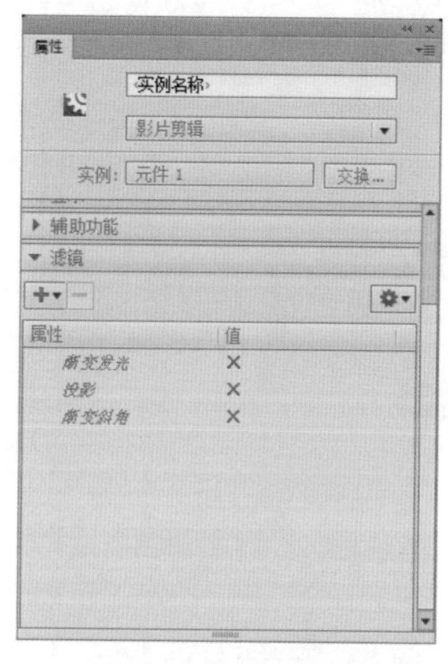

图 12-43 禁用全部滤镜

图 12-44 显示添加的滤镜

Step 2 选择要禁用的滤镜，然后单击后面的“启用或禁用滤镜”按钮，此时在选择的滤镜后显示图标，即表示当前滤镜已经禁用，如图 12-45 所示。

图 12-45　禁用单个滤镜

读书笔记

12.2.2 启用滤镜

启用滤镜的方法同禁用滤镜一样，也有全部启用和单独启用两种。下面分别介绍全部启用和单独启用滤镜的方法。

单击“添加滤镜”按钮，在下拉列表中选择“启用全部”命令，即可将已经被禁用的滤镜效果重新启用，如图 12-46 所示。这时，可以看到“滤镜”参数栏左边滤镜效果后的全部取消，表示该滤镜已经被启用。

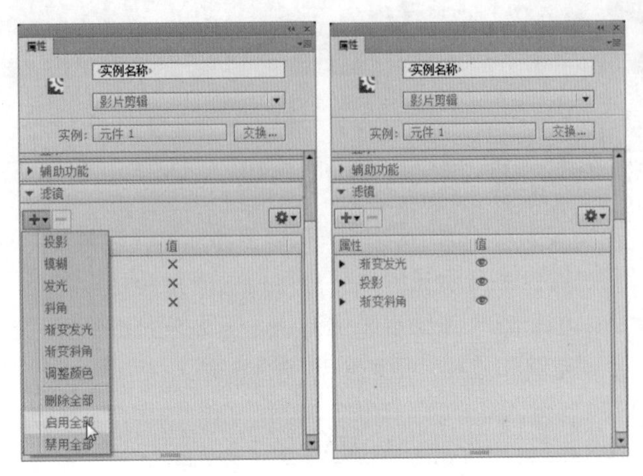

图 12-46　选择“启用全部”命令

在“滤镜”参数栏中选择被禁用的滤镜，单击“启用或禁用滤镜”按钮，此时，滤镜后的图标消失，表示启用该滤镜，如图 12-47 所示。

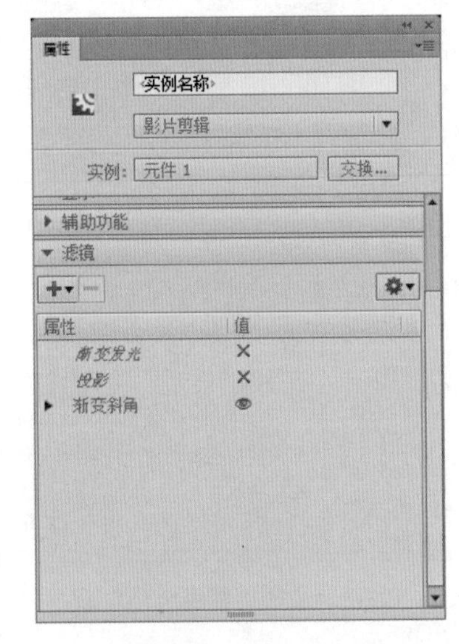

图 12-47　启用单个滤镜

12.2.3 删除滤镜

单击“滤镜”参数栏中的“删除滤镜”按钮，可以将选中的滤镜效果删除，如图 12-48 所示。删除滤镜效果后，舞台上添加了该滤镜的对象即会被取消该滤镜效果。

图 12-48　删除滤镜

同禁用滤镜和启用滤镜一样，单击“添加滤镜”按钮，在弹出的下拉列表中选择“删除全部”命令，即可将所有的滤镜效果全部删除，如图 12-49 所示。

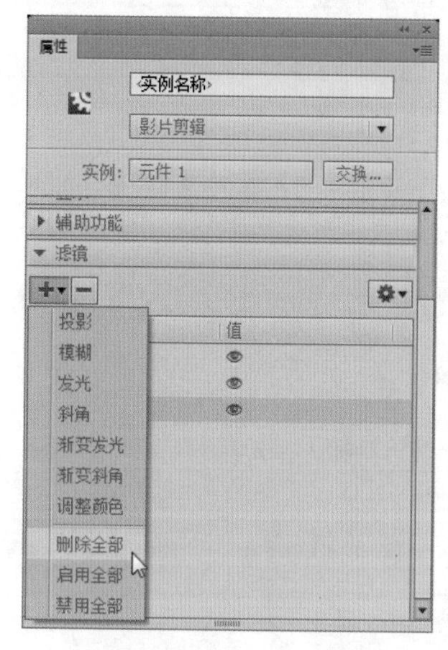

图 12-49　删除全部滤镜

知识大爆炸
——预设滤镜的知识

在 Flash 中可以将编辑完成的滤镜效果保存为一个预设方案，方便在以后调入使用，还可以对保存的预设方案进行重命名和删除操作。

1. 保存预设方案

在“滤镜”参数栏中可以将编辑好的滤镜方案保存为单独的项目，以命令的形式保存在菜单的“预设”命令中，方便下次直接调用。

下面介绍保存预设方案的方法，其操作步骤如下。

Step 1 ▶ 选择某个滤镜效果，单击“选项”按钮，在弹出的下拉列表中选择“另存为预设”命令，如图 12-50 所示，打开“将预设另存为”对话框，如图 12-51 所示。

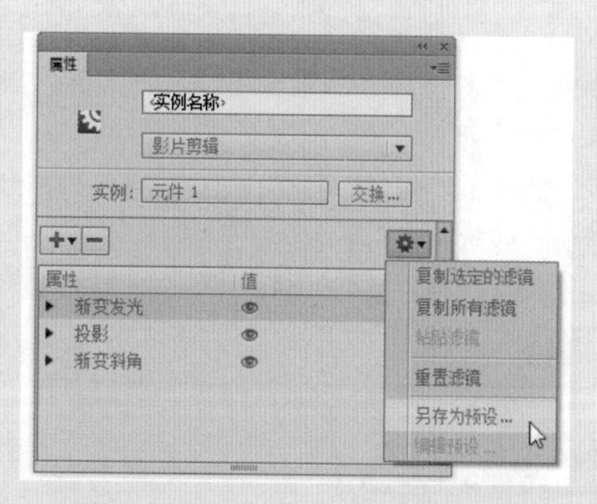

图 12-50　选择“另存为预设”命令

图 12-51　“将预设另存为”对话框

Step 2 ▶ 在对话框中输入要保存的名称后，单击 确定 按钮，如图 12-52 所示。

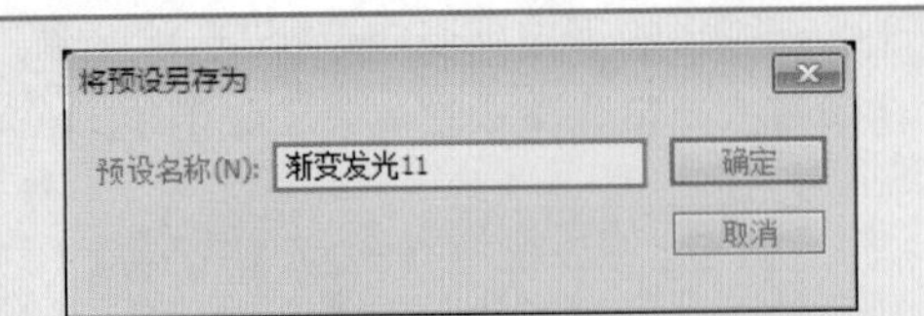

图 12-52　输入名称

Step 3 ▶ 单击“选项”按钮，在弹出的下拉列表中可以看到新添加的预设方案，如图 12-53 所示。

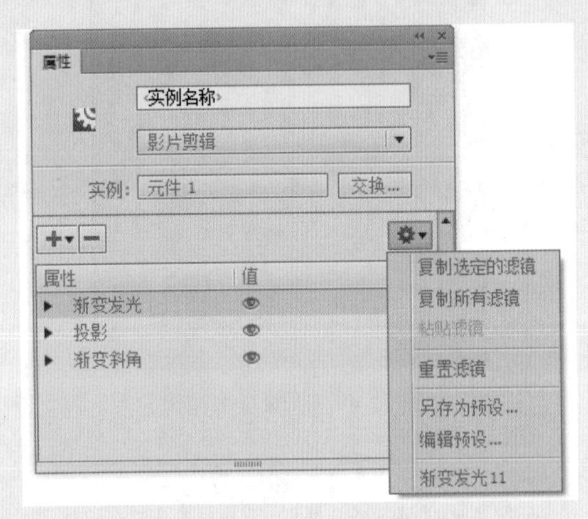

图 12-53　新添加的预设方案

2. 重命名和删除方案

在保存了预设滤镜方案后，还可以对保存的方案重新命名。下面介绍重命名预设方案的方法，其操作步骤如下。

Step 1 ▶ 单击“选项”按钮，在弹出的下拉列表中选择“编辑预设”命令，打开“编辑预设”对话框，如图 12-54 所示。

Step 2 ▶ 在对话框中双击要重命名的方案项目，使其变为可编辑状态，然后重新输入名称，单击 确定 按钮，完成重命名操作，如图 12-55 所示。

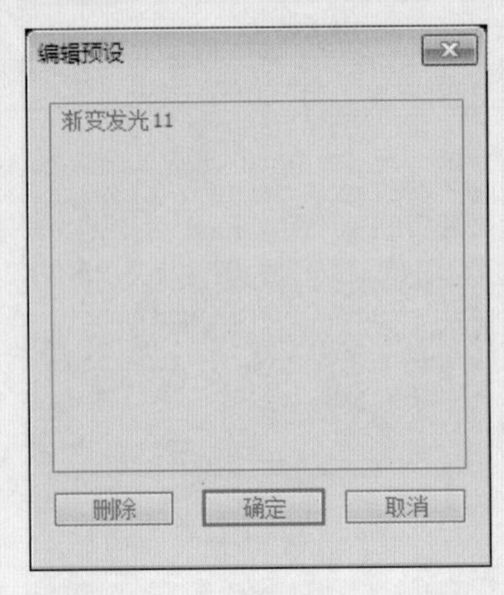

图 12-54　“编辑预设”对话框

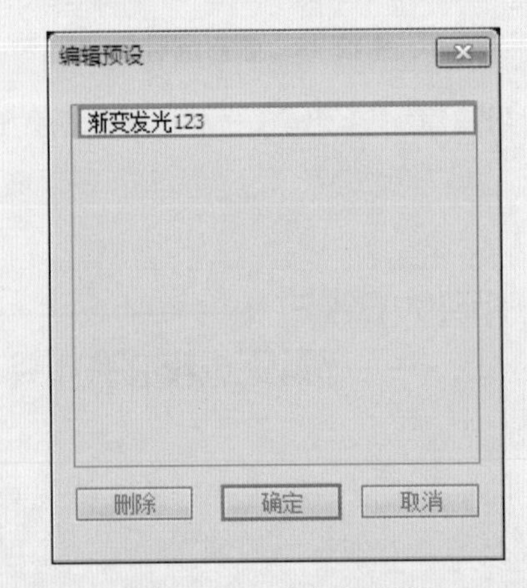

图 12-55　重命名预设

在“滤镜”参数栏中还可以将保存的预设滤镜方案删除。只需要在“编辑预设”对话框中选中要删除的方案，然后单击 删除 按钮即可。

读书笔记

12 13 14 15 16 17 18

使用模板创建精美动画

本章导读

模板实际上是已经编辑完成、具有完整影片构架的文件，并拥有强大的互动扩充功能。使用模板创建新的影片文件，只需要根据原有的构架对影片中的可编辑元件进行修改或更换，就可以便捷、快速地创作出精彩的互动动画影片。

13.1 模板

执行“文件”→“新建”命令或按 Ctrl+N 组合键，在打开的“新建文档”对话框中选择“模板”选项，进入“从模板新建”对话框。我们可以在左边的“类别”列表框中选择模板类型，在中间的“模板”列表框中选择具体的影片模板，右边预览窗格显示出该影片模板的画面效果影像，在预览窗格下面可以看到该影片模板的功能说明，如图 13-1 所示。

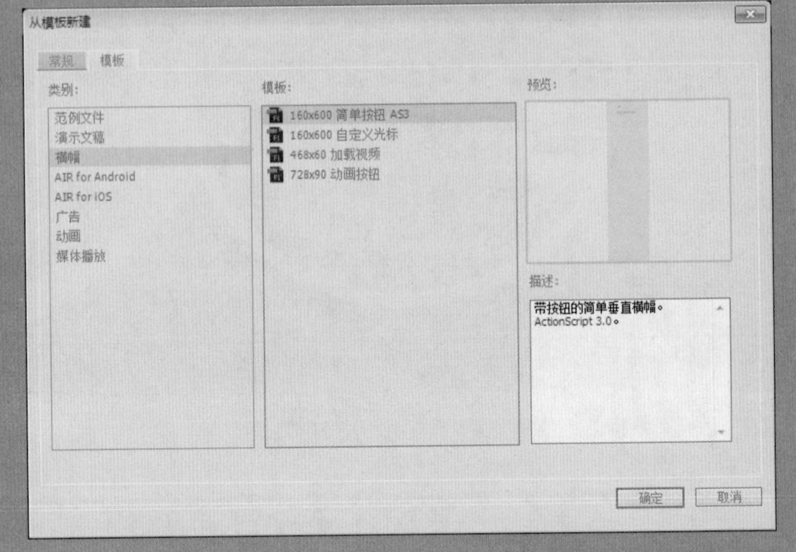

图 13-1　“从模板新建”对话框

13.2 范例文件

“范例文件”模板提供有 Flash 中常见功能的示例。范例文件包括 AIR 窗口示例、Alpha 遮罩层示例、手写、平移、自定义鼠标光标范例等模板，如图 13-2 所示。通过这些模板，用户可以轻松地创建动画。

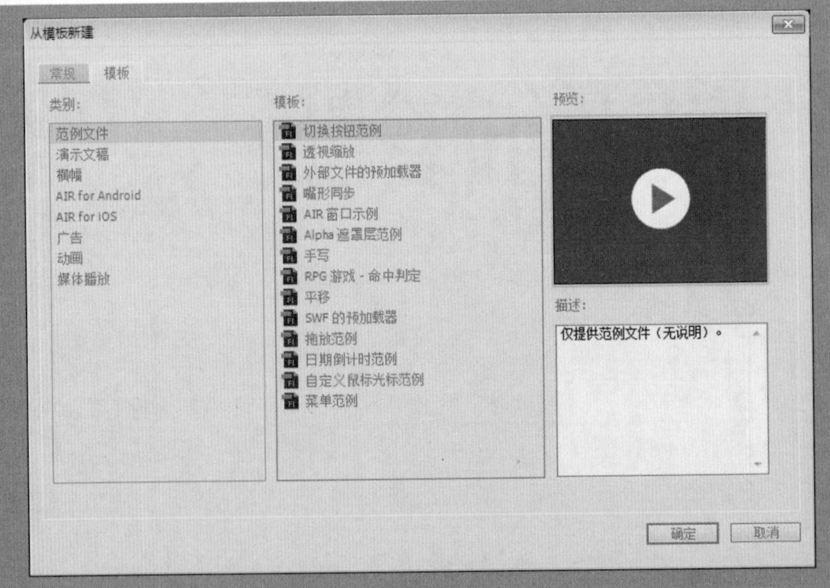

图 13-2　“范例文件”模板

知识解析："范例文件"模板

◆ 切换按钮范例：一个播放/暂停的动画范例文件，如图 13-3 所示。

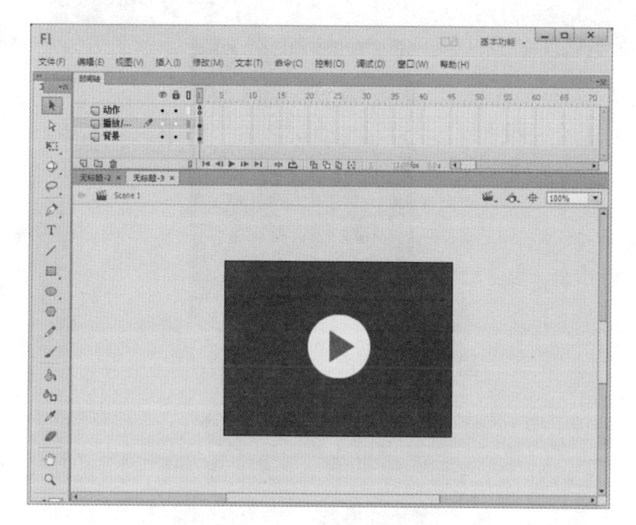

图 13-3　切换按钮范例

◆ 透视缩放：一个场景由远及近显示的动画范例文件，如图 13-4 所示。

图 13-4　透视缩放

◆ 外部文件的预加载器：一个显示外部文件加载进度的范例文件，如图 13-5 所示。

◆ 嘴形同步：一个嘴形与声音同步的动画范例文件，如图 13-6 所示。

◆ AIR 窗口示例：带有 AIR 窗口控件的范例文件，如图 13-7 所示。

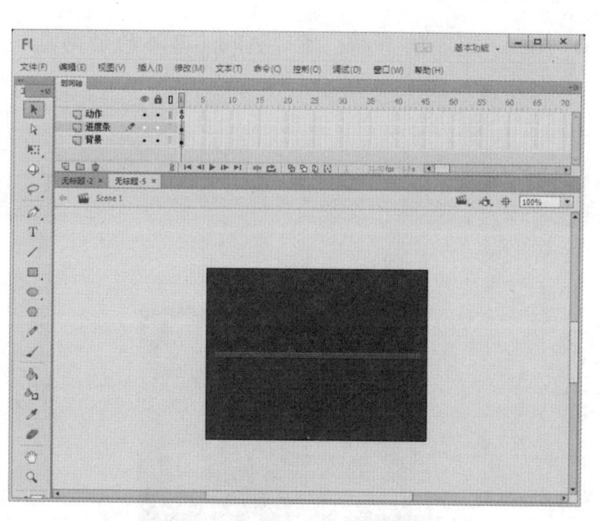

图 13-5　外部文件的预加载器

图 13-6　嘴形同步

图 13-7　AIR 窗口示例

◆ Alpha 遮罩层范例：通过 Alpha 遮罩的动画范例文件，如图 13-8 所示。

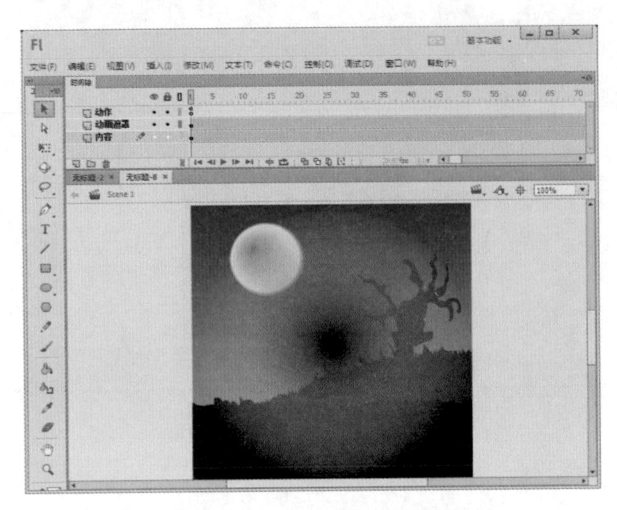

图 13-8　Alpha 遮罩层范例

◆ 手写：一个写字的动画范例文件，如图 13-9 所示。

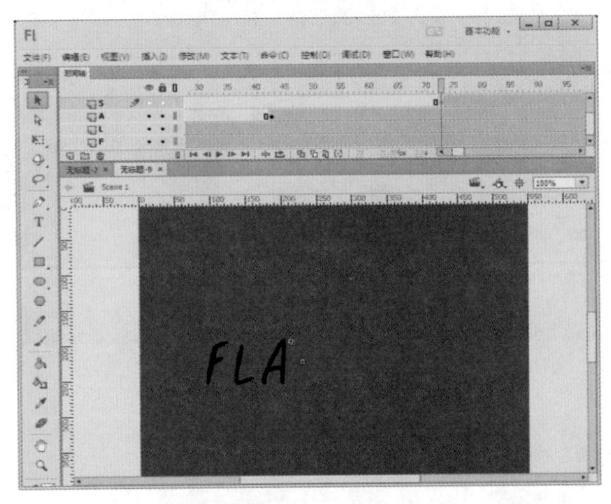

图 13-9　手写

◆ RPG游戏-命中判定：一个RPG游戏的范例文件，如图 13-10 所示。

◆ 平移：一个向右移动的动画范例文件，如图 13-11 所示。

◆ SWF 的预加载器：一个加载动画的范例文件，如图 13-12 所示。

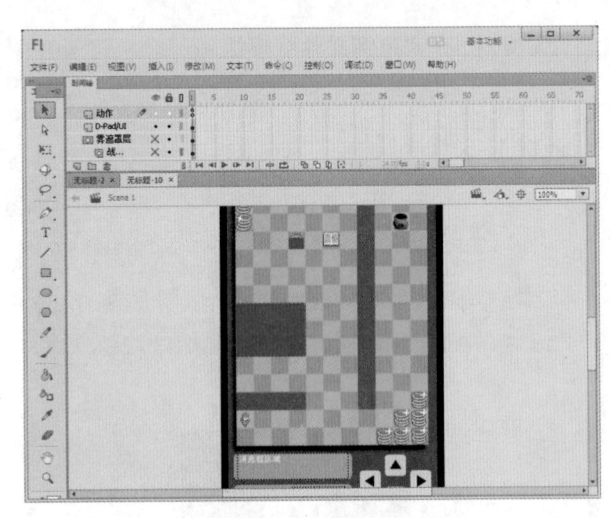

图 13-10　RPG 游戏 - 命中注定

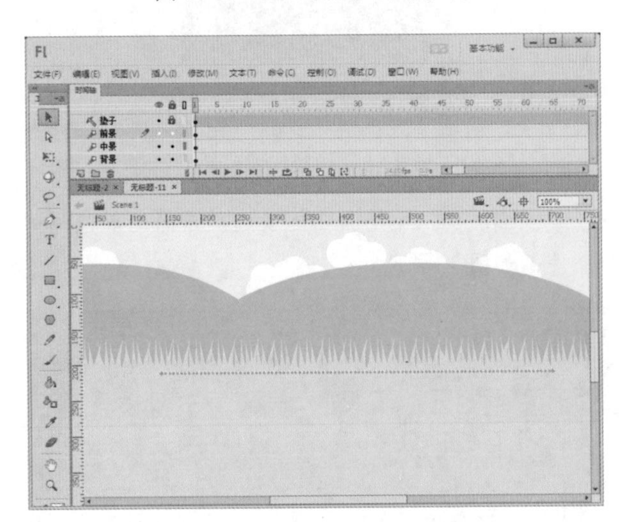

图 13-11　平移

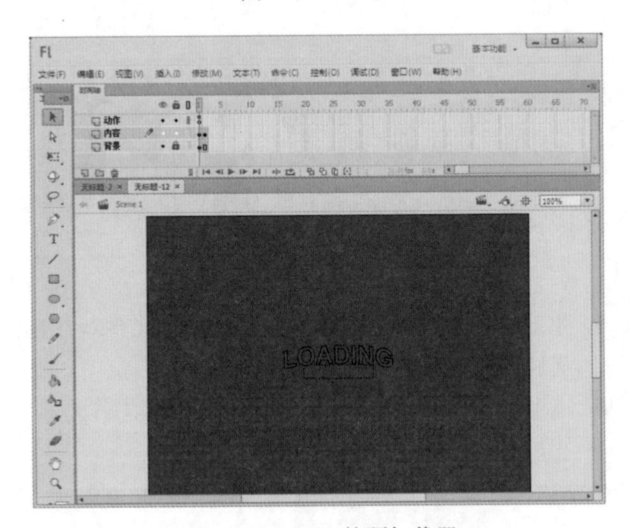

图 13-12　SWF 的预加载器

◆ **拖放范例**：一个可以拖动动画元素的范例文件，如图 13-13 所示。

图 13-13　拖放范例

◆ **日期倒计时范例**：一个日期与时间倒计时的动画范例文件，如图 13-14 所示。

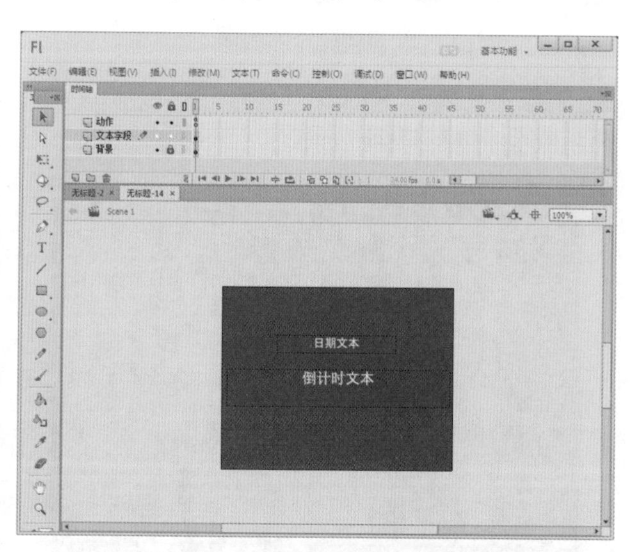

图 13-14　日期倒计时范例

◆ **自定义鼠标光标范例**：一个自定义鼠标光标形状的范例文件，如图 13-15 所示。

◆ **菜单范例**：一个下拉菜单的动画范例文件，如图 13-16 所示。

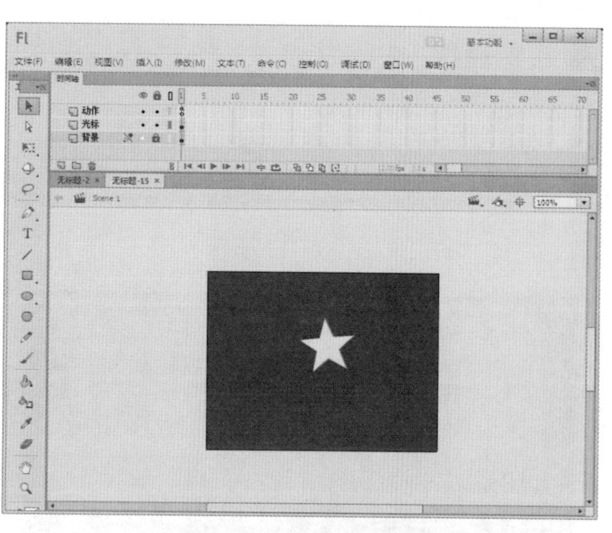

图 13-15　自定义鼠标光标范例

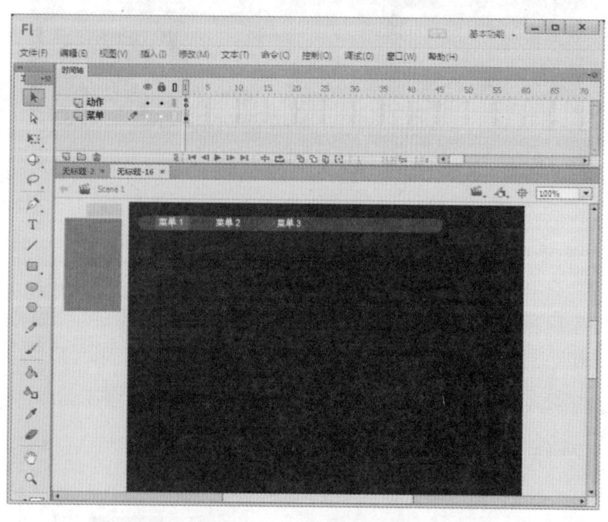

图 13-16　菜单范例

读书笔记

实例操作：动画菜单

- 光盘 \ 素材 \ 第 13 章 \1.jpg
- 光盘 \ 效果 \ 第 13 章 \ 动画菜单 .swf

本实例主要使用范例文件模板与导入功能来制作，完成后的效果如图 13-17 所示。

图 13-17　完成效果

Step 1 执行“文件”→“新建”命令，在打开的“新建文档”对话框中选择“模板”选项，进入“从模板新建”对话框，在“类别”列表框中选择“范例文件”选项。然后在“模板”列表框中选择“菜单范例”选项，如图 13-18 所示。完成后单击 确定 按钮。

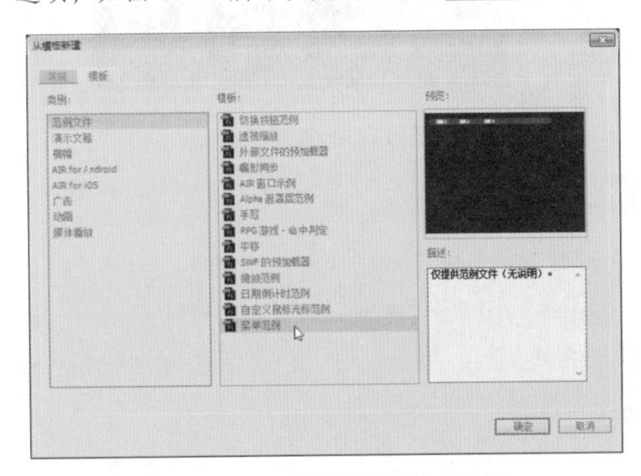

图 13-18　“从模板新建”对话框

Step 2 打开“菜单范例”模板，新建一个图层，将其拖动到“菜单”层的下方，如图 13-19 所示。

Step 3 执行“文件”→“导入”→“导入到舞台”命令，将一幅背景图像导入到舞台中，如图 13-20 所示。

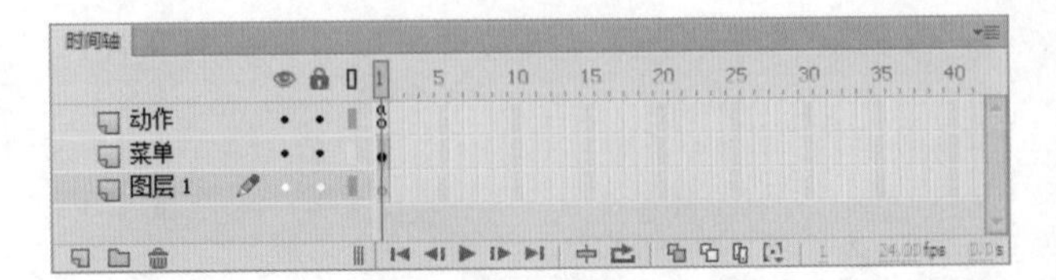

图 13-19　拖动图层

图 13-20　导入图像

Step 4 保存文件，按 Ctrl+Enter 组合键，欣赏本例完成效果，如图 13-21 所示。

图 13-21　完成效果

读书笔记

13.3 演示文稿

使用“演示文稿”模板，可以创建简单的和复杂的演示文稿样式，可以用幻灯片的形式播放图片。“演示文稿”模板包括高级演示文稿和简单演示文稿两种模板，如图 13-22 所示。

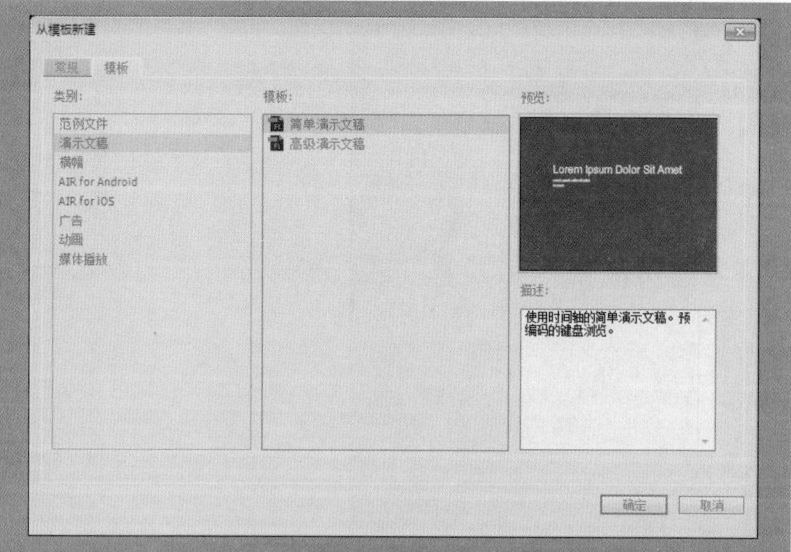

图 13-22 “演示文稿”模板

知识解析：“演示文稿”模板

◆ 简单演示文稿：使用时间轴制作的简单演示文稿，如图 13-23 所示。

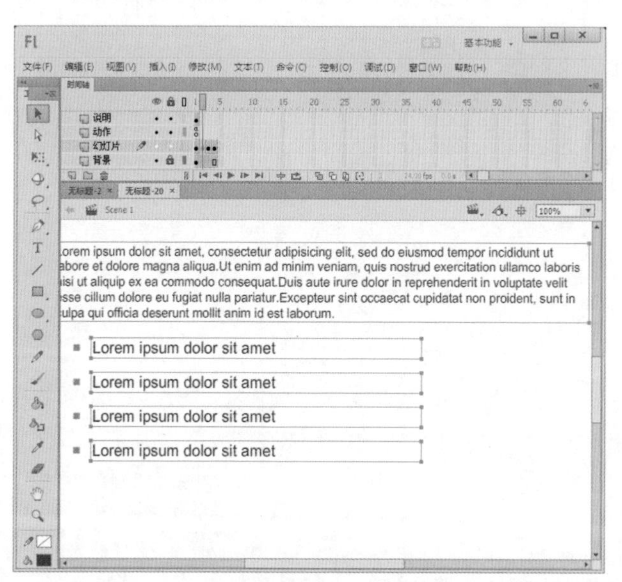

图 13-23 简单演示文稿

◆ 高级演示文稿：使用影片剪辑元件制作的复杂演示文稿，如图 13-24 所示。

图 13-24 高级演示文稿

读书笔记

13.4 横幅

在 Flash CC 中，可以通过“横幅”模板制作横幅样式模板，其中包括网站界面中常用的尺寸与功能。Flash CC 提供了 4 个“横幅”样式模板，分别为 160×600 简单按钮 AS3、160×600 自定义光标、468×60 加载视频、728×90 动画按钮，如图 13-25 所示。

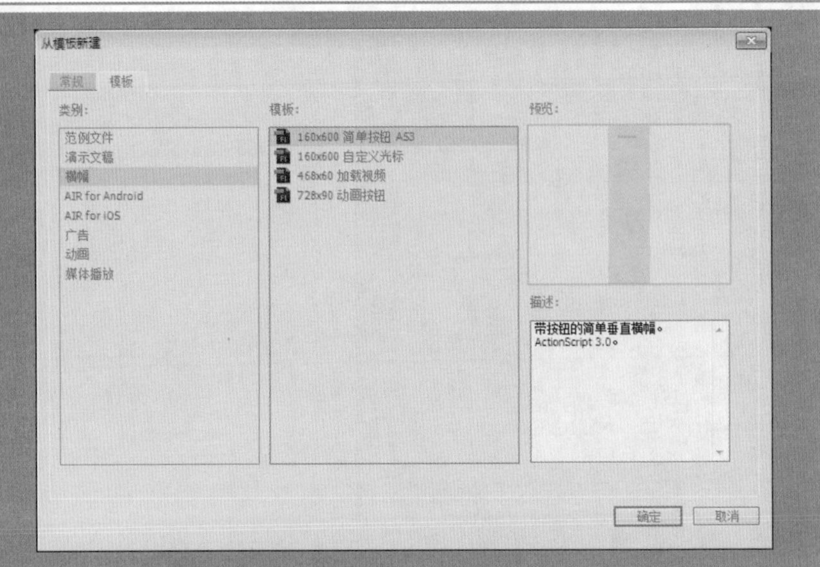

图 13-25　“横幅”模板

知识解析：“横幅”模板

◆ 160×600 简单按钮 AS3：使用 ActionScript 3.0 制作的带按钮的简单垂直横幅模板，如图 13-26 所示。

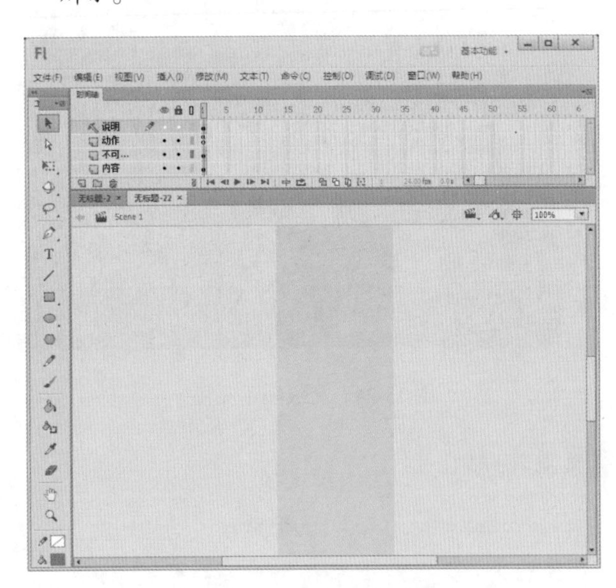

图 13-26　160×600 简单按钮 AS3

◆ 160×600 自定义光标：自定义鼠标光标的垂直横幅模板，如图 13-27 所示。

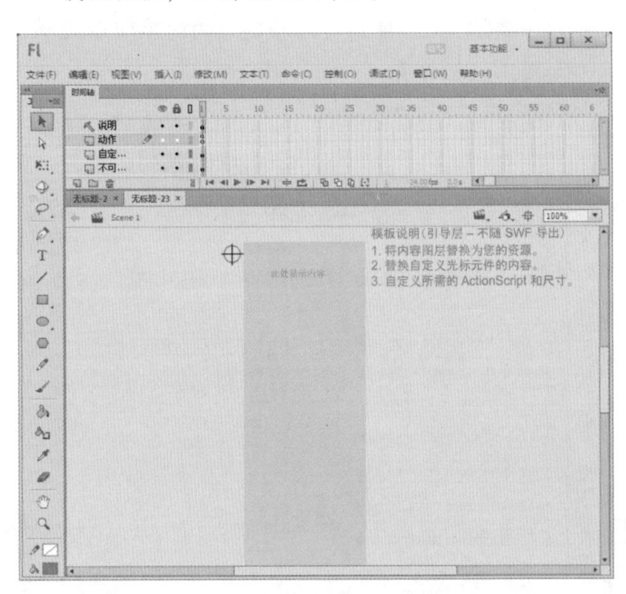

图 13-27　160×600 自定义光标

◆ 468×60 加载视频：加载视频的水平横幅文件，如图 13-28 所示。

◆ 728×90 动画按钮：带动画按钮的水平横幅文件，如图 13-29 所示。

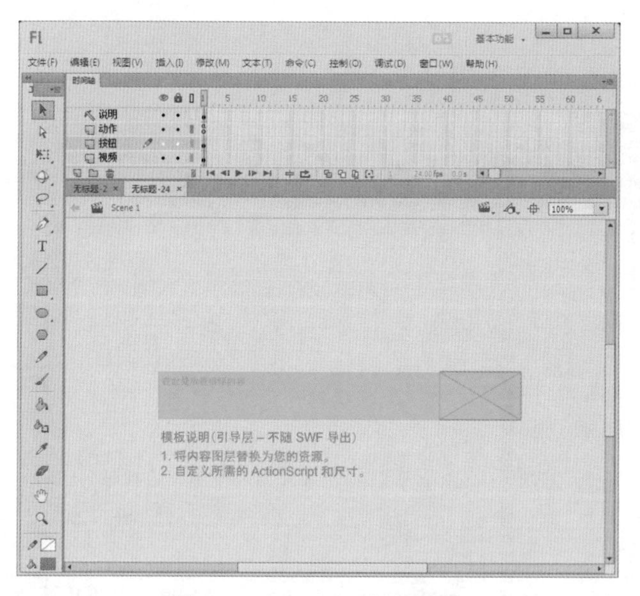

图 13-28　468×60 加载视频

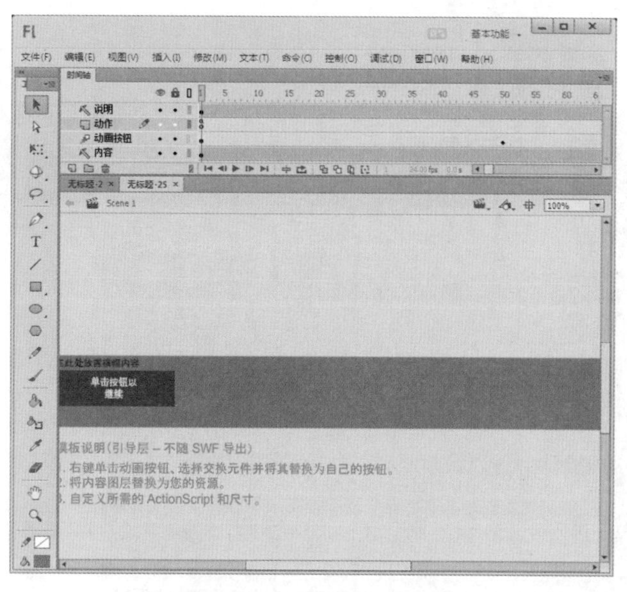

图 13-29　728×90 动画按钮

13.5 AIR for IOS

Flash CC 是支持 AIR IOS 的开发工具，执行“文件”→“新建”命令，在打开的“新建文档”对话框中选择“模板”选项，进入“从模板新建”对话框，在“类别”列表框中选择 AIR for IOS 选项，如图 13-30 所示。其中包含 5 个不同尺寸的横幅用于 AIR for IOS 设备的空白文档。

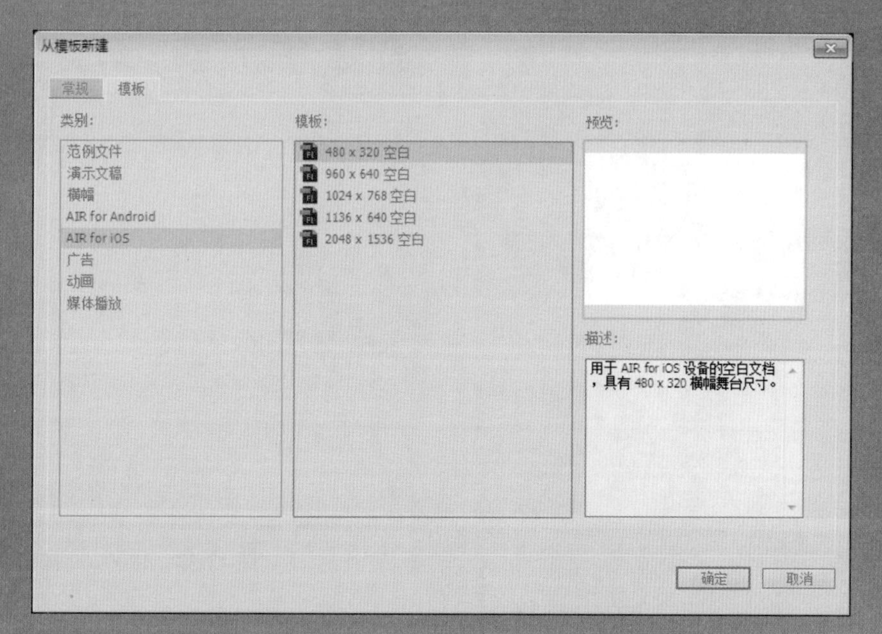

图 13-30　选择 AIR for IOS 选项

13.6 广告

“广告”模板准备了现在流行的各种网络广告样式模板，便于快速进行广告创作。“广告”模板又叫“丰富式媒体”模板，便于创建由交互广告署（Interactive Advertising Bureau，IAB）制定且被当今业界接受的标准丰富式媒体类型和大小。

当用户随意打开一个网站，往往会弹出一些广告窗口，还有一些广告或在主页上流动或直接嵌入在主页中。它们已经成为了互联网上进行信息交流、产品发布的一个重要手段。在 Flash CC 广告类型的模板中，提供了 16 种不同尺寸的广告样式模板，如图 13-31 所示。

广告在网页中只是配角，应在有限的空间和时间内，使用简洁的内容突出要表现的广告主题，并将画面做得精美才能将观众的视线吸引过来，起到广而告之的作用。

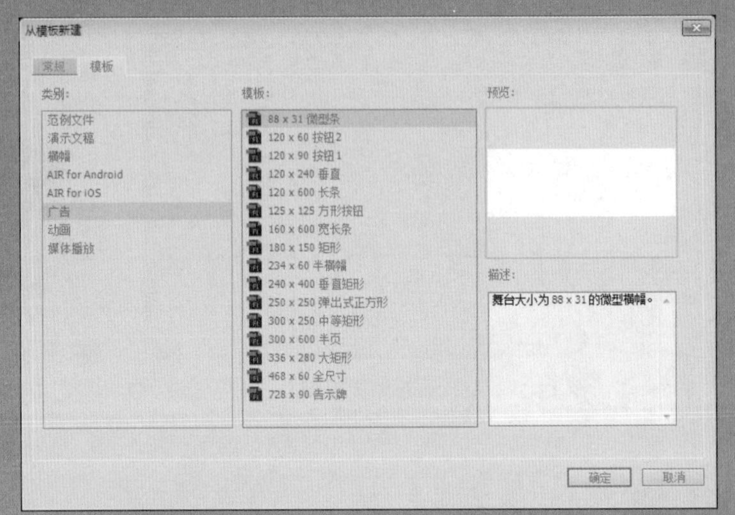

图 13-31 “广告”模板

知识解析：“广告”模板

◆ 88×31 微型条：舞台大小为 88×31 的微型广告横幅文件模板，如图 13-32 所示。

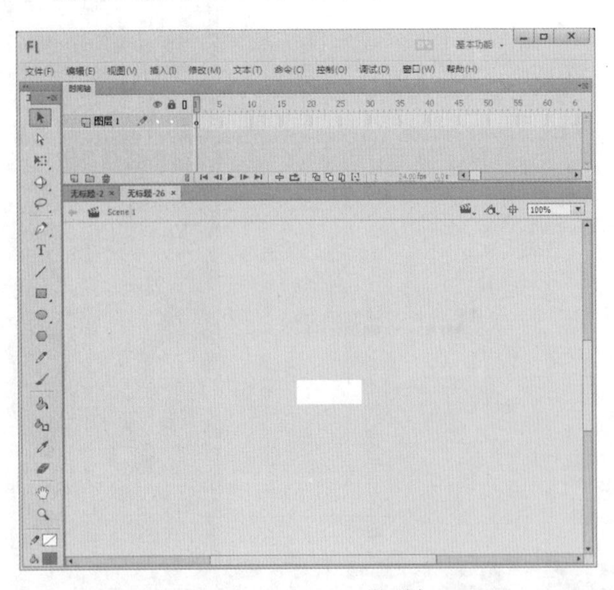

图 13-32 88×31 微型条

◆ 120×60 按钮 2：舞台大小为 120×60 的按钮状广告横幅文件模板，如图 13-33 所示。

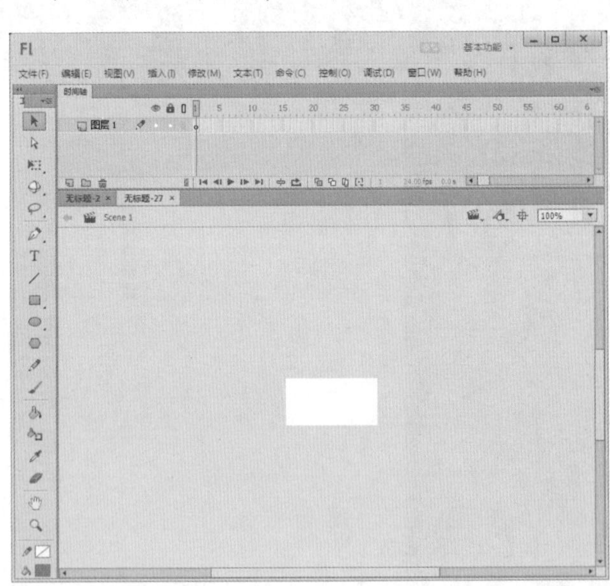

图 13-33 120×60 按钮 2

◆ 120×90 按钮 1：舞台大小为 120×90 的按钮状广告横幅文件模板，如图 13-34 所示。

◆ 120×240 垂直：舞台垂直大小为 120×240 的广

告横幅文件模板，如图 13-35 所示。

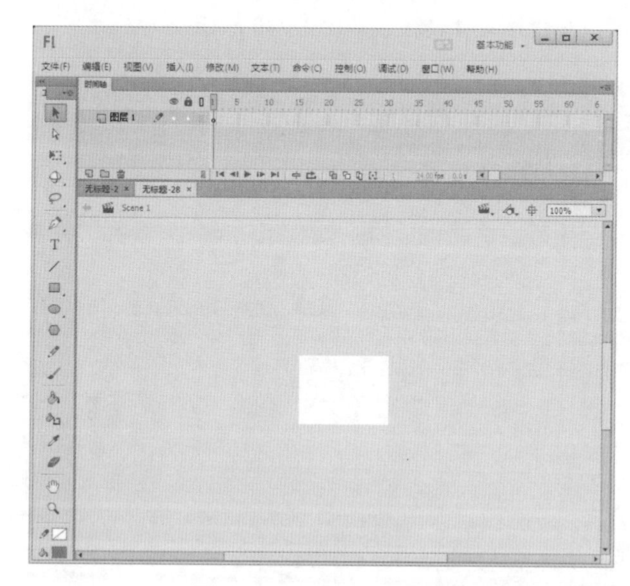

图 13-34　120×90 按钮 1

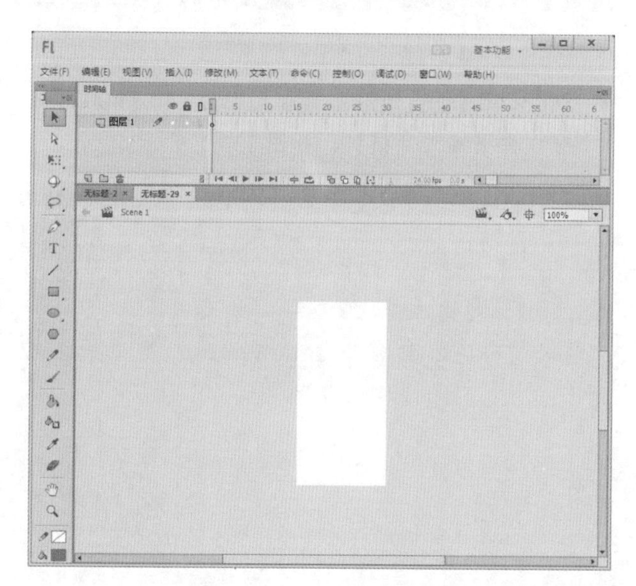

图 13-35　120×240 垂直

读书笔记

- 120 × 600 长条：舞台大小为 120 × 600 的摩天大楼式的广告横幅文件模板，如图 13-36 所示。

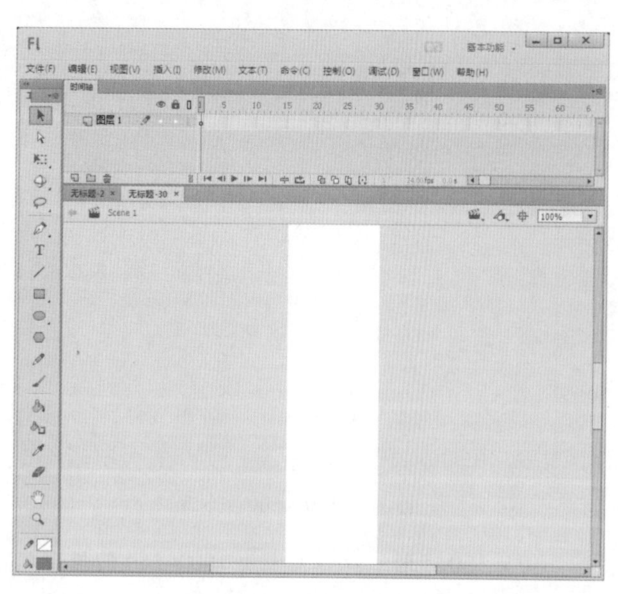

图 13-36　120×600 长条

- 125 × 125 方形按钮：大小为 125 × 125 的方形舞台的按钮状广告横幅文件模板，如图 13-37 所示。

图 13-37　125×125 方形按钮

- 160 × 600 宽长条：舞台大小为 160 × 600 的摩天大楼式的宽式广告横幅文件模板，如图 13-38 所示。

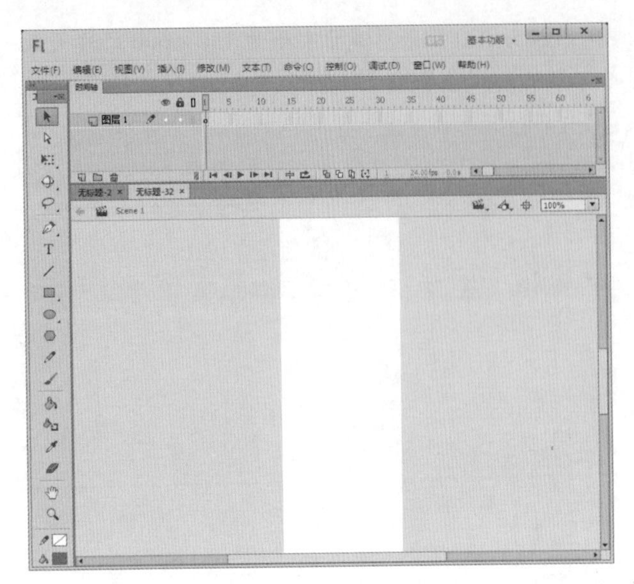
图 13-38　160×600 宽长条

◆ 180×150 矩形：舞台大小为 180×150 的矩形广告横幅文件模板，如图 13-39 所示。

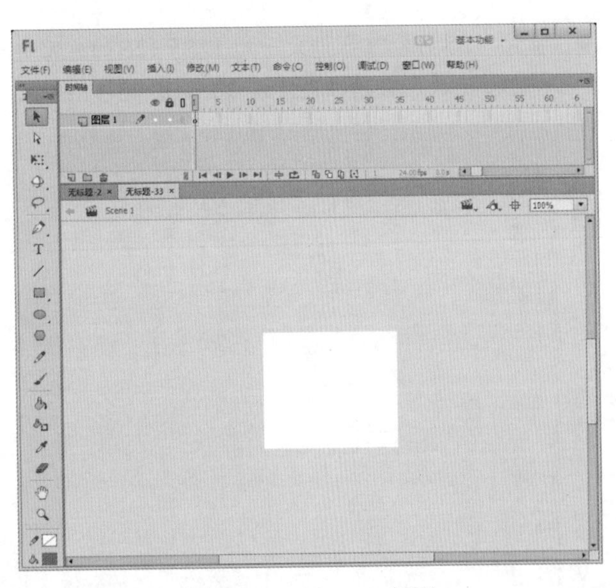
图 13-39　180×150 矩形

读书笔记

◆ 234×60 半横幅：舞台大小为 234×60 的半宽广告横幅文件模板，如图 13-40 所示。

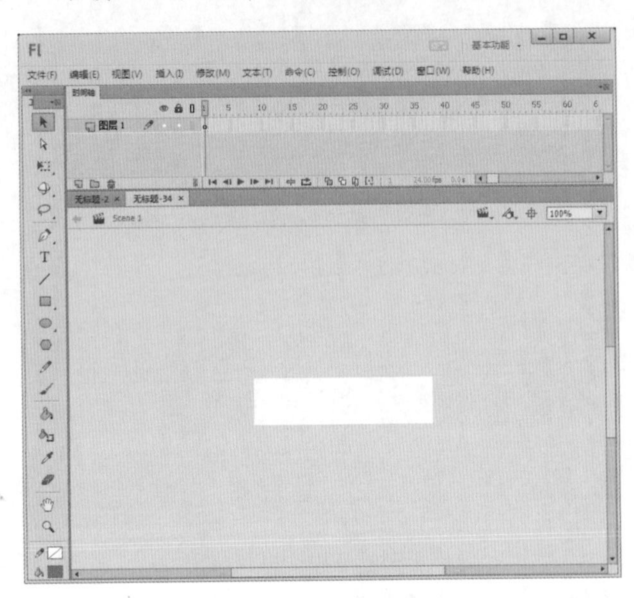
图 13-40　234×60 半横幅

◆ 240×400 垂直矩形：舞台大小为 240×400 的矩形广告横幅文件模板，如图 13-41 所示。

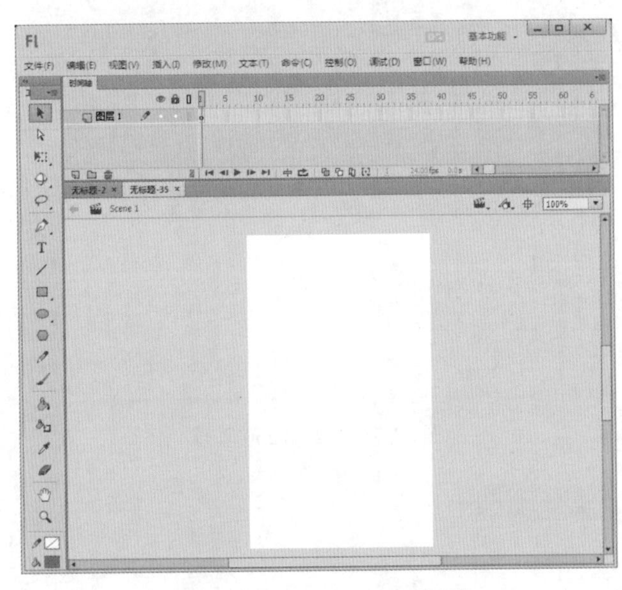
图 13-41　240×400 垂直矩形

◆ 250×250 弹出式正方形：舞台大小为 250×250 的弹出式方形广告横幅文件模板，如图 13-42 所示。

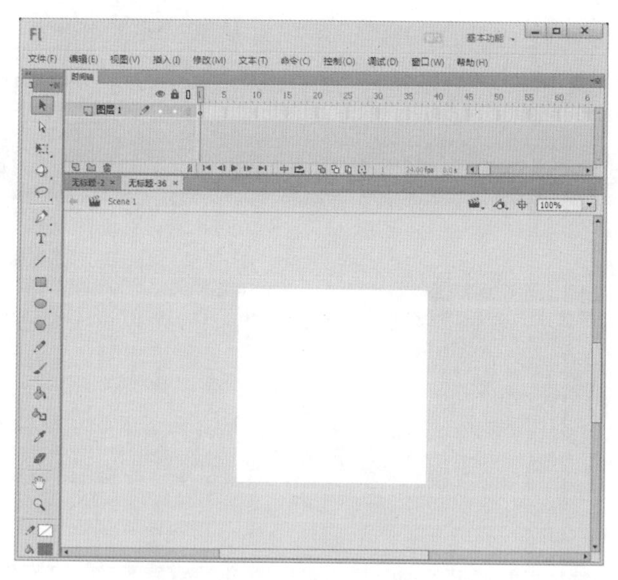

图 13-42　250×250 弹出式正方形

◆ 300 × 250 中等矩形：舞台大小为 300 × 250 的矩形横幅文件模板，如图 13-43 所示。

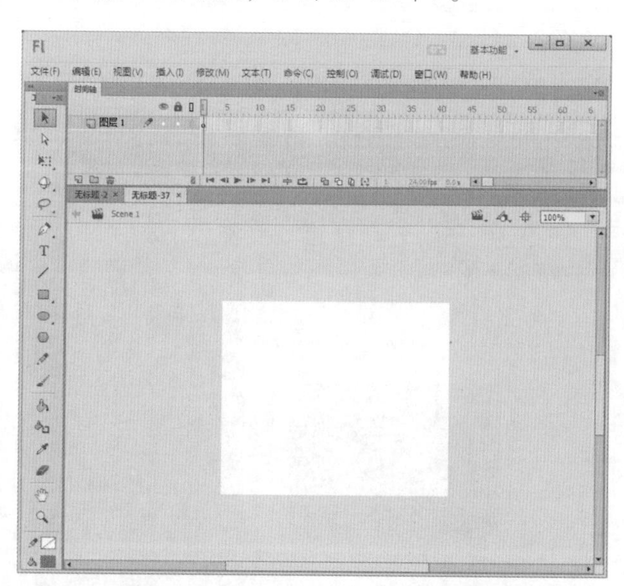

图 13-43　300×250 中等矩形

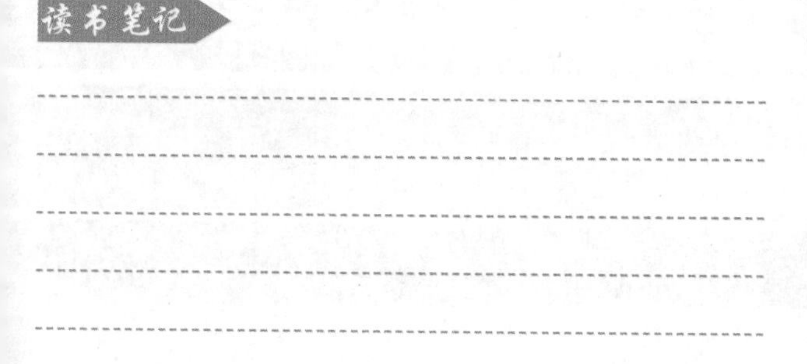

◆ 300 × 600 半页：舞台大小为 300 × 600 的半页广告横幅文件模板，如图 13-44 所示。

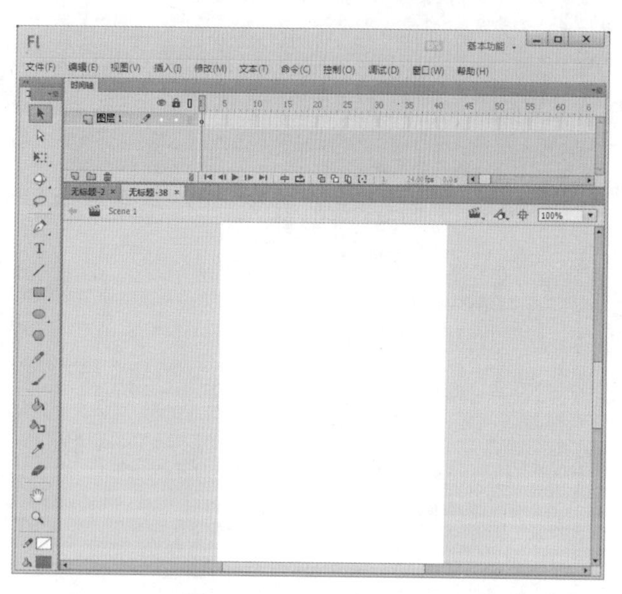

图 13-44　300×600 半页

◆ 336 × 280 大矩形：舞台大小为 336 × 280 的矩形广告横幅文件模板，如图 13-45 所示。

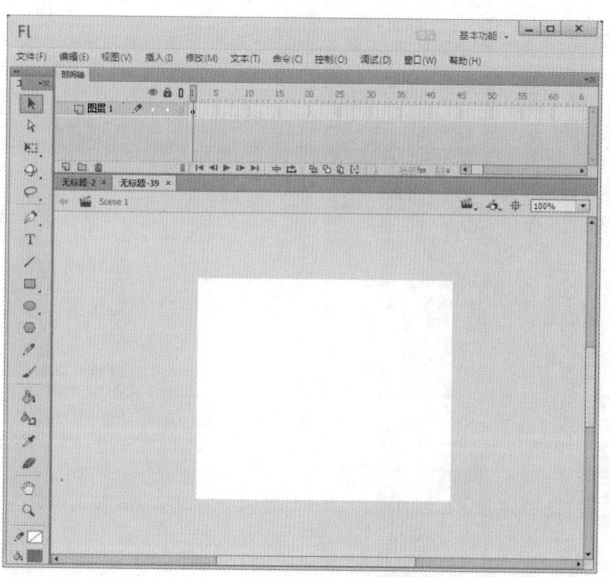

图 13-45　336×280 大矩形

◆ 468 × 60 全尺寸：舞台大小为 468 × 60 的完全尺寸广告横幅文件模板，如图 13-46 所示。

◆ 728 × 90 告示牌：舞台大小为 728 × 90 的大型水平广告横幅文件模板，如图 13-47 所示。

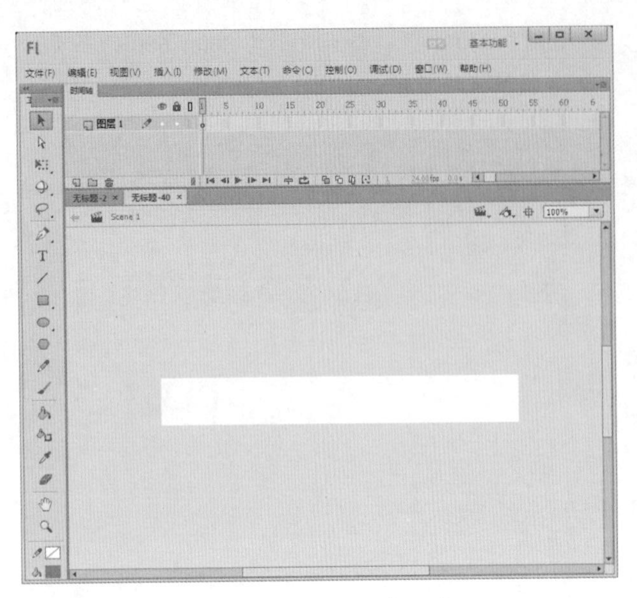

图 13-46　468×60 全尺寸

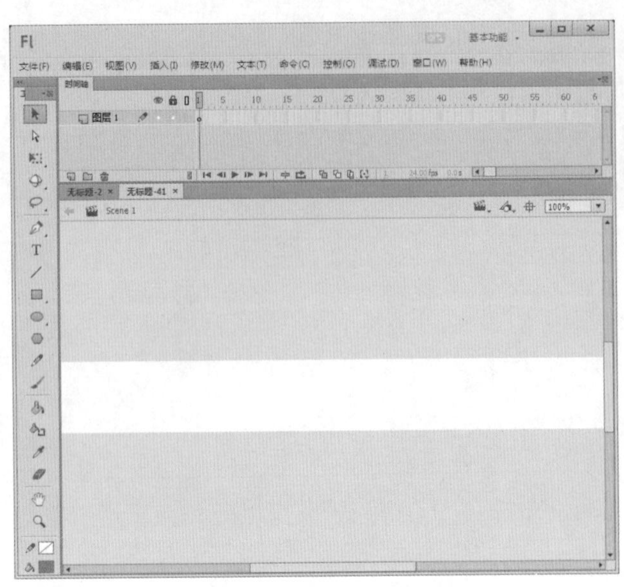

图 13-47　728×90 告示牌

13.7 动画

执行“文件”→“新建”命令，在打开的“新建文档”对话框中选择“模板”选项，进入“从模板新建”对话框，在“类别”列表框中选择“动画”选项。Flash CC 的“动画”类别包括了 8 个模板：补间形状的动画遮罩层、补间动画的动画遮罩层、加亮显示的动画按钮、文本发光的动画按钮、随机布朗运动、随机纹理运动、雨景脚本、雪景脚本，如图 13-48 所示。

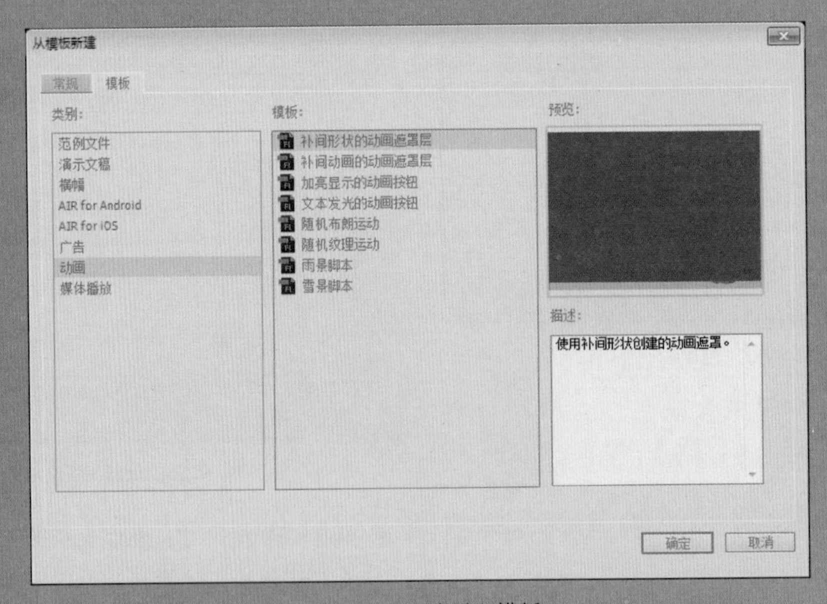

图 13-48　“动画”模板

知识解析：“动画”模板

◆ 补间形状的动画遮罩层：使用补间形状创建的动画遮罩模板，如图 13-49 所示。

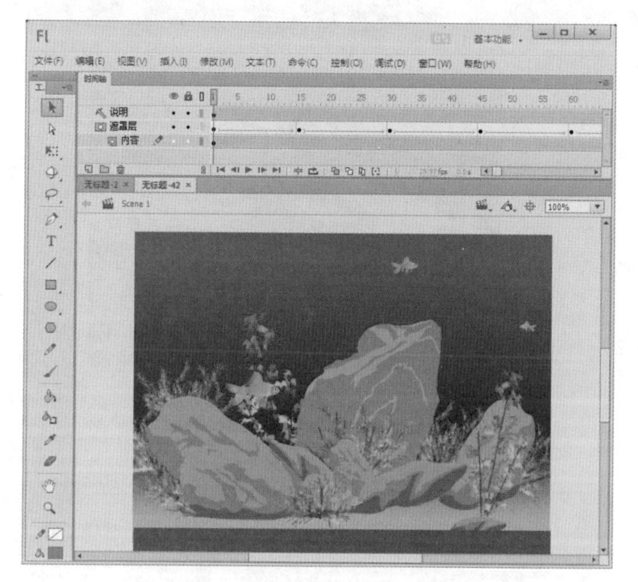

图 13-49　补间形状的动画遮罩层

◆ 补间动画的动画遮罩层：使用补间动画创建的动画遮罩模板，如图 13-50 所示。

图 13-50　补间动画的动画遮罩层

◆ 加亮显示的动画按钮：带已访问状态的发光按钮影片模板，如图 13-51 所示。

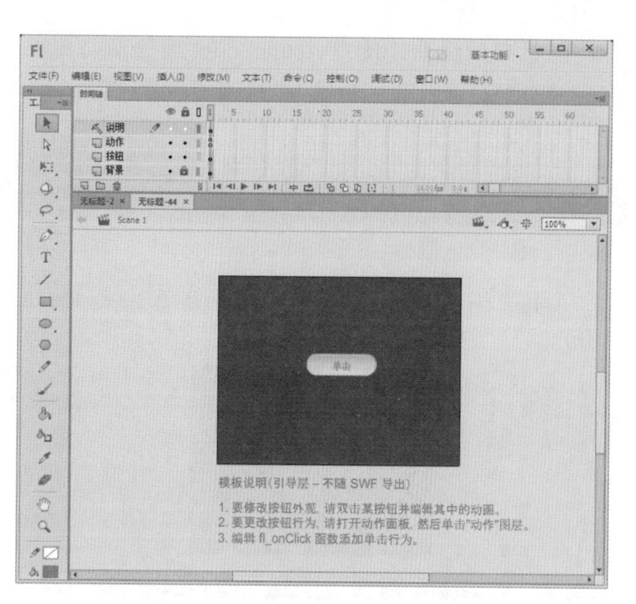

图 13-51　加亮显示的动画按钮

◆ 文本发光的动画按钮：带发光文本的动画影片剪辑按钮，如图 13-52 所示。

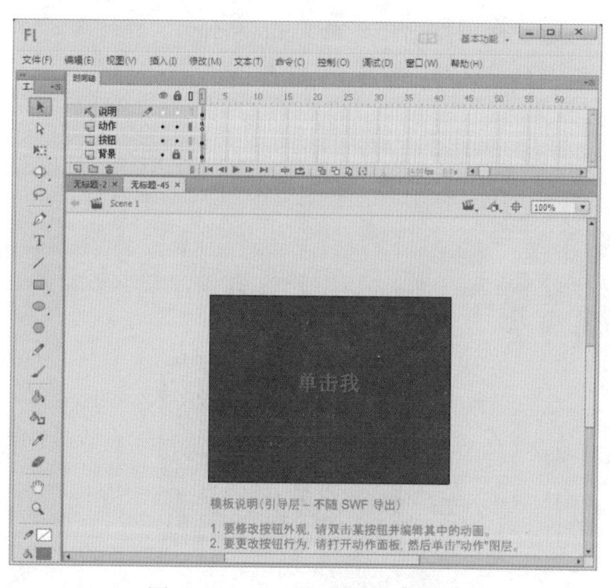

图 13-52　文本发光的动画按钮

读书笔记

◆ 随机布朗运动：使用 ActionScript 进行动画处理的布朗运动效果，如图 13-53 所示。

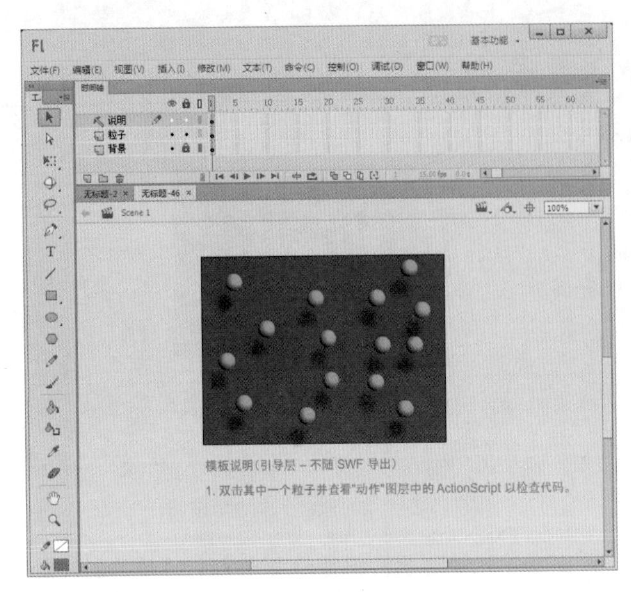

图 13-53　随机布朗运动

◆ 随机纹理运动：使用 ActionScript 进行动画处理的纹理运动，如图 13-54 所示。

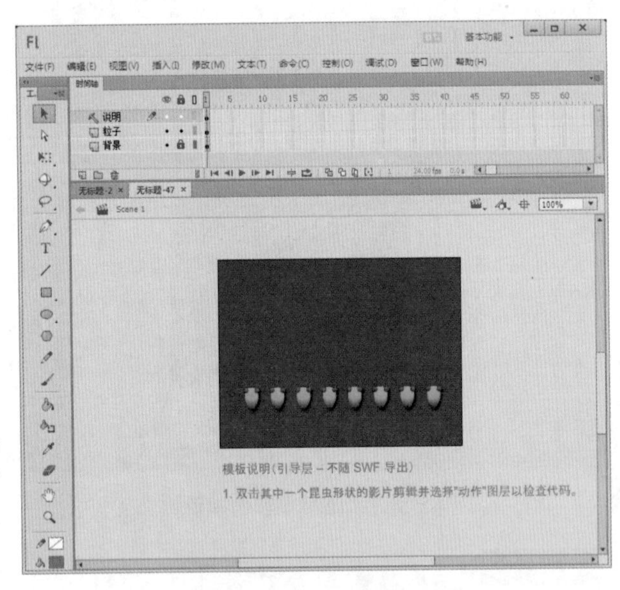

图 13-54　随机纹理运动

◆ 雨景脚本：使用 ActionScript 和影片剪辑元件创建的下雨动画效果，如图 13-55 所示。

◆ 雪景脚本：使用 ActionScript 和影片剪辑元件创建的下雪动画效果，如图 13-56 所示。

图 13-55　雨景脚本

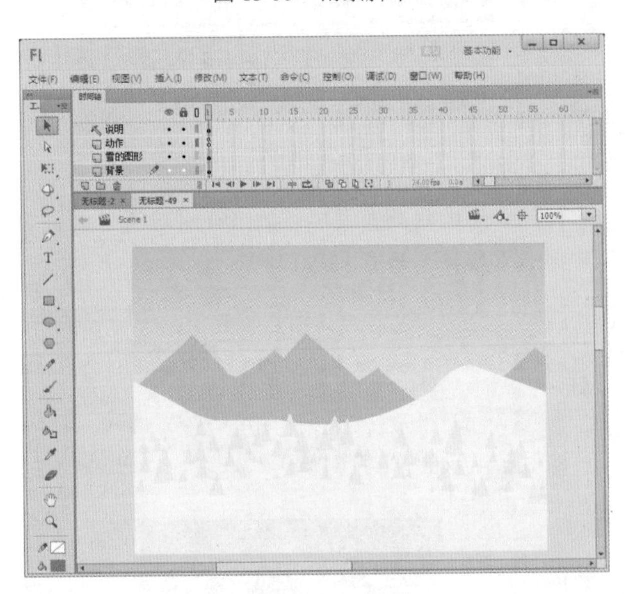

图 13-56　雪景脚本

读书笔记

实例操作：下雪效果

- 光盘\素材\第 13 章\2.jpg
- 光盘\效果\第 13 章\下雪效果 .swf

本实例主要使用了动画模板与导入功能来制作，完成后的效果如图 13-57 所示。

图 13-57　完成效果

Step 1 执行“文件”→“新建”命令，在打开的“新建文档”对话框中选择“模板”选项，进入“从模板新建”对话框，在“类别”列表框中选择“动画”选项。然后在“模板”列表框中选择“雪景脚本”选项，如图 13-58 所示。完成后单击 确定 按钮。

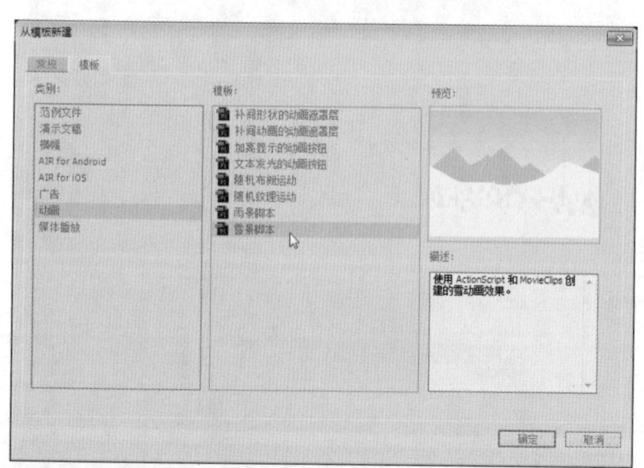

图 13-58　“从模板新建”对话框

Step 2 打开“雪景脚本”模板，选择“背景”图层的第 1 帧右击，在弹出的快捷菜单中选择“清除帧”命令，如图 13-59 所示。

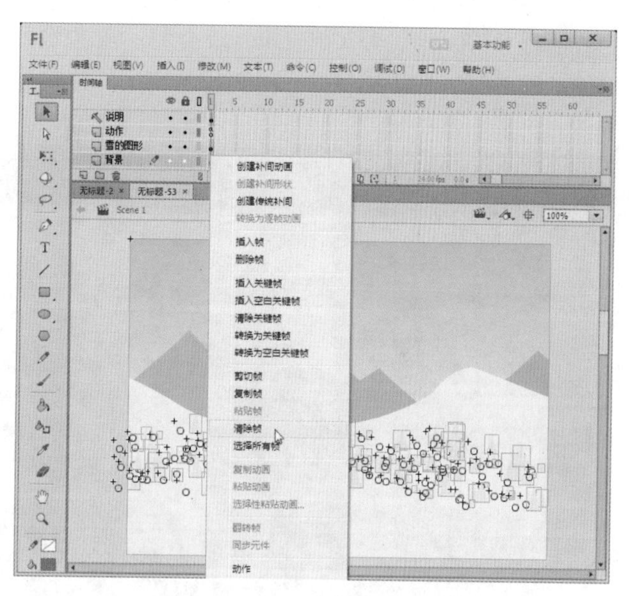

图 13-59　选择“清除帧”命令

Step 3 执行“文件”→“导入”→“导入到舞台”命令，将一幅背景图片导入到舞台上，如图 13-60 所示。

图 13-60　导入背景图像

读书笔记

Step 4 ▶ 保存文件，按 Ctrl+Enter 组合键，欣赏本例完成效果，如图 13-61 所示。

图 13-61　完成效果

读书笔记

13.8 媒体播放

"媒体播放"模板包括若干个视频尺寸和照片相册。"媒体播放"模板包括标题安全区域 HDTV 720、标题安全区域 HDTV 1080、标题安全区域 NTSC D1、标题安全区域 NTSC D1wide、标题安全区域 NTSC DV、标题安全区域 NTSC DVwide、标题安全区域 PAL DIDV、标题安全区域 PAL DIDVwide、简单相册以及高级相册共 10 个模板，如图 13-62 所示。

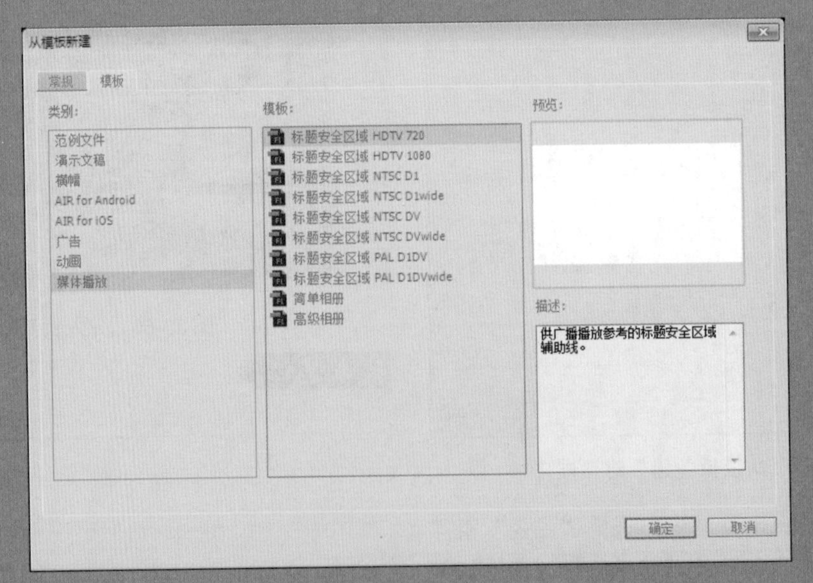

图 13-62　"媒体播放"模板

实例操作：唯美相册

- 光盘 \ 素材 \ 第 13 章 \x1.jpg、x2.jpg、x3.jpg、x4.jpg
- 光盘 \ 效果 \ 第 13 章 \ 唯美相册 .swf

本实例主要使用“媒体播放”模板与导入功能来制作，完成后的效果如图 13-63 所示。

图 13-63　完成效果

Step 1 执行“文件”→“新建”命令，在打开的“新建文档”对话框中选择“模板”选项，进入“从模板新建”对话框，在“类别”列表框中选择“媒体播放”选项。然后在“模板”列表框中选择“简单相册”选项，如图 13-64 所示。完成后单击 确定 按钮。

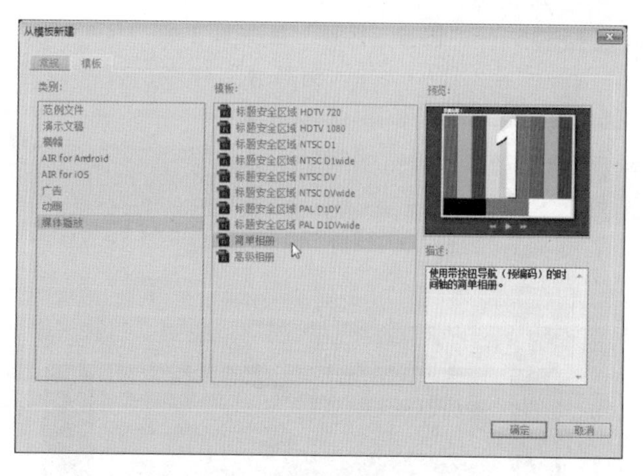

图 13-64　“从模板新建”对话框

Step 2 打开“简单相册”模板，将“图像 / 标题”层的 4 个关键帧中的内容删除，使它们成为空白关键帧，如图 13-65 所示。

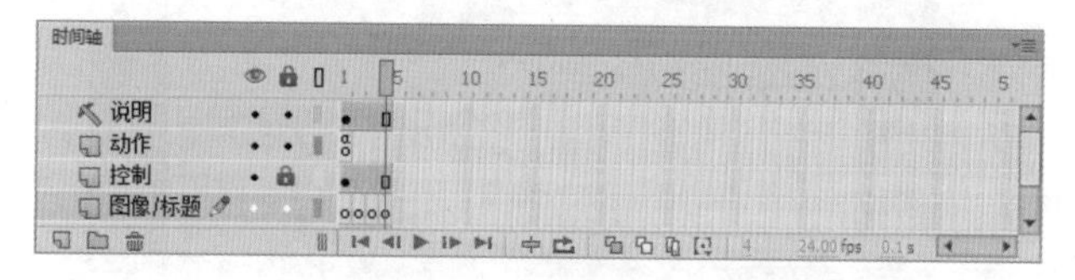

图 13-65　删除关键帧中的内容

Step 3 选择“图像 / 标题”层的第 1 帧，执行“文件”→“导入”→“导入到舞台”命令，将一幅图像导入到舞台中，如图 13-66 所示。

图 13-66　导入图像

读书笔记

Step 4 ▶ 选择“图像 / 标题”层的第 2 帧，执行“文件”→“导入”→“导入到舞台”命令，将一幅图像导入到舞台中，如图 13-67 所示。

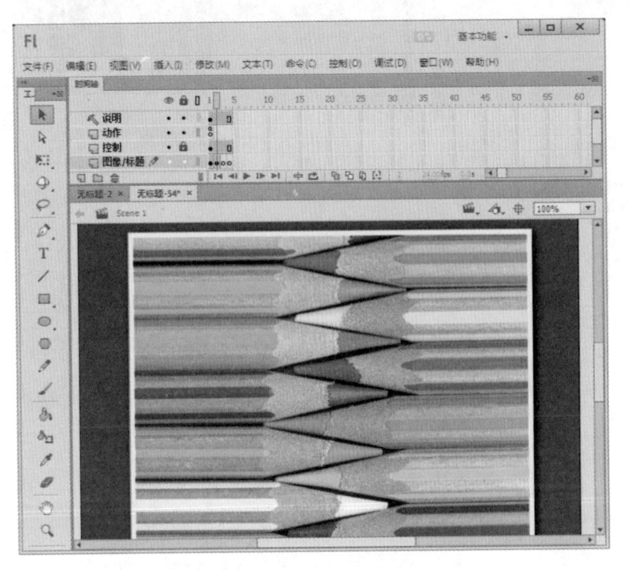

图 13-67　导入图像

Step 5 ▶ 选择“图像 / 标题”层的第 3 帧，执行“文件”→“导入”→“导入到舞台”命令，将一幅图像导入到舞台中，如图 13-68 所示。

图 13-68　导入图像

Step 6 ▶ 选择“图像 / 标题”层的第 4 帧，执行“文件”→“导入”→“导入到舞台”命令，将一幅图像导入到舞台中，如图 13-69 所示。

图 13-69　导入图像

Step 7 ▶ 保存动画文件，然后按 Ctrl+Enter 组合键，欣赏本例的完成效果，如图 13-70 所示。

图 13-70　完成效果

知识大爆炸
——AIR for Android 的知识

自 20 世纪 90 年代 Macromedia 出现以来，Flash 就与嵌入在网页内部运行的交互式媒介、动画和游戏同步。那时 Flash 能够提供 HTML 和 JavaScript 所不能提供的内容，正是 Flash 的功能所在，因此 Flash 插件在所有互联网用户中的安装率达到了 99%。

Flash 近几年来发展迅速。虽然它主要还是用于浏览器，但其整体外观已经变得更加多样化。Flash 不仅用于交互式媒介和轻量级应用程序，而且还可以用来部署非常成熟的关键任务应用程序。除了 Flash 之外，Adobe 公司的 Flex 偏向开发人员，容易做出具有丰富交互功能的应用程序。Flex 和 Flash 都以 ActionScript 作为其核心编程语言，并被编译成 swf 文件运行于 Flashplayer 虚拟机中。

Flash 不再局限于浏览器窗口。随着 2007 年 AIR 的发布，Flash 和 Flex 开发人员第一次可以为 Windows、Mac OS X 和 Linux 平台创建独立的跨平台富因特网应用程序。这些 AIR 桌面应用程序不仅具有原生应用程序的外观和体验，而且可以利用原生操作系统的功能，例如本地文件访问、原生菜单和用户界面元素以及操作系统特定事件。

Flash CC 是支持 AIR Android 的开发工具，执行“文件”→“新建”命令，在打开的“新建文档”对话框中选择“模板”选项，进入“从模板新建”对话框，在“类别”列表框中选择 AIR for Android 选项，在“模板”列表框中选择“800×480 空白”选项，如图 13-71 所示。Flash CC 将自动创建 800×480 像素标准尺寸的空白程序。

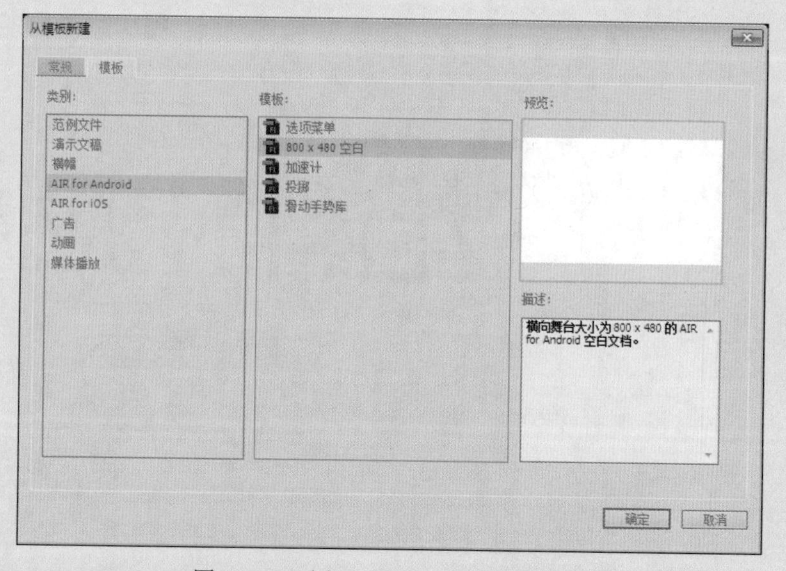

图 13-71　选择“800×480 空白”选项

另外 4 个模板其实都是示例程序，“滑动手势库”是一个支持触摸手势的图片浏览器；“加速计”演示了如何使用加速计；“投掷”是使用 Tween 对象演示奋力投掷的模板；“选项菜单”是一个利用 Menu 键创建菜单的例子。

13 **14** 15 16 17 18

组件的应用

本章导读

组件，就是集成了一些特定功能，并且可以通过设置参数来决定工作方式的影片剪辑元件。设计这些组件的目的是为了让 Flash 用户轻松使用和共享代码、编辑复杂功能、简化工序，使用户无须重复新建元件、编写 ActionScript 动作脚本，就能够快速实现需要的效果。

14.1 组件的用途

组件是带参数的影片剪辑，可以修改其外观和行为。组件既可以是简单的用户界面控件（例如单选按钮或复选框），也可以包含内容（例如滚动窗格）或不可视的。

组件使用户可以将应用程序的设计过程和编码过程分开。通过组件，还可以重复利用代码，可以重复利用自己创建的组件中的代码，也可以通过下载并安装其他开发人员创建的组件来重复利用别人的代码。

通过使用组件，代码编写者可以创建设计人员在应用程序中能用到的功能。开发人员可以将常用功能封装在组件中，设计人员也可以自定义组件的外观和行为，如图 14-1 所示为使用组件制作的一个动态日历。

图 14-1　动态日历

14.2 组件的分类

用户可以通过执行“窗口”→“组件”命令打开“组件”面板，Flash 默认状态下的组件可以分为 User Interface 组件和 Video 组件两类，在“组件”面板中可以看到这两类组件，如图 14-2 所示。

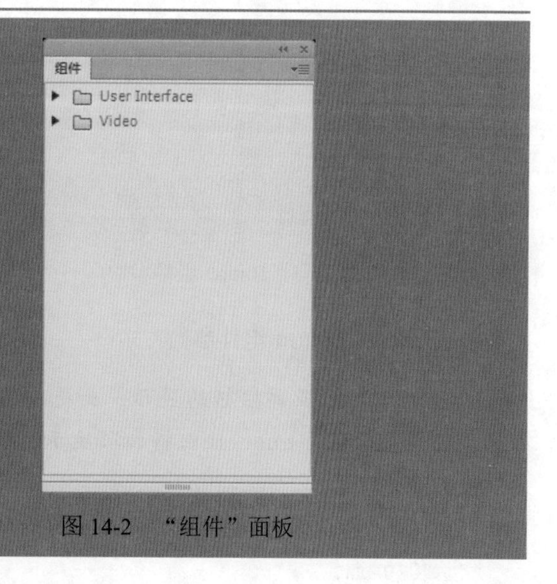

图 14-2　“组件”面板

知识解析：“组件”面板

- User Interface 组件：主要用于创建具有互动功能的用户界面程序。在 User Interface 组件中包括 Button、ComboBox、DataGrid 和 List 等 17 个种类的组件。
- Video 组件：可以创建各种样式的视频播放器。Video 组件中包括多个单独的组件内容，包括 FLVPlayback、BackButton、BufferingBar、ForwardButton、PauseButton 和 PlayPauseButton 等组件。

14.3 User Interface 组件

在前面介绍了组件的分类和基本功能后，下面介绍组件的具体应用与设置的方法。组件的种类繁多，每种组件的使用方法都不一样，因此在使用时要注意区分。

User Interface 组件主要用于创建具有互动功能的用户界面程序，下面进行详细介绍。

14.3.1 Button 组件

Button 组件可以创建一个用户界面按钮。该组件可以调整大小，且用户可以通过“参数”选项卡修改其中的文字内容。

从“组件”面板中将 Button 组件拖放到舞台中，然后打开“属性”面板，参数如图 14-3 所示。

图 14-3　Button 组件参数

知识解析：Button 组件参数

- emphasized：强调按钮的显示，如选中右侧的复选框表示值为 true，按钮将加深显示。默认值为 false。
- enabled：指示组件是否可以接收焦点和输入。默认值为 true。
- label：设置按钮上显示的文本内容，默认值为 Label。
- labelPlacement：确定按钮上的标签文本相对于图标的方向。该参数包括 left、right、top 和 bottom 4 个选项。默认值为 right。
- selected：如果 toggle 参数的值是 true，则该参数指定按钮是处于按下状态（true），若为 false，则为释放状态，默认值为 false。
- toggle：将按钮转变为切换开关。如果值为 true，则按钮在单击后保持按下状态，并在再次单击时返回到弹起状态；如果值为 false，则按钮行为与一般按钮相同，默认值为 false。
- visible：是一个布尔值，它指示对象是（true）否（false）可见。默认值为 true。

实例操作：精美壁纸

- 光盘 \ 素材 \ 第 14 章 \1.jpg、2.jpg、3.jpg、4.jpg、5.jpg、6.jpg
- 光盘 \ 效果 \ 第 14 章 \ 精美壁纸 .swf

本例主要是使用 Button 组件制作“精美壁纸”动画实例，完成后的效果如图 14-4 所示。

图 14-4　完成效果

Step 1 ▶ 新建一个Flash空白文档，执行"修改"→"文档"命令，打开"文档设置"对话框，将"舞台大小"设置为600×420像素，"舞台颜色"设置为黑色，完成后单击 确定 按钮，如图14-5所示。

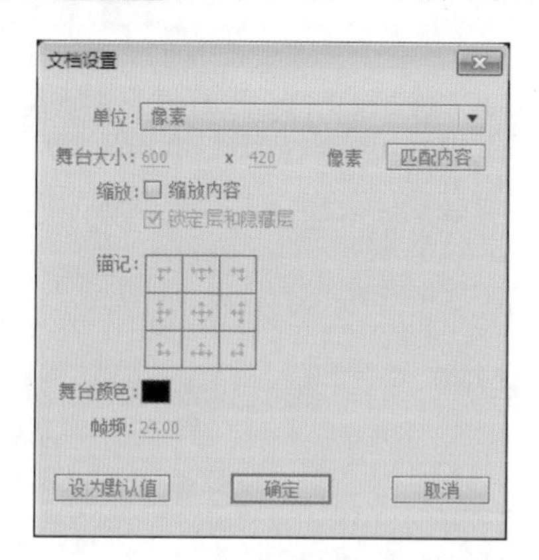

图14-5 "文档设置"对话框

Step 2 ▶ 执行"文件"→"导入"→"导入到库"命令，将6幅图片分别导入到库中，如图14-6所示。

图14-6 导入图片

Step 3 ▶ 从"库"面板中将一幅图片拖动到舞台中，如图14-7所示。

Step 4 ▶ 选中第1帧，右击，在弹出的快捷菜单中选择"动作"命令，在打开的"动作"面板中输入代码"stop();"，如图14-8所示。

Step 5 ▶ 在图层1的第2~6帧分别插入空白关键帧，然后将其余的5幅图片依次放置到各帧中，如图14-9所示。

图14-7 拖入图片

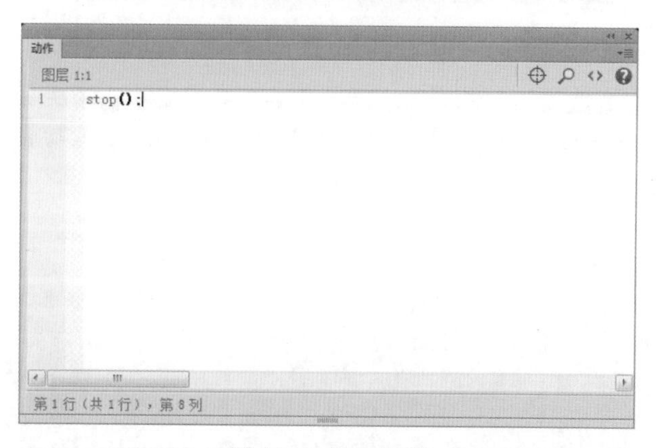

图14-8 输入代码

图14-9 拖入图片

Step 6 ▶ 依次在图层1的第2~6帧上添加代码"stop();"，如图14-10所示。

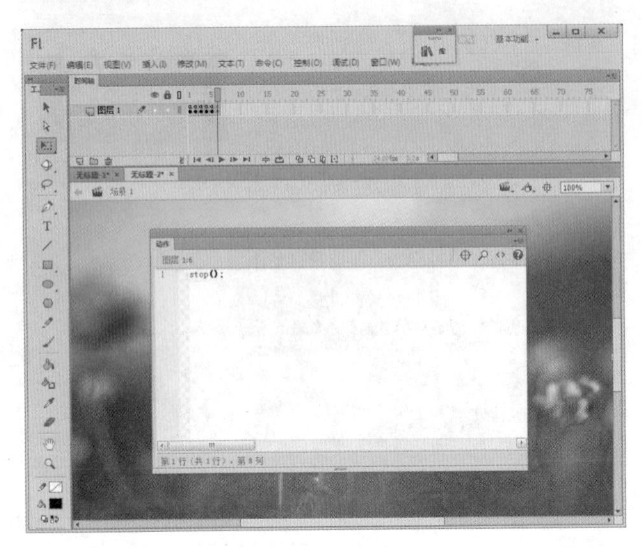

图14-10　添加代码

Step 7 ▶ 新建图层2，使用文本工具T输入"精美壁纸欣赏"，并在"组件"面板中将Button组件拖放到文字右侧，如图14-11所示。

图14-11　输入文字并拖入组件

Step 8 ▶ 选中Button组件，在"属性"面板中将其实例名称设置为an，在label右侧的文本框中输入"下一幅"，如图14-12所示。

Step 9 ▶ 新建图层3，选择该层的第1帧，在"动作"面板中输入如下代码，如图14-13所示。

```
an.addEventListener(MouseEvent.CLICK, fl_ClickToGoToNextFrame);
function fl_ClickToGoToNextFrame(event:MouseEvent):void
{
    nextFrame();
}
```

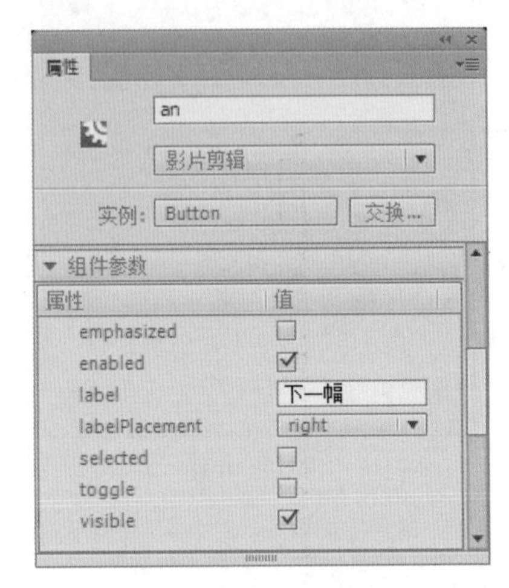

图14-12　设置参数

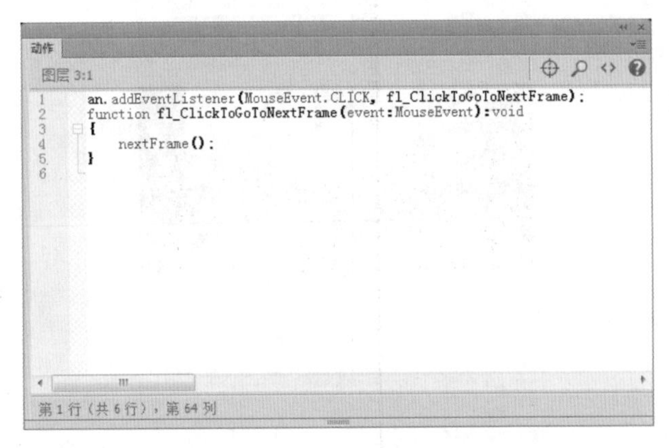

图14-13　输入代码

Step 10 ▶ 保存文件，然后按Ctrl+Enter组合键测试动画即可，如图14-14所示。

读书笔记

图 14-14 动画效果

14.3.2 CheckBox 组件

CheckBox 组件用于在 Flash 影片中添加复选框，只需为其设置简单的组件参数，就可以在影片中应用。

从“组件”面板中将 CheckBox 组件拖放到舞台中，打开“属性”面板，在面板中可以看到该组件的参数，如图 14-15 所示。

图 14-15 CheckBox 组件参数

知识解析：CheckBox 组件参数

◆ label：单击“值”对应的文字栏，为 CheckBox 输入将要显示的文字内容。

◆ labelPlacement：为 CheckBox 设置复选框的位置，包括 left、right、top 和 bottom。left 表示在文本左边显示，right 表示在文本右边显示，top 表示在文本上方显示，bottom 表示在文本下方显示，如图 14-16 所示。

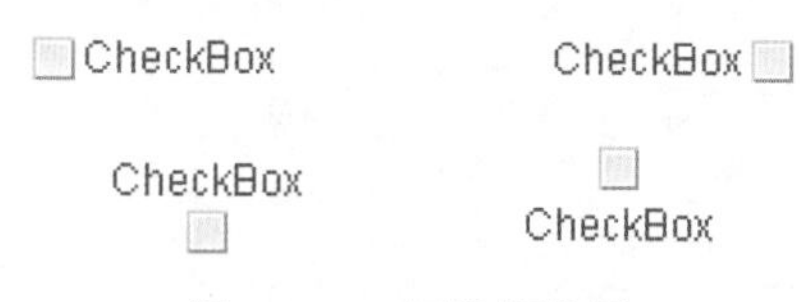

图 14-16 复选框位置

◆ selected：该 CheckBox 的初始状态。false 表示未选中复选框，true 表示已经选中复选框。

14.3.3 ColorPicker 组件

ColorPicker 组件将显示包含一个或多个颜色样本的列表，用户可以从中选择颜色。默认情况下该组件在方形按钮中显示单一颜色样本。当用户单击此按钮时将打开一个面板，其中显示样本的完整列表。从“组件”面板中将 ColorPicker 组件拖放到舞台中，打开“属性”面板，在面板中可以看到该组件的参数，如图 14-17 所示。

图 14-17 ColorPicker 组件参数

知识解析：ColorPicker 组件参数

◆ selectedColor：单击右侧的颜色框设置当前显示的颜色，如图 14-18 所示。

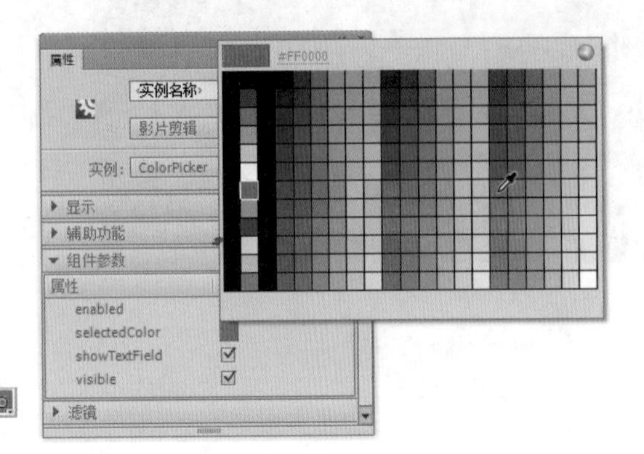

图 14-18　设置颜色

◆ showTextField：设置颜色的值是否显示，如选中右侧的复选框，显示如图 14-19 所示；若未选中，显示如图 14-20 所示。

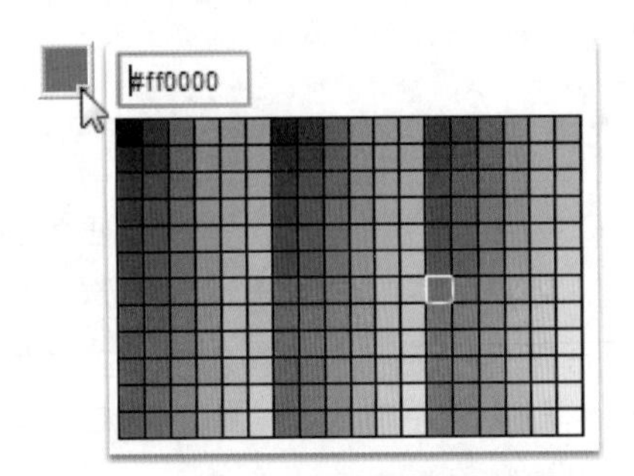

图 14-19　选中右侧的复选框

图 14-20　未选中右侧的复选框

14.3.4 ComboBox 组件

ComboBox 组件是一个下拉菜单，通过“参数”选项卡可以设置它的菜单项目数及各项的内容，在影片中进行选择时既可以使用鼠标也可以使用键盘。

从“组件”面板中将 ComboBox 组件拖放到舞台中，打开“属性”面板，在面板中可以看到该组件的设置内容，如图 14-21 所示。

图 14-21　ComboBox 组件参数

知识解析：ComboBox 组件参数

◆ dataProvider：将一个数据值与 ComboBox 组件中的每个项目相关联。

◆ editable：决定用户是否可以在下拉列表框中输入文本。如果可以输入则选中，如果只能选择不能输入则不选中，默认值为未选中。

◆ prompt：为下拉菜单显示提示内容。

◆ restrict：指示用户可在组合框的文本字段中输入的字符集。

◆ rowCount：确定在不使用滚动条时最多可以显示的项目数，默认值为 5。

14.3.5 DataGrid 组件

DataGrid 组件可以使用户创建强大的数据驱动的显示和应用程序。使用 DataGrid 组件，可以实例化使用 Adobe Flash Remoting 的记录集（从 Adobe ColdFusion、Java 或 .NET 中的数据库查询中检索），然后将其显示在实例中，用户也可以使用它显示数据集或数组中的数据。该组件有水平滚动、更新的事件支持、增强的排序等功能，如图 14-22 所示。

图 14-22　DataGrid 组件参数

知识解析：DataGrid 组件参数

- allowMultipleSelection：设置是否允许多选。
- editable：是一个布尔值，它指定组件内的数据是否可编辑。该参数包括true和false两个参数值，分别表示可编辑和不可编辑，默认值为 false。
- headerHeight：设置 DataGrid 标题的高度，以像素为单位，默认为 25。
- horizontalLineScrollSize：设置一个值，该值描述当单击滚动箭头时要在水平方向上滚动的内容量。
- horizontalPageScrollSize：获取或设置按滚动条轨道时水平滚动条上滚动滑块要移动的像素数。
- horizontalScrollPolicy：设置水平滚动条是否始终打开。
- resizableColumns：设置能否更改列的尺寸。
- rowHeight：指示每行的高度（以像素为单位）。更改字体大小不会更改行高度，默认值为 20。
- showHeaders：设置 DataGrid 组件是否显示列标题。
- sortableColumns：设置能否通过单击列标题单元格对数据提供者中的项目进行排序。
- verticalLineScrollSize：设置一个值，该值描述当单击垂直滚动条时要在垂直方向上滚动的内容量。
- verticalPageScrollSize：用于设置按滚动条时垂直滚动条上滚动滑块要移动的像素数。
- verticalScrollPolicy：设置垂直滚动条是否始终打开。

14.3.6 Label 组件

Label 组件就是一行文本，它的作用与文本的作用相似。从“组件”面板中将 Label 组件拖到舞台中，然后在“属性”面板中选中 text 项，使其成为可编辑状态，并在其中输入新的文本内容，即可完成对该组件内容的编辑，如图 14-23 所示。

图 14-23　Label 组件

读书笔记

14.3.7 List 组件

List 组件是一个可滚动的单选或多选列表框，该列表还可显示图形内容及其他组件。用户可以通过“属性”面板，完成对该组件中各项内容的设置，如图 14-24 所示。

图 14-24　List 组件参数

知识解析：List 组件参数

- allowMultipleSelection：设置是否允许多选。
- dataProvider：由填充列表数据的值组成的数组。默认值为 [ ]（空数组）。没有相应的运行属性。
- enabled：指示组件是否可以接收焦点和输入。默认值为 true。
- horizontalLineScrollSize：设置一个值，该值描述当单击滚动箭头时要在水平方向上滚动的内容量。
- horizontaPageScrollSize：获取或设置按滚动条轨道时水平滚动条上滚动滑块要移动的像素数。
- horizontalScrollPolicy：设置水平滚动条是否始终打开。
- verticalLineScrollSize：设置一个值，该值描述当单击垂直滚动条时要在垂直方向上滚动的内容量。
- verticalPageScrollSize：用于设置按滚动条时垂直滚动条上滚动滑块要移动的像素数。
- verticalScrollPolicy：设置垂直滚动条是否始终打开。
- visible：是一个布尔值，它指示对象是（true）否（false）可见。默认值为 true。

14.3.8 NumericStepper 组件

NumericStepper 组件允许用户逐个通过一组排序数字。分别单击向上、向下箭头按钮，文本框中的数字将产生递增或递减的效果，该组件只能处理数值数据，参数如图 14-25 所示。

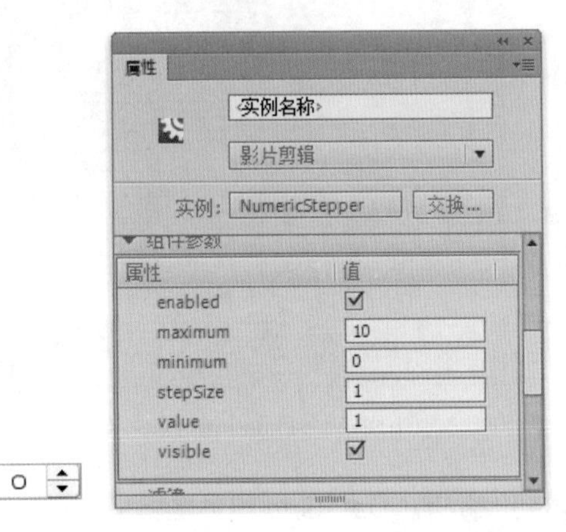
图 14-25　NumericStepper 组件参数

知识解析：NumericStepper 组件参数

- maximum：设置可在步进器中显示的最大值，默认值为 10。
- minimum：设置可在步进器中显示的最小值，默认值为 0。
- stepSize：设置每次单击时步进器增大或减小的单位，默认值为 1。
- value：设置在文本区域中显示的值，默认值为 1。

读书笔记

14.3.9 ProgressBar 组件

ProgressBar 组件是一个显示加载情况的进度条。通过“属性”面板，可以设置该组件中文字的内容及相对位置，如图 14-26 所示。

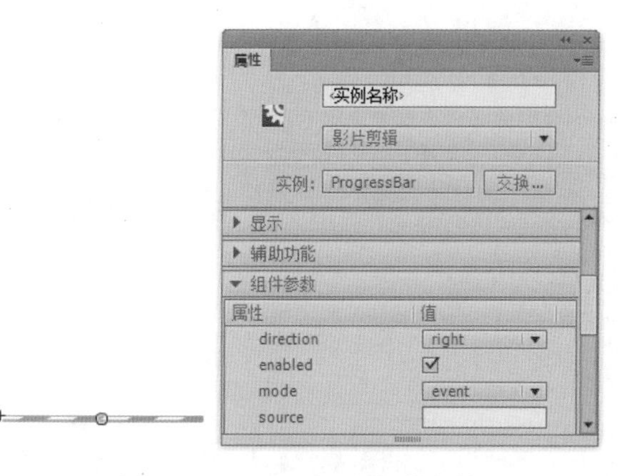

图 14-26 ProgressBar 组件参数

知识解析：ProgressBar 组件参数

- direction：指示进度栏填充的方向。该值可以是 right 或 left，默认值为 right。
- mode：是进度栏运行的模式。此值可以是 event、polled 或 tools 之一。默认值为 event。
- source：是一个要转换为对象的字符串，它表示源的实例名称。

实例操作：动画加载进度条

- 光盘 \ 素材 \ 第 14 章 \d1.jpeg
- 光盘 \ 效果 \ 第 14 章 \ 动画加载进度条 .swf

本例主要是使用 ProgressBar 组件制作动画加载进度条效果，完成后的效果如图 14-27 所示。

图 14-27 完成效果

Step 1 新建一个 Flash 空白文档，执行“修改”→“文档”命令，打开“文档设置”对话框，将“舞台大小”设置为 410×400 像素，完成后单击 确定 按钮，如图 14-28 所示。

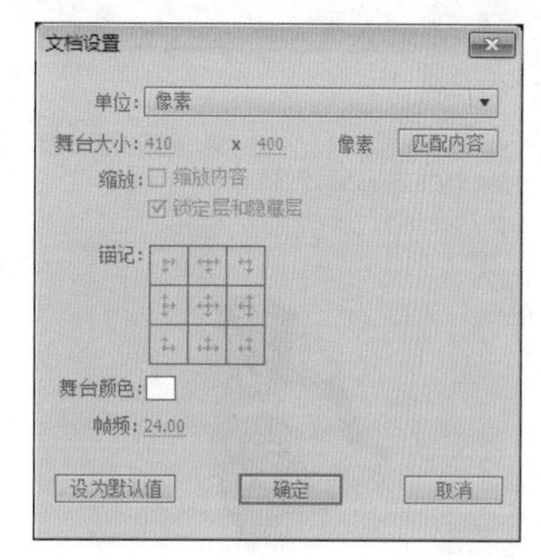

图 14-28 “文档设置”对话框

Step 2 执行“文件”→“导入”→“导入到舞台”命令，将一幅图像导入到舞台上，如图 14-29 所示。

图 14-29 导入图像

读书笔记

Step 3 ▶ 新建图层 2，将 ProgressBar 组件从“组件”面板中拖到舞台上，并在“属性”面板中将其实例名设置为 aPb，如图 14-30 所示。

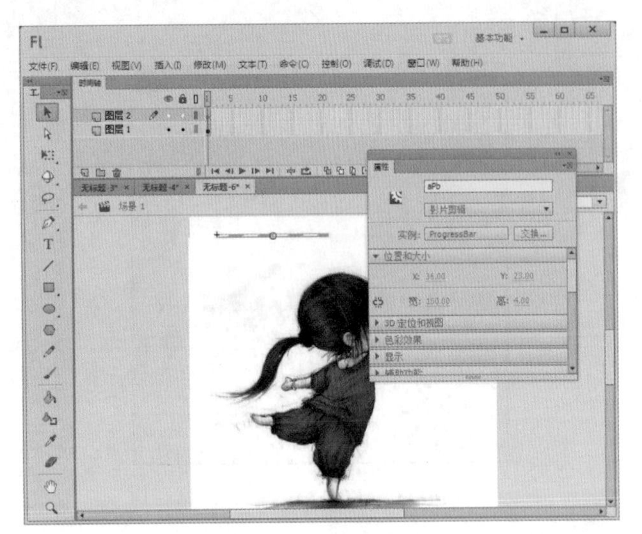

图 14-30　设置实例名

Step 4 ▶ 将 Label 组件从“组件”面板中拖到舞台上，并在“属性”面板中将其实例名设置为 progLabel，如图 14-31 所示。

图 14-31　设置实例名

Step 5 ▶ 新建图层 3，选中该层的第 1 帧，在“动作”面板中输入如下代码，如图 14-32 所示。

```
import fl.controls.ProgressBarMode;
import flash.events.ProgressEvent;
import flash.media.Sound;
var aSound:Sound = new Sound();
var url:String = "1.mp3";
var request:URLRequest = new URLRequest(url);
aPb.mode = ProgressBarMode.POLLED;
aPb.source = aSound;
aSound.addEventListener(ProgressEvent.PROGRESS, 
loadListener);
aSound.load(request);
function loadListener(event:ProgressEvent) {
var percentLoaded:int = event.target.bytesLoaded / event.
target.bytesTotal * 100;
progLabel.text = "Percent loaded: " + percentLoaded + "%";
trace("Percent loaded: " + percentLoaded + "%");
}
```

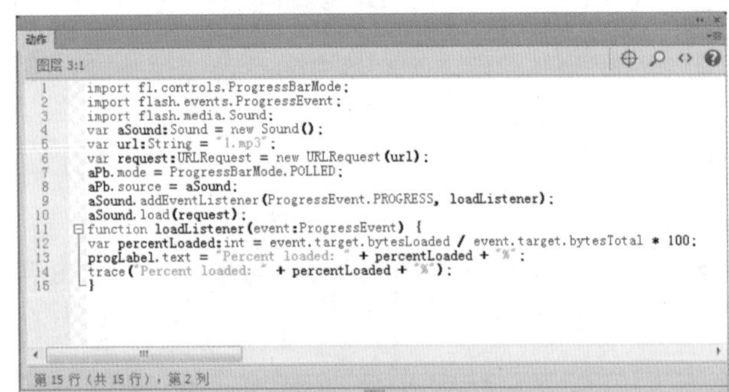

图 14-32　输入代码

Step 6 ▶ 保存文件，然后按 Ctrl+Enter 组合键测试动画即可，如图 14-33 所示。

图 14-33　动画效果

14.3.10 RadioButton 组件

RadioButton 组件是单选按钮，用户只能选择同一组选项中的一项。每组中必须有两个或两个以上的 RadioButton 组件，当一个被选中，该组中的其他按钮将取消选择。

要使用该组件，只需要从组件面板中拖放多个到舞台中，然后在“属性”面板中进行设置即可，如图 14-34 所示。

图 14-34　RadioButton 组件参数

知识解析：RadioButton 组件参数

- groupName：单选按钮的组名称，默认值为 RadioButtonGroup，可以通过修改组名称来划分单选按钮的组。
- label：设置单选按钮上显示的文本。
- labelPlacement：确定按钮上标签文本的方向。该参数包括 left、right、top 和 bottom 共 4 个值，默认值为 right。
- selected：将单选按钮的初始值设置为被选中或取消选中，被选中的单选按钮中会显示一个圆点。
- value：与单选按钮关联的用户定义值。

读书笔记

14.3.11 ScrollPane 组件

ScrollPane 组件可以在一个可滚动区域中显示影片剪辑、JPEG 文件和 SWF 文件。通过使用滚动窗格，可以限制这些媒体类型所占用的屏幕区域的大小，滚动窗格可以显示从本地磁盘或 Internet 加载的内容。ScrollPane 组件的参数如图 14-35 所示。

图 14-35　ScrollPane 组件参数

知识解析：ScrollPane 组件参数

- horizontalLineScrollSize：指示每次单击箭头按钮时水平滚动条移动多少个单位，默认值为 4。
- horizontalPageScrollSize：获取或设置按滚动条轨道时水平滚动条上滚动滑块要移动的像素数。
- horizontalScrollPolicy：设置水平滚动条是否始终打开。该值可以是 on、off 或 auto，默认值为 auto。
- scrollDrag：是一个布尔值，确定用户在滚动窗格中拖动内容时是否发生滚动，默认值为不滚动。
- source：是一个要转换为对象的字符串，它表示源的实例名称。
- verticalLineScrollSize：设置一个值，该值描述当单击垂直滚动条时要在垂直方向上滚动的内容量。
- verticalPageScrollSize：用于设置按滚动条时垂直滚动条上滚动滑块要移动的像素数。
- verticalScrollPolicy：设置垂直滚动条是否始终打开。

14.3.12 Slider 组件

Slider组件常用来控制Flash中的声音播放。从“组件”面板中将Slider组件拖放到舞台中，打开“属性”面板，在面板中可以看到该组件的参数，如图14-36所示。

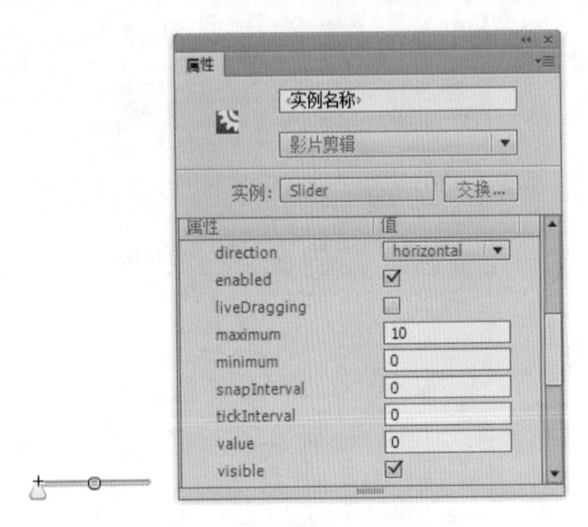

图 14-36　Slider 组件参数

知识解析：Slider 组件参数

- direction：设置 Slider 组件的方向。
- liveDragging：设置或获取当滑块移动时，是否持续广播 SliderEvent.CHANGE 事件。默认值为 false。
- maximum：设置或获取 Slider 组件实例允许的最大值，默认值为 10。
- minimum：设置或获取 Slider 组件实例允许的最小值，默认值为 0。
- snapInterval：设置或获取滑块移动时的步进值，默认值为 0。
- tickInterval：设定滑条的标尺刻度的步进值，默认值为 0。
- value：设置或获取 Slider 组件的当前值，默认值为 0。

读书笔记

14.3.13 TextArea 组件

TextArea 组件可以创建一个进行文本输入的文本框。用户可以在这个文本框中输入文本内容，并可以在其中进行换行操作。通过组件的“属性”面板，可以设置组件的初始内容、是否可编辑、是否自动换行等参数，如图 14-37 所示。

图 14-37　TextArea 组件参数

知识解析：TextArea 组件参数

- editable：指 TextArea 组件是否可编辑，默认值为 true，表示可编辑。
- horizontalScrollPolicy：设置水平滚动条是否始终打开。该值可以是 on、off 或 auto，默认值为 auto。
- htmlText：在 TextArea 组件中显示的初始内容。在文本框中输入文本内容，即会在组件中显示出来，默认值为空。文本字段采用 HTML 格式。
- maxChars：设置文本字段最多可以容纳的字符数
- restrict：设置用户可在文本字段中输入的字符集。
- text：组件的文本内容。
- verticalScrollPolicy：设置是否显示垂直滚动条。
- wordWrap：指文本是否自动换行。该参数包括 false 和 true 两个参数值，默认值为 true。

14.3.14 TextInput 组件

TextInput 组件可以输入单行文本内容或密码。通过该组件的“属性”面板，可以设置该组件是否可以编辑、组件输入的内容形式及组件的初始内容等，如图 14-38 所示。

图 14-38 TextInput 组件参数

知识解析：TextInput 组件参数

- displayAdPassword：指示字段是（true）否（false）为密码字段，默认值为 false。
- editable：指 TextArea 组件是否可编辑，默认值为 true，表示可编辑。
- maxChars：设置文本字段最多可以容纳的字符数。
- restrict：设置用户可在文本字段中输入的字符集。
- text：组件的文本内容。
- visible：是一个布尔值，指示对象是（true）否（false）可见，默认值为 true。

读书笔记

实例操作：登录窗口

- 光盘 \ 素材 \ 第 14 章 \d2.jpeg
- 光盘 \ 效果 \ 第 14 章 \ 登录窗口 .swf

本例主要是使用 TextInput 组件制作登录窗口效果，完成后的效果如图 14-39 所示。

图 14-39 完成效果

Step 1 新建一个 Flash 空白文档，执行“修改”→“文档”命令，打开“文档设置”对话框，将“舞台大小”设置为 690×410 像素，完成后单击 确定 按钮，如图 14-40 所示。

图 14-40 “文档设置”对话框

Step 2 执行“文件”→“导入”→“导入到舞台”命令，将一幅图像导入到舞台上，如图 14-41 所示。

Step 3 新建图层 2，将 Label 组件从“组件”面板中拖到舞台上，并在“属性”面板中将其实例名设置为 pwdLabel，在 text 文本框中输入“用户名：”，如图 14-42 所示。

图 14-41　导入图像

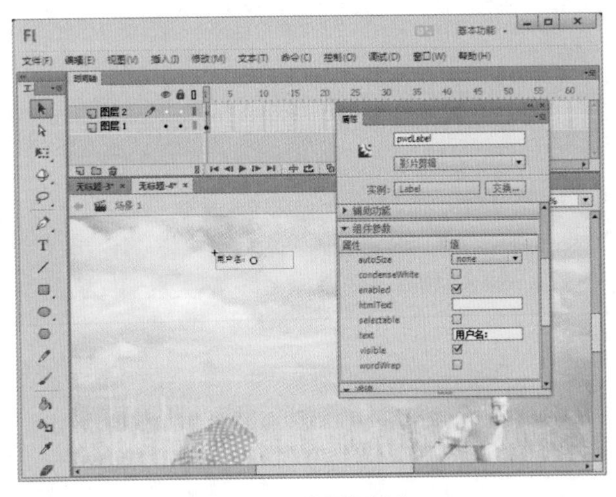

图 14-42　设置实例名 1

Step 4 ▶ 再一次将 Label 组件从“组件”面板中拖到舞台上，并在“属性”面板中将其实例名设置为 pwdLabel，在 text 文本框中输入“密码：”，如图 14-43 所示。

Step 5 ▶ 将 TextInput 组件从“组件”面板中拖曳到“用户名：”的右侧，并在“属性”面板中将其实例名设置为 pwdTi，如图 14-44 所示。

Step 6 ▶ 将 TextInput 组件从“组件”面板中拖曳到“密码：”的右侧，并在“属性”面板中将其实例名设置为 confirmTi，然后选中 displayAsPassword 复选框，如图 14-45 所示。

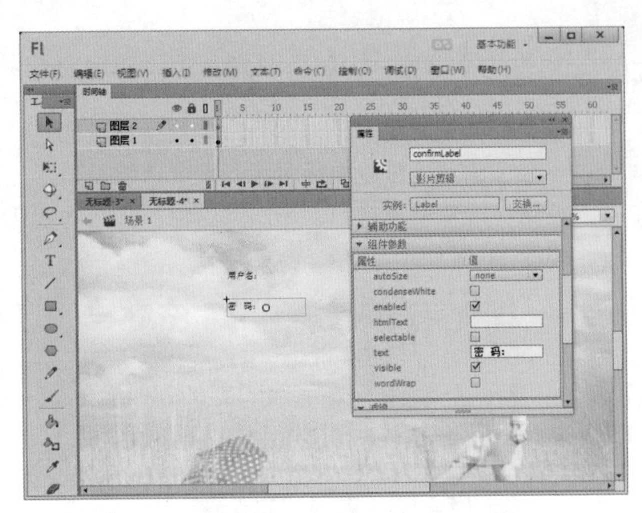

图 14-43　设置实例名 2

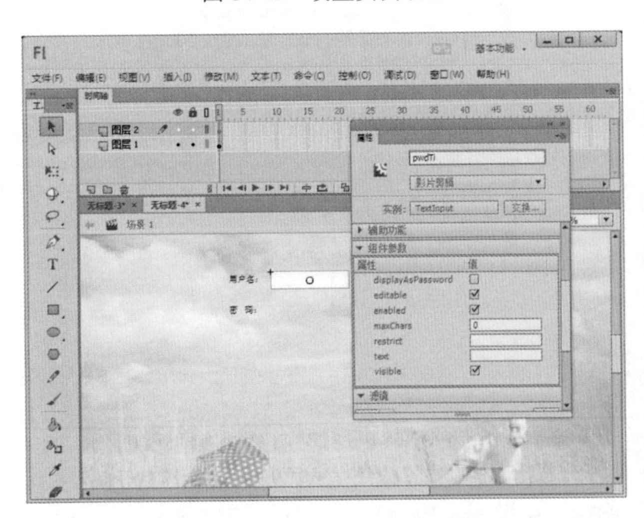

图 14-44　设置实例名 3

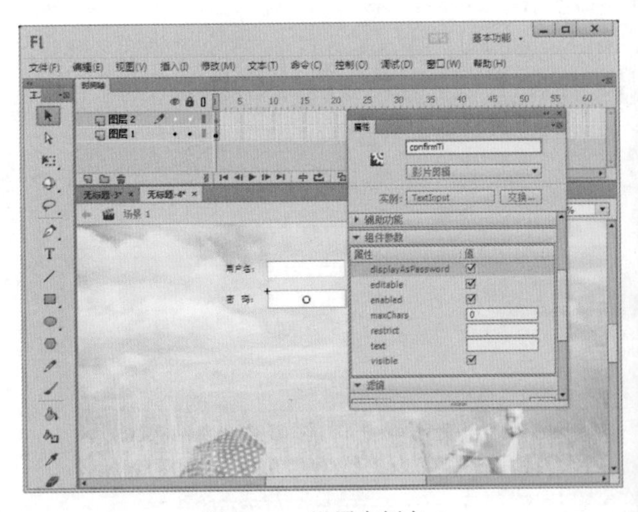

图 14-45　设置实例名 4

Step 7 ▶ 在“组件”面板中将Button组件拖曳到舞台上，在“属性”面板上的label文本框中输入“登录”，如图14-46所示。

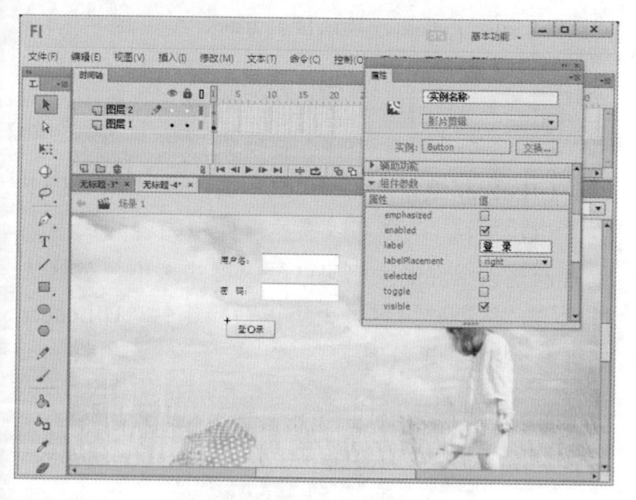

图14-46　拖曳Button组件1

Step 8 ▶ 再一次在“组件”面板中将Button组件拖曳到舞台上，在“属性”面板上的label文本框中输入“取消”，如图14-47所示。

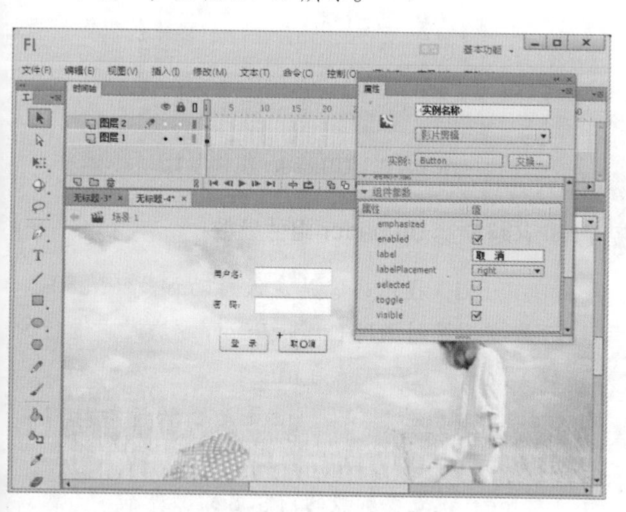

图14-47　拖曳Button组件2

Step 9 ▶ 新建图层3，选中该层的第1帧，在“动作”面板中输入如下代码，如图14-48所示。

```
function tiListener(evt_obj:Event){
if(confirmTi.text != pwdTi.text || confirmTi.length < 8)
{
trace("Password is incorrect. Please reenter it.");
}
else {
trace("Your password is: " + confirmTi.text);
}
}
confirmTi.addEventListener("enter", tiListener);
```

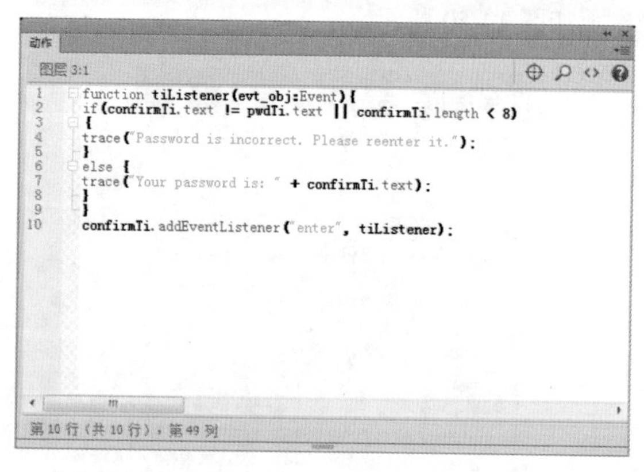

图14-48　输入代码

Step 10 ▶ 保存文件，然后按Ctrl+Enter组合键测试动画即可，如图14-49所示。

图14-49　动画效果

读书笔记

14.3.15 TileList 组件

TileList 组件由一个列表组成，该列表由通过数据提供者提供数据的若干行和列组成。TileList 组件的参数如图 14-50 所示。

图 14-50　TileList 组件参数

知识解析：TileList 组件参数

- allowMultipleSelection：设置是否允许多选。
- columnCount：设置在列表中可见的列的列数。
- columnWidth：设置应用于列表中列的宽度，以像素为单位。
- dataProvider：设置要查看的项目列表的数据模型。
- direction：设置 TileList 组件是水平滚动还是垂直滚动。
- horizontalLineScrollSize：指示每次单击箭头按钮时水平滚动条移动多少个单位，默认值为 4。
- horizontalPageScrollSize：获取或设置按滚动条轨道时水平滚动条上滚动滑块要移动的像素数。
- rowCount：设置在列表中可见的行的行数。
- rowHeight：设置应用于列表中每一行的高度，以像素为单位。
- scrollPolicy：设置滚动条是否显示。
- verticalLineScrollSize：设置一个值，该值描述当单击垂直滚动条时要在垂直方向上滚动的内容量。
- verticalPageScrollSize：用于设置按滚动条时垂直滚动条上滚动滑块要移动的像素数。
- visible：是一个布尔值，它指示对象是（true）否（false）可见，默认值为 true。

14.3.16 UILoader 组件

UILoader 组件好比一个显示器，可以显示 SWF 或 JPEG 文件。用户可以缩放组件中内容的大小，或者调整该组件的大小来匹配内容的大小。在默认情况下，将调整内容的大小以适应组件，UILoader 组件参数如图 14-51 所示。

图 14-51　UILoader 组件参数

知识解析：UILoader 组件参数

- autoLoad：指示内容是应该自动加载（true），还是应该等到调用 Loader.load() 方法时再进行加载（false）。默认值为 true。
- maintainAspectRatio：设置是否保持加载内容的高宽比。
- source：设置要加载的内容名称。
- scaleContent：指示是内容进行缩放以适合加载器（true），还是加载器进行缩放以适合内容（false）。默认值为 true。

读书笔记

实例操作：在 Flash 中加载图像

- 光盘 \ 素材 \ 第 14 章 \d3.jpg
- 光盘 \ 效果 \ 第 14 章 \ 在 Flash 中加载图像 .swf

本例主要是使用 UILoader 组件制作加载图像效果，完成后的效果如图 14-52 所示。

图 14-52　完成效果

Step 1 ▶ 新建一个 Flash 空白文档，执行“修改”→“文档”命令，打开“文档设置”对话框，将“舞台大小”设置为 734×420 像素，完成后单击 确定 按钮，如图 14-53 所示。

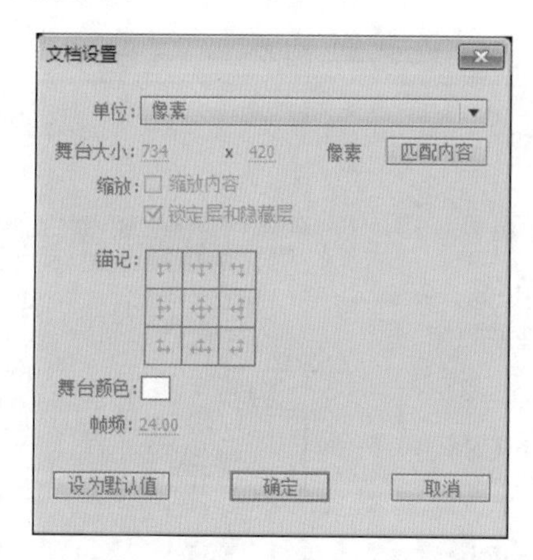

图 14-53　“文档设置”对话框

Step 2 ▶ 将 UILoader 组件从“组件”面板中拖到舞台上，并在“属性”面板中将“宽”和“高”分别设置为 734 与 420 像素，如图 14-54 所示。

Step 3 ▶ 保存文件，将其与要加载的图像保存在同一文件夹中，如图 14-55 所示。

Step 4 ▶ 选择舞台中的 UILoader 组件，在“属性”面板上的 source 文本框中输入“d3.jpg”，如图 14-56 所示。

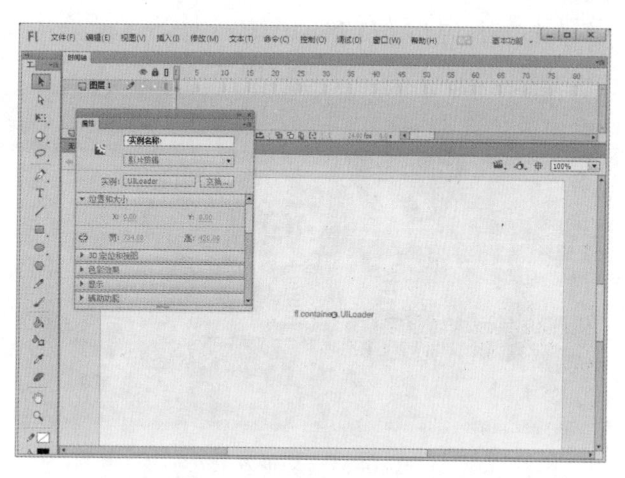

图 14-54　设置组件的宽和高

图 14-55　保存文件

图 14-56　输入图像名称

Step 5 ▶ 保存文件，然后按 Ctrl+Enter 组合键测试动画即可，如图 14-57 所示。

图 14-57　动画效果

14.3.17 UIScrollBar 组件

UIScrollBar 组件允许将滚动条添加至文本字段。该组件的功能与其他所有滚动条类似，它两端各有一个箭头按钮，按钮之间有一个滚动轨道和滚动滑块。它可以附加至文本字段的任何一边，既可以垂直使用也可以水平使用。UIScrollBar 组件参数如图 14-58 所示。

图 14-58　UIScrollBar 组件参数

知识解析：UIScrollBar 组件参数

- direction：设置 UIScrollBar 组件是水平滚动还是垂直滚动。
- scrollTargetName：设置文本字段实例的名称。
- visible：设置滚动条是否可见。

知识大爆炸
——Video 组件的知识

Video 组件可以创建各种样式的视频播放器。Video 组件中包括多个单独的组件内容，包括 FLVPlayback、BackButton、BufferingBar、ForwardButton、PauseButton 和 PlayPauseButton 等组件，如图 14-59 所示。

- FLVPlayback：可以将视频播放器包括在 Adobe Flash CS6 Professional 应用程序中，以便播放通过 HTTP 渐进式下载的 Adobe Flash 视频（FLV）文件，或者播放来自 Adobe 的 Adobe Flash Media Server 或 Flash Video Streaming Service（FVSS）的 FLV 流文件。
- FLVPlayback 2.5：FLVPlayback 2.5 组件是一项对于 FLVPlayback 组件的更新，它是 Flash Media Server software tools 页面上的一个下载项目，供 Flash Professional CC 使用。
- FLVPlaybackCaptioning：可以使用 FLVPlaybackCaptioning 组件显示字幕。

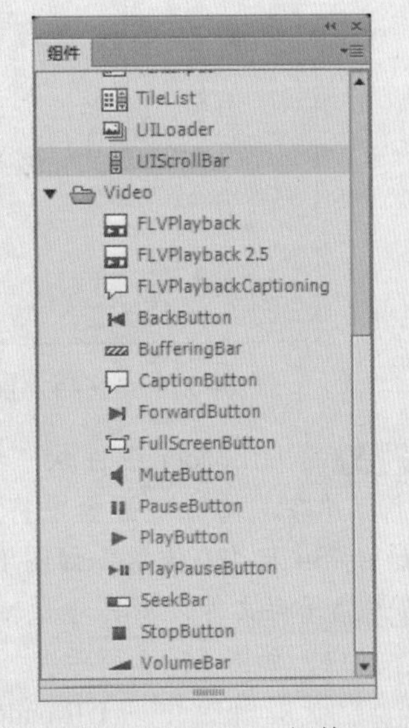

图 14-59　Video 组件

- BackButton：可以在舞台上添加一个“后退”控制按钮。从“组件”面板中将BackButton组件拖放到舞台中，即可应用该组件。如果要对其外观进行编辑，可以在舞台中双击该组件，然后进行编辑即可。
- BufferingBar：可以在舞台上创建一个缓冲栏对象。该组件在默认情况下，是一个从左向右移动的有斑纹的条，在该条上有一个矩形遮罩，使其呈现斑纹滚动效果。
- CaptionButton：使用该组件设置标题按钮。
- ForwardButton：可以在舞台中添加一个“前进”控制按钮。如果要对其外观进行编辑，可以在舞台中双击该组件，然后进行编辑即可。
- FullScreenButton：设置全屏显示的按钮。
- MuteButton：可以在舞台中创建一个声音控制按钮。MuteButton按钮是带两个图层且没有脚本的一个帧。在该帧上，有和两个按钮，彼此叠放。
- PauseButton：可以在舞台中创建一个暂停控制按钮。其功能和Flash中一般的按钮相似，按钮组件需要被设置特定的控制事件后，才可以在影片中正常工作。
- PlayButton：可以在舞台中创建一个播放控制按钮。
- PlayPauseButton：可以在舞台中创建一个播放/暂停控制按钮。PlayPauseButton按钮在设置上与其他按钮不同，它们是带两个图层且没有脚本的一个帧。在该帧上，有play和Pause两个按钮，彼此叠放。
- SeekBar：可以在舞台中创建一个播放进度条，用户可以通过播放进度条来控制影片的播放位置。
- StopButton：可以在舞台中创建一个停止播放控制按钮。
- VolumeBar：可以在舞台中创建一个音量控制器。

读书笔记

13 14 15 16 17 18

动画中的超“炫”特效

本章导读

本章将介绍多个动画中超“炫”特效的制作，包括文字特效、鼠标与按钮特效、Action 动画特效的制作。这些特效在 Flash 动画中的应用非常广泛，读者应重点掌握。

15.1 文字特效制作

在 Flash 动画的制作过程中，常常需要做一些文字特效动画。本节将介绍 4 个根据不同属性的变化来实现的文字特效实例。通过本章的学习，读者还可以通过不同的制作方法，充分发挥自己的想象力来创建不同的文字特效。

15.1.1 文字冲击波

- 光盘 \ 素材 \ 第 15 章 \t1.jpg
- 光盘 \ 效果 \ 第 15 章 \ 文字冲击波 .swf

本实例主要使用文本工具与调整 Alpha 值来制作，完成后的效果如图 15-1 所示。

图 15-1　完成效果

Step 1 ▶ 启动 Flash CC，新建一个 Flash 空白文档。执行“修改”→“文档”命令，打开“文档设置”对话框，将“舞台大小”设置为 720×400 像素，如图 15-2 所示。设置完成后单击 确定 按钮。

图 15-2　“文档设置”对话框

Step 2 ▶ 执行“文件”→“导入”→“导入到舞台”命令，将一幅背景图片导入到舞台上，如图 15-3 所示。

图 15-3　导入图像

Step 3 ▶ 执行“插入”→“新建元件”命令，打开“创建新元件”对话框。在“名称”文本框中输入名称“文字”，在“类型”下拉列表框中选择“影片剪辑”选项，如图 15-4 所示。完成后单击 确定 按钮进入按钮元件编辑区。

图 15-4　“创建新元件”对话框

Step 4 ▶ 选择文本工具 T，在“属性”面板中设置文字的字体为“迷你简菱心”，将字号设置为 56，将字母间距设置为 2，将字体颜色设置为红色，如图 15-5 所示。

Step 5 ▶ 在影片剪辑编辑区中输入文字“慵懒的午后

时光”，如图 15-6 所示。

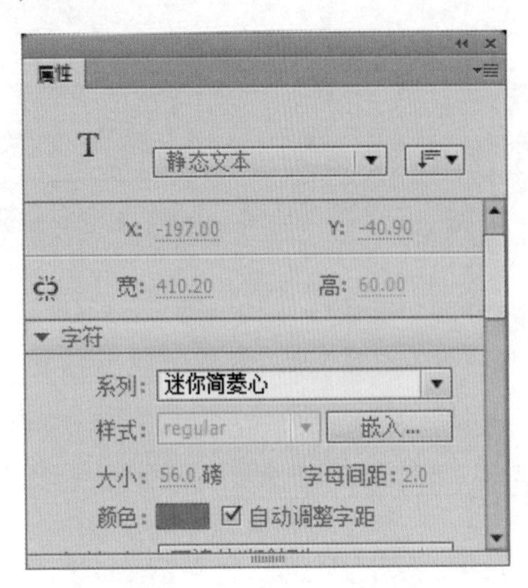

图 15-5 设置文本属性

图 15-6 输入文字

Step 6 执行“插入”→“新建元件”命令，打开“创建新元件”对话框。在“名称”文本框中输入按钮的名称“动画”，在“类型”下拉列表框中选择“影片剪辑”选项，如图 15-7 所示。完成后单击 确定 按钮进入按钮元件编辑区。

图 15-7 “创建新元件”对话框

Step 7 打开库面板，把影片剪辑“文字”拖入影片剪辑“动画”中，在时间轴的第 10 帧处按 F6 键插入关键帧，如图 15-8 所示。

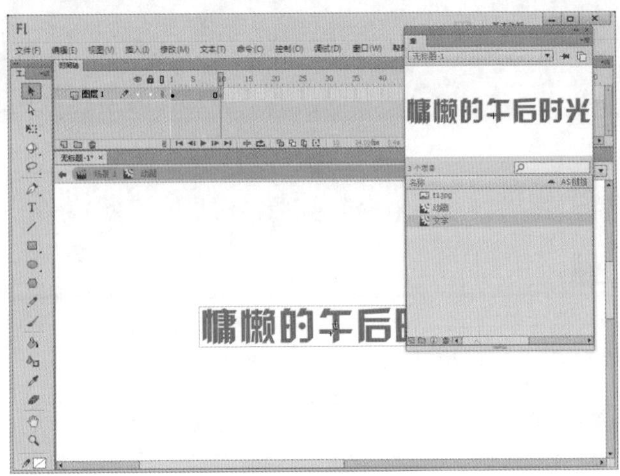

图 15-8 插入关键帧

Step 8 选中第 10 帧处的文字，使用任意变形工具将其放大，如图 15-9 所示。

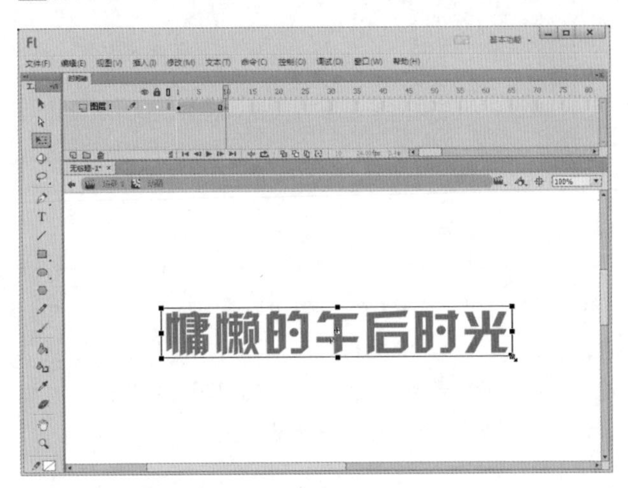

图 15-9 放大文字

读书笔记

Step 9 选中第 10 帧处的文字，设置其 Alpha 值为 0%，并在第 1 帧至第 10 帧之间创建补间动画，如图 15-10 所示。

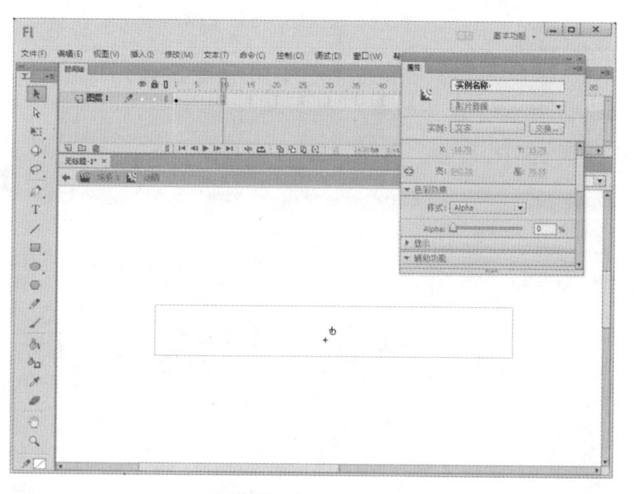
图 15-10 创建动画

Step 10 回到主场景，新建 5 个图层，分别在图层 2 ~ 图层 6 的第 5、10、15、20、25 帧处按 F6 键插入关键帧，如图 15-11 所示。

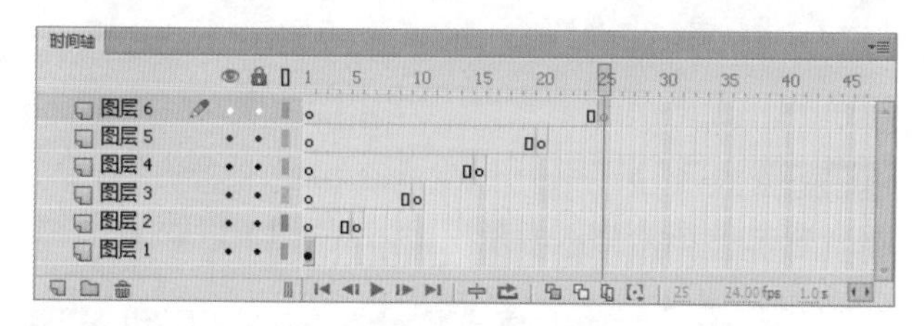
图 15-11 插入关键帧

Step 11 在“库”面板中将影片剪辑“动画”拖曳到图层 2 ~ 图层 6 中的关键帧处，并分别在图层 1 ~ 图层 6 的第 50 帧处按 F5 键插入帧，如图 15-12 所示。

图 15-12 拖曳影片剪辑元件

Step 12 保存动画文件，然后按 Ctrl+Enter 组合键，欣赏本例的完成效果，如图 15-13 所示。

图 15-13 完成效果

读书笔记

15.1.2 奋笔疾书

- 光盘 \ 素材 \ 第 15 章 \t2.jpg、maobi.png
- 光盘 \ 效果 \ 第 15 章 \ 奋笔疾书 .swf

本实例主要使用文本工具、橡皮擦工具、逐帧动画与翻转帧功能来制作，完成后的效果如图 15-14 所示。

图 15-14　完成效果

Step 1 ▶ 启动 Flash CC，新建一个 Flash 空白文档。执行“修改”→“文档”命令，打开“文档设置”对话框，将“舞台大小”设置为 780×560 像素，“帧频”设置为 12，如图 15-15 所示。设置完成后单击 确定 按钮。

图 15-15　“文档设置”对话框

Step 2 ▶ 选择文本工具 T，在“属性”面板中设置文字的字体为“微软简行楷”，将字号设置为 220，将字体颜色设置为黑色，在舞台上输入文字“丁”，如图 15-16 所示。

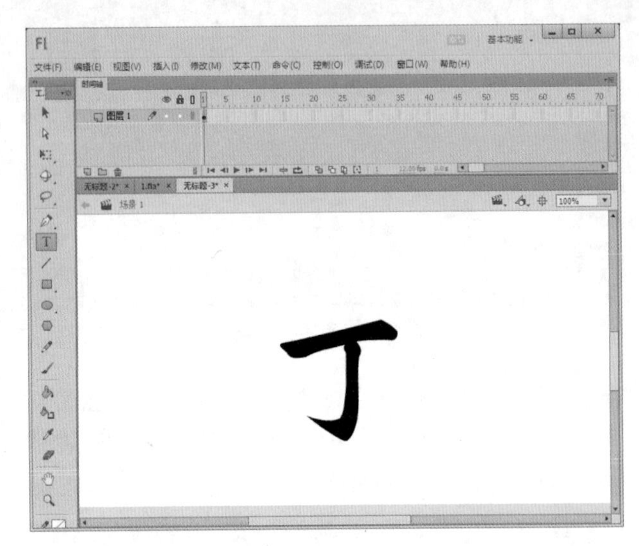
图 15-16　输入文字

Step 3 ▶ 执行“文件”→“导入”→“导入到舞台”命令，将一幅毛笔图像导入到舞台上，如图 15-17 所示。

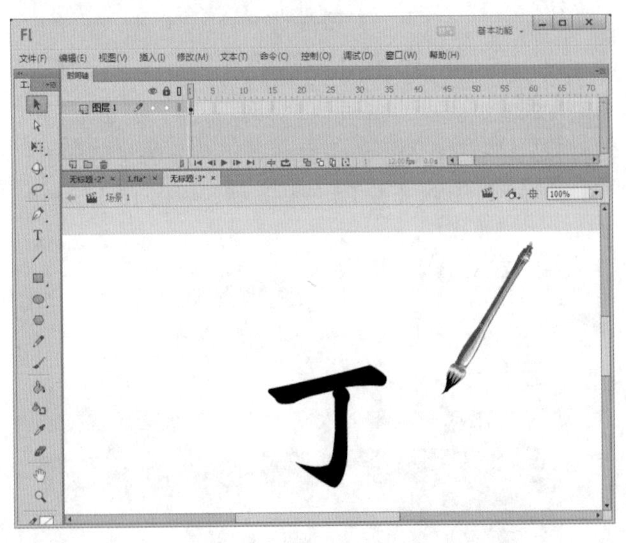
图 15-17　导入图像

读书笔记

Step 4 ▸ 选中毛笔，按F8键，打开“转换为元件”对话框，在“名称”文本框中输入元件的名称“毛笔”，在“类型”下拉列表框中选择“影片剪辑”选项，如图15-18所示。完成后单击 确定 按钮。

图 15-18　转换为元件

Step 5 ▸ 选中文字，执行“修改”→“分离”命令将文字打散，方便后面的操作，如图15-19所示。

图 15-19　打散文字

Step 6 ▸ 将“毛笔”影片剪辑移动到文字的最后笔划处，如图15-20所示。

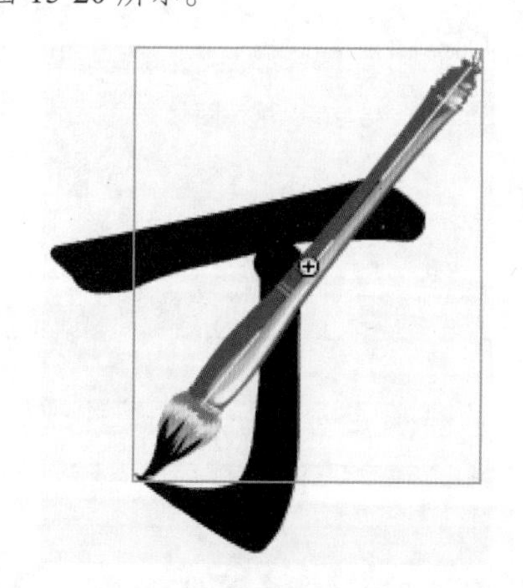

图 15-20　移动毛笔

Step 7 ▸ 在图层1的第2帧处插入关键帧，并且使用橡皮擦工具将文字最后一笔的笔划处稍微擦除一些。将“毛笔”影片剪辑稍微移动一点，使其仍然停留在文字的最后一笔笔划处，如图15-21所示。

图 15-21　擦除文字并移动毛笔

Step 8 ▸ 在第3帧处插入关键帧。继续用橡皮擦工具按照文字的书写顺序倒着清除，并将“毛笔”影片剪辑跟着移动，如图15-22所示。

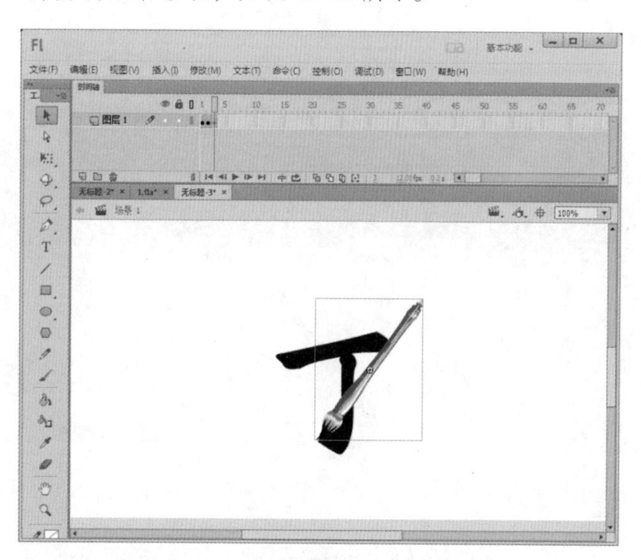

图 15-22　擦除文字并移动毛笔

读书笔记

Step 9 ▶ 在第 4 帧处插入关键帧。继续用橡皮擦工具按照文字的书写顺序倒着清除，并将“毛笔”影片剪辑跟着移动，如图 15-23 所示。

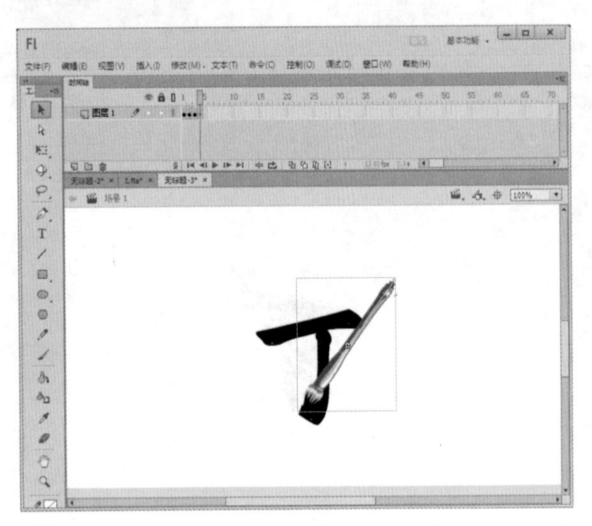

图 15-23　擦除文字并移动毛笔

Step 10 ▶ 按照同样的办法，继续插入关键帧，用橡皮擦工具按照文字的书写顺序倒着清除，并将“毛笔”影片剪辑移动到清除的最后，如图 15-24 所示。

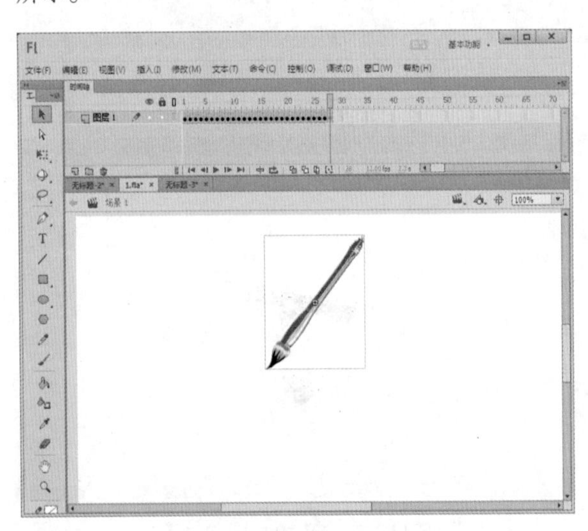

图 15-24　擦除文字并移动毛笔

Step 11 ▶ 选中时间轴上的所有关键帧，右击，在弹出的快捷菜单中选择“翻转帧”命令，如图 15-25 所示。

Step 12 ▶ 新建图层 2，将其拖动到图层 1 的下方，将一幅背景图像导入到舞台上，然后在图层 1 与图层 2 的第 100 帧处插入帧，如图 15-26 所示。

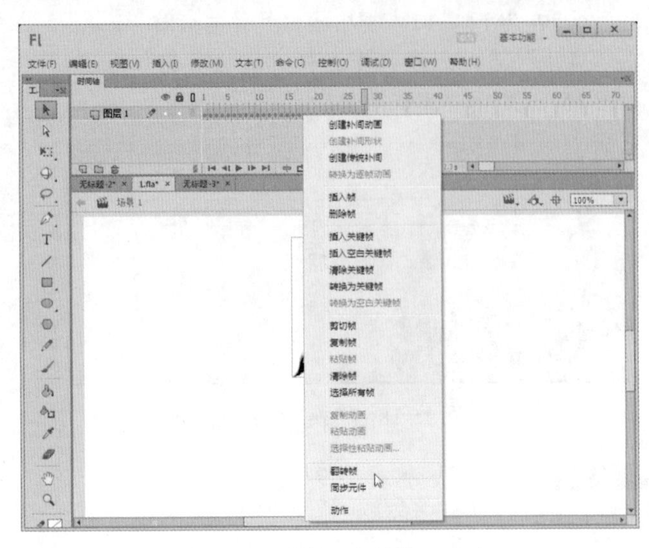

图 15-25　选择“翻转帧”命令

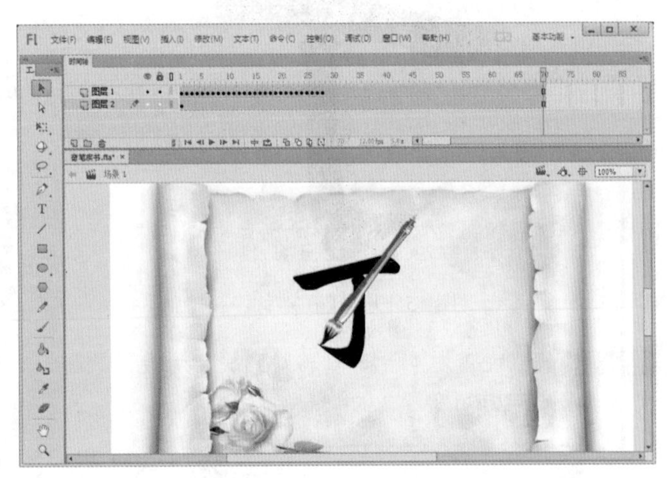

图 15-26　导入图像

读书笔记

Step 13 ▶ 保存动画文件，然后按 Ctrl+Enter 组合键，欣赏本例的完成效果，如图 15-27 所示。

图 15-27　完成效果

15.1.3 漂移文字

- 光盘 \ 素材 \ 第 15 章 \t3.jpg
- 光盘 \ 效果 \ 第 15 章 \ 漂移文字 .swf

本例通过创建 ActionScript 文件并添加 ActionScript 代码制作文字漂移的动画效果，完成后的效果如图 15-28 所示。

图 15-28　完成效果

Step 1 ▶ 启动 Flash CC，新建一个 Flash 空白文档。执行“修改”→“文档”命令，打开“文档设置”对话框，将“舞台大小”设置为 500×300 像素，“舞台颜色”设置为黑色，“帧频”设置为 30，如图 15-29 所示。设置完成后单击 确定 按钮。

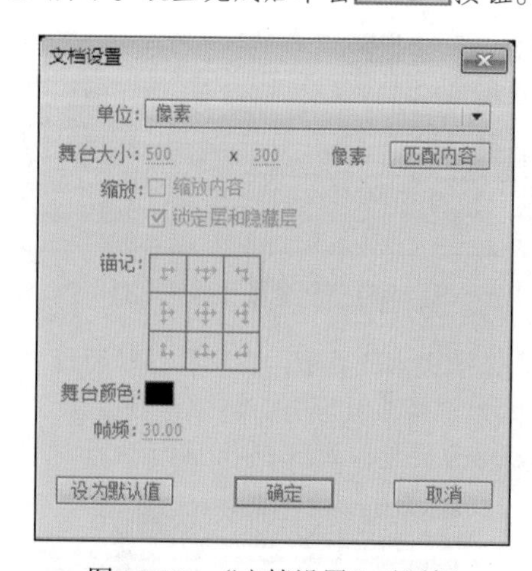

图 15-29　“文档设置”对话框

读书笔记

Step 2 ▶ 执行“文件”→“导入”→“导入到舞台”命令，将一幅图像导入到舞台上，如图 15-30 所示。

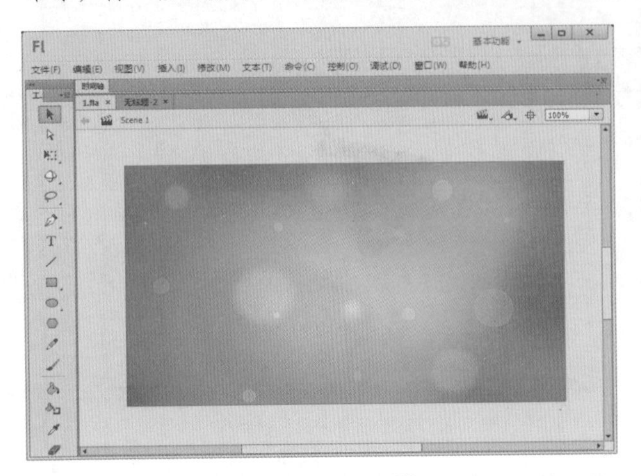

图 15-30　导入图像

Step 3 ▶ 执行“插入”→“新建元件”命令，打开“创建新元件”对话框。在“名称”文本框中输入“MoveBall”，在“类型”下拉列表框中选择“影片剪辑”选项，完成后单击 确定 按钮，如图 15-31 所示。

图 15-31　新建影片剪辑元件

Step 4 ▶ 选择文本工具T，在“属性”面板中设置文字的字体为“微软雅黑”，将字号设置为 28，将字体颜色设置为白色，如图 15-32 所示。

图 15-32　设置文本属性

Step 5 ▶ 在影片剪辑编辑区中输入文字“动画”，如图 15-33 所示。

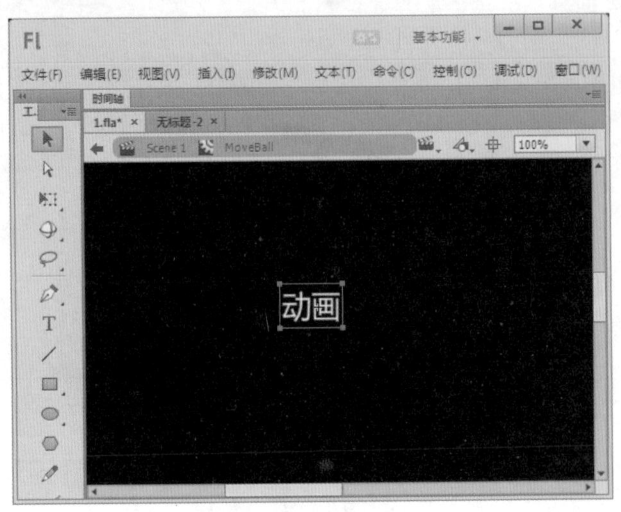

图 15-33　输入文字

Step 6 ▶ 打开“库”面板，在影片剪辑元件 MoveBall 上右击，在弹出的快捷菜单中选择“属性”命令，如图 15-34 所示。

图 15-34　选择“属性”命令

Step 7 ▶ 打开“元件属性”对话框，单击 高级 按钮，选中“为 ActionScript 导出”复选框，完成后单击 确定 按钮，如图 15-35 所示。

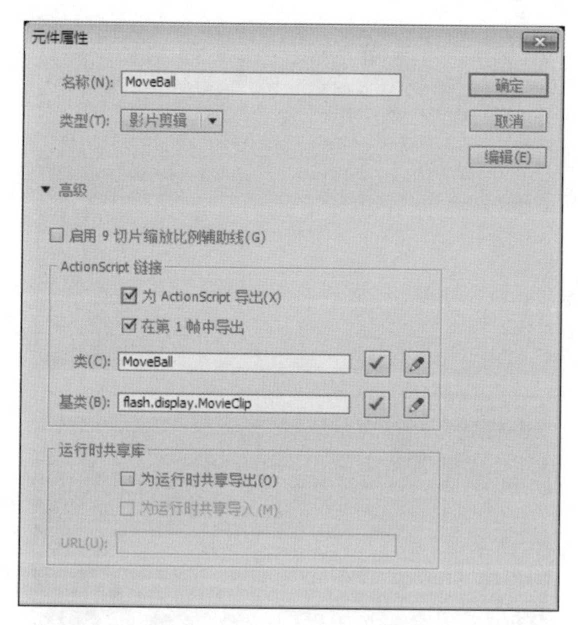

图 15-35　选中“为 ActionScript 导出”复选框

Step 8 按 Ctrl+N 组合键打开“新建文档”对话框，选择“ActionScript 文件”选项，单击 确定 按钮，如图 15-36 所示。

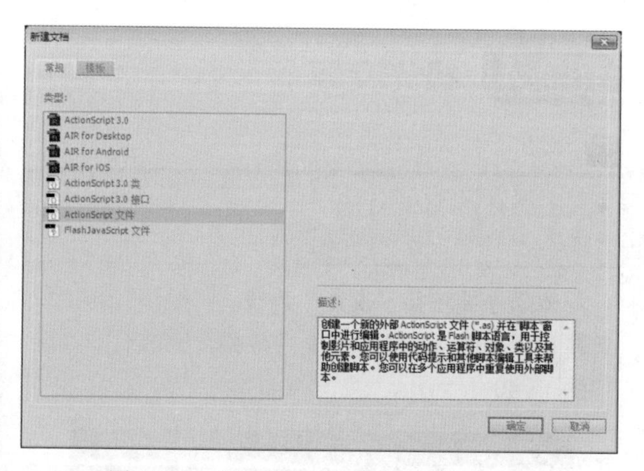

图 15-36　选择“ActionScript 文件”选项

Step 9 按 Ctrl+S 组合键将 ActionScript 文件保存为 MoveBall.as，然后在 MoveBall.as 中输入如下代码，如图 15-37 所示。

```
package {
    import flash.display.Sprite;
    import flash.events.Event;

    public class MoveBall extends Sprite {
        private var yspeed:Number;
        private var W:Number;
        private var H:Number;
        private var space:uint = 10;
        public function MoveBall(yspeed:Number,w:Number,
h:Number) {
            this.yspeed = yspeed;
            this.W = w;
            this.H = h;
            init();
        }
        private function init() {
            this.addEventListener(Event.ENTER_FRAME,
enterFrameHandler);
        }
        private function enterFrameHandler(event:Event) {
            this.y -= this.yspeed/2;
            this.x -= this.yspeed/2;
            if (this.y<-space) {

                this.x = Math.random()*this.W;
                this.y = this.H + space;
            }
        }
```

图 15-37　输入代码

技巧秒杀

ActionScript（.as）文件与最后完成的动画文件（.fla）必须保存在同一个位置，这样才能正确显示效果。

Step 10 ▶ 返回到主场景中，新建图层 2，选择该层的第 1 帧，按 F9 键打开“动作”面板，输入如下代码，如图 15-38 所示。

```
var W = 600,H = 300,Num = 40,speed = 5;
var container:Sprite = new Sprite();
addChild(container);

for (var i:uint=0; i<Num; i++) {
        speed = Math.random()*speed+3;
        var boll:MoveBall=new MoveBall(speed,W,H);

    boll.x=Math.random()*W;
    boll.y=Math.random()*H;

    boll.alpha  = .1+Math.random();
    boll.scaleX =boll.scaleY= Math.random();

    container.addChild(boll);

}
```

图 15-38　输入代码

读书笔记

Step 11 ▶ 保存动画文件，然后按 Ctrl+Enter 组合键，欣赏本例的完成效果，如图 15-39 所示。

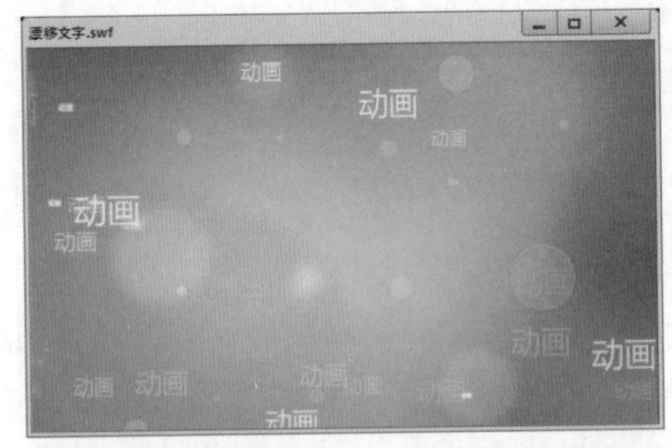

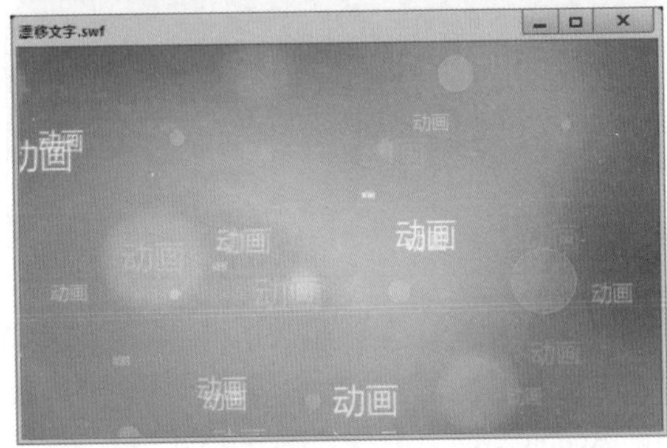

图 15-39　完成效果

15.1.4 极光文字

- 光盘 \ 素材 \ 第 15 章 \x1.jpg
- 光盘 \ 效果 \ 第 15 章 \ 极光文字 .swf

本例主要使用“发光”滤镜、“模糊”滤镜和遮罩动画功能来制作极光文字效果，完成后的效果如图 15-40 所示。

图 15-40　完成效果

Step 1 ▶ 启动 Flash CC，新建一个 Flash 空白文档。执行"修改"→"文档"命令，打开"文档设置"对话框，将"舞台大小"设置为 600×420 像素，"舞台颜色"设置为黑色，如图 15-41 所示。设置完成后单击 确定 按钮。

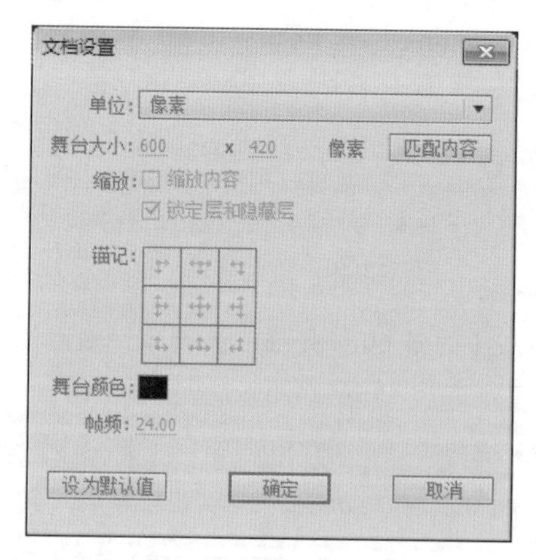

图 15-41 "文档设置"对话框

Step 2 ▶ 选择工具箱中的文本工具T，在舞台上输入"绚丽极光"，文字字体为"黑体"，字号为 42，字体颜色为紫色，如图 15-42 所示。

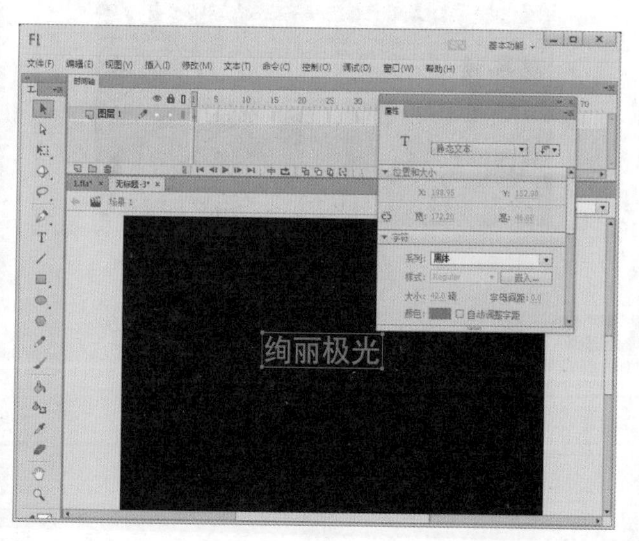

图 15-42 输入文字

Step 3 ▶ 选中文字，然后按 Ctrl+D 组合键直接复制文字，再按 Shift+Ctrl+D 组合键将文字粘贴到一个新的图层中，如图 15-43 所示。

Step 4 ▶ 选中图层 1 的文字，然后按 F8 键将其转为影片剪辑元件，如图 15-44 所示。

图 15-43 复制粘贴文字

图 15-44 转换元件

Step 5 ▶ 将"绚丽极光"图层的文字也转换为影片剪辑，双击图层 1 的文字进入影片剪辑编辑区域，然后新建一个图层 2，并复制一份文字到图层 2 中，再按 Ctrl+B 组合键打散文字，如图 15-45 所示。

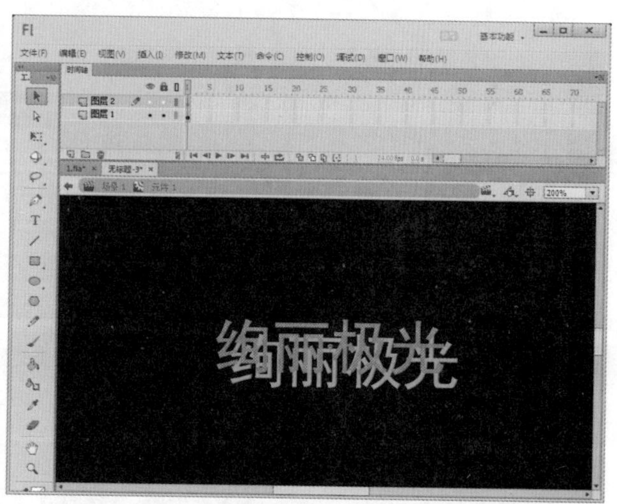

图 15-45 打散文字

Step 6 ▸ 在图层 1 和图层 2 之间新建一个图层 3，然后使用矩形工具在图层 3 中绘制一个大小合适的矩形，再打开"颜色"面板，设置类型为"径向渐变"，并设置第 1 个色标颜色为（R:0，G:153，B:255），第 2 个色标颜色为（R:255，G:255，B:255），第 3 个色标颜色为（R:0，G:255，B:255），第 4 个色标颜色为（R:255，G:255，B:255），如图 15-46 所示。

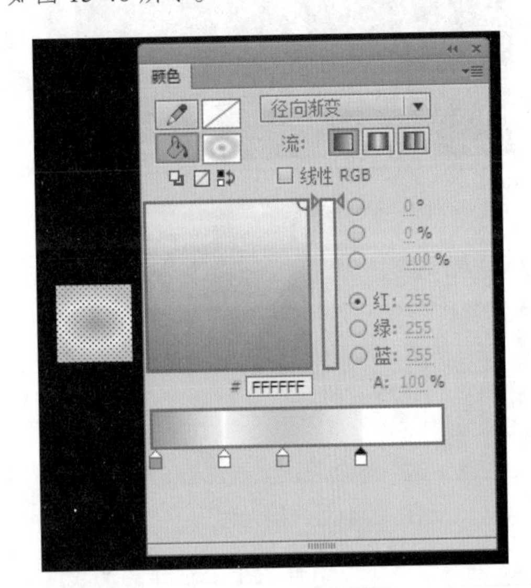

图 15-46　设置颜色

Step 7 ▸ 使用渐变变形工具将渐变调整成如图 15-47 所示的效果，然后将其转换为影片剪辑。

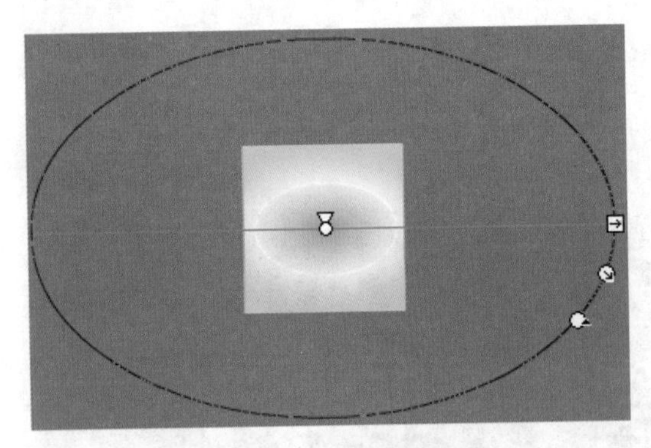

图 15-47　调整渐变

Step 8 ▸ 按 Ctrl+D 组合键复制出 6 份图形，然后将其拼贴在一起，如图 15-48 所示。

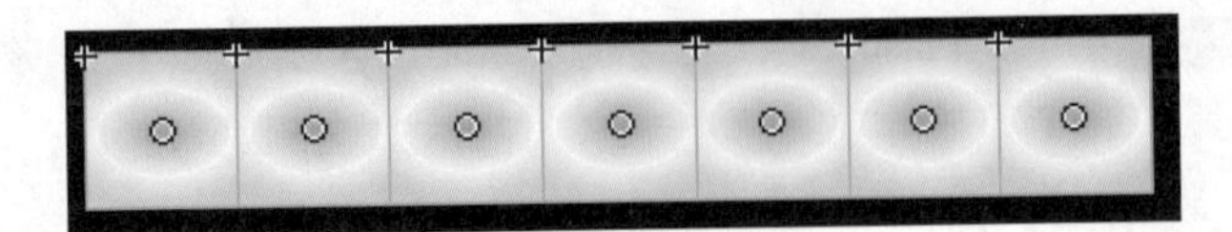

图 15-48　复制图形

Step 9 ▸ 按 F8 键将所有图形转为影片剪辑，然后选中图层 1、图层 2 和图层 3 的第 60 帧，按 F5 键插入帧，如图 15-49 所示。

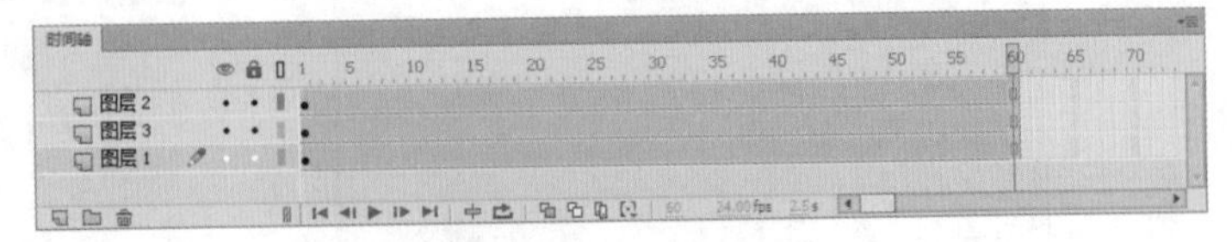

图 15-49　插入帧

Step 10 ▸ 在图层 3 的第 60 帧处插入关键帧，然后将该帧处的图形向右移动，如图 15-50 所示。

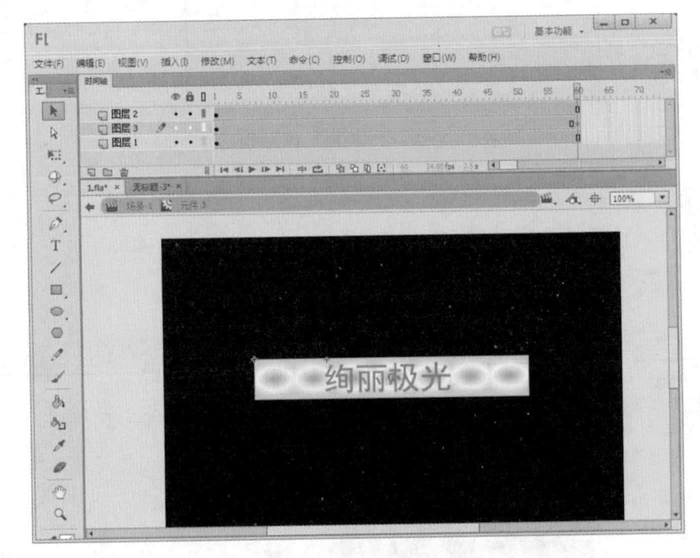

图 15-50　移动图形

读书笔记

Step 11 ▶ 在图层3的第1帧与第60帧之间创建动画，然后在图层2上右击，在弹出的快捷菜单中选择“遮罩层”命令，如图15-51所示。

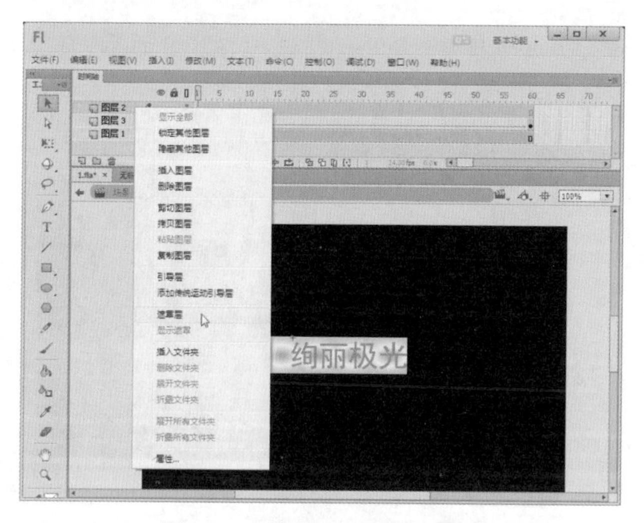

图15-51　选择“遮罩层”命令

Step 12 ▶ 返回到“场景1”，然后双击“绚丽极光”图层中的文字，进入该影片剪辑的编辑区中，将文字的颜色更改为红色（#DC1A5C），如图15-52所示。

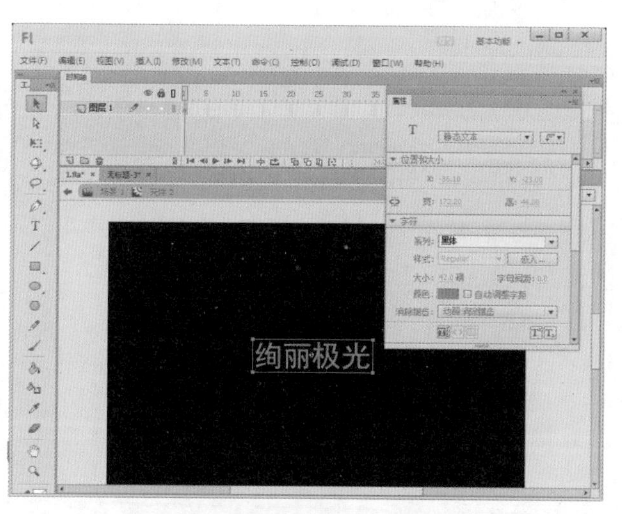

图15-52　更改文字颜色

Step 13 ▶ 返回到“场景1”，新建图层3，将其拖动到最下方，然后执行“文件”→“导入”→“导入到舞台”命令，将一幅图像导入到舞台上，如图15-53所示。

图15-53　导入图像

Step 14 ▶ 保存动画文件，然后按Ctrl+Enter组合键，欣赏本例的完成效果，如图15-54所示。

图15-54　完成效果

15.2　鼠标与按钮特效制作

鼠标与按钮特效是Flash动画中应用很广泛的一种动画特效。本节介绍了4个综合特效实例。通过本节的学习，读者会对动画制作与ActionScript的综合运用有进一步的认识。

15.2.1 跟随鼠标的文字

● 光盘 \ 素材 \ 第 15 章 \t4.jpg
● 光盘 \ 效果 \ 第 15 章 \ 跟随鼠标的文字 .swf

本例利用 ActionScript 脚本制作一个跟随鼠标的弹性文字效果，完成后的效果如图 15-55 所示。

图 15-55　完成效果

Step 1 ▶ 在 Flash CC 中新建一个 Flash 空白文档。执行“修改”→“文档”命令，打开“文档设置”对话框，将“舞台大小”设置为 580×400 像素，“帧频”设置为 30，如图 15-56 所示。设置完成后单击 确定 按钮。

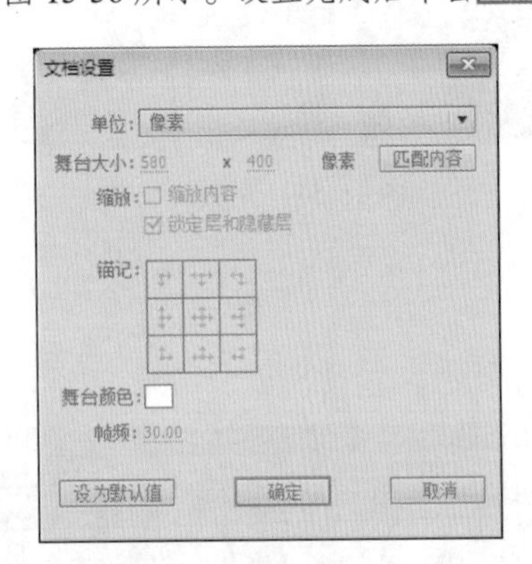

图 15-56　“文档设置”对话框

Step 2 ▶ 执行“文件”→“导入”→“导入到舞台”命令，将一幅背景图片导入到舞台上，如图 15-57 所示。

图 15-57　导入背景图像

Step 3 ▶ 新建一个图层 2，选中该层的第 1 帧，按 F9 键打开“动作”面板，在“动作”面板中添加如下代码，如图 15-58 所示。

```
function hs(str:String):Array
{
   var sArr:Array=new Array();
   sArr=str.split("");
   var l:int=sArr.length;
   var tArr:Array=new Array();
   var mArr:Array=new Array();
   var i:int;
   var textType:TextFormat=new TextFormat();
   textType.font=" 迷你简菱心 ";
   textType.size=38;
   for (i=0; i<l; i++)
   {
      tArr[i]=new TextField();
      tArr[i].defaultTextFormat=textType;
      tArr[i].appendText(sArr[l-i-1]);//.text=sArr[i];
      tArr[i].textColor=0xFF0000
      *Math.random();
      tArr[i].autoSize=TextFieldAutoSize.CENTER;
      mArr[i]=new Sprite();
      mArr[i].addChild(tArr[i]);
      //this.addChild(mArr[i]);
      //mArr[i].x=20*i;
   }
```

```
        return mArr;
    }
    var arr:Array=new Array();
    var str:String=new String();
    str=" 风景如画 ";
    arr=hs(str);
    var l:int=arr.length;
    var timer:Timer;
    var TrigSplit:Number=360/l;
    var logoWidth:int=4*l;
    var logoHeight:int=4*l;
    var xpos:Number=mouseX;
    var ypos:Number=mouseY;
    var i:int;
    var Xn:Array=new Array();
    var Yn:Array=new Array();
    var step:Number=0.05;
    var currStep:Number=0;
    for (i=0; i <l; i++)
    {
      addChild(arr[i]);
      Xn[i]=arr[i].y =mouseY+logoHeight*Math.sin(i* TrigSplit*
Math.PI/180)-logoWidth/2;

      Yn[i]=arr[i].x=mouseX+logoWidth*Math.cos(i* TrigSplit*
Math.PI/180)-logoHeight/2;
    }
    stage.addEventListener(MouseEvent.MOUSE_MOVE,
mouse);
    function mouse(evt:MouseEvent)
    {
      xpos=mouseX;
      ypos=mouseY;
    }
    function animateLogo()
    {
      for (i=0; i <l; i++)
      {
        arr[i].y =Yn[i]+logoHeight*Math.sin(currStep+ i*TrigSplit*
Math.PI/180)-logoWidth/2;
        arr[i].x=Xn[i]+logoWidth*Math.cos(currStep+ i*TrigSplit*
Math.PI/180)-logoHeight/2;
      }
      currStep+=step;
    }
    function delay(evt:TimerEvent)
    {
      for (i=0; i <l; i++)
      {
        Yn[i]+=(ypos-Yn[i])*(0.1+i/l);
        Xn[i]+=(xpos-Xn[i])*(0.1+i/l);

      }
      animateLogo();
      evt.updateAfterEvent();
    }
    timer=new Timer(50,0);
    timer.addEventListener(TimerEvent.TIMER,delay);
    timer.start();
```

图 15-58　添加代码

读书笔记

Step 4 ▶ 保存动画文件，然后按 Ctrl+Enter 组合键，欣赏本例的完成效果，如图 15-59 所示。

图 15-59　完成效果

读书笔记

15.2.2 弹性效果

- 光盘 \ 素材 \ 第 15 章 \tx.jpg
- 光盘 \ 效果 \ 第 15 章 \ 弹性效果 .swf

本实例使用 ActionScript 3.0 技术制作弹性小球效果，如图 15-60 所示。

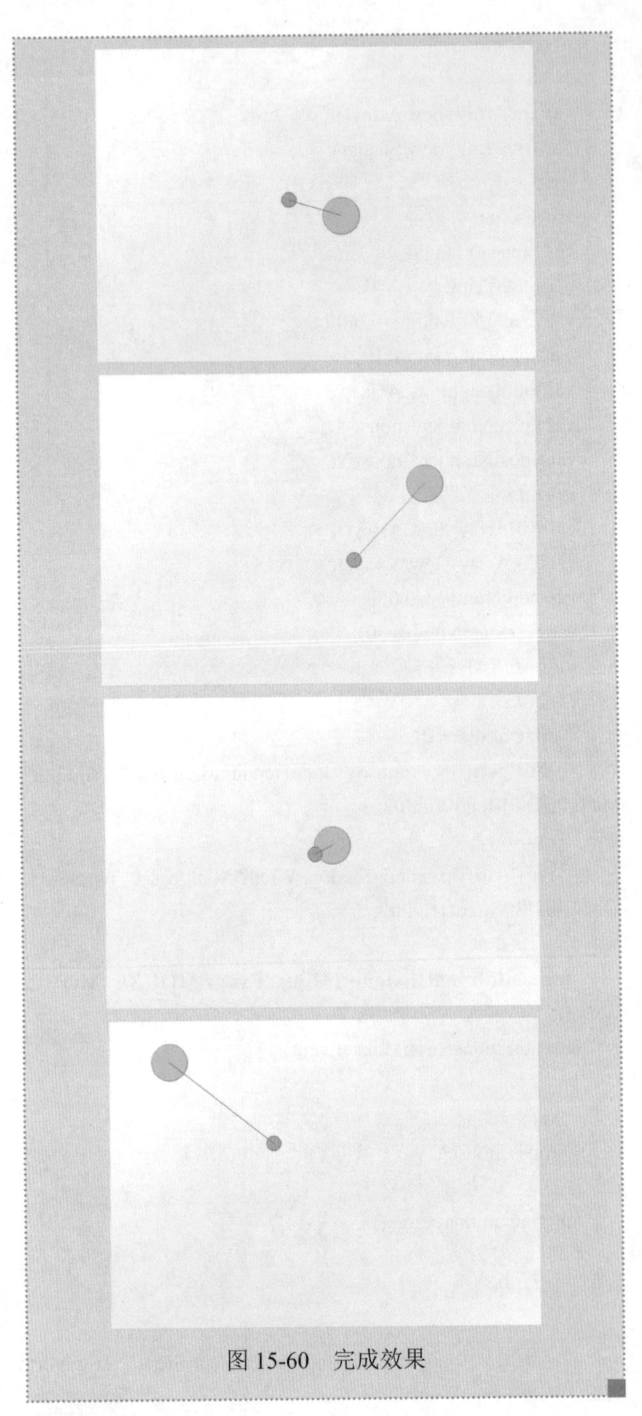

图 15-60　完成效果

Step 1 ▶ 在 Flash CC 中新建一个 Flash 空白文档。执行“修改”→“文档”命令，打开“文档设置”对话框，将“舞台大小”设置为 600×420 像素，“帧频”设置为 30，如图 15-61 所示。设置完成后单击 确定 按钮。

Step 2 ▶ 执行“文件”→“导入”→“导入到舞台”命令，将一幅背景图片导入到舞台上，如图 15-62 所示。

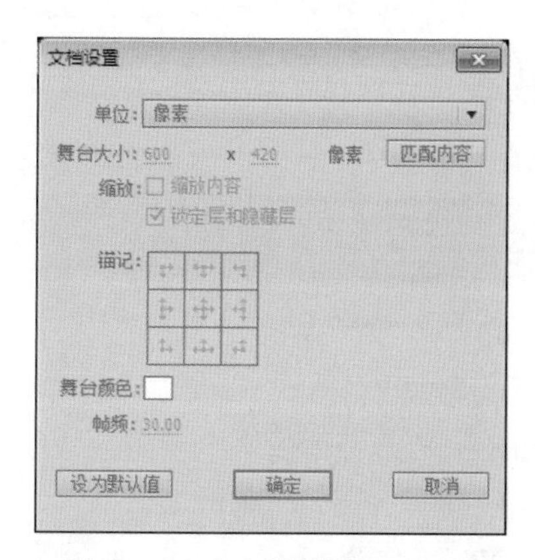

图 15-61 “文档设置”对话框

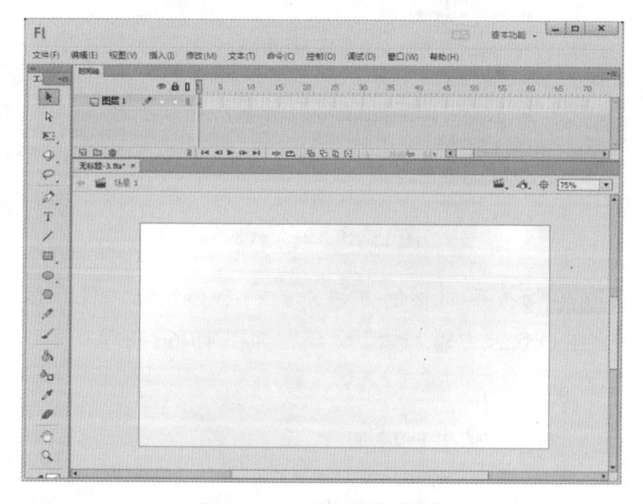

图 15-62 导入背景图像

Step 3 ▶ 打开“属性”面板，在“类”文本框中输入“SproingDemo”，如图 15-63 所示。

图 15-63 设置类名称

Step 4 ▶ 按 Ctrl+N 组合键打开“新建文档”对话框，选择“ActionScript 文件”选项，单击 确定 按钮，如图 15-64 所示。

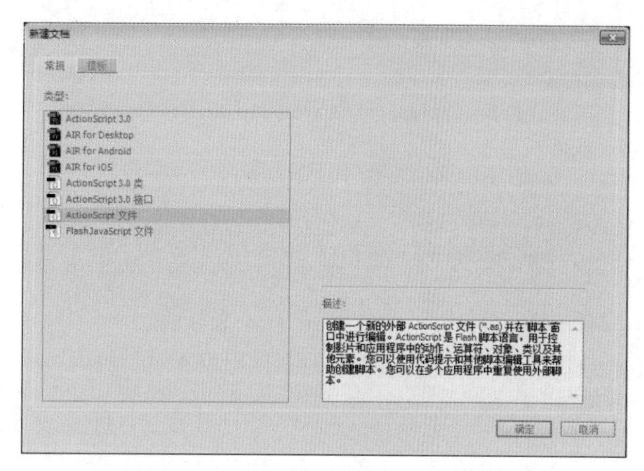

图 15-64 选择“ActionScript 文件”选项

Step 5 ▶ 按 Ctrl+S 组合键将 ActionScript 文件保存为 SproingDemo.as，然后在 SproingDemo.as 中输入如下代码，如图 15-65 所示。

```
package {
  import flash.display.Shape;
  import flash.display.Sprite;
  import flash.events.Event;
  import flash.ui.Mouse;

  public class SproingDemo extends Sprite {
    private var orb1:Shape;
    private var orb2:Orb;
    private var lineCanvas:Shape;
    private var spring:Number = .1;
    private var damping:Number = .9;

    // Constructor
    public function SproingDemo() {
      init();
    }

    private function init():void {
      //Set up the small orb
      orb1 = new Shape();
      orb1.graphics.lineStyle(1, 0x6633CC);
      orb1.graphics.beginFill(0x6699CC);
      orb1.graphics.drawCircle(0, 0, 10);
```

```
    //Set up the large orb
    orb2 = new Orb(25, 0x00CCFF, 1, 0x0066FF);

    //Set up the drawing canvas for the line drawn between the orbs
    lineCanvas = new Shape();

    //Add lineCanvas, orb1 and arb2 to this object's display
hierarchy
    addChild(orb2);
    addChild(orb1);
    addChild(lineCanvas);

    //Register for Event.ENTER_FRAME events
     addEventListener(Event.ENTER_FRAME, enterFrame
Listener);

    //Hide the mouse pointer
    Mouse.hide();
   }

   private function enterFrameListener(e:Event):void {
    //Set orb1's position to current mouse position
    orb1.x = mouseX;
    orb1.y = mouseY;

    //Spring orb2 to orb1
    orb2.vx += (orb1.x - orb2.x) * spring;
    orb2.vy += (orb1.y - orb2.y) * spring;
    orb2.vx *= damping;
    orb2.vy *= damping;
    orb2.x += orb2.vx;
    orb2.y += orb2.vy;

    //Draw a line between the two orbs
    drawLine();
   }

   private function drawLine():void {
    with (lineCanvas) {
     graphics.clear();
     graphics.moveTo(orb1.x, orb1.y);
     graphics.lineStyle(1, 0x4C59D8);
     graphics.lineTo(orb2.x, orb2.y);
    }
   }
  }
}
```

图 15-65　输入代码

Step 6 ▶ 按照同样的方法新建一个 Orb.as 文件，然后在 Orb.as 中输入如下代码，如图 15-66 所示。

```
package {
 import flash.display.Shape;

 public class Orb extends Shape {
  internal var radius:int;
  internal var vx:Number = 0;
  internal var vy:Number = 0;

  // Constructor
   public function Orb(radius:int = 20, fillColor:int =
0x00FF00,
     lineThickness:int = 1, lineColor:int = 0) {
     this.radius = radius;
     graphics.lineStyle(lineThickness, lineColor);
     graphics.beginFill(fillColor);
     graphics.drawCircle(0, 0, radius);
  }
 }
}
```

Step 7 ▶ 保存动画文件，然后按 Ctrl+Enter 组合键，欣赏本例的完成效果，如图 15-67 所示。

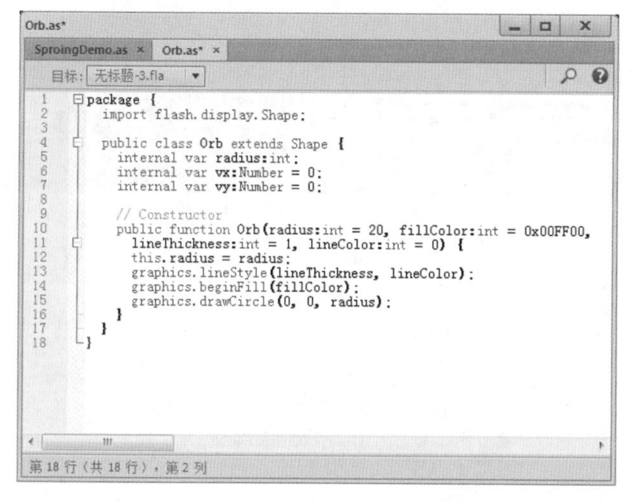

图 15-66　输入代码

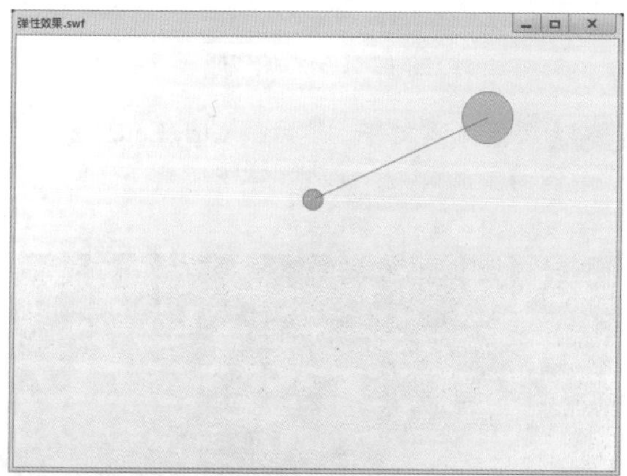

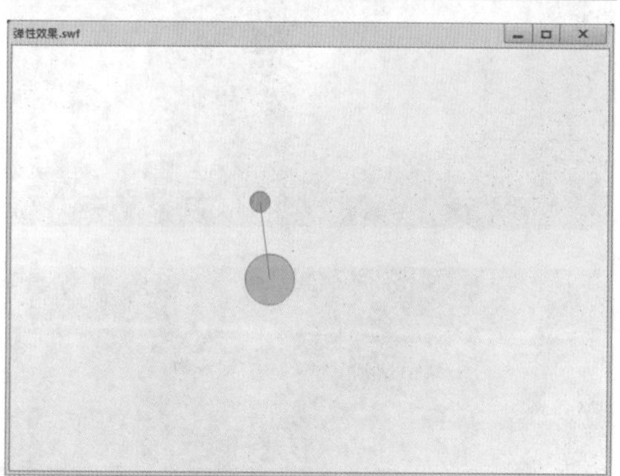

图 15-67　完成效果

15.2.3 烟花

● 光盘 \ 效果 \ 第 15 章 \ 烟花 .swf

本实例使用 ActionScript 3.0 技术制作当鼠标单击画面时，烟花绽放的效果，如图 15-68 所示。

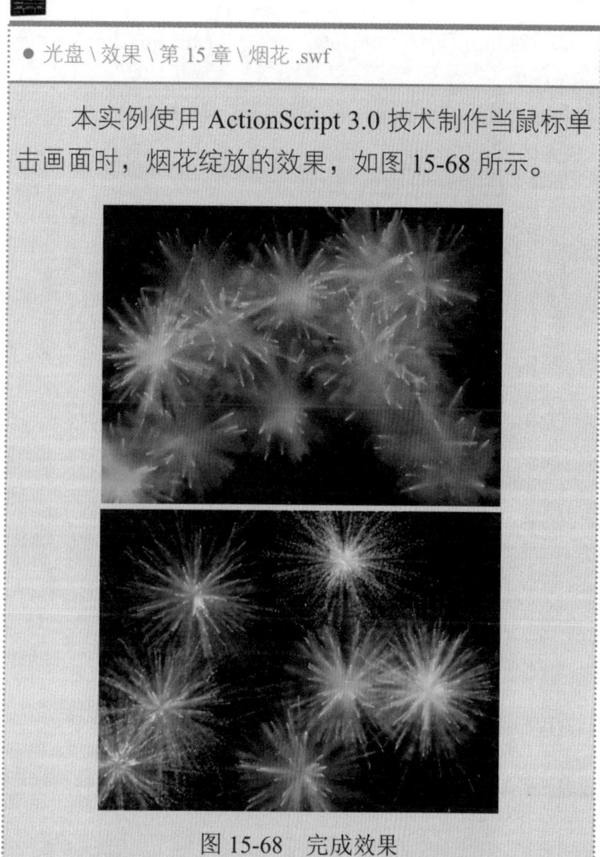

图 15-68　完成效果

Step 1 在 Flash CC 中新建一个 Flash 空白文档。执行“修改”→“文档”命令，打开“文档设置”对话框，将“舞台大小”设置为 550×400 像素，“舞台颜色”设置为黑色，“帧频”设置为 30，如图 15-69 所示。设置完成后单击 确定 按钮。

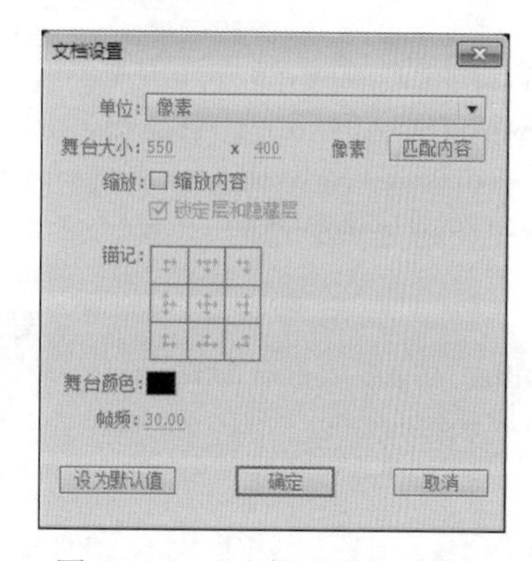

图 15-69　“文档设置”对话框

Step 2 选中图层 1 的第 1 帧，按 F9 键打开“动作”面板，在“动作”面板中添加如下代码，如图 15-70 所示。

```
var BitmapData0:BitmapData = new BitmapData(550, 400, false, 0x0);
var Bitmap0:Bitmap = new Bitmap(BitmapData0);
addChild(Bitmap0);
var dotArr:Array = new Array();
stage.addEventListener(MouseEvent.MOUSE_DOWN, mouse_down);
function mouse_down(evt:MouseEvent) {
    var color:Number = 0xff000000+int(Math.random()*0xffffff);
    for (var i:Number = 0; i<500; i++) {
        var v:Number = Math.random()*10;
        var a:Number =Math.random()*Math.PI*2;
        var xx:Number = v*Math.cos(a)+stage.mouseX;
        var yy:Number = v*Math.sin(a)+stage.mouseY;
        var mouseP:Point=new Point(stage.mouseX,stage.mouseY);
        if (Math.random()>0.6) {
            var cc:Number = 0xffffffff;
        } else {
            cc= color;
        }
        dotArr.push([xx, yy, v*Math.cos(a), v*Math.sin(a), cc, mouseP]);
    }
}
var cf:ConvolutionFilter = new ConvolutionFilter(3, 3, [1, 1, 1, 1, 32, 1, 1, 1, 1], 40,0);
stage.addEventListener(Event.ENTER_FRAME,enter_frame);
function enter_frame(evt:Event) {
    for (var i:Number = 0; i<dotArr.length; i++) {
        BitmapData0.setPixel32(dotArr[i][0],dotArr[i][1],dotArr[i][4]);
        dotArr[i][0] += dotArr[i][2]*Math.random();
        dotArr[i][1] += dotArr[i][3]*Math.random();
        var dotP:Point=new Point(dotArr[i][0],dotArr[i][1]);
        var b1:Boolean=Point.distance(dotP,dotArr[i][5])>80;
        var b2:Boolean=Math.abs(dotArr[i][2])+Math.abs(dotArr[i][3])<0.5;
        if ((b1 || b2) && Math.random()>0.9) {
            dotArr.splice(i,1);
        }
    }
    BitmapData0.applyFilter(BitmapData0.clone(),BitmapData0.rect,new Point(0, 0),cf);
}
```

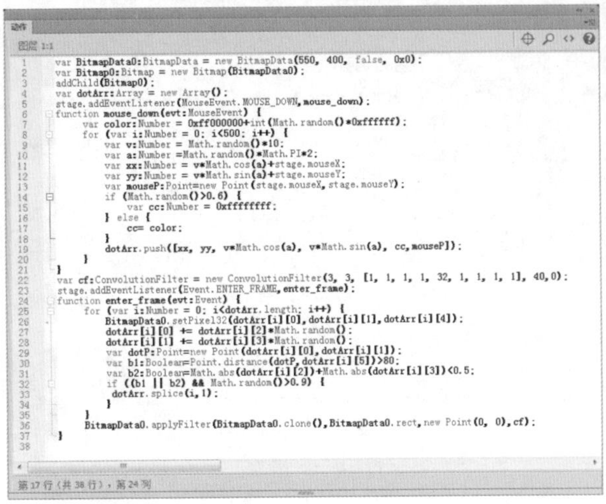

图 15-70　添加代码

Step 3 保存动画文件，然后按 Ctrl+Enter 组合键，欣赏本例的完成效果，如图 15-71 所示。

图 15-71　完成效果

15.2.4 控制鳄鱼

- 光盘\素材\第15章\t5.jpg、e1.png、e2.png、e3.png
- 光盘\效果\第15章\控制鳄鱼.swf

本案例通过Action技术制作当单击“开始”按钮时，鳄鱼立刻活动起来；当单击“停止”按钮时，鳄鱼立即静止的效果，完成后的效果如图15-72所示。

图15-72 完成效果

Step 1 ▶ 在Flash CC中新建一个Flash空白文档。执行“修改”→“文档”命令，打开“文档设置”对话框，将“舞台大小”设置为700×430像素，“帧频”设置为12，如图15-73所示。设置完成后单击 确定 按钮。

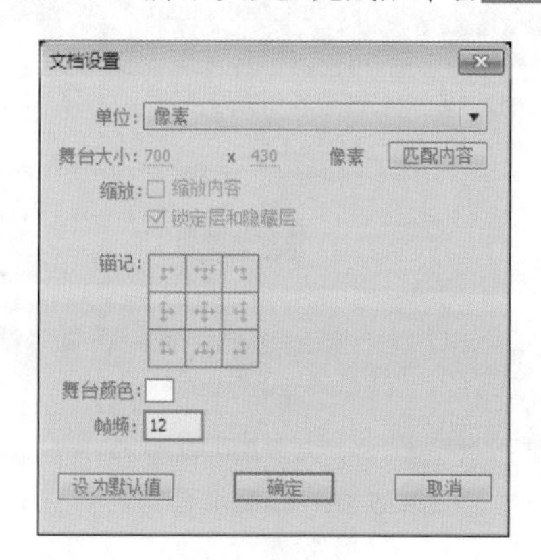

图15-73 “文档设置”对话框

Step 2 ▶ 分别选中时间轴上的第2帧与第3帧，插入空白关键帧，如图15-74所示。

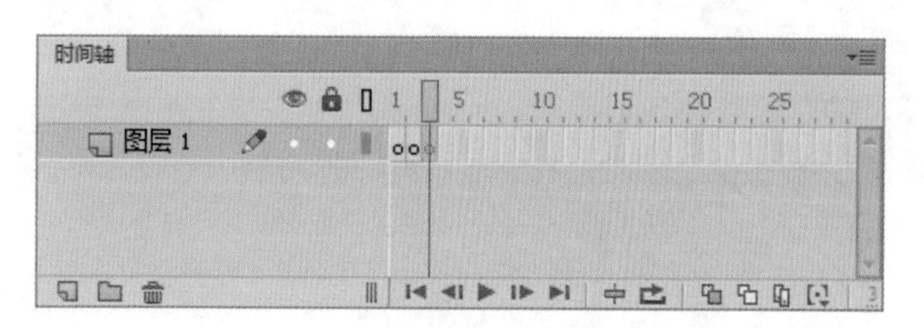

图15-74 插入空白关键帧

Step 3 ▶ 选中第1帧，执行“文件”→“导入”→“导入到舞台”命令，将一幅鳄鱼图像导入到舞台中，如图15-75所示。

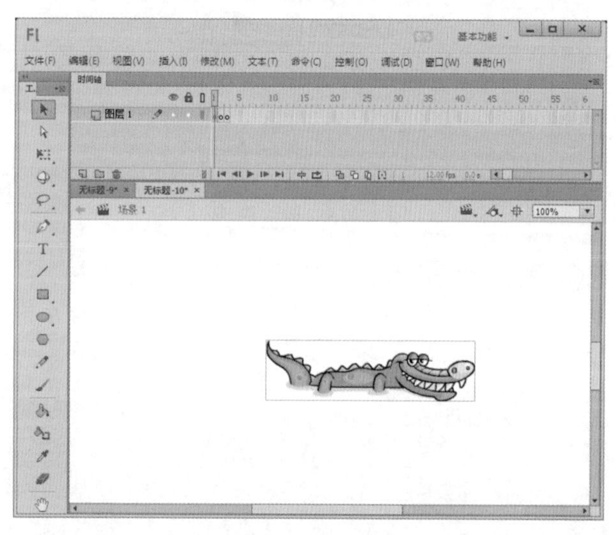

图15-75 导入图像

读书笔记

Step 4 ▶ 选中第 2 帧，执行“文件”→“导入”→“导入到舞台”命令，将一幅鳄鱼图像导入到舞台中，如图 15-76 所示。

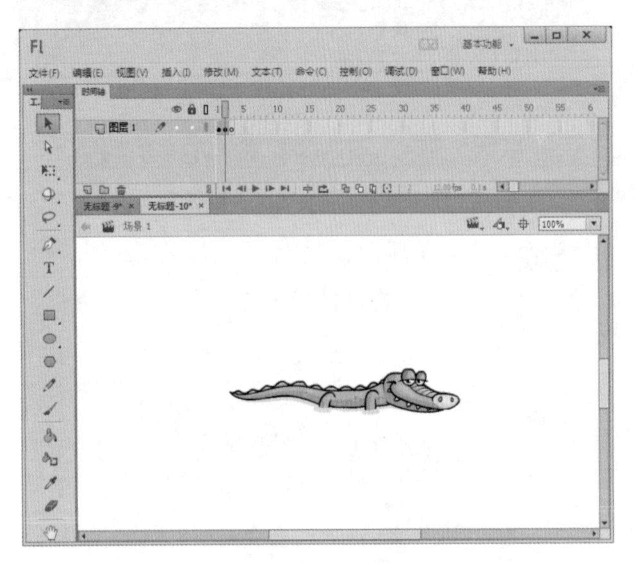

图 15-76　导入图像

Step 5 ▶ 选中第 3 帧，执行“文件”→“导入”→“导入到舞台”命令，将一幅鳄鱼图像导入到舞台中，如图 15-77 所示。

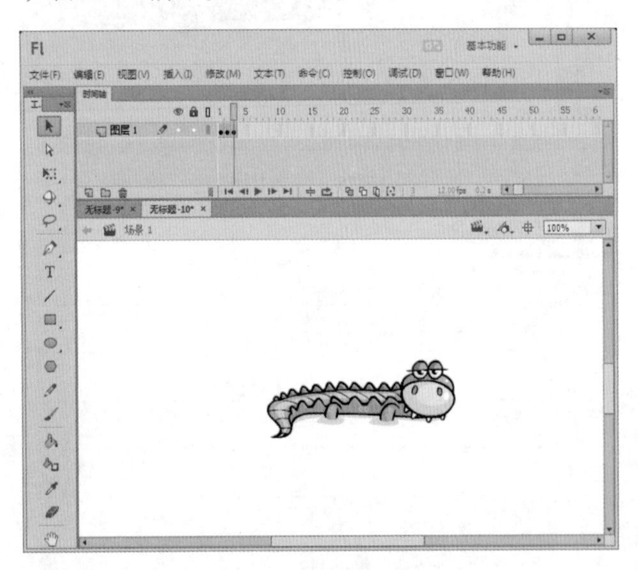

图 15-77　导入图像

Step 6 ▶ 执行“插入”→“新建元件”命令，打开“创建新元件”对话框。在“名称”文本框中输入元件的名称“播放”，在“类型”下拉列表框中选择“按钮”选项，完成后单击 确定 按钮，如图 15-78 所示。

图 15-78　创建按钮元件

Step 7 ▶ 在按钮元件的编辑状态下，选择矩形工具，在“属性”面板的“边角半径”文本框中将边角半径设置为 9，如图 15-79 所示。

图 15-79　设置边角半径

Step 8 ▶ 在工作区中绘制一个无边框、填充为红色的圆角矩形，如图 15-80 所示。

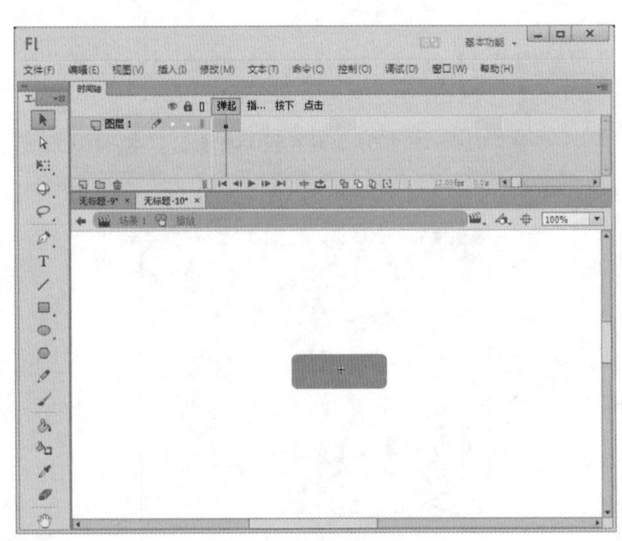

图 15-80　绘制圆角矩形

Step 9 ▶ 选择文本工具**T**，在圆角矩形上输入“Play”，字体选择 Verdana，字号为 28，字体颜色为白色，如图 15-81 所示。

图 15-81　输入文字

Step 10 ▶ 执行“插入”→“新建元件”命令，打开“创建新元件”对话框，在“名称”文本框中输入元件的名称“停止”，在“类型”下拉列表框中选择“按钮”选项，完成后单击 确定 按钮，如图 15-82 所示。

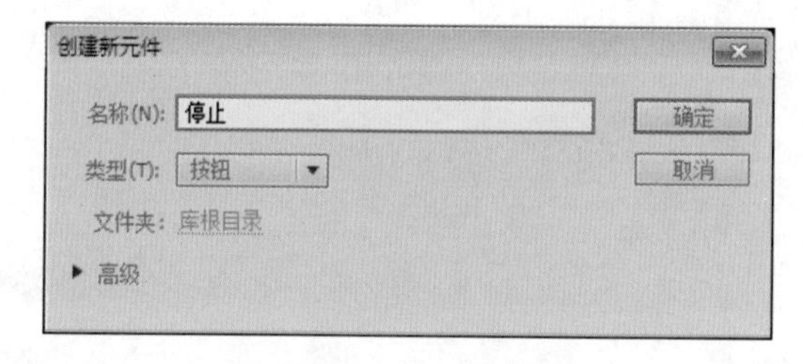

图 15-82　创建按钮元件

Step 11 ▶ 在按钮元件的编辑状态下，选择矩形工具□绘制一个边角半径设置为 9、无边框、填充为绿色的圆角矩形，然后选择文本工具**T**，在圆角矩形上输入“Stop”，字体选择 Verdana，字号为 28，字体颜色为白色，如图 15-83 所示。

Step 12 ▶ 返回到主场景中，新建图层 2，将其拖曳到图层 1 的下方，然后导入一幅背景图像到舞台中，如图 15-84 所示。

Step 13 ▶ 新建图层 3，将“播放”按钮与“停止”按钮从“库”面板中拖曳到舞台上，如图 15-85 所示。

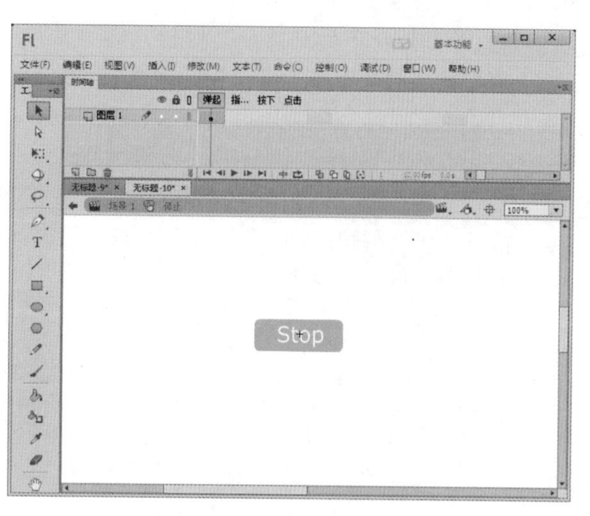

图 15-83　输入文字

图 15-84　导入图像

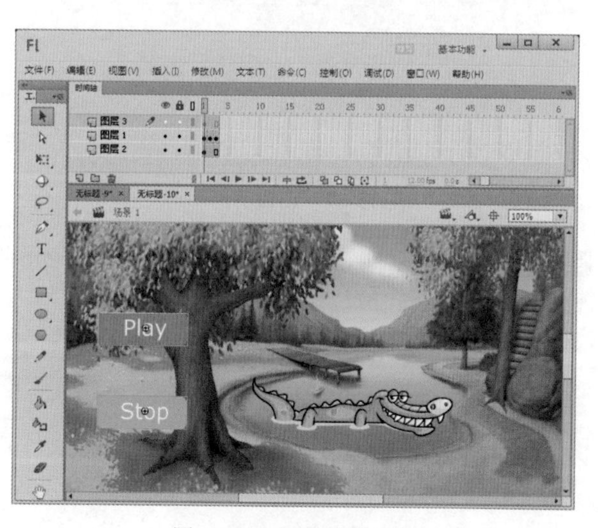

图 15-85　拖曳按钮元件

Step 14 ▶ 选中舞台上的“播放”按钮，在“属性”面板上将它的实例名设置为play_btn，如图15-86所示。

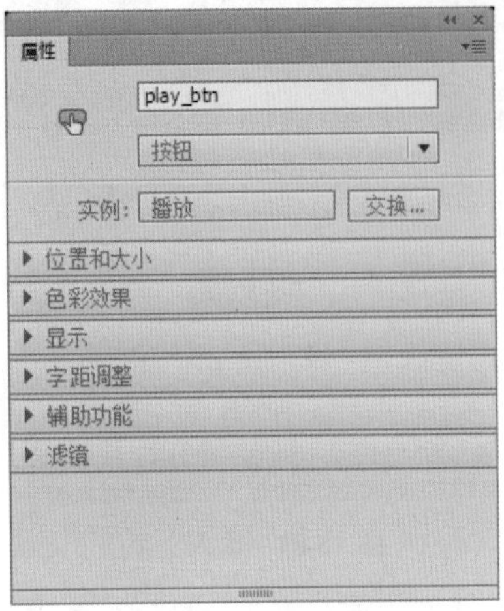

图 15-86　设置实例名

Step 15 ▶ 选中舞台上的“停止”按钮，在“属性”面板上将它的实例名设置为pause_btn，如图15-87所示。

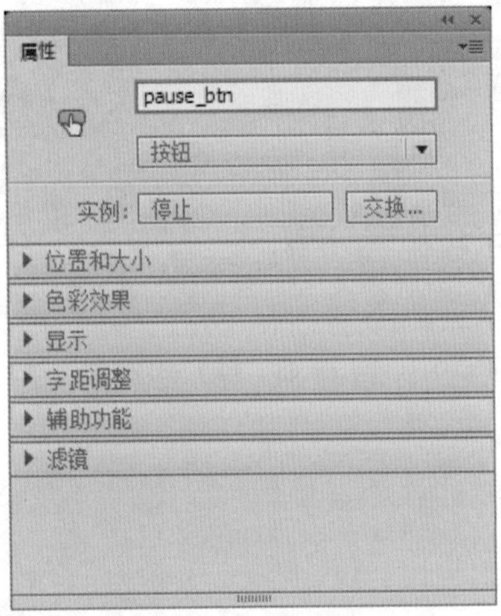

图 15-87　设置实例名

Step 16 ▶ 新建图层4，选择该层的第1帧，在“动作”面板中添加如下代码，如图15-88所示。

```
play_btn.addEventListener(MouseEvent.CLICK, playMovie);
pause_btn.addEventListener(MouseEvent.CLICK, pauseMovie);
function playMovie(evt:MouseEvent):void{
play();
}
function pauseMovie(evt:MouseEvent):void{
stop();
}
```

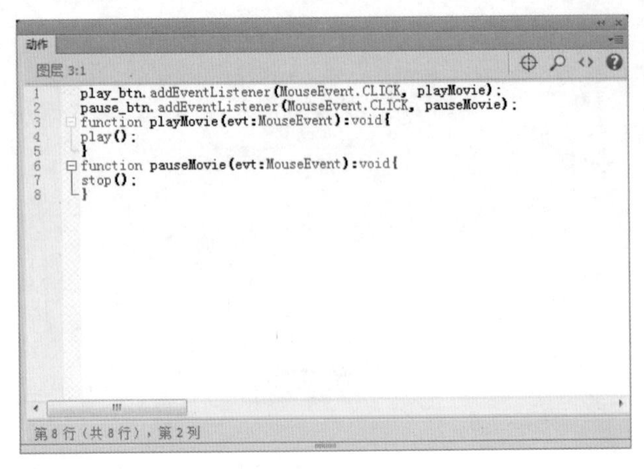

图 15-88　添加代码

Step 17 ▶ 保存动画文件，然后按Ctrl+Enter组合键，欣赏本例的完成效果，如图15-89所示。

图 15-89　完成效果

15.3 Action 动画特效的制作

ActionScript 是 Flash 动画的一个重要组成部分，通过使用 ActionScript 可以实现动画的特定功能和效果。本节将介绍多个 ActionScript 动画特效实例的制作。

15.3.1 梦幻喷泉

- 光盘 \ 素材 \ 第 15 章 \t6.jpg
- 光盘 \ 效果 \ 第 15 章 \ 梦幻喷泉 .swf

本案例通过导入图像、创建影片剪辑元件与添加 ActionScript 代码，来制作梦幻喷泉动画效果，完成后的效果如图 15-90 所示。

图 15-90　完成效果

Step 1 ▶ 在 Flash CC 中新建一个 Flash 空白文档。执行“修改”→“文档”命令，打开“文档设置”对话框，将“舞台大小”设置为 500×400 像素，“舞台颜色”设置为黑色，如图 15-91 所示。设置完成后单击 确定 按钮。

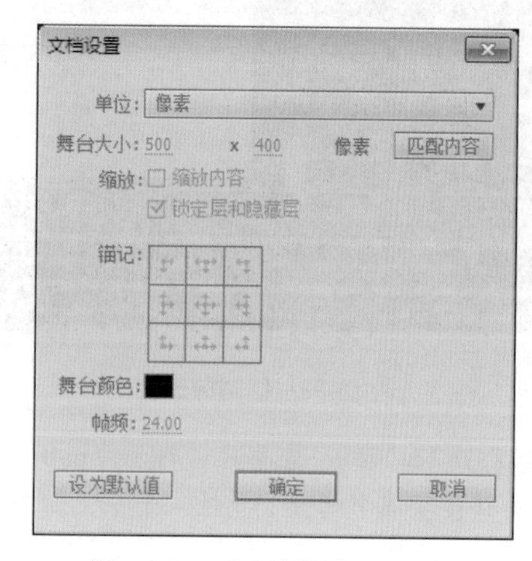

图 15-91　“文档设置”对话框

Step 2 ▶ 执行“插入”→“新建元件”命令，打开“创建新元件”对话框。在“名称”文本框中输入“pall”，在“类型”下拉列表框中选择“影片剪辑”选项，完成后单击 确定 按钮，如图 15-92 所示。

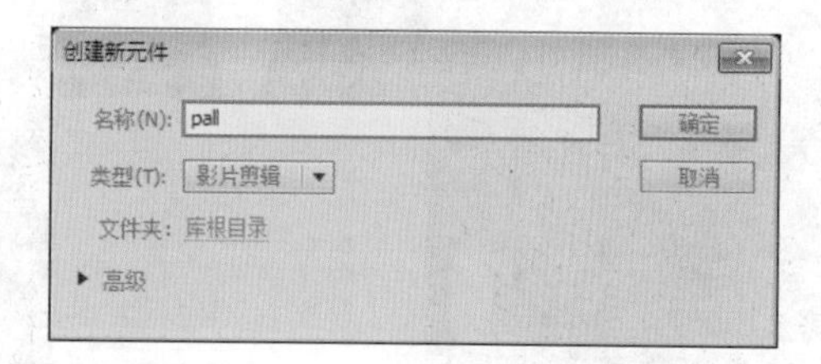

图 15-92　“创建新元件”对话框

读书笔记

Step 3 ▶ 使用椭圆工具在影片剪辑元件编辑区中绘制一个无边框，填充色为白色，宽和高分别为 3 像素和 6 像素的椭圆，如图 15-93 所示。

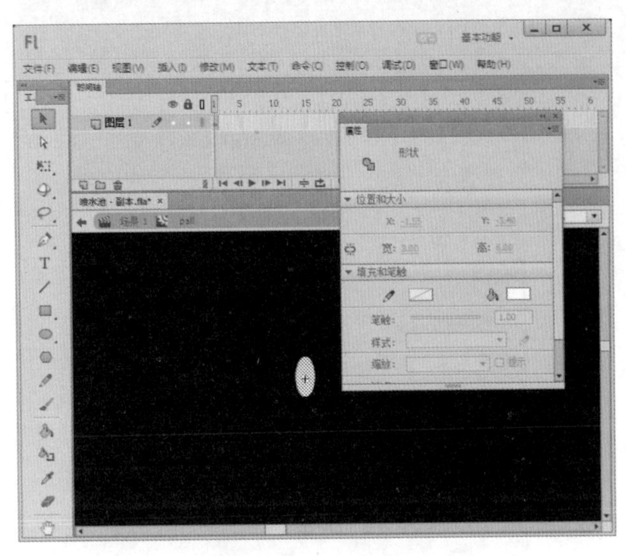

图 15-93　绘制椭圆

Step 4 ▶ 打开“库”面板，在影片剪辑元件 pall 上右击，在弹出的快捷菜单中选择“属性”命令，如图 15-94 所示。

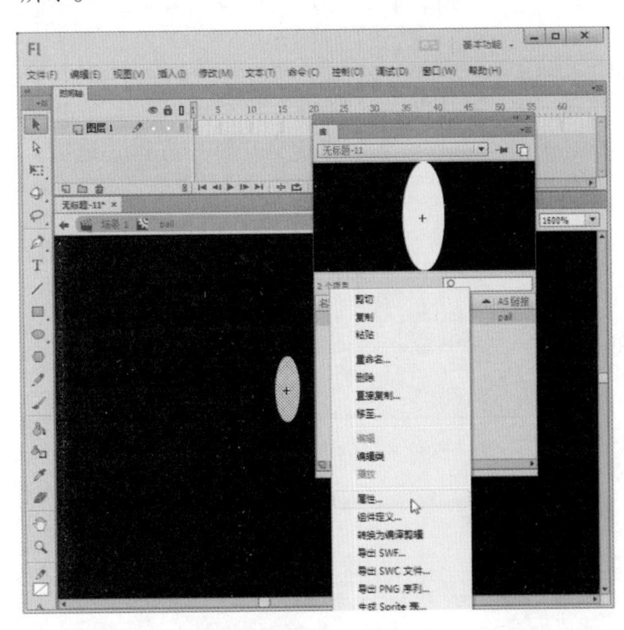

图 15-94　选择“属性”命令

Step 5 ▶ 打开“元件属性”对话框，单击 高级 按钮，选中“为 ActionScript 导出”复选框，完成后单击 确定 按钮，如图 15-95 所示。

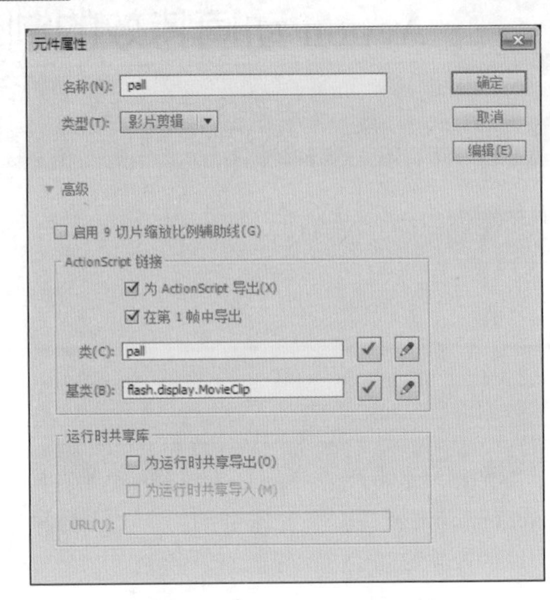

图 15-95　“元件属性”对话框

Step 6 ▶ 返回到主场景，执行“文件”→“导入”→“导入到舞台”命令，将一幅图像导入到舞台中，如图 15-96 所示。

图 15-96　导入图像

Step 7 ▶ 新建图层 2，选择该层的第 1 帧，打开“动作”面板，输入如下代码，如图 15-97 所示。

```
var count:int = 500;
var zl:Number = 0.5;
var balls:Array;
```

```
balls = new Array();
for (var i:int = 0; i < count; i++) {
var ball:pall = new pall();
ball.x = 260;
ball.y = 200;
ball["vx"]= Math.random() * 2 - 1;
ball["vy"] = Math.random() * -10 - 10;
addChild(ball);
balls.push(ball);
}
addEventListener(Event.ENTER_FRAME, onEnterFrame);
function onEnterFrame(event:Event):void {
for (var i:Number = 0; i < balls.length; i++) {
var ball:pall = pall(balls[i]);
ball["vy"] += zl;
ball.x +=ball["vx"];
ball.y +=ball["vy"];
if (ball.x - ball.width/2> stage.stageWidth ||
ball.x + ball.width/2 < 0 ||
ball.y - ball.width/2 > stage.stageHeight ||
ball.y + ball.width/2 < 0) {
ball.x = 260;
ball.y = 200;
ball["vx"]= Math.random() * 2 - 1;
ball["vy"] = Math.random() * -10 - 10;
}
}
}
```

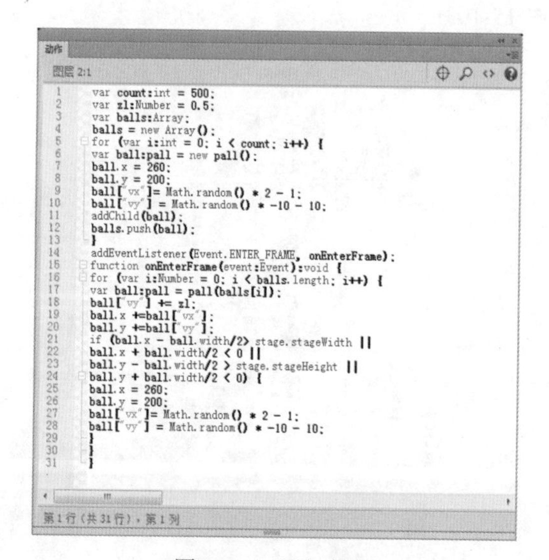

图 15-97　添加代码

Step 8 ▶ 保存动画文件，然后按 Ctrl+Enter 组合键，欣赏本例的完成效果，如图 15-98 所示。

图 15-98　完成效果

读书笔记

15.3.2 多彩粒子效果

● 光盘 \ 效果 \ 第 15 章 \ 多彩粒子效果 .swf

本案例通过创建 ActionScript 文件与添加 ActionScript 代码来制作，完成后的效果如图 15-99 所示。

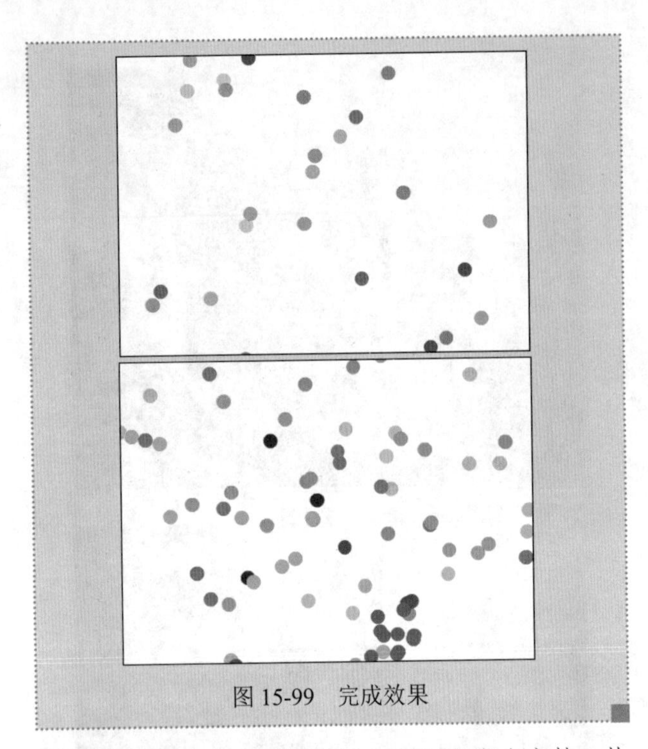
图 15-99　完成效果

Step 1 ▶ 在 Flash CC 中新建一个 Flash 空白文档。执行“修改”→“文档”命令，打开“文档设置”对话框，将“舞台大小”设置为 580×420 像素，如图 15-100 所示。设置完成后单击 确定 按钮。

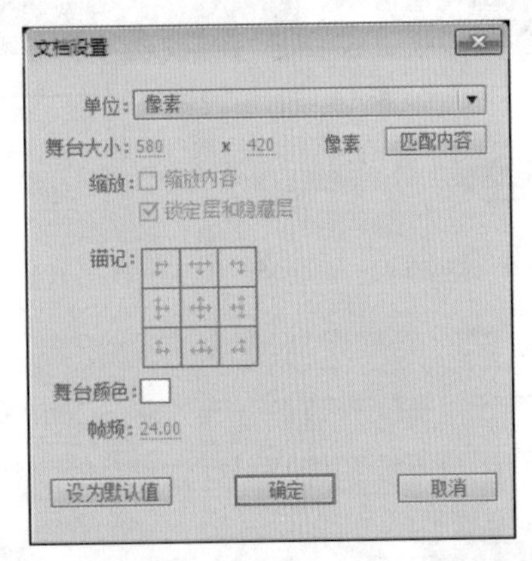

图 15-100　“文档设置”对话框

Step 2 ▶ 执行“插入”→“新建元件”命令，打开“创建新元件”对话框。在“名称”文本框中输入“Particle”，在“类型”下拉列表框中选择“影片剪辑”选项，完成后单击 确定 按钮，如图 15-101 所示。

Step 3 ▶ 使用椭圆工具在影片剪辑元件编辑区中绘制一个无边框，填充色为任意色，宽和高都为 20 像素的圆，如图 15-102 所示。

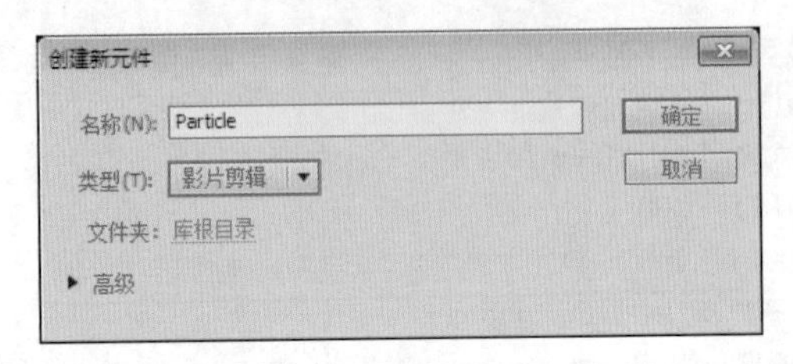

图 15-101　“创建新元件”对话框

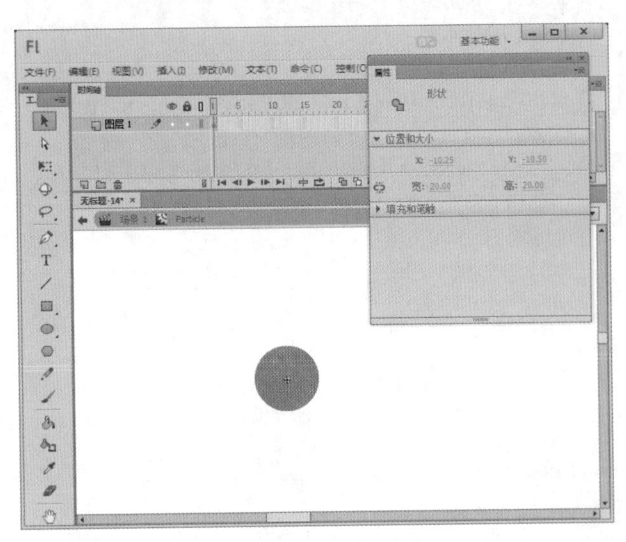
图 15-102　绘制圆

Step 4 ▶ 打开“库”面板，在影片剪辑元件 Particle 上右击，在弹出的快捷菜单中选择“属性”命令，如图 15-103 所示。

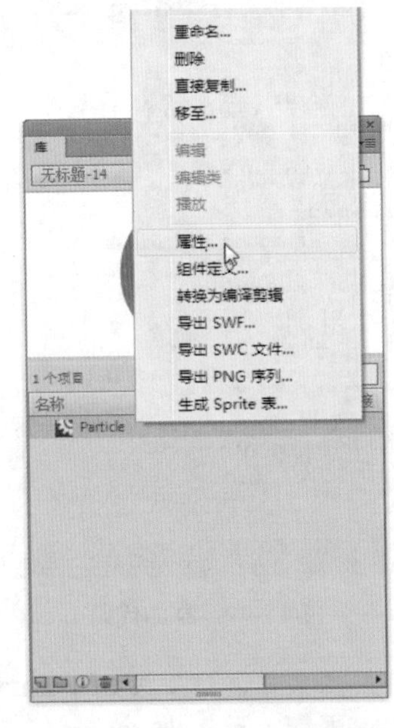

图 15-103　选择“属性”命令

Step 5 ▶ 打开“元件属性”对话框，单击 高级 按钮，选中“为 ActionScript 导出”复选框，完成后单击 确定 按钮，如图 15-104 所示。

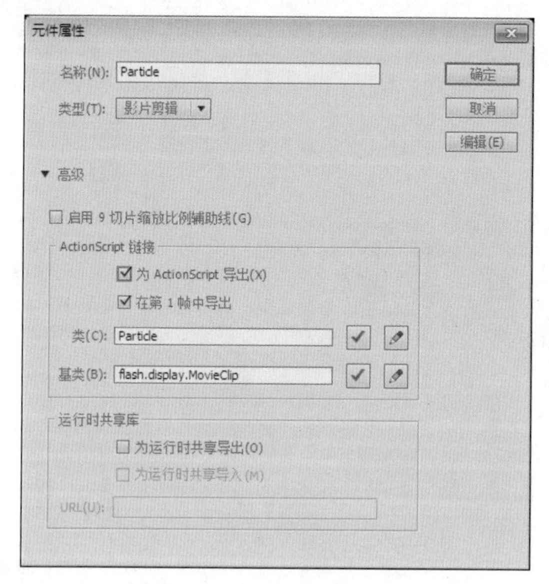

图 15-104　“元件属性”对话框

Step 6 ▶ 按 Ctrl+N 组合键打开“新建文档”对话框，选择“ActionScript 文件”选项，单击 确定 按钮，如图 15-105 所示。

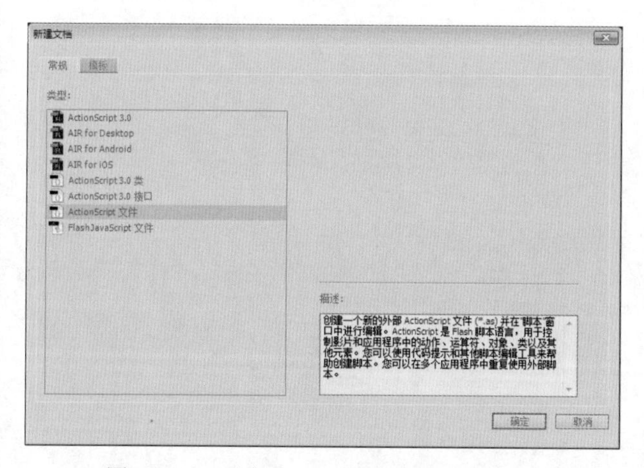

图 15-105　选择“ActionScript 文件”选项

读书笔记

Step 7 ▶ 按 Ctrl+S 组合键将 ActionScript 文件保存为 Particle.as，然后在 Particle.as 中输入如下代码，如图 15-106 所示。

```
package {

    import flash.display.MovieClip;

    public class Particle extends MovieClip {

        //We need different speeds for different particles.
        //These variables can be accessed from the main movie,
because they are public.
        public var speedX:Number;
        public var speedY:Number;
        public var partOfExplosion:Boolean = false;

        function Particle ():void {

        }
    }
}
```

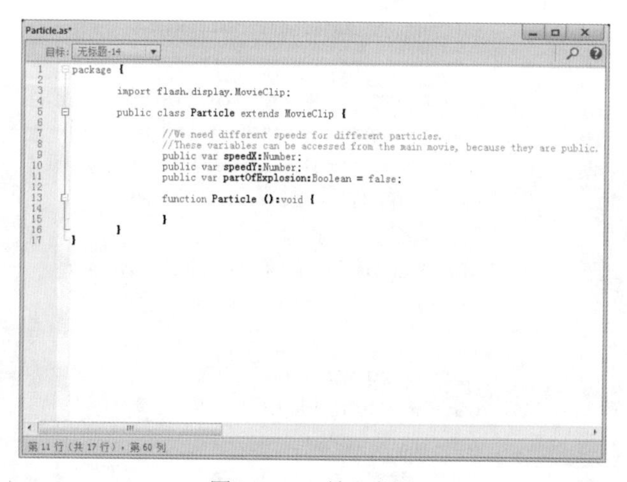

图 15-106　输入代码

Step 8 ▶ 返回到主场景，在时间轴的第 1 帧中添加如下代码，如图 15-107 所示。

```
import fl.motion.Color;
import flash.geom.ColorTransform;
var numberOfParticles:Number = 20;
var particlesArray:Array = new Array();
var numberOfExplosionParticles:uint = 10;
for (var i=0; i < numberOfParticles; i++) {
```

```
        var particle:Particle = new Particle();
        particle.speedX = 0;
        particle.speedY = 0;
        particle.y = Math.random() * stage.stageHeight;
        particle.x = Math.random() * stage.stageWidth;
        addChild (particle);
        particlesArray.push (particle);
    }
    startExplosions ();
    function startExplosions ():void {

        //Select a random particle from an array
        var index = Math.round(Math.random() * (particlesArray.length-1));
        var firstParticle:Particle = particlesArray[index];

        //Set a random tint
        var ct:Color = new Color();
        ct.setTint (0xFFFFFF * Math.random(),1);

        //Create 10 new particles because of explosion
        for (var i=0; i < numberOfExplosionParticles; i++) {

            var particle:Particle = new Particle();

            /*Give random x and y speed to the particle.
            Math.random returns a random number n, where 0 <= n < 1. */
            particle.speedX = Math.random()*10 - 5 ;
            particle.speedY = Math.random()*10 - 5;

            //Apply the randomly selected tint to each particle
            particle.transform.colorTransform = ct;

            //Set the starting position
            particle.y = firstParticle.y;
            particle.x = firstParticle.x;

            //Particle is part of an explosion
            particle.partOfExplosion = true;

            //Add the particle to the stage and push it to array for later use.
            addChild (particle);
            particlesArray.push (particle);
        }
        //Let's remove the particle that exploded (remove from stage and from the array)
        removeChild (firstParticle);
        particlesArray.splice (index,1);
```

```
    addEventListener (Event.ENTER_FRAME, enterFrameHandler);
}

//This function is responsible for the animation
function enterFrameHandler (e:Event):void {

    //Loop through every particle
    for (var i=0; i < particlesArray.length; i++) {

        var particleOne:Particle = particlesArray[i];

        //Update the particle’s coordinates
        particleOne.y += particleOne.speedY;
        particleOne.x += particleOne.speedX;

        /*This loop calls a checkForHit function to find if the two particles are colliding*/
        for (var j:uint = i + 1; j < particlesArray.length; j++) {
            var particleTwo:Particle = particlesArray[j];

            /*Make sure the particles are on stage, only then check for hits*/
            if (contains(particleOne) && contains(particleTwo)) {
                checkForHit (particleOne, particleTwo);
            }
        }
    }
}

/*This function checks whether two particles have collided*/
function checkForHit (particleOne:Particle, particleTwo:Particle):void {

    /*Let’s make sure we only check those particles, where one is moving and the other
    is stationary. We don’t want two moving particles to explode. */
    if ((particleOne.partOfExplosion == false && particleTwo.partOfExplosion == true) ||
    particleOne.partOfExplosion == true && particleTwo.partOfExplosion == false ) {

        //Calculate the distance using Pythagorean theorem
        var distanceX:Number = particleOne.x - particleTwo.x;
        var distanceY:Number = particleOne.y - particleTwo.y;
        var distance:Number = Math.sqrt(distanceX*distanceX + distanceY*distanceY);

        /* If the distance is smaller than particle’s width, we have a hit.
        Note: if the particles were of different size, the calculation would be:
        distance < ((particleOne.width / 2) + (particleTwo.width / 2))
        */
        if (distance < particleOne.width) {
```

```
        //Set a random tint to the particles that explode
        var ct:Color = new Color();
        ct.setTint (0xFFFFFF * Math.random(),1);

        //Create 10 new particles because of an explosion
        for (var i=0; i < numberOfExplosionParticles; i++) {

            var particle:Particle = new Particle();

            particle.speedX = Math.random()*10 - 5 ;
            particle.speedY = Math.random()*10 - 5;

            //Apply tint
            particle.transform.colorTransform = ct;

            //Set the starting position
            particle.y = particleOne.y;
            particle.x = particleOne.x;

            particle.partOfExplosion = true;

            //Add the particle to the stage and push it to array for later use.
            addChild (particle);
            particlesArray.push (particle);
        }

        /* Check which of the two particles was stationary.
        We'll remove the one that was stationary.
        */
        if (particleOne.partOfExplosion == false) {
            var temp1 = particlesArray.indexOf(particleOne);
            particlesArray.splice (temp1,1);
            removeChild (particleOne);
        }
        else {
            var temp2 = particlesArray.indexOf(particleTwo);
            particlesArray.splice (temp2,1);
            removeChild (particleTwo);
        }

    }
  }
}
```

Step 9 ▶ 保存动画文件，然后按 Ctrl+Enter 组合键，欣赏本例的完成效果，如图 15-108 所示。

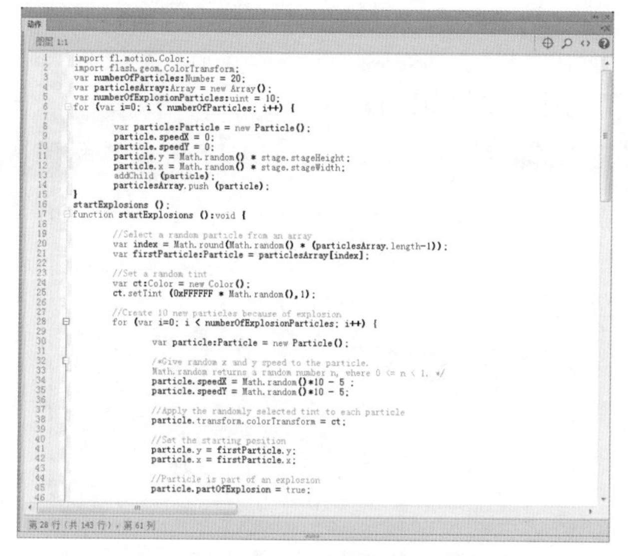

图 15-107　添加代码

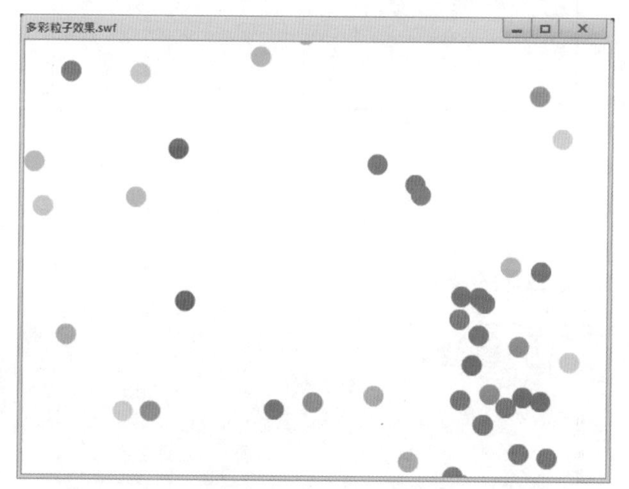

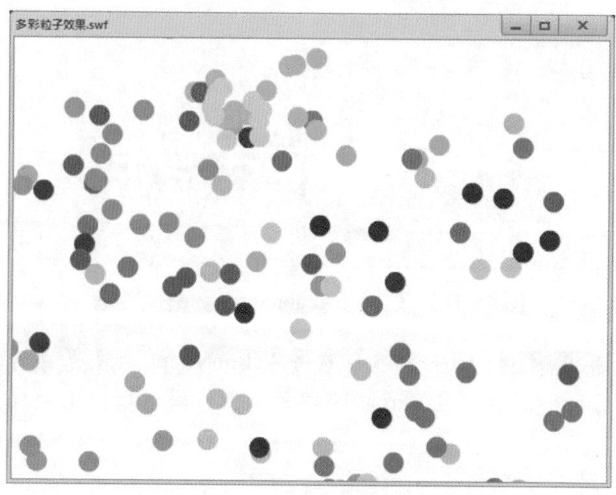

图 15-108　完成效果

15.3.3 旋转的星

- 光盘 \ 素材 \ 第 15 章 \t7.jpg
- 光盘 \ 效果 \ 第 15 章 \ 旋转的星 .swf

本案例通过创建 ActionScript 文件与添加 ActionScript 代码来制作，完成后的效果如图 15-109 所示。

图 15-109　完成效果

Step 1 在 Flash CC 中新建一个 Flash 空白文档。执行“修改”→“文档”命令，打开“文档设置”对话框，将“舞台大小”设置为 600×420 像素，“舞台颜色”设置为黑色，如图 15-110 所示。设置完成后单击 确定 按钮。

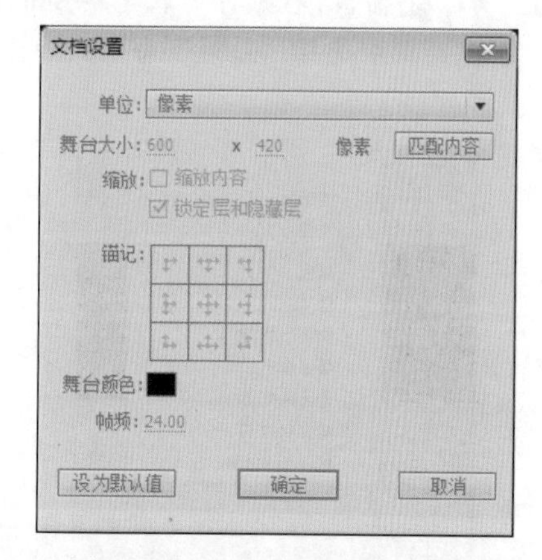

图 15-110　“文档设置”对话框

Step 2 执行“插入”→“新建元件”命令，打开“创建新元件”对话框。在“名称”文本框中输入“Star”，在“类型”下拉列表框中选择“影片剪辑”选项，

完成后单击 确定 按钮，如图 15-111 所示。

图 15-111 “创建新元件”对话框

Step 3 使用多角星形工具在影片剪辑元件编辑区中绘制一个无边框、填充色为任意色，宽和高随意的星形，如图 15-112 所示。

图 15-112 绘制星形

Step 4 打开“库”面板，在影片剪辑元件 Star 上右击，在弹出的快捷菜单中选择“属性”命令，如图 15-113 所示。

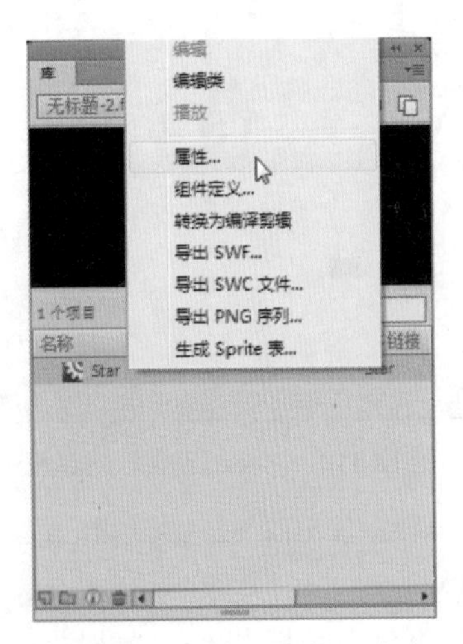

图 15-113 选择“属性”命令

Step 5 打开“元件属性”对话框，单击 高级 按钮，选中“为 ActionScript 导出”复选框，完成后单击 确定 按钮，如图 15-114 所示。

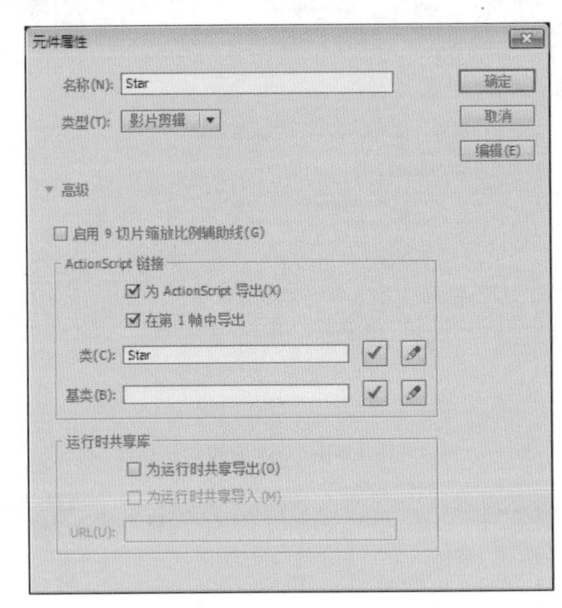

图 15-114 “元件属性”对话框

Step 6 按 Ctrl+N 组合键打开“新建文档”对话框，选择“ActionScript 文件”选项，单击 确定 按钮，如图 15-115 所示。

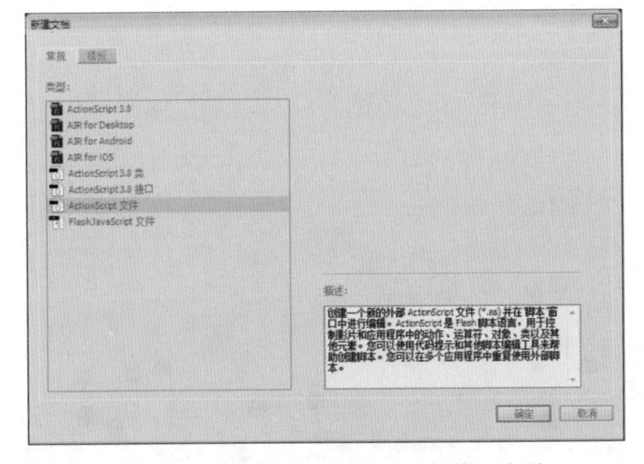

图 15-115 选择“ActionScript 文件”选项

Step 7 按 Ctrl+S 组合键将 ActionScript 文件保存为 Star.as，然后在 Star.as 中输入如下代码，如图 15-116 所示。

```
package {
    import flash.display.MovieClip;
```

```
import flash.geom.ColorTransform;

import flash.events.*;

public class Star extends MovieClip {

    private var starColor:uint;

    private var starRotation:Number;

    public function Star () {

        this.starColor = Math.random() * 0xffffff;

        var colorInfo:ColorTransform = this.transform.
colorTransform;

        colorInfo.color = this.starColor;

        this.transform.colorTransform = colorInfo;

        this.alpha = Math.random();

        this.starRotation = Math.random() * 10 - 5;

        this.scaleX = Math.random();

        this.scaleY = this.scaleX;

        addEventListener(Event.ENTER_FRAME,
rotateStar);

    }

    private function rotateStar(e:Event):void {

        this.rotation += this.starRotation;

    }

}

}
```

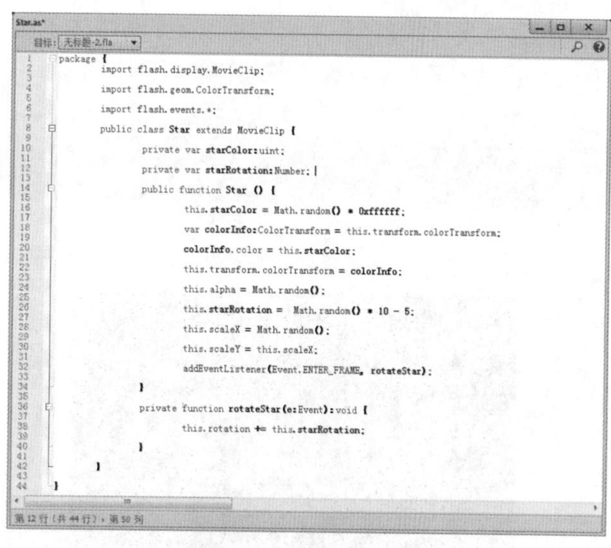

图 15-116　输入代码

Step 8 ▸ 返回到主场景，在时间轴的第 1 帧中添加如下代码，如图 15-117 所示。

```
for (var i = 0; i < 100; i++) {
    var star:Star = new Star();
    star.x = stage.stageWidth * Math.random();
    star.y = stage.stageHeight * Math.random();
    addChild (star);
}
```

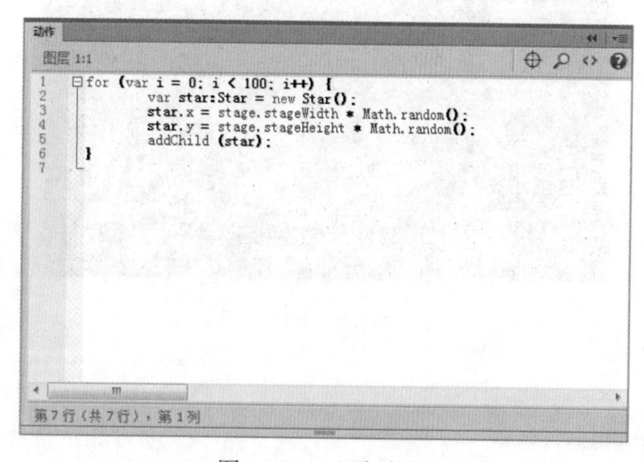

图 15-117　添加代码

读书笔记

Step 9 ▶ 新建图层 2，将其拖曳到图层 1 的下方，然后导入一幅背景图像到舞台中，如图 15-118 所示。

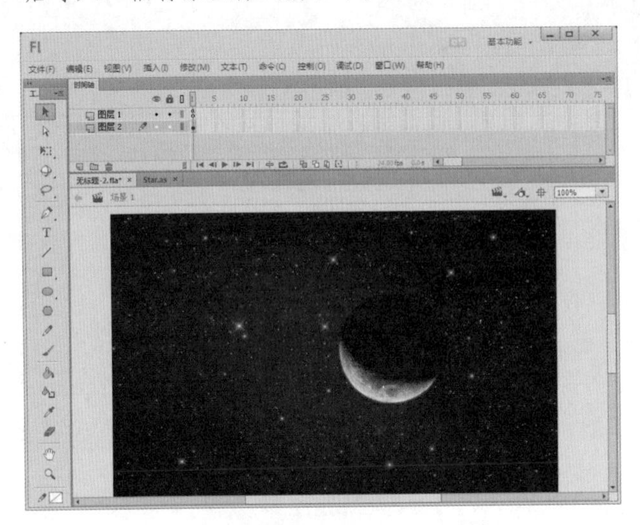

图 15-118　导入图像

Step 10 ▶ 保存动画文件，然后按 Ctrl+Enter 组合键，欣赏本例的完成效果，如图 15-119 所示。

图 15-119　完成效果

15.3.4 火焰效果

● 光盘 \ 效果 \ 第 15 章 \ 火焰效果 .swf

本例通过创建 ActionScript 文件并添加 ActionScript 代码，以及设置类名称来制作火苗不断跳跃燃烧的动画效果，完成后的效果如图 15-120 所示。

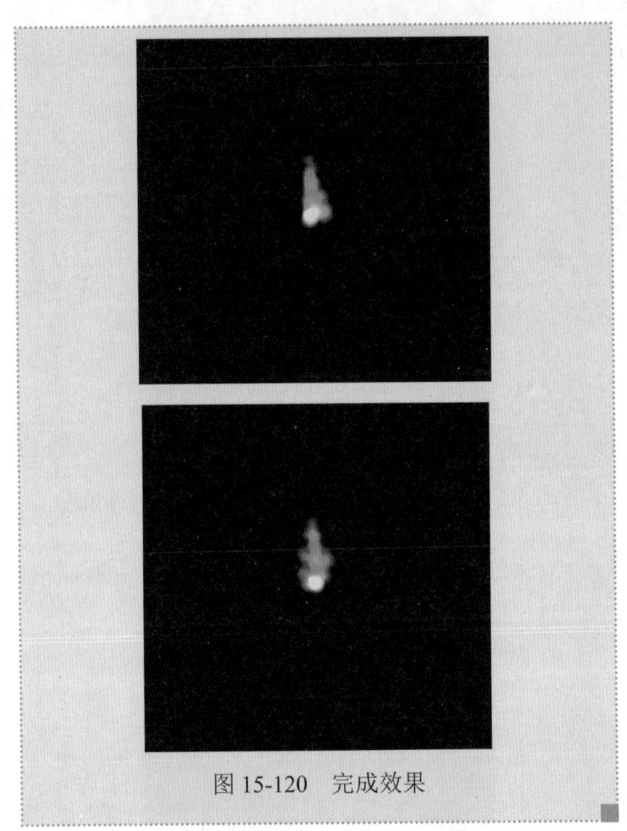

图 15-120　完成效果

Step 1 ▶ 在 Flash CC 中新建一个 Flash 空白文档。执行“修改”→“文档”命令，打开“文档设置”对话框，将“舞台大小”设置为 300×280 像素，“舞台颜色”设置为黑色，“帧频”设置为 80，如图 15-121 所示。设置完成后单击 确定 按钮。

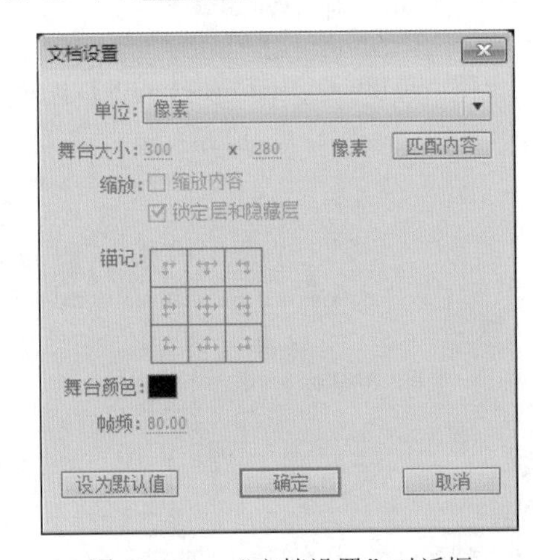

图 15-121　“文档设置”对话框

Step 2 ▶ 按 Ctrl+N 组合键打开“新建文档”对话框，选择“ActionScript 文件”选项，单击 确定 按钮，如图 15-122 所示。

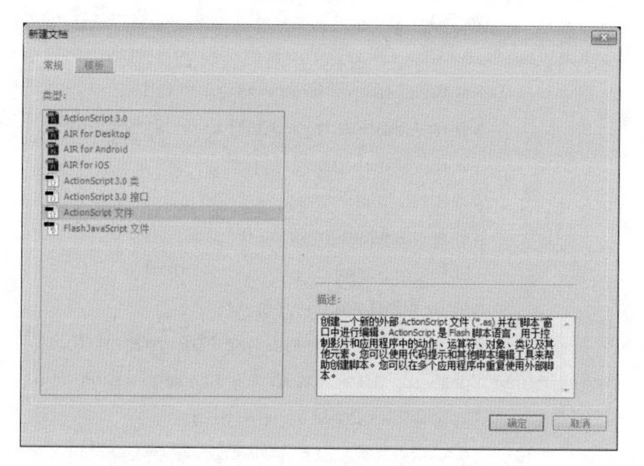

图 15-122　选择“ActionScript 文件”选项

Step 3 ▶ 将新建的 ActionScript 文件保存为 fire.as，然后在 fire.as 中输入以下代码，如图 15-123 所示。

```
package {
    import flash.display.MovieClip;
    import flash.events.EventDispatcher;
    import flash.events.Event;
    import flash.display.BlendMode;
    import flash.filters.GlowFilter;
    import flash.geom.ColorTransform;

    public class fire extends MovieClip {
        private var fires:mack_fire;
        private const maxBalls:int = 60;
        private const Mc_x:int = stage.stageHeight/2;
        private const Mc_y:int = stage.stageHeight/2;
        private const Mc_more:int = 1;
        private const McY:int = 1;
        private var i=1;

        private var obj_scal:Array=new Array();
        private var obj_fast:Array=new Array();
        private var obj_action:Array=new Array();

        private var obj_n:Array=new Array();
        private var obj_s:Array=new Array();
        private var obj_gs:Array=new Array();

        private var obj_g:Array=new Array();

        public function fire() {
            addEventListener(Event.ENTER_FRAME,fire_mv);
        }

        public function fire_mv(event:Event):void{
            var k = Math.random();
            var scale:Number = k ? k : 1;
            fires = new mack_fire();
            fires.scaleX = fires.scaleY = fires.alpha = scale;

            obj_g[i] = 100;
            obj_gs[i] = (1-scale+.2)*3;
            obj_fast[i] = Math.floor(scale*2);
            obj_action[i]=(Math.random()>0.5)?1:-1;
            obj_scal[i] = 1 - obj_fast[i]/10;
            obj_n[i] = obj_s[i] = 1;

            fires.x= Mc_x;
            fires.y= Mc_y;
            fires.blendMode = BlendMode.ADD;
            fires.name = "fire"+i;
            addChild(fires);

            for (var n:int = 1; n<maxBalls; ++n){
                var m=getChildByName("fire"+n);
                if(m){
                    var colorInfo:ColorTransform = m.transform.
colorTransform;
                    var xx=obj_gs[n]*2;
                    obj_g[n] -= Math.ceil(xx);
                    if(obj_g[n] < 10) obj_g[n]="00";
                    var rgbs = "0xff"+obj_g[n]+"00";
                    colorInfo.color = rgbs;
                    m.transform.colorTransform = colorInfo;

                    m.y -= 1-obj_s[n]+.4;// 向上移动
                    m.x += obj_fast[n]*obj_action[n]*obj_n[n]*
obj_s[n];
                    m.scaleX += (obj_scal[n])/20 * obj_n[n] *
obj_s[n];
                    m.scaleY += (obj_scal[n])/20 * obj_n[n] *
obj_s[n];
                    m.alpha += .1 *obj_n[n]*obj_s[n];
                    if(m.scaleX >= Mc_more){;
                        obj_n[n] = -1;
                        obj_s[n] = .2;
                    };
```

```
                if(m.alpha >= Mc_more){ m.alpha = Mc_more;}else if(m.alpha <= Math.random()*.1){ removeChildAt(m);}
            }
        }
        if(i>=maxBalls){i=0;}
        ++i;
    }
  }
}
```

图 15-123　输入代码

Step 4 新建一个名称为 mack_fire.as 的 ActionScript 文件，然后在 mack_fire.as 中输入以下代码，如图 15-124 所示。

```
package {
    import flash.geom.Matrix;
    import flash.display.Sprite;
    import flash.display.GradientType;
    public class mack_fire extends Sprite {
        private var fire:Sprite;
        var myMatrix:Matrix;
        public function mack_fire(){
            fire = new Sprite();
            myMatrix = new Matrix();
            var boxWidth:int = 16;
            var boxHeight:int = 16;
            var boxRotation:uint = Math.PI/2;
            var tx:int = 0;
            var ty:int = 0;
            myMatrix.createGradientBox(boxWidth, boxHeight, boxRotation, tx, ty);
            var type:String = GradientType.RADIAL;
            var myColors:Array = [0xFFFF00, 0xFFFF00];
            var myAlphaS:Array = [1, 0];
            var myRalphaS:Array = [0, 255];
            var spreadMethod:String = "pad";
            var interp:String = "rgb";
            var focalPtRatio:Number = 0;
            fire.graphics.beginGradientFill(type, myColors, myAlphaS,myRalphaS, myMatrix, spreadMethod, interp, focalPtRatio);
            fire.graphics.drawCircle(8, 8, 8);
            addChild(fire);
        }
    }
}
```

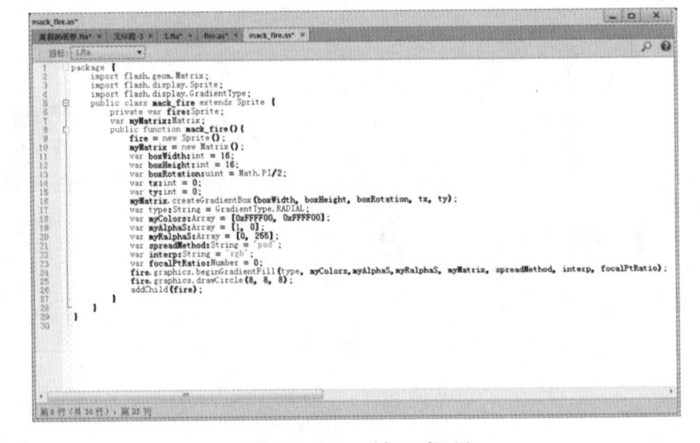

图 15-124　输入代码

Step 5 打开“属性”面板，在“类”文本框中输入“fire”，如图 15-125 所示。

图 15-125　设置类名称

Step 6 ▶ 保存动画文件，然后按Ctrl+Enter组合键，欣赏本例的完成效果，如图15-126所示。

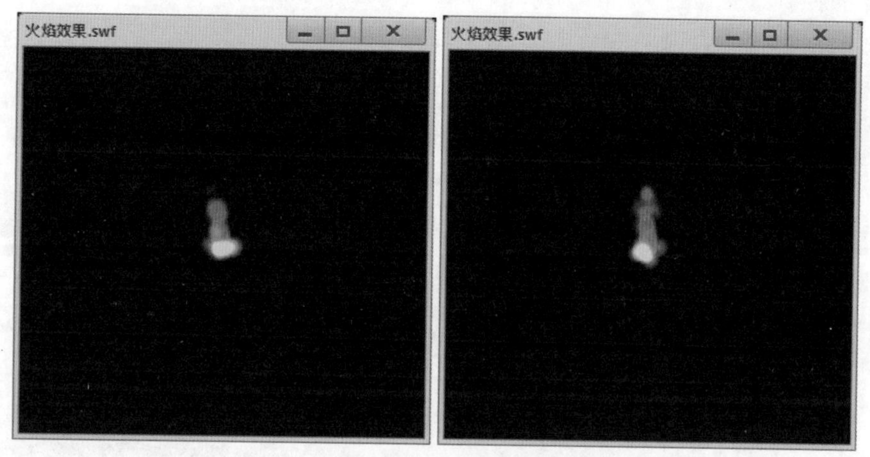

图15-126　完成效果

读书笔记

本篇为实战篇，为读者精心准备了 5 个综合案例，内容涉及广告制作、游戏制作、MTV 制作、课件制作、贺卡制作，带领读者全面步入 Flash 动画创作领域，使读者全面掌握 Flash CC 强大的动画编辑制作功能。

>>>

13 14 15 16 17 18

广告制作

本章导读

Flash 在网络广告应用中扮演着越来越重要的角色。在任何知名的网站中，我们都可以发现 Flash 广告的身影。目前 Flash 广告在网络商业广告应用中发挥着越来越重要的作用，凭借其强大的媒体支持功能和多样化的表现手段，可以用更直观的方式表现广告的主体，这种表现方式不但效果极佳，也更为广大广告受众所接受。

16.1 Flash 广告设计知识

随着网络的发展，网络在媒体中的作用也越来越重要，Flash 广告则正好成为这种网络潮流的中坚力量，在网络广告中扮演着重要的角色，在任何一个知名网站中，几乎都能看到各种各样的 Flash 广告。

16.1.1 Flash 广告的特点

结合 Flash 广告在网络中的实际应用，我们可将其特点归纳为以下几点。

1. 适合网络传播

Flash 的特点就是它所生成的 swf 影片文件体积小，可满足网络迅速传播的需求，将 Flash 动画嵌入网页中也不会明显增加网页的数据量，在网络上可以迅速播放。

2. 表现形式丰富

Flash 的兼容性强，在 Flash 动画影片中可以加入位图、声音甚至是视频，所以使用 Flash 可以制作出各种形式的动画影片，以更好地表现 Flash 广告的内容。

3. 强大的交互功能

使用 Flash 动画制作的广告还可以具有交互功能，通过使用 Action 还可以实现很多丰富的效果，观者可以通过在影片中单击鼠标来获取需要的信息，或者通过在影片中设置超链接，使用户在单击某个区域后可以转到另一个页面，以了解更详尽的资料。

4. 针对性强

Flash 广告一般篇幅比较短小，针对广告内容的特点，选择最适合的表现手法，既可以表现产品精神内涵，又可以直观地表现产品的造型特点等，这使得观众能更确切地了解广告中的内容，也使得 Flash 广告成为网络媒体的首选。

16.1.2 Flash 广告的应用

目前，Flash 广告的应用领域主要体现在网络应用方面，即网页广告应用。这是由 Flash 动画的基本特点所决定的。尽管也有部分优秀的广告作品以公益广告和片头动画的形式出现在电视媒体上，但其最大的广告重心仍然在网络商业应用方面，并将继续以此为中心发展并壮大。Flash 广告的应用主要包括以下几点。

1. 宣传某项内容

主要是对某项内容进行宣传，以扩大其影响范围和知名度，如对某品牌、产品、机构、人物等进行宣传，当然公益广告也属于这一领域。

2. 作为链接的标志

此类 Flash 广告一般信息量比较少，主要起到一个引导的作用，观者如果对 Flash 广告中的内容感兴趣，可以使用鼠标单击影片中的某些内容，即可自动转到另一个页面，以达到宣传和展示的目的。

3. 用于展示某些产品

这类 Flash 广告一般都简洁明了，主要介绍产品的功能及特点，其内容一般都是新产品的推出或某些商品的促销，这类产品一般用户都已经有相当的了解，而且是比较热门的商品。

16.1.3 Flash 广告的基本类型

对网络中 Flash 广告的类型根据不同的标准有很多的分类，在这里根据 Flash 广告在网页中的出现方式来对其进行分类，主要有以下 3 种划分的方式。

1. 普通 Flash 广告条

这类广告一般直接嵌入在网页内，用户打开网页即可浏览到此 Flash 广告，如图 16-1 所示。这种广告的特点是一般体积比较小，不会占用太大的页面空间，而且不会对网页的浏览速度造成太大的影响。

图 16-1　普通 Flash 广告条

2. 弹出式 Flash 广告

这类广告是指在打开网页的过程中会自动弹出的 Flash 广告，包括在网页内部展开和在新窗口中打开两种，在网页内部展开的 Flash 广告一般在一段时间之后会自动返回，而在新窗口中打开的 Flash 广告一般需要用户单击才可关闭，如图 16-2 所示。

图 16-2　弹出式 Flash 广告

3. 网站片头广告

网站片头广告是指在进入网站之前播放的一段广告，这类广告在一些商业性的网站中应用得比较多，如图 16-3 所示。

图 16-3　网站片头广告

16.1.4 Flash 广告的制作流程

在制作 Flash 广告时，一般需要以下步骤。

1. 确定广告的内容

在制作 Flash 广告之前，应当了解和确定广告的内容，包括了解其造型、特点及用途等，还包括确定要达到何种广告的效果等。

2. 构思广告的结构

在确定内容及主题后，即需要构思广告的整个框架，包括选择何种形式、使用哪些素材、如何表现等。

3. 收集素材

构思结束后，即可收集所需要的素材，一般包括产品的照片以及影片中需要的声音等。

4. 编辑动画及发布

这是制作动画中最重要的一环，将构思转化为实际的视觉效果，在编辑动画时，将各种素材进行有效的组合，并使用各种不同的方法制作各种丰富的动画效果，制作结束后可测试动画效果，将动画修改到直至满意为止，之后即可发布动画影片。

读书笔记

16.2 可爱少女风服饰广告

●光盘\素材\第 16 章　●光盘\效果\第 16 章\可爱少女风服饰广告 .swf

本例首先导入动画背景并创建需要的元件，再使用导入功能，将准备好的图片导入到舞台中，并调整图片的 Alpha 值，使图片产生透明渐变的效果；然后使用文本工具，在舞台上输入服饰品牌；接着导入网络广告的音乐，完成后的效果如图 16-4 所示。

图 16-4　完成效果

16.2.1 制作广告主体

Step 1 ▶ 启动 Flash CC，新建一个 Flash 空白文档。执行“修改”→“文档”命令，打开“文档设置”对话框。将“舞台大小”设置为 680×430 像素，“舞台颜色”设置为黑色，“帧频”设置为 12，如图 16-5 所示。设置完成后单击 确定 按钮。

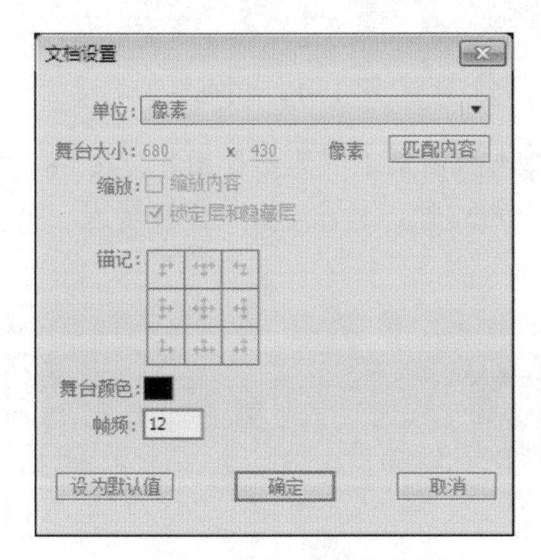

图 16-5　“文档设置”对话框

Step 2 ▶ 执行“文件”→“导入”→“导入到舞台”命令，将一幅背景图片导入到舞台上，如图 16-6 所示。

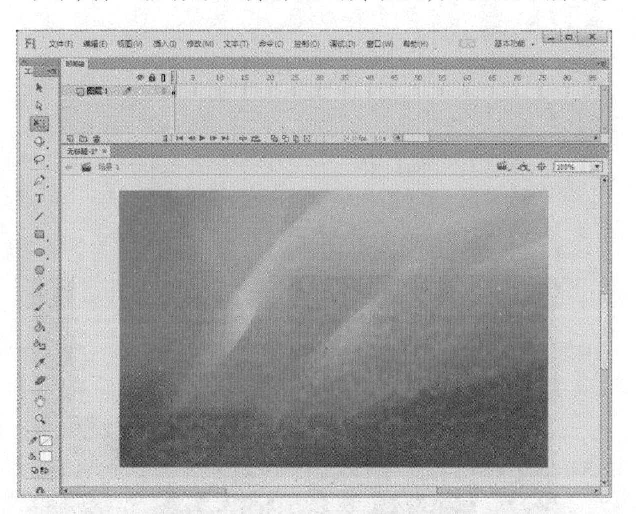

图 16-6　导入图像

Step 3 ▶ 执行“插入”→“新建元件”命令，打开“创建新元件”对话框。在“名称”文本框中输入名称“圆”，在“类型”下拉列表框中选择“影片剪辑”

选项，如图 16-7 所示。完成后单击［确定］按钮进入按钮元件编辑区。

图 16-7 “创建新元件”对话框

Step 4 ▶ 在影片剪辑“圆”的编辑状态下，使用椭圆工具在工作区中绘制一个边框与填充色都为白色的圆。然后选中圆，按 F8 键，将其转换为图形元件，元件的名称保持默认，如图 16-8 所示。

图 16-8 转换元件

Step 5 ▶ 在时间轴上的第 3 帧、第 5 帧和第 10 帧处插入关键帧。然后分别选中第 1 帧与第 10 帧处的圆，在“属性”面板中将它们的 Alpha 值设置为 0%，如图 16-9 所示。

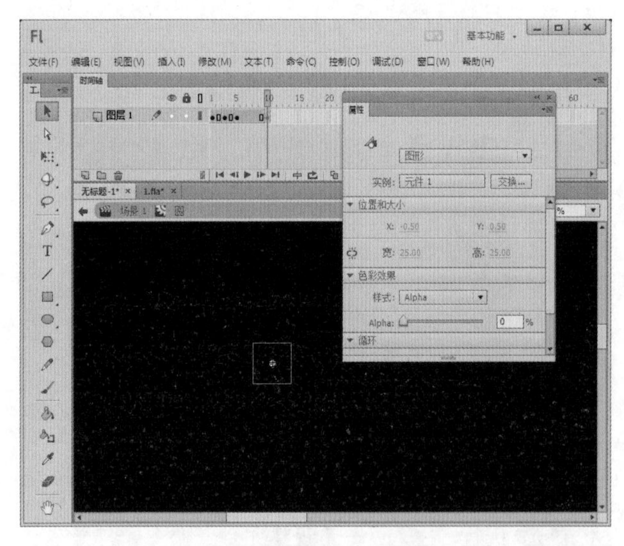

图 16-9 设置 Alpha 值

Step 6 ▶ 分别在第 1 帧与第 3 帧、第 3 帧与第 5 帧、第 5 帧与第 10 帧之间创建补间动画，如图 16-10 所示。

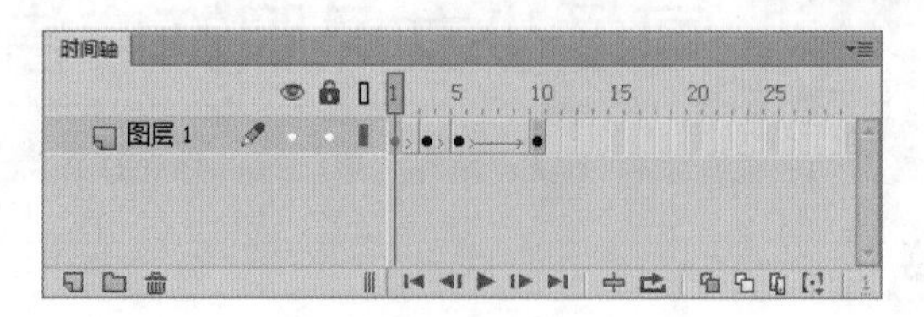

图 16-10 创建补间动画

Step 7 ▶ 新建图层 2，并在该层的第 10 帧处插入关键帧，然后右击，在弹出的快捷菜单中选择“动作”命令，在打开的“动作”面板中添加代码“stop();”，如图 16-11 所示。

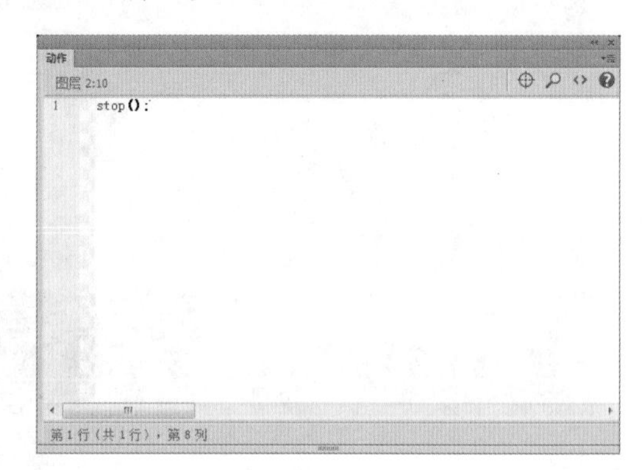

图 16-11 输入代码

Step 8 ▶ 回到主场景，新建图层 2，从“库”面板中将影片剪辑“圆”拖入到舞台上。然后在图层 2 的第 34 帧处插入关键帧，在第 45 帧处插入帧，在第 11 帧处插入空白关键帧，如图 16-12 所示。

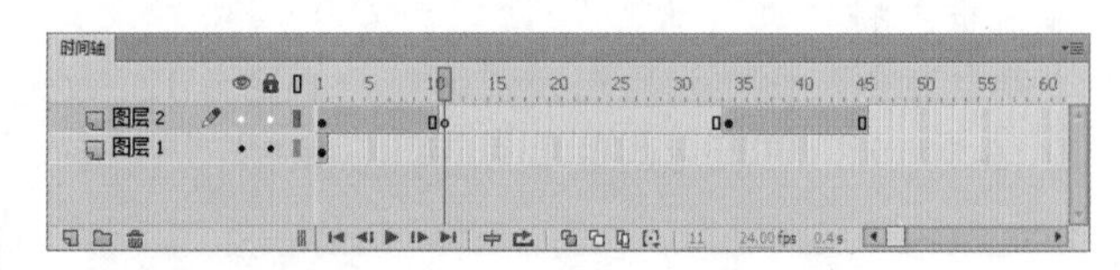

图 16-12 时间轴

Step 9 ▶ 选择图层 1 中的背景图片，按 F8 键，将其转换为图形元件，元件的名称保持默认，如图 16-13 所示。

图 16-13 转换为图形元件

Step 10 ▶ 在图层 1 的第 280 帧处插入关键帧。新建一个图层 3，并在该层的第 11 帧处插入关键帧。接着使用线条工具 在舞台上影片剪辑“圆”的附近绘制一条宽为 1 像素，颜色为白色的线。在图层 3 的第 14 帧处插入关键帧，并在“属性”面板中将该帧处线条的宽设置为 76 像素，如图 16-14 所示。

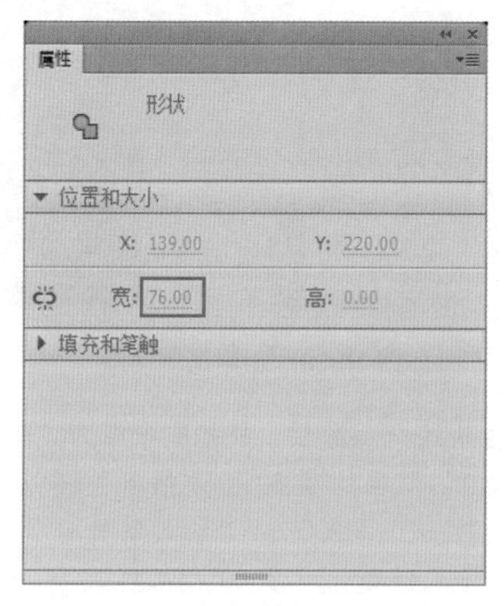

图 16-14　设置线条宽度

Step 11 ▶ 在图层 3 的第 30 帧与第 33 帧处插入关键帧。选中第 33 帧处的线条，在“属性”面板中将它的宽设置为 1 像素。然后在第 11 帧与第 14 帧、第 30 帧与第 33 帧之间创建形状补间动画。最后在第 34 帧处插入空白关键帧，如图 16-15 所示。

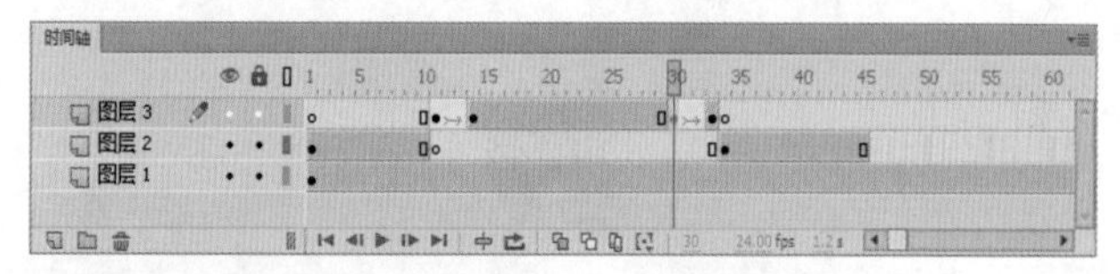

图 16-15　时间轴

Step 12 ▶ 新建一个图层，并把它命名为“图片 1”。在“图片 1”图层的第 39 帧处插入关键帧。然后执行“文件”→“导入”→“导入到舞台”命令，将一幅图片导入到舞台中，如图 16-16 所示。

Step 13 ▶ 选中舞台上的图片，按 F8 键，将其转换为图形元件，图形元件的名称保持默认。然后在“图片 1”图层的第 41 帧、第 52 帧与第 56 帧处插入关键帧。完成后选中第 39 帧与第 56 帧处的图片，在“属性”面板中把它们的 Alpha 值设置为 0%。最后分别选中第 39 帧与第 52 帧，创建补间动画，如图 16-17 所示。

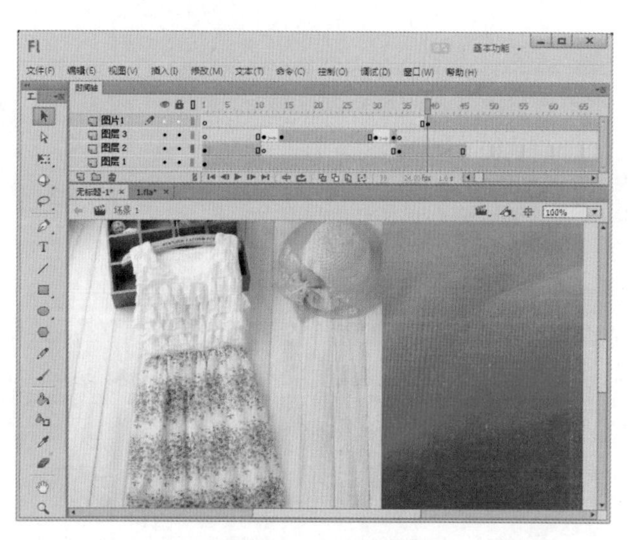

图 16-16　导入图片

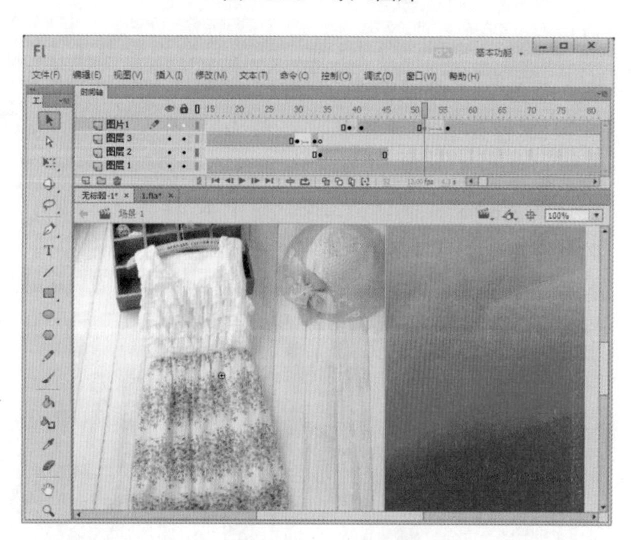

图 16-17　创建动画

读书笔记

Step 14 ▶ 新建一个图层，命名为 z1。在第 39 帧处插入关键帧，使用椭圆工具 在图片的中心位置绘制一个无边框、宽和高都为 10 像素的白色正圆，如图 16-18 所示。

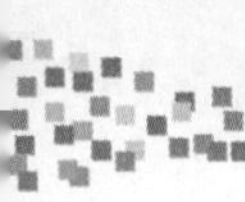

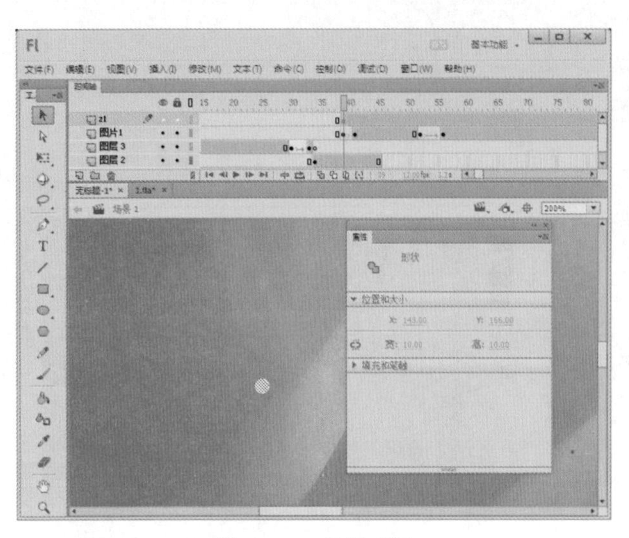

图 16-18　绘制正圆

Step 15 ▸ 选中圆，按 F8 键，将其转换为图形元件，并命名为 y1。完成后在 z1 图层的第 41 帧、第 49 帧与第 51 帧处插入关键帧，在第 56 帧处插入空白关键帧。然后选中第 39 帧处的圆，在“属性”面板中把它的 Alpha 值设置为 0%。选中第 41 帧处的圆，使用任意变形工具将其放大，选中第 51 帧处的圆，使用任意变形工具将其放大。最后分别在第 39 帧与第 41 帧、第 41 帧与第 49 帧、第 49 帧与第 51 帧之间创建动画，如图 16-19 所示。

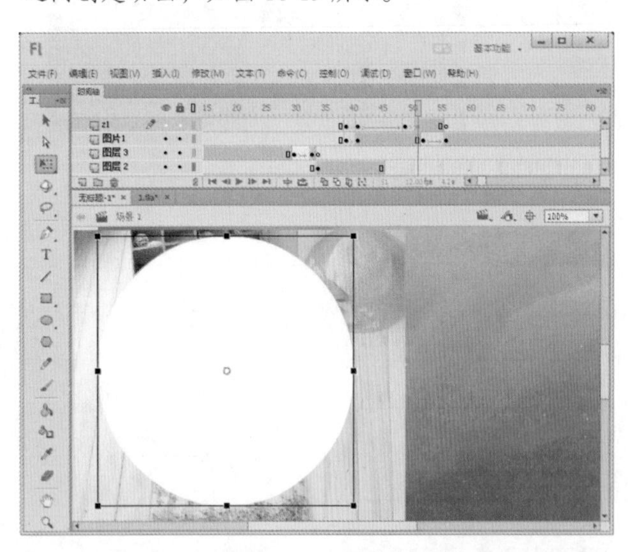

图 16-19　创建动画

Step 16 ▸ 选中 z1 层，右击，在弹出的快捷菜单中选择“遮罩层”命令，如图 16-20 所示，创建遮罩动画。

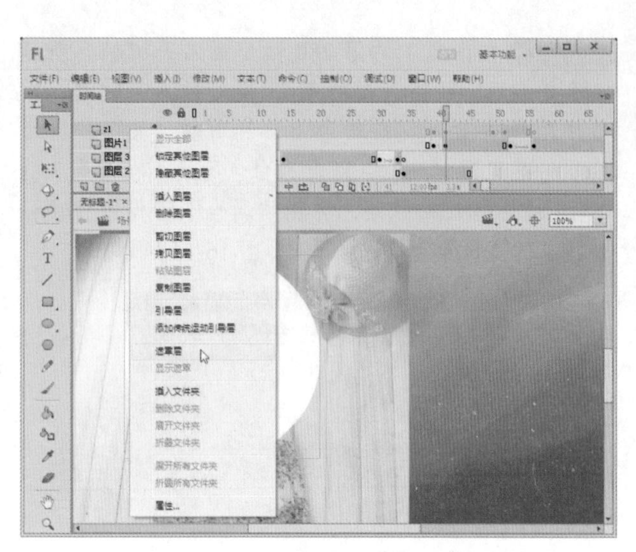

图 16-20　创建遮罩动画

Step 17 ▸ 新建一个图层，并把它命名为“图片 2”。在“图片 2”图层的第 52 帧处插入关键帧，然后执行“文件”→“导入”→“导入到舞台”命令，将一幅图片导入到舞台中，如图 16-21 所示。

图 16-21　导入图片

Step 18 ▸ 选中“图片 2”图层第 52 帧处的图片，按 F8 键，将其转换为图形元件。然后在“图片 2”图层的第 54 帧、第 72 帧和第 76 帧处插入关键帧。完成后选中第 52 帧与第 76 帧处的图片，在“属性”面板中把它们的 Alpha 值设置为 0%。最后分别在第 52 帧与第 54 帧、第 72 帧与第 76 帧之间创建补间动画，如图 16-22 所示。

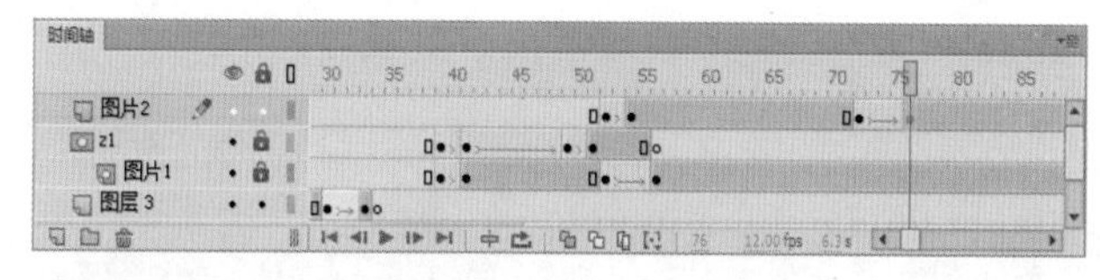

图 16-22　创建动画

Step 19 新建一个图层，并把它命名为 z2。在 z2 图层的第 52 帧处插入关键帧，从库面板中将图形元件 y1 拖入到舞台上。然后在 z2 图层的第 54 帧、第 62 帧和第 64 帧处插入关键帧，在第 77 帧处插入空白关键帧，如图 16-23 所示。

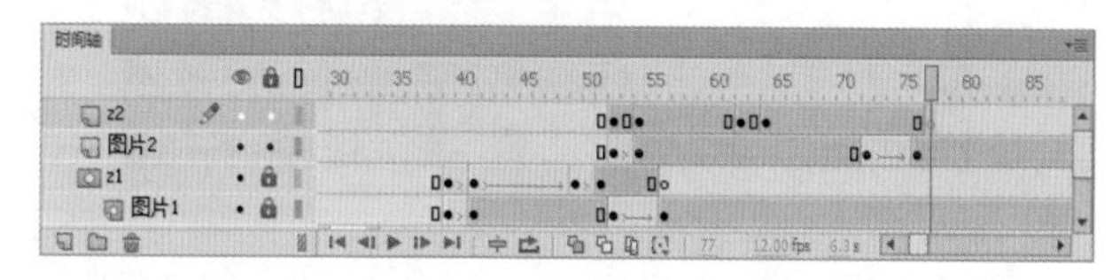

图 16-23　插入关键帧与空白关键帧

Step 20 选中 z2 图层第 52 帧处的圆，在“属性”面板中把它的 Alpha 值设置为 0%。选中第 62 帧处的圆，使用任意变形工具将其放大，选中第 64 帧处的圆，使用任意变形工具将其放大。最后分别在第 54 帧与第 62 帧、第 62 帧与第 64 帧之间创建补间动画，如图 16-24 所示。

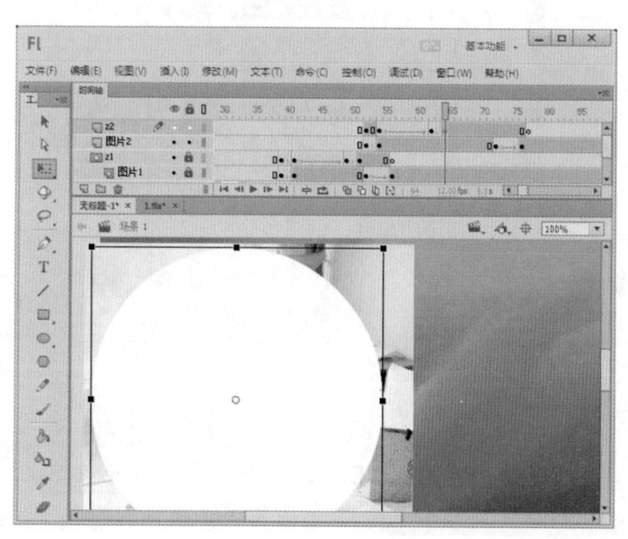

图 16-24　创建动画

Step 21 选中 z2 图层，右击，在弹出的快捷菜单中选择“遮罩层”命令。完成后新建一个图层，并把它命名为“图片 3”。在“图片 3”图层的第 64 帧处插入关键帧，然后执行“文件”→“导入”→“导入到舞台”命令，将一幅图像导入到舞台中，如图 16-25 所示。

图 16-25　导入图片

Step 22 选中“图片 3”图层的第 64 帧处的图片，按 F8 键，将其转换为图形元件。然后在“图片 3”图层的第 66 帧处插入关键帧。完成后选中第 64 帧处的图片，在“属性”面板中把它的 Alpha 值设置为 0%。最后在第 64 帧与第 66 帧之间创建补间动画，如图 16-26 所示。

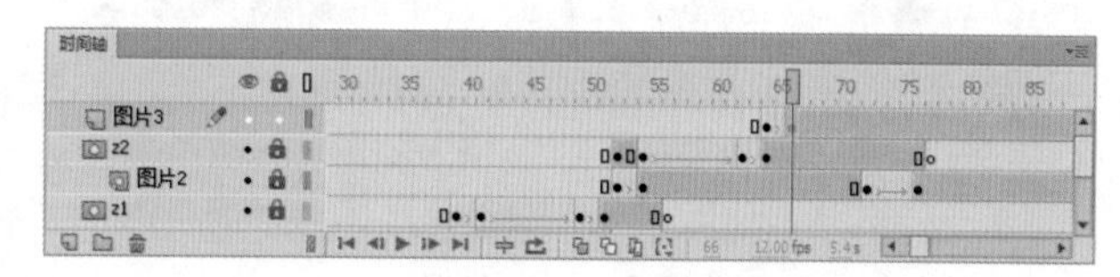

图 16-26　创建动画

Step 23 新建一个图层，并把它命名为 z3。在 z3 图层的第 64 帧处插入关键帧，从库面板中将图形元件 y1 拖入到舞台上图片的中心位置。然后在 z3 图层的第 66 帧、第 74 帧和第 76 帧处插入关键帧，如图 16-27 所示。

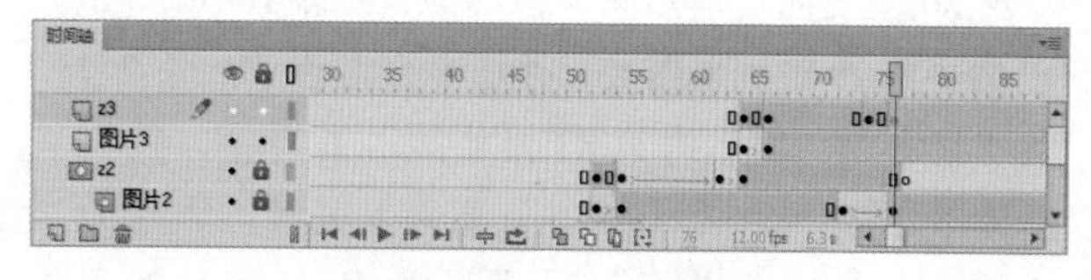

图 16-27　插入关键帧

Step 24 选中 z3 图层第 64 帧处的圆，在“属性”面板中把它的 Alpha 值设置为 0%。选中第 74 帧处的圆，使用任意变形工具将其放大，选中第 76 帧处的圆，使用任意变形工具将其再放大一些。最后分别在第 66 帧与第 74 帧、第 74 帧与第 76 帧之间创建补间动画，如图 16-28 所示。

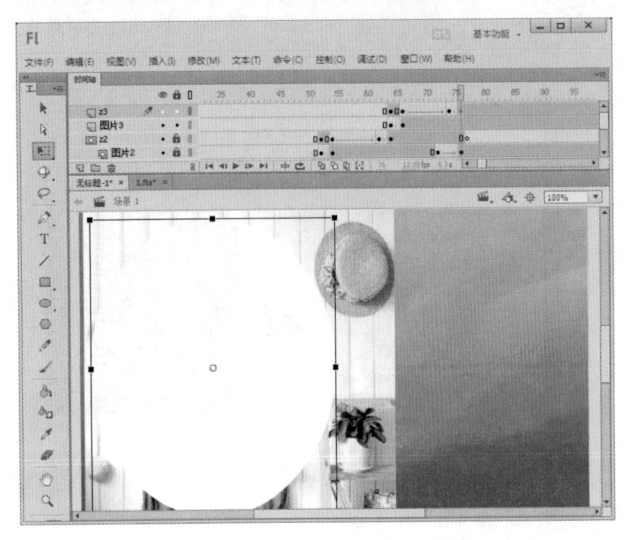

图 16-28 创建动画

Step 25 选中 z3 图层，右击，在弹出的快捷菜单中选择“遮罩层”命令。新建一个图层，并把它命名为“线条 1”，如图 16-29 所示。

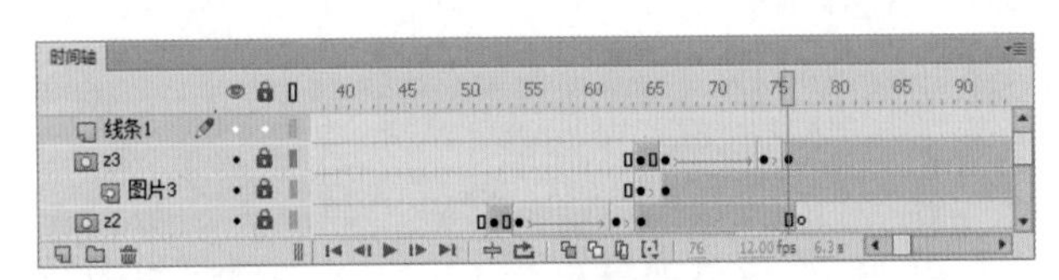

图 16-29 新建图层

Step 26 在“线条 1”图层的第 81 帧处插入关键帧，使用线条工具在舞台上绘制一条宽为 1 像素、颜色为白色的线。然后在“线条 1”图层的第 86 帧处插入关键帧，并在“属性”面板中将该帧处线条的宽设置为 500 像素。最后在“线条 1”图层的第 81 帧与第 86 帧之间创建形状补间动画，如图 16-30 所示。

Step 27 新建一个图层，并把它命名为“线条 2”。在“线条 2”图层的第 83 帧处插入关键帧，使用线条工具在舞台上绘制一条宽为 1 像素，颜色为白色的线。然后在“线条 2”图层的第 88 帧处插入关键帧，并在“属性”面板中将该帧处线条的宽设置为 485 像素。最后选中“线条 2”图层的第 83 帧与第 88 帧之间创建形状动画，如图 16-31 所示。

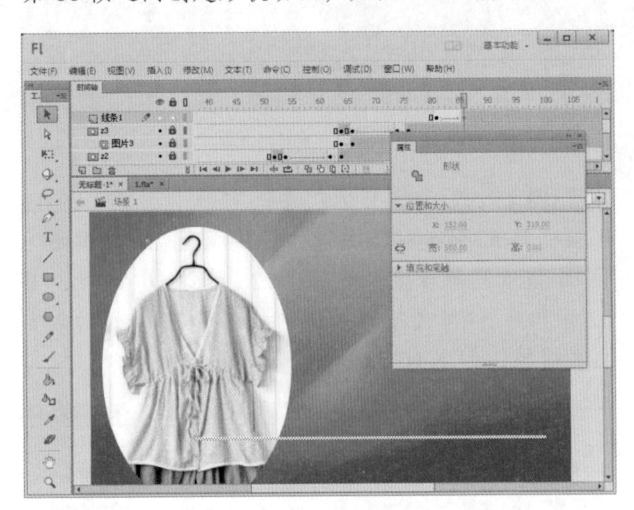

图 16-30 创建形状动画

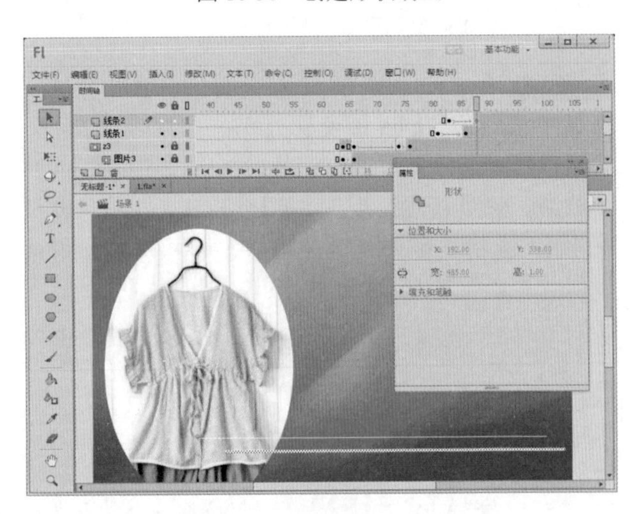

图 16-31 创建形状动画

16.2.2 制作广告中的文字

Step 1 新建一个图层，并把它命名为“字 1”。在第 90 帧处插入关键帧，使用文本工具在舞台中输入服饰的名称 SWEET，文本字体为 Lucida Sans Unicode，大小为 33，颜色为黄色，字母间距为 1，如图 16-32 所示。

Step 2 在“字 1”图层的第 100 帧、第 107 帧、第 111 帧、第 115 帧和第 119 帧处插入关键帧，在第 109 帧、第 113 帧和第 117 帧处插入空白关键帧，然后在第 90 帧与第 100 帧之间创建补间动画，如图 16-33 所示。

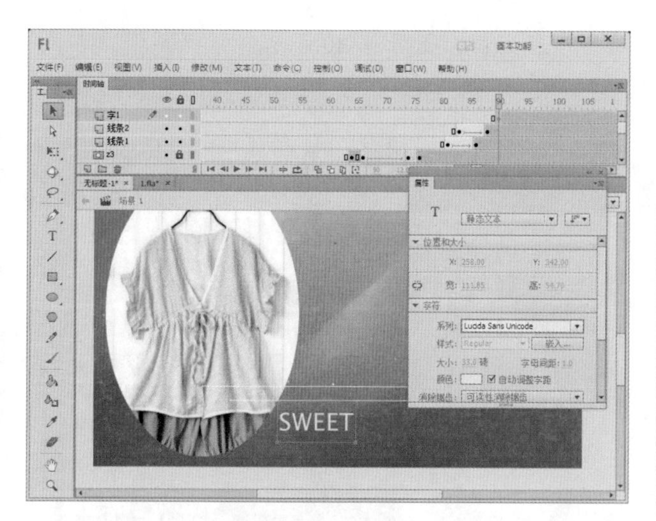

图 16-32　输入文字

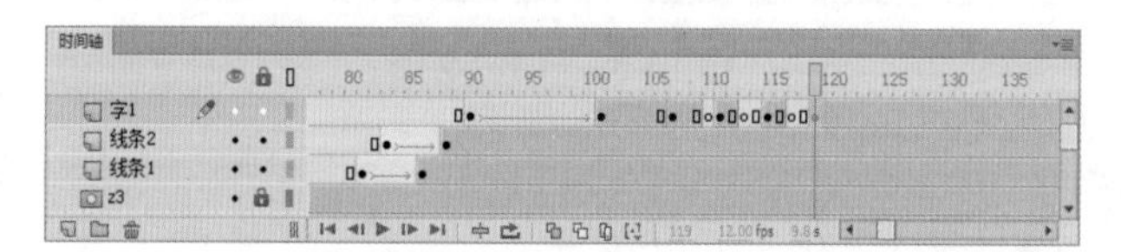

图 16-33　插入关键帧与空白关键帧

Step 3 ▶ 新建一个图层，并把它命名为“字 2”。在第 120 帧处插入关键帧，使用文本工具 T 在舞台中输入文字“可爱少女风”，字体为“微软雅黑”，大小为 29，颜色为白色，字母间距为 3，如图 16-34 所示。

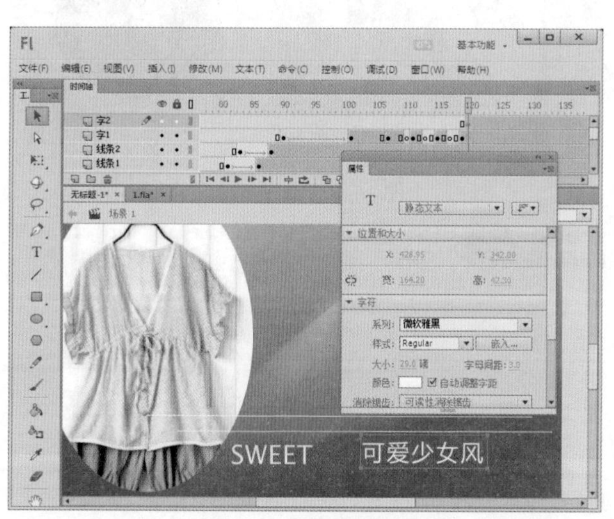

图 16-34　输入文字

Step 4 ▶ 选中文字并按 F8 键，将其转换为影片剪辑元件，影片剪辑元件的名称保持默认。然后在“字 2”图层的第 131 帧处插入关键帧。完成后选中第 120 帧处的文本，在“属性”面板中把它的 Alpha 值设置为 0%。最后在第 120 帧与第 131 帧之间创建补间动画，如图 16-35 所示。

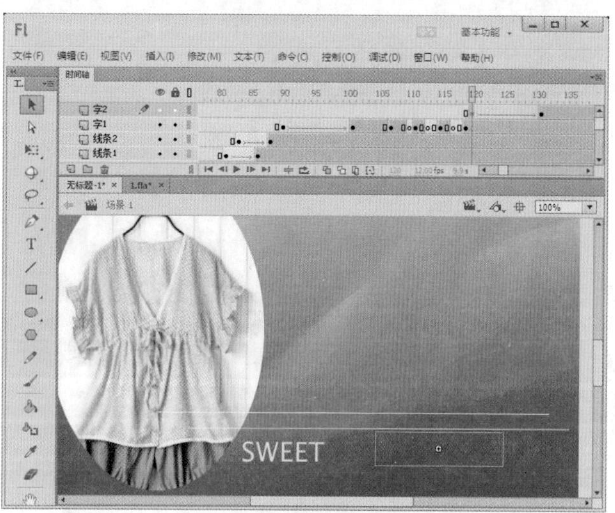

图 16-35　创建动画

Step 5 ▶ 新建一个图层并把它命名为“图片 4”。在“图片 4”图层的第 133 帧处插入关键帧，然后执行“文件”→“导入”→“导入到舞台”命令，将一幅图像导入到舞台中，如图 16-36 所示。

图 16-36　导入图片

Step 6 ▶ 选中图片，按 F8 键，将其转换为图形元件，在“图片 4”图层的第 142 帧处插入关键帧，然后将第 133 帧处图片的 Alpha 值设置为 0，最后在第 133

帧与第 142 帧之间创建动画，如图 16-37 所示。

图 16-37 创建动画

Step 7 ▶ 新建一个图层，并把它命名为 z4。在 z4 图层的第 133 帧处插入关键帧，使用椭圆工具绘制一个无边框、填充色任意的椭圆，如图 16-38 所示。

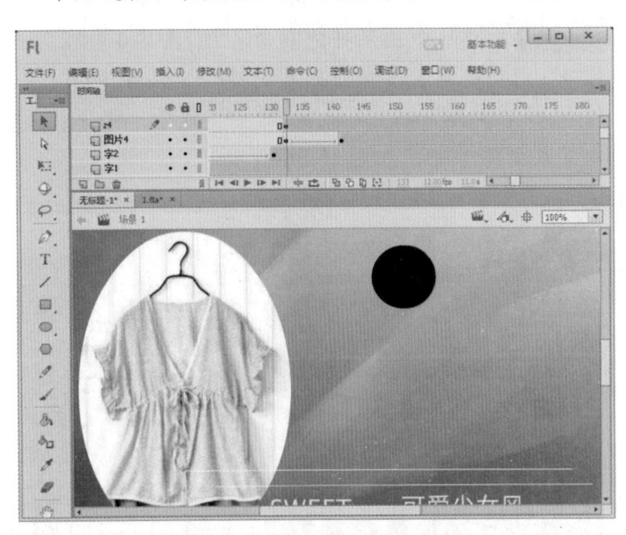

图 16-38 绘制椭圆

Step 8 ▶ 在 z4 图层的第 138 帧、第 143 帧、第 149 帧、第 156 帧、第 171 帧处插入关键帧，然后分别选中这些关键帧中的椭圆，将其上下移动，最后分别为这些关键帧创建形状补间动画，如图 16-39 所示。

Step 9 ▶ 在 z4 图层的第 178 帧与第 205 帧处插入帧。选中 z4 图层第 205 帧处的椭圆，使用任意变形工具将其放大，然后在第 178 帧与第 205 帧之间创建形状补间动画，如图 16-40 所示。

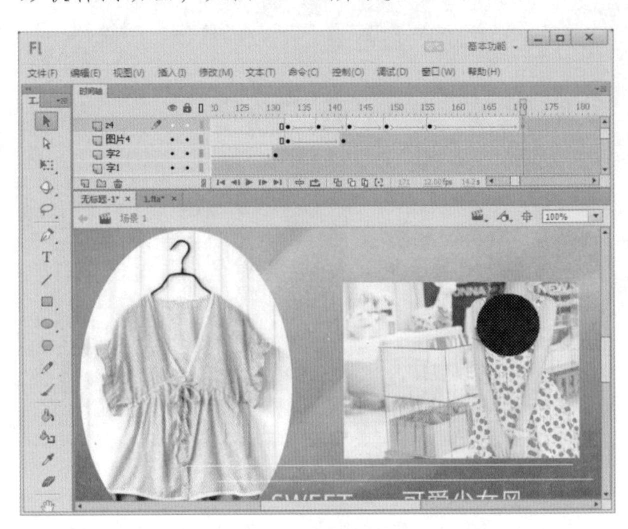

图 16-39 创建动画

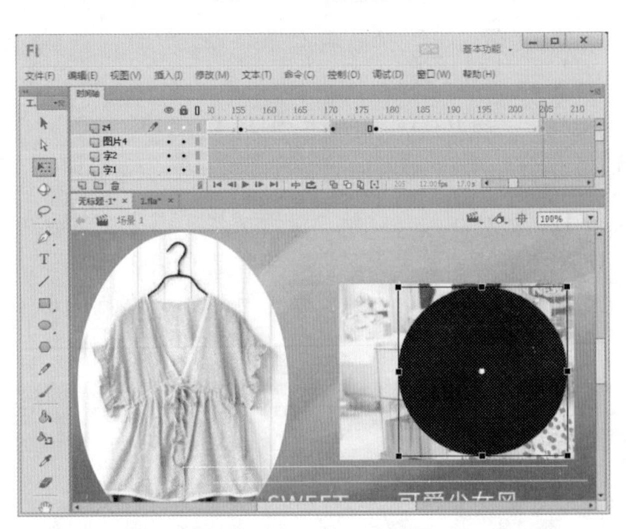

图 16-40 创建动画

读书笔记

Step 10 ▶ 选中 z4 图层，右击，在弹出的快捷菜单中选择“遮罩层”命令，如图 16-41 所示。

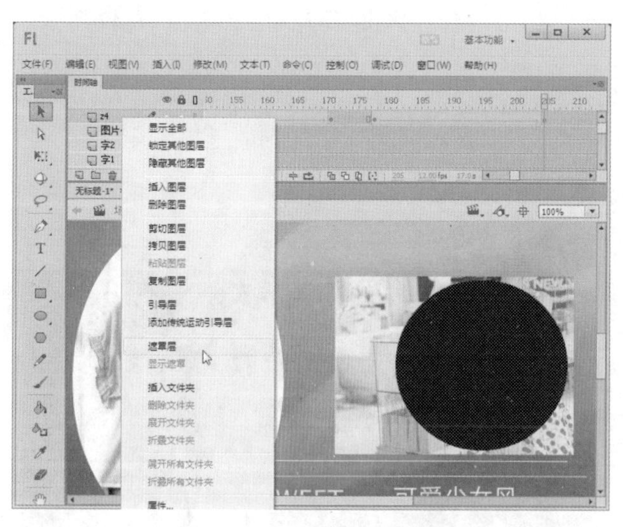

图 16-41 创建遮罩动画

Step 11 ▶ 新建一个图层，并把它命名为“图片 5”。在“图片 5”图层的第 281 帧处插入关键帧，然后执行“文件”→“导入”→“导入到舞台”命令，将一幅图片导入到舞台中，如图 16-42 所示。

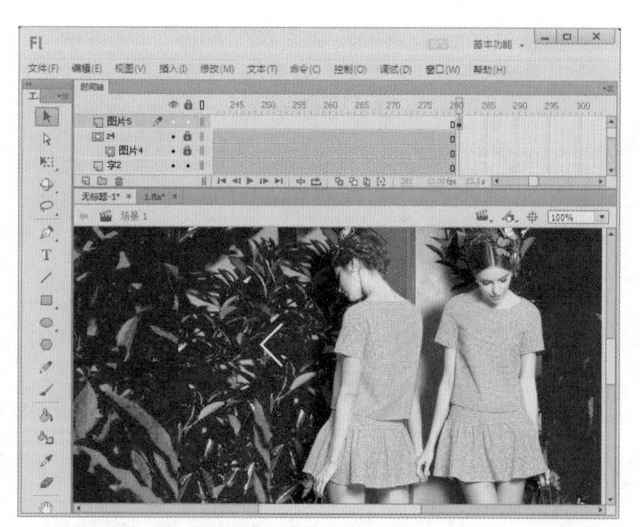

图 16-42 导入图片

Step 12 ▶ 选中“图片 5”图层的第 281 帧处的图片，按 F8 键，将其转换为图形元件，然后在“图片 5”图层的第 295 帧处插入关键帧。完成后选中第 281 帧处的图片，在“属性”面板中把它的 Alpha 值设置为 0%。最后在第 281 帧与第 295 帧之间创建补间动画，如图 16-43 所示。

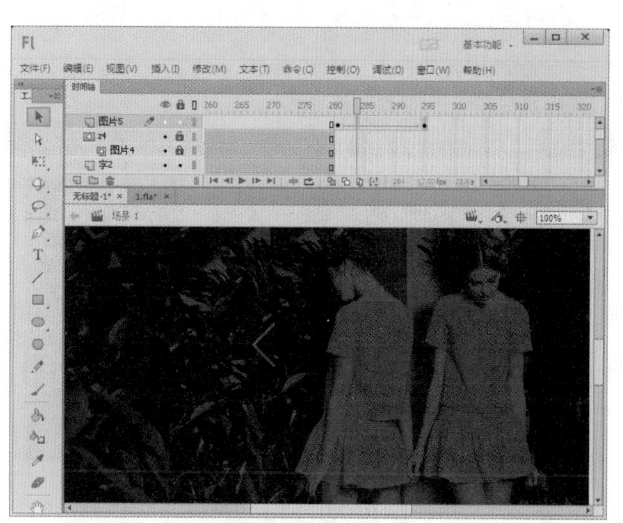

图 16-43 创建动画

Step 13 ▶ 在“图片 5”图层的第 360 帧处插入帧。新建一个图层，并把它命名为“字 3”。在第 296 帧处插入关键帧，使用文本工具T在舞台中输入服饰的名称 SWEET，文本字体为 Lucida Sans Unicode，大小为 33，颜色为黄色，字母间距为 1，如图 16-44 所示。

图 16-44 输入文字

Step 14 ▶ 选中文字，按 F8 键，将其转换为图形元件。然后在“字 3”图层的第 305 帧处插入关键帧。完成后选中第 296 帧处的文字，在“属性”面板中把它的 Alpha 值设置为 0%。最后在第 296 帧与第 305 帧之间创建补间动画，如图 16-45 所示。

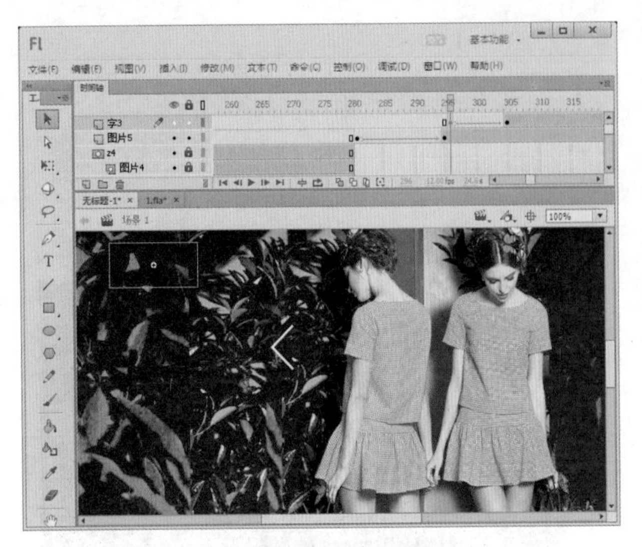

图 16-45　创建动画

Step 15 ▶ 新建一个图层，并把它命名为“字 4”。在第 296 帧处插入关键帧，使用文本工具 T 在舞台中输入文字“可爱少女风”，字体为“微软雅黑”，大小为 29，颜色为白色，字母间距为 3，并将文字移动到舞台左侧，如图 16-46 所示。

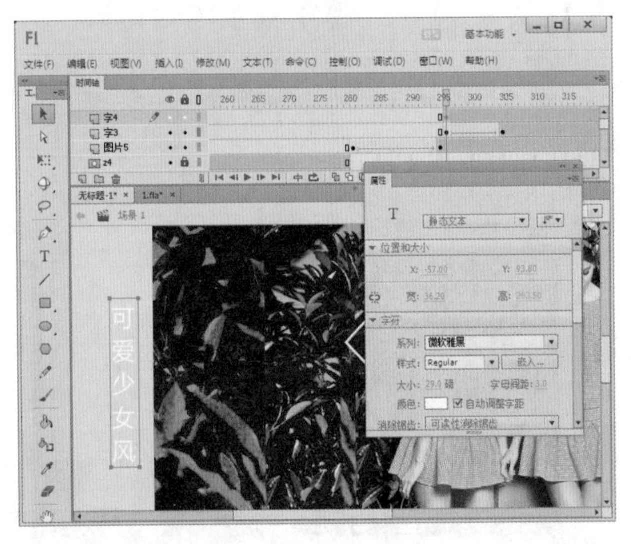

图 16-46　输入文字

读书笔记

Step 16 ▶ 在“字 4”图层的第 309 帧处插入关键帧，并将该帧中的文字向右移动到舞台上，然后在第 296 帧与第 309 帧之间创建补间动画，如图 16-47 所示。

图 16-47　移动文字

16.2.3 添加广告中的音乐

Step 1 ▶ 新建一个图层并命名为“声音”，执行“文件”→“导入”→“导入到舞台”命令，打开“导入”对话框，在该对话框中选择一个声音文件，如图 16-48 所示。完成后单击 打开(O) 按钮。

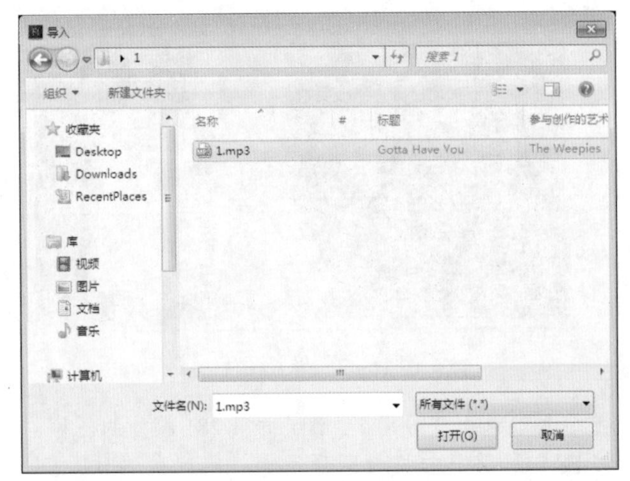

图 16-48　导入声音文件

Step 2 ▶ 选择图层“声音”上的第 1 帧，然后在“属性”

面板的“名称”下拉列表框中选择刚导入的音乐文件，如图 16-49 所示。

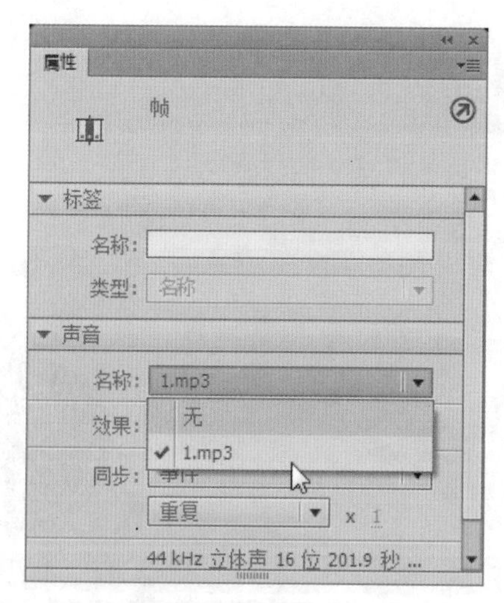

图 16-49　选择声音文件

Step 3 ▶ 保存动画文件，然后按 Ctrl+Enter 组合键，欣赏本例的完成效果，如图 16-50 所示。

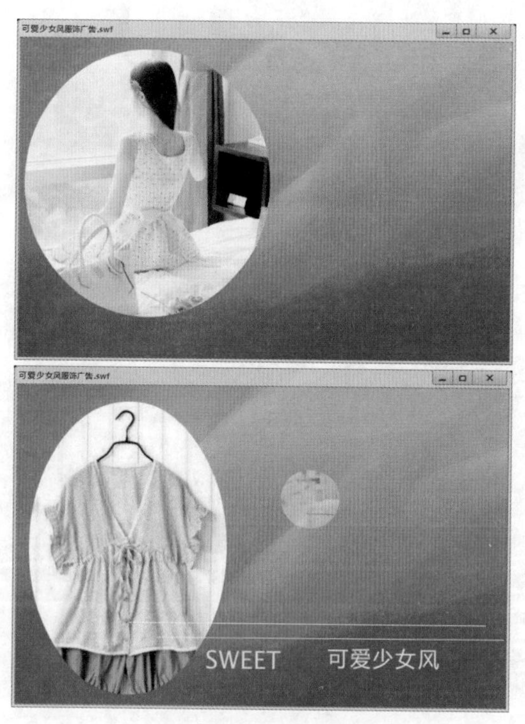

图 16-50　完成效果

读书笔记

13 14 15 16 17

游戏制作

本章导读

Flash 之所以优越于其他的动画制作软件，关键在于它具有强大的互动编辑功能。使用 Flash 制作出来的游戏以其体积小，趣味性强的特点，在网络中十分受欢迎。本章将讲述一个完整游戏的制作过程，从而使读者掌握进行游戏创作的方法。

17.1 Flash 游戏设计知识

对于多数的 Flash 学习者来说，制作 Flash 游戏一直是一项很吸引人，也很有趣的技术，甚至许多学习者都以制作精彩的 Flash 游戏作为主要的目标。但是往往由于急于求成，制作资料不足，使许多学习者难以顺利地进行 Flash 游戏设计。所有这一切往往不是因为制作者技术水平的问题，而是由于游戏制作前的前期设计与规划没有做好造成的，所以除技术之外，游戏的创作规划也是非常重要的。

17.1.1 Flash 游戏的创作规划

在整个 Flash 动画创作中显得尤为重要的便是创作规划，也常被称作整体规划。古语有云：运筹帷幄，决胜千里。在开始动手制作之前，对所要做的事有一个全盘的考量，做起来才会从容不迫。没有一个整体的框架，制作会显得非常茫然，没有目标，甚至会偏离主题。特别是需要多人合作时，创作规划更是不可或缺。

Flash 动画作品无论是静态还是动态，前期制作中的整体规划都十分重要，使制作的 Flash 动画更加合理、精美，同时也能反映作为一个 Flash 动画设计师的具体工作能力。因此，Flash 动画的创作规划对于 Flash 动画设计师的重要性也就显而易见了。所以这里主要介绍 Flash 游戏制作流程与规划方面的知识。

1. 构思

不管大家学习 Flash 已有多长时间，现在大家所想的都是做出精彩的、能让玩家一玩就不想停下来的游戏。但是要想让玩家可以在游戏中玩得尽兴，真正做起来并不轻松。因为要制作一个好的 Flash 游戏必须要考虑许多方面的因素。

在着手制作一个游戏前，必须先要有一个大概的游戏规划或者方案，要做到心中有数，而不能边做边想。就算最后完成了，这中间浪费的时间和精力也会让人不堪忍受。虽然制作游戏的最终目的是取悦游戏的玩家，但是通过玩家的肯定来得到一定的成就感，这也是激励游戏制作者继续不断创作的重要因素。

要想让游戏的制作过程轻轻松松，关键就在于不要让工作的内容太过繁琐或困难重重，要先制定一个完善的工作流程，安排好工作进度和分工，这样做起来就会事半功倍，不过在制订任何工作计划之前，一定要在心里有个明确的构思以及对游戏的整体设想。充满想象力的幻想，的确有助于你的创作，但是有系统的构思，要绝对优于漫无边际的空想。

2. 游戏的目的

制作一个游戏的目的有很多，有的纯粹是娱乐，有的则是想吸引更多的访问者来浏览自己的网站，还有很多时候是出于商业上的目的，设计一个游戏来进行比赛，或者将通过游戏的关卡作为奖品。

所以在进行游戏的制作之前，必须先确定游戏的目的，这样才能够根据游戏的目的来设计符合需求的作品。

3. 游戏的规划与制作

在决定好将要制作的游戏的目标与类型后，接下来是不是可以立即开始制作游戏了呢？不可以！当然如果坚持立即开始制作，也不是不可以，但事先提醒大家的是：如果在制作游戏前还没有一个完整的规划，或者没有一个严谨的制作流程，那么必定将浪费非常多的时间和精力，很有可能游戏还没制作完成，就已经感到筋疲力尽了。所以制作前认真制定一个制作游戏的流程和规划是十分必要的。

其实像 Flash 游戏这样的制作规划或者流程并没有想象中的那么难，大致上只需要设想好游戏中会发生的所有情况，如果是 RPG 游戏需要设计好游戏中的所有可能情节，并针对这些情况安排好对应的处理方法，那么制作游戏就变成了一件很有系统

性的工作了。

4. 素材的收集和准备

游戏流程图设计出来后，就需要着手收集和准备游戏中要用到的各种素材了，包括图片、声音等，俗话说，巧妇难为无米之炊。要完成一个比较成功的 Flash 游戏，必须拥有足够丰富的游戏内容和漂亮的游戏画面，所以在进行下一步具体的制作工作前，需要好好准备游戏素材。

（1）图形图像的准备

这里的图形一方面指 Flash 中应用很广的矢量图，另一方面也指一些外部的位图文件，两者可以进行互补，这是游戏中最基本的素材。虽然 Flash 提供了丰富的绘图和造型的工具，如贝塞尔曲线工具，可以在 Flash 中完成多数的图形绘制工作，但是 Flash 中只能绘制矢量图形，如果需要用到一些位图或者用 Flash 很难绘制的图形时，就需要使用外部的素材了。

（2）音乐及音效

音乐在 Flash 游戏中是非常重要的一种元素，大家都希望自己的游戏能够有声有色，绚丽多彩，给游戏加入适当的音效，可以为整个游戏增色不少。

读书笔记

17.1.2 Flash 游戏的种类

凡是玩过 PC 游戏或者 TV 游戏的朋友一定非常清楚，游戏可以分成许多不同的种类，各个种类的游戏在制作过程中所需要的技术也截然不同，所以在一开始构思游戏时，决定游戏的种类是最重要的一个工作，在 Flash 可实现的游戏范围内，基本上可以将游戏分成以下几种类型。

1. 动作类游戏（Action）

凡是在游戏的过程中必须依靠玩家的反应来控制游戏中角色的游戏，都可以被称作“动作类游戏”。在目前的 Flash 游戏中，这种游戏是最常见的一种，也是最受大家欢迎的一种，至于游戏的操作方法，既可以使用鼠标，也可以使用键盘，如图 17-1 所示。

图 17-1　动作类游戏

2. 益智类游戏（Puzzle）

此类游戏也是 Flash 比较擅长的游戏，相对于动作游戏的快节奏，益智类游戏的特点就是玩起来速度慢，比较幽雅，主要培养玩家在某方面的智力和反应能力，此类游戏的代表非常多，如牌类游戏、拼图类游戏、棋类游戏等，总而言之，那种玩起来主要靠玩家动脑筋的游戏都可以被称为益智类游戏，如图 17-2 所示。

3. 角色扮演类游戏（RPG）

所谓角色扮演类游戏就是由玩家扮演游戏中的主角，按照游戏中的剧情来进行游戏，游戏过程中会有一些解谜或者和敌人战斗的情节，这类游戏在技术上不算难，但是因为游戏规模非常大，所以在制作上也会相当复杂，如图 17-3 所示。

图 17-2　益智类游戏

图 17-3　角色扮演类游戏

4. 射击类游戏（Shotting）

射击类游戏在Flash游戏中占有绝对的数量优势，因为这类游戏的内部机制大家都比较了解，平时接触的也较多，所以做起来可能比较容易，如图17-4所示。

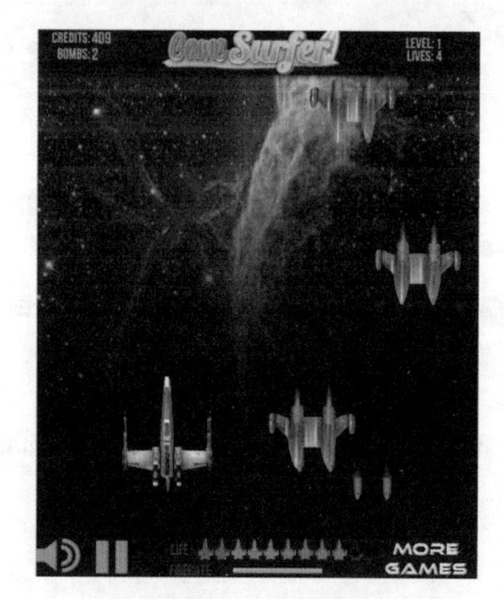

图 17-4　射击类游戏

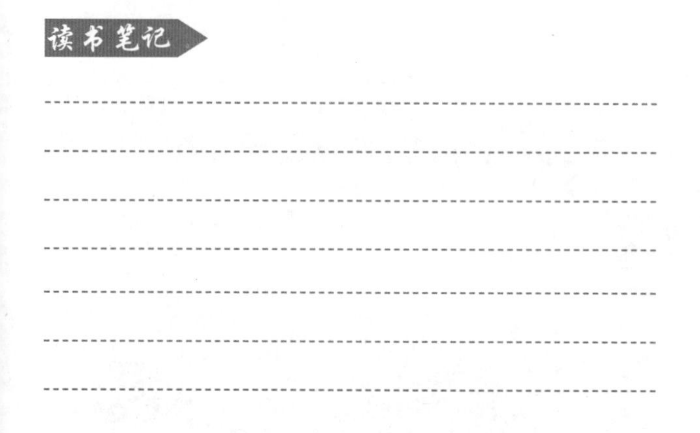

17.2 逮蝴蝶

●光盘\素材\第17章　●光盘\效果\第17章\逮蝴蝶.swf

本例首先导入背景素材，然后创建游戏界面中的元素，然后编写元件扩展类，最后编写主程序类，控制游戏的开始与结束过程。完成后的效果如图17-5所示。

图 17-5　完成效果

17.2.1 制作游戏按钮

Step 1 ▶ 启动 Flash CC，新建一个 Flash 空白文档。执行“修改”→“文档”命令，打开“文档设置”对话框，将“舞台大小”设置为 660×420 像素，“帧频”设置为 30，如图 17-6 所示。设置完成后单击 确定 按钮。

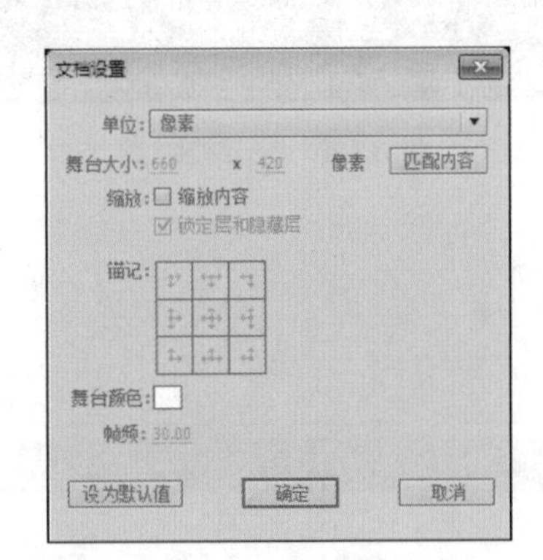

图 17-6　“文档设置”对话框

Step 2 ▶ 执行“文件”→“导入”→“导入到舞台”命令，将一幅背景图片导入到舞台上，如图 17-7 所示。

图 17-7　导入图像

Step 3 ▶ 执行“插入”→“新建元件”命令，打开“创建新元件”对话框。在“名称”文本框中输入名称“开始”，在“类型”下拉列表框中选择“按钮”选项，如图 17-8 所示。完成后单击 确定 按钮进入按钮元件编辑区。

图 17-8 “创建新元件”对话框

Step 4 在按钮元件的编辑状态下，选择矩形工具，在“属性”面板的边角半径文本框中将边角半径设置为 8，如图 17-9 所示。

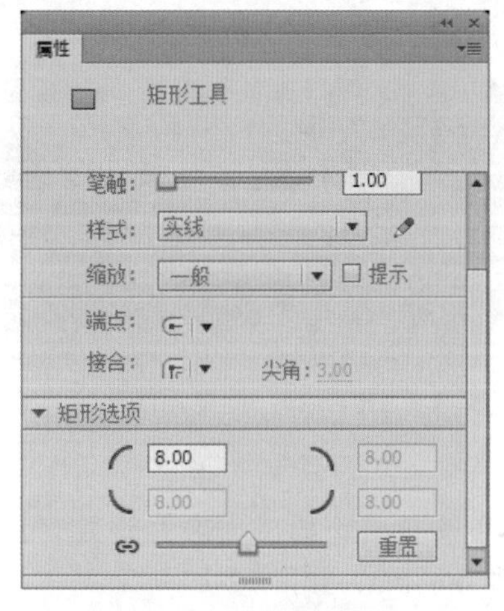

图 17-9 设置边角半径

Step 5 在工作区中绘制一个无边框、填充为蓝色（#01CACD）的圆角矩形，如图 17-10 所示。

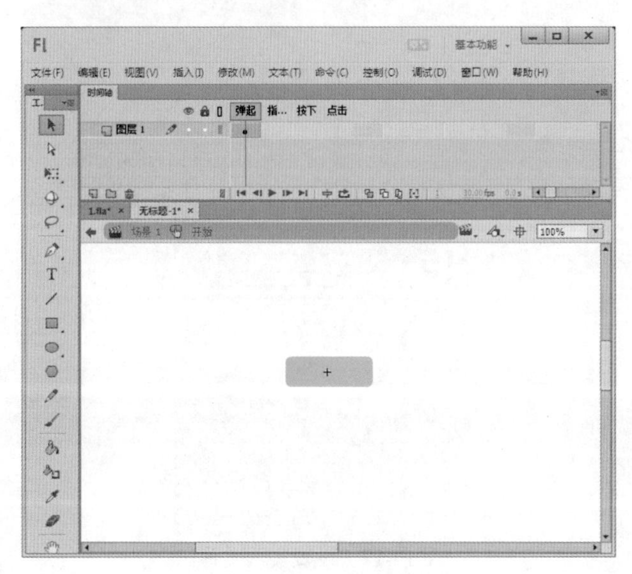

图 17-10 绘制圆角矩形

Step 6 选择文本工具T，在圆角矩形上输入“开始游戏”，字体选择“迷你简菱心”，字号为 18，字体颜色为黄色，字母间距为 2，如图 17-11 所示。

图 17-11 输入文字

Step 7 执行“插入”→“新建元件”命令，打开“创建新元件”对话框，在“名称”文本框中输入元件的名称“帮助”，在“类型”下拉列表框中选择“按钮”选项，完成后单击确定按钮，如图 17-12 所示。

图 17-12 创建按钮元件

读书笔记

Step 8 ▶ 在按钮元件的编辑状态下，选择矩形工具绘制一个边角半径为 8、无边框、填充为蓝色的圆角矩形，然后选择文本工具T，在圆角矩形上输入黄色的文字“游戏帮助”，如图 17-13 所示。

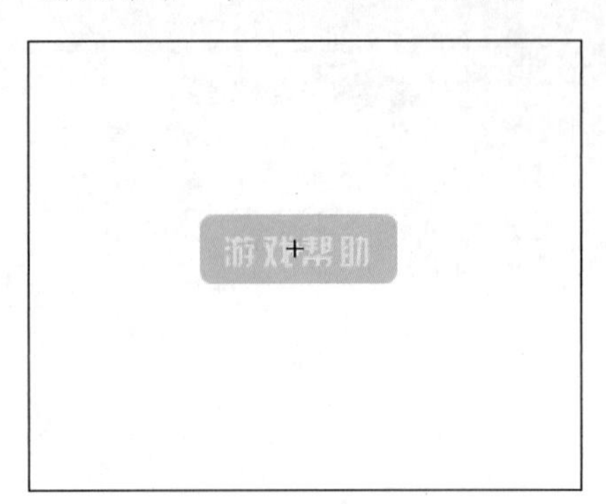

图 17-13　输入文字

Step 9 ▶ 执行“插入”→“新建元件”命令，打开“创建新元件”对话框，在“名称”文本框中输入元件的名称“结束”，在“类型”下拉列表框中选择“按钮”选项，完成后单击 确定 按钮，如图 17-14 所示。

图 17-14　创建按钮元件

Step 10 ▶ 在按钮元件的编辑状态下，选择矩形工具绘制一个边角半径为 8、无边框、填充为蓝色的圆角矩形，然后选择文本工具T，在圆角矩形上输入黄色的文字“结束游戏”，如图 17-15 所示。

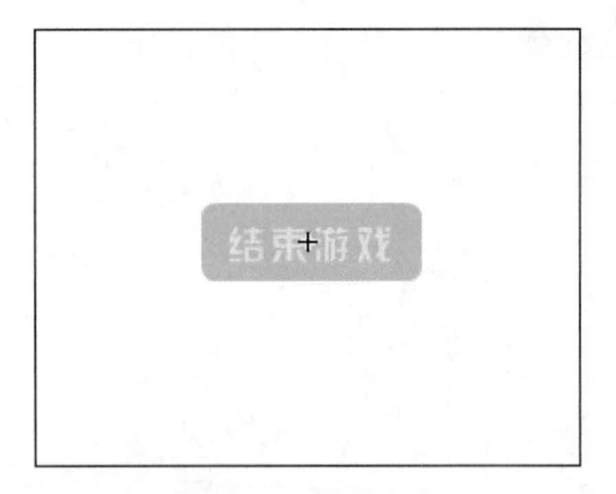

图 17-15　输入文字

Step 11 ▶ 回到主场景中，新建图层并将其重命名为 btns，从“库”面板中将“开始”“帮助”“结束”按钮元件拖曳到舞台上，如图 17-16 所示。

图 17-16　拖曳元件

Step 12 ▶ 分别在“属性”面板中将“开始”“帮助”“结束”这 3 个按钮元件的实例名称设置为 start_btn、help_btn 和 out_btn，如图 17-17 所示。

图 17-17　设置实例名称

17.2.2 制作游戏动画

Step 1 ▶ 新建一个图层 3，然后在舞台上绘制一个矩形并输入文字，如图 17-18 所示。

图 17-18 输入文字

Step 2 ▶ 新建一个图层 4，然后在文字中间添加一个动态文本框，如图 17-19 所示。

图 17-19 添加动态文本框

Step 3 ▶ 选中动态文本框，在“属性”面板中将它的实例名设置为 displayGrade_txt，如图 17-20 所示。

图 17-20 设置实例名称

Step 4 ▶ 执行“插入”→“新建元件”命令，打开“创建新元件”对话框，在“名称”文本框中输入元件的名称 Fly，在“类型”下拉列表框中选择“影片剪辑”选项，完成后单击 确定 按钮，如图 17-21 所示。

图 17-21 影片剪辑元件

Step 5 ▶ 在影片剪辑 Fly 的编辑状态下，执行“文件”→“导入”→“导入到舞台”命令，导入一幅蝴蝶图像到舞台中，如图 17-22 所示。

图 17-22 导入图像

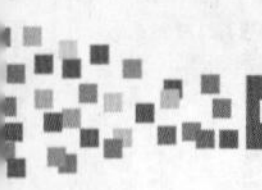

Step 6 ▶ 选中蝴蝶的左翅膀，右击，在弹出的快捷菜单中选择“剪切”命令。完成后新建一个图层，并将其命名为“左边”。选中图层“左边”，在舞台的空白处右击，在弹出的快捷菜单中选择“粘贴到当前位置”命令。然后将“左边”图层拖到图层 1 之下，如图 17-23 所示。

图 17-23　拖动图层

Step 7 ▶ 选中蝴蝶的右翅膀，右击，在弹出的快捷菜单中选择“剪切”命令。完成后新建一个图层，将其命名为“右边”。选中“右边”图层，在舞台的空白处右击，在弹出的快捷菜单中选择“粘贴到当前位置”命令。在图层 1 与“右边”图层的第 11 帧处插入帧，如图 17-24 所示。

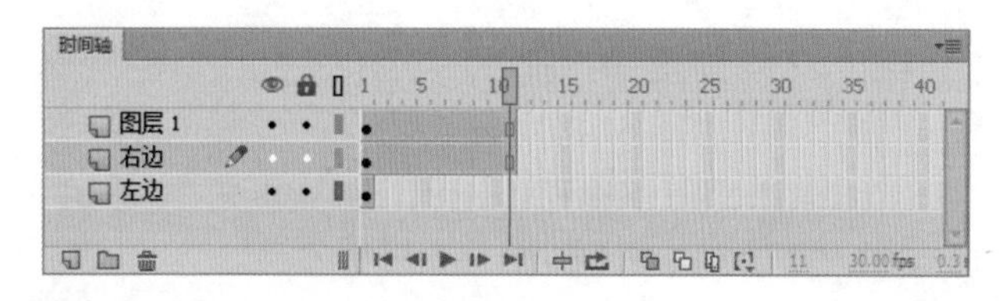

图 17-24　插入帧

Step 8 ▶ 选中“左边”图层的第 1 帧，使用任意变形工具将左翅膀的中心点移动到如图 17-25 所示的位置。然后在“左边”图层的第 3、5、7、9、11 帧处插入关键帧。

Step 9 ▶ 分别选中“左边”图层的第 3 帧与第 7 帧，使用任意变形工具将左翅膀缩放到如图 17-26 所示的大小。

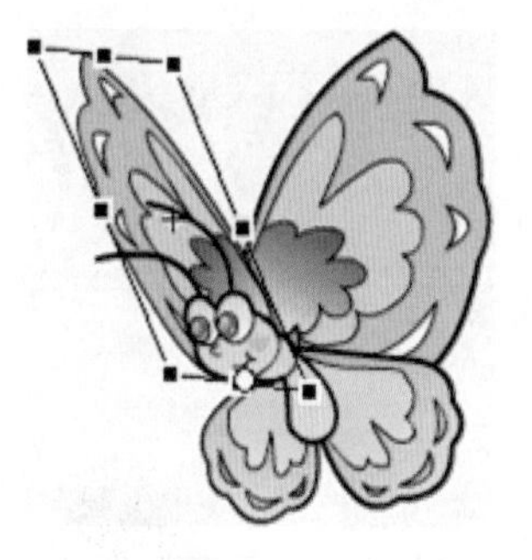

图 17-25　插入关键帧

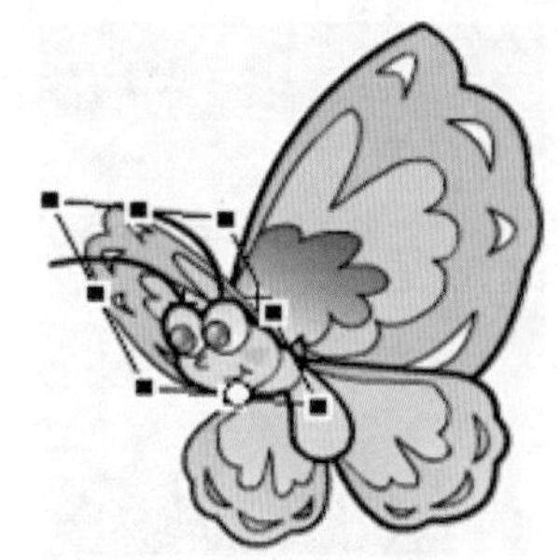

图 17-26　缩放图形

Step 10 ▶ 分别选中“左边”图层的第 5 帧与第 9 帧，使用任意变形工具将左翅膀缩小一点，如图 17-27 所示。

Step 11 ▶ 选中“右边”图层的第 1 帧，使用任意变形工具将右翅膀的中心点移动到如图 17-28 所示的位置。然后在“右边”图层的第 3、5、7、9、11 帧处插入关键帧。

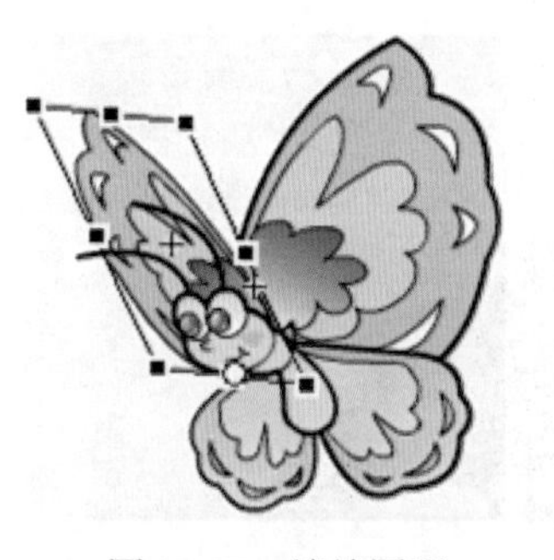

图 17-27　缩放图形

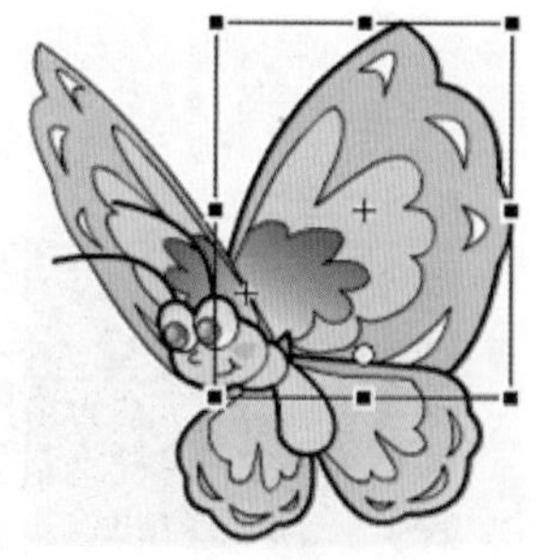

图 17-28　移动中心点

Step 12 ▶ 分别选中“右边”图层的第 3 帧与第 7 帧，使用任意变形工具将右翅膀缩放到如图 17-29 所示的大小。

Step 13 ▶ 分别选中“右边”图层的第 5 帧与第 9 帧，使用任意变形工具将右翅膀缩小一点，如图 17-30 所示。

Step 14 ▶ 执行“插入”→“新建元件”命令，打开“创建新元件”对话框，在“名称”文本框中输入元件的名称gotgood_mc，在“类型”下拉列表框中选择“影片剪辑”选项，完成后单击 确定 按钮，如图17-31所示。

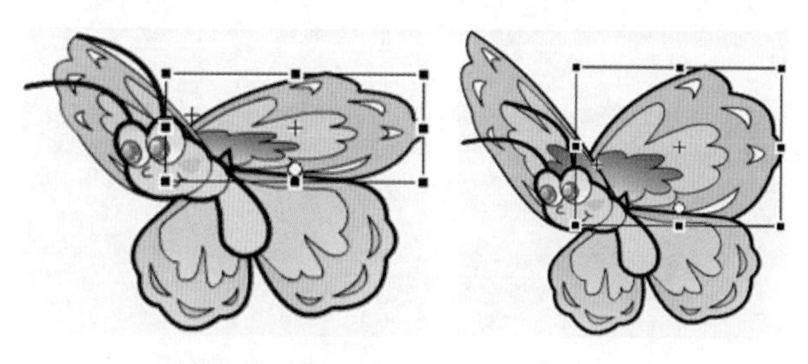

图17-29　缩放图形　　图17-30　缩放图形

图17-31　新建影片剪辑元件

Step 15 在影片剪辑gotgood_mc的编辑状态下，执行“文件”→“导入”→“导入到舞台“命令，导入一幅图像到舞台中，如图17-32所示。

图17-32　导入图像

Step 16 在时间轴的第2帧处插入空白关键帧，然后执行“文件”→“导入”→“导入到舞台”命令，将一幅图像导入到舞台中，如图17-33所示。

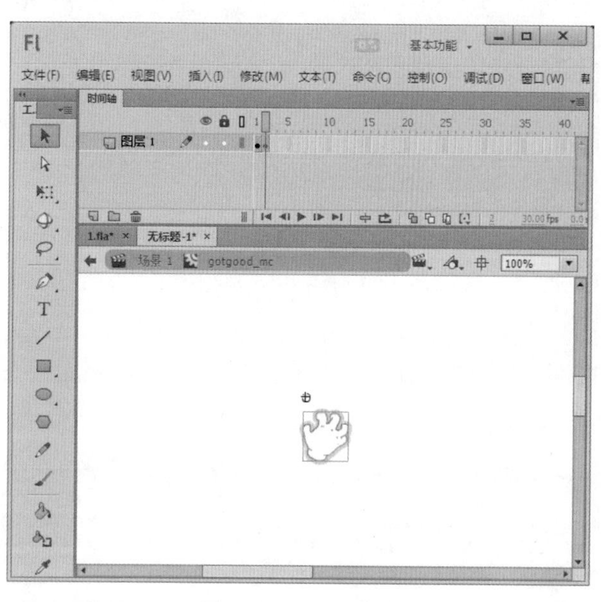

图17-33　导入图像

Step 17 在时间轴的第3帧处插入空白关键帧，然后执行“文件”→“导入”→“导入到舞台”命令，将一幅图像导入到舞台中，如图17-34所示。

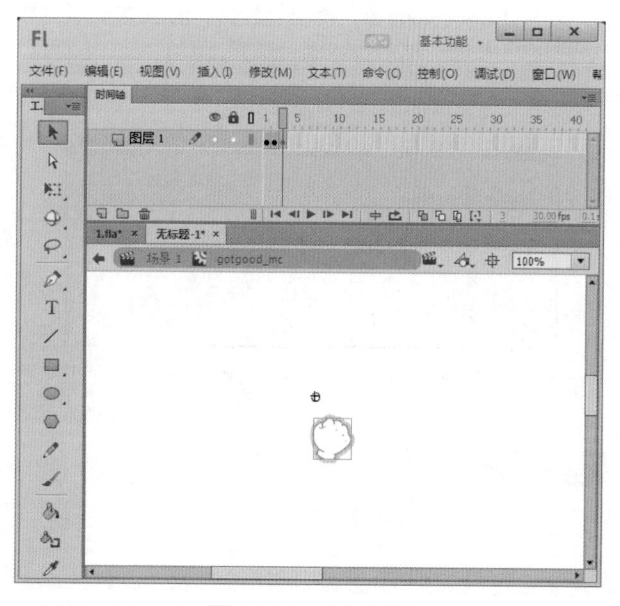

图17-34　导入图像

Step 18 新建一个图层2，选中图层2的第1帧，在“动作”面板中添加代码“stop();”，如图17-35所示。

Step 19 分别在图层1与图层2的第12帧处插入帧，如图17-36所示。

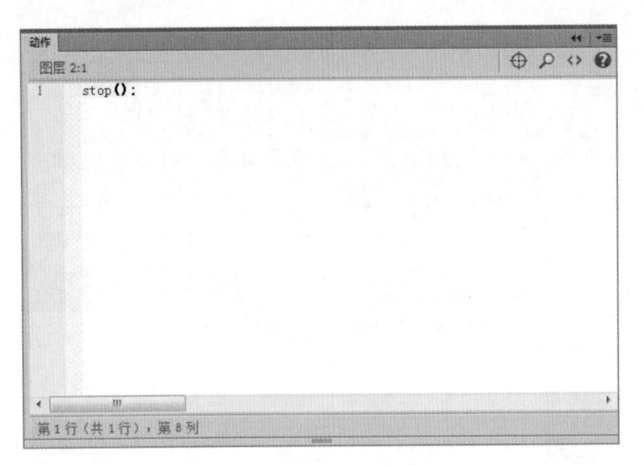

图 17-35　添加代码

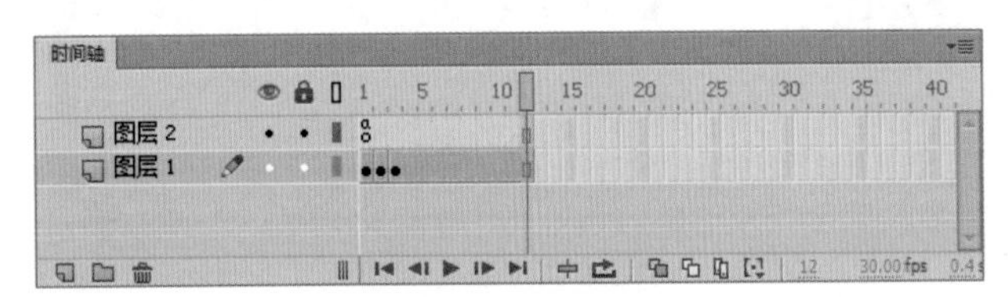

图 17-36　插入帧

Step 20 执行“插入”→“新建元件”命令，打开“创建新元件”对话框，在“名称”文本框中输入元件的名称MouseHand，在“类型”下拉列表框中选择“影片剪辑”选项，完成后单击 确定 按钮，如图 17-37 所示。

图 17-37　新建影片剪辑元件

Step 21 在影片剪辑 MouseHand 的编辑状态下，从“库”面板中将影片剪辑gotgood_mc拖曳到工作区中，并在“属性”面板中设置其实例名称为 gotgood_mc，如图 17-38 所示。

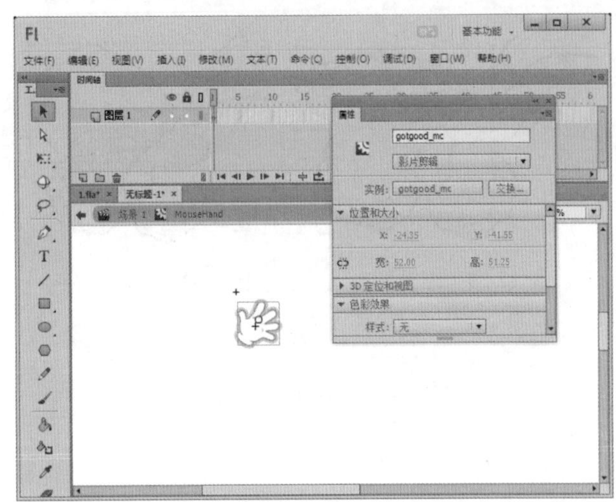

图 17-38　设置实例名称

17.2.3 添加游戏程序

Step 1 按 Ctrl+N 组合键打开“新建文档”对话框，选择“ActionScript 文件”选项，单击 确定 按钮，如图 17-39 所示。

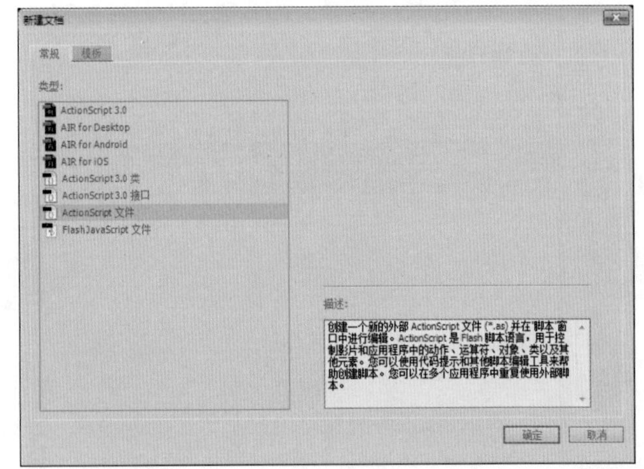

图 17-39　选择“ActionScript 文件”选项

Step 2 按 Ctrl+S 组合键将 ActionScript 文件保存为 Fly.as，然后在 Fly.as 中输入如下代码，如图 17-40 所示。

```
package {
    import flash.display.MovieClip;
    import flash.utils.Timer;
    import flash.events.*;

    public class Fly extends MovieClip {
        private var _speed:Number;

        public function Fly(speed) {

            _speed = Math.round(speed);
            this.addEventListener(Event.ENTER_FRAME,enterFrameHandler);
        }

        private function enterFrameHandler(event:Event):void{
            this.y -= this._speed;
        }

        public function removeTimerHandler():void {
            this.removeEventListener(Event.ENTER_FRAME,enterFrameHandler);
            trace( "清除实例事件 ");
        }

        public function get flySpeed():Number{
            return this._speed;
        }

    }
}
```

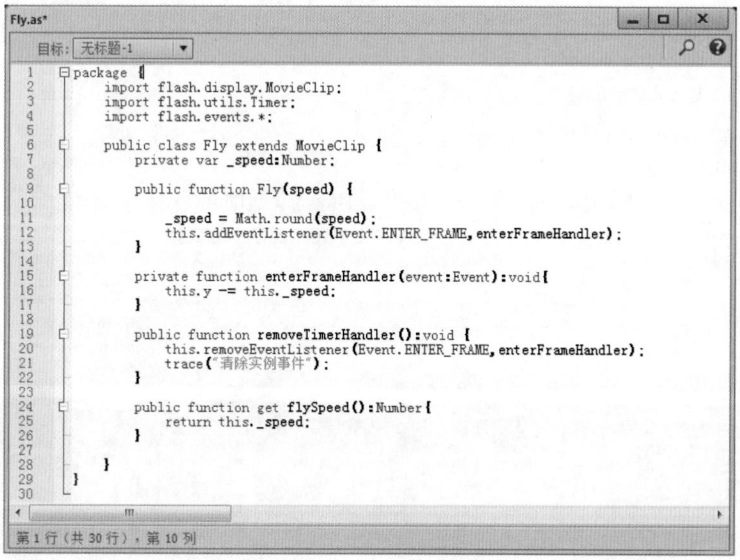

图 17-40　输入代码

Step 3 ▶ 按照同样的方法新建一个 ActionScript 文件并保存为 Main.as，然后在 Main.as 中输入如下代码，如图 17-41 所示。

```
package {
    import flash.display.*;
    import flash.events.*;
    import flash.utils.Timer;
    import flash.text.TextField;
    import flash.ui.Mouse;

    public class Main extends Sprite {

        private var _grade:Number;                //得分值
        public var displayGrade_txt:TextField;   //得分显示
        public var start_btn:*;
        private var stageW:Number;
        private var stageH:Number;
        private var content_mc:Sprite;
        private var hand_mc:MovieClip;

        private var _timer:Timer;

        public function Main() {

            this.stageW = stage.stageWidth;
            this.stageH = stage.stageHeight;
            this.content_mc = new Sprite();
            addChild(content_mc);

            Mouse.hide();
            this.hand_mc = new MouseHand();
            hand_mc.mouseEnabled = false;
            hand_mc.gotgood_mc.mouseEnabled = false;
            addChild(hand_mc);
            stage.addEventListener(MouseEvent.MOUSE_MOVE, stageMoveHandler);
            stage.addEventListener(MouseEvent.MOUSE_DOWN, stageDownHandler);

            init();

        }

        private function init():void{

            _grade = 0;
            displayGrade_txt.text = "0";
            start_btn.addEventListener(MouseEvent.CLICK,startGame);
```

```
}

private function startGame(event:MouseEvent):void {

    trace( "开始游戏！ ");
    out_btn.visible = true;
    out_btn.addEventListener(MouseEvent.CLICK,outGame);

    _timer =new Timer(500,0);
    _timer.addEventListener(TimerEvent.TIMER,copy);
    _timer.start();
    start_btn.visible =false;
}

private function outGame(event:MouseEvent):void{

    _timer.stop();
    start_btn.visible = true;
    out_btn.visible = false;

    //下面清除所有容器中的所有子项侦听和子项
    var num:uint = content_mc.numChildren;
    var _mc:MovieClip;
    for (var i:int = 0; i <num; i++) {

        _mc = content_mc.getChildAt(0) as MovieClip;
        _mc.removeEventListener(MouseEvent.MOUSE_ DOWN, downHandler);
        _mc.removeEventListener(Event.ENTER_FRAME, removeDrop);
        content_mc.removeChild(_mc);
    }

    init();

}

private function stageMoveHandler(e:MouseEvent):void {

    this.hand_mc.x = stage.mouseX;
    this.hand_mc.y = stage.mouseY;
}
private function stageDownHandler(event:MouseEvent): void {
    //var _mc:MovieClip = event.target as MovieClip;
    hand_mc.gotgood_mc.gotoAndPlay(2);
}
```

```
        private function copy(event:TimerEvent) {

            var mc = new Fly(Math.random() * 10 + 1);
            mc.x = Math.random() * this.stageW;
            mc.y = this.stageH;

            content_mc.addChild(mc);
            mc.addEventListener(MouseEvent.ROLL_OVER, downHandler);
            mc.addEventListener(Event.ENTER_FRAME, removeDrop);
        }
        public function refreshGrade(grade:Number = 1):void {
            this._grade += grade;
            displayGrade_txt.text = this._grade.toString();
        }

        private function downHandler(event:MouseEvent) {

            var mc = event.target;
            mc.removeTimerHandler();
            mc.removeEventListener(MouseEvent.MOUSE_DOWN, downHandler);
            mc.removeEventListener(Event.ENTER_FRAME, removeDrop);
            content_mc.removeChild(mc);

            //refreshGrade(mc.flySpeed);          //按不同速度得分
            refreshGrade();                       //按数量

        }

        private function removeDrop(event:Event) {
            var _mc:MovieClip = event.target as MovieClip;

            if (_mc.y <= 0) {
                _mc.removeTimerHandler();
                _mc.removeEventListener(MouseEvent.MOUSE_ DOWN, downHandler);
                _mc.removeEventListener(Event.ENTER_FRAME, removeDrop);
                content_mc.removeChild(_mc);
            }

        }



    }
}
```

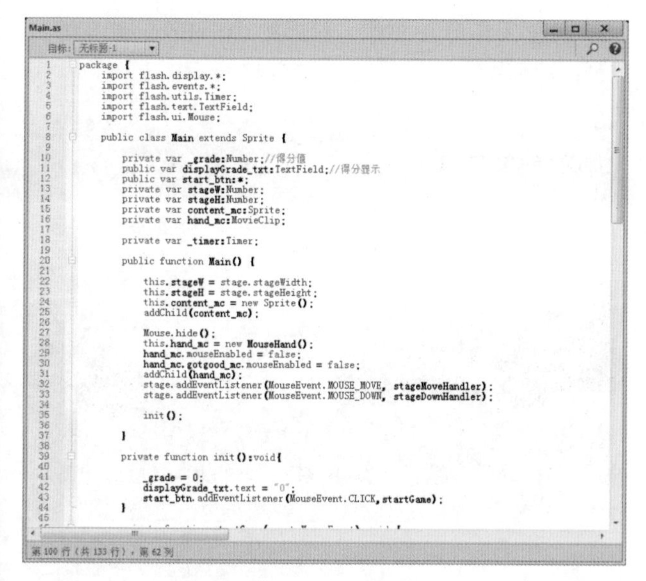

图 17-41　输入代码

Step 4 ▶ 打开“库”面板，在影片剪辑元件Fly上右击，在弹出的快捷菜单中选择“属性”命令，如图 17-42 所示。

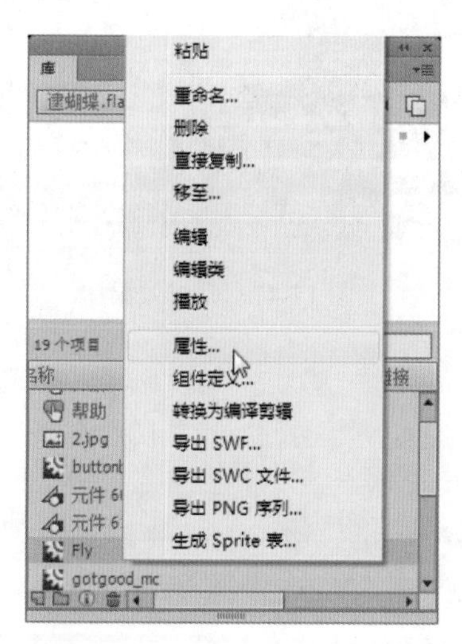

图 17-42　选择“属性”命令

读书笔记

Step 5 ▶ 打开“元件属性”对话框，单击 高级 按钮，选中“为 ActionScript 导出”复选框，完成后单击 确定 按钮，如图 17-43 所示。

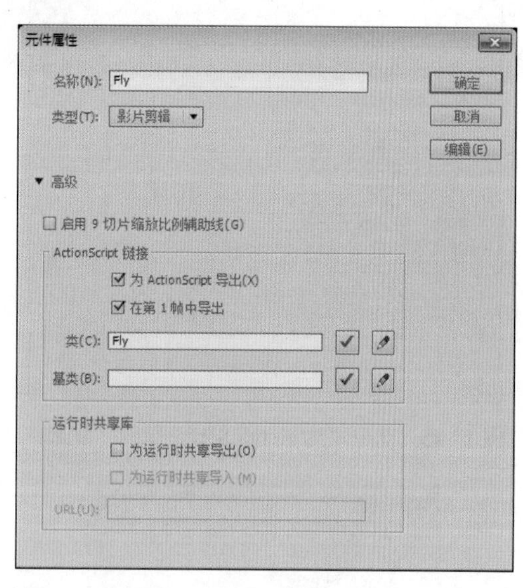

图 17-43　选中“为 ActionScript 导出”复选框

Step 6 ▶ 打开“库”面板，在影片剪辑元件 MouseHand 上右击，在弹出的快捷菜单中选择“属性”命令，如图 17-44 所示。

图 17-44　选择“属性”命令

Step 7 ▶ 打开“元件属性”对话框，单击 高级 按钮，选中“为 ActionScript 导出”复选框，完成后单击 确定 按钮，如图 17-45 所示。

Step 8 ▶ 打开“属性”面板，在“类”文本框中输入“Main”，如图 17-46 所示。

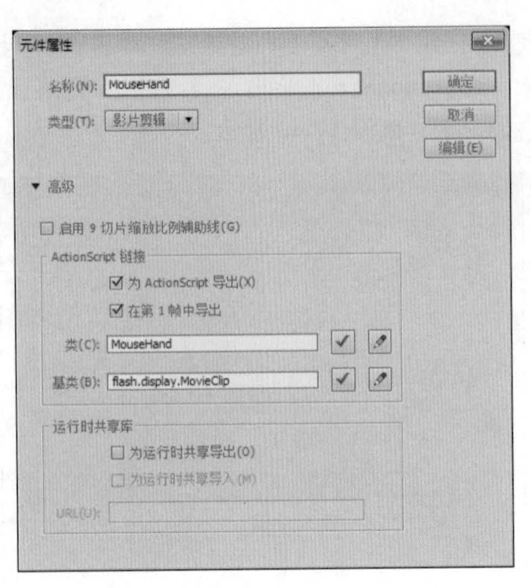

图 17-45 选中“为 ActionScript 导出”复选框

图 17-46 设置类名称

Step 9 ▶ 保存动画文件，然后按 Ctrl+Enter 组合键，欣赏本例的完成效果，如图 17-47 所示。

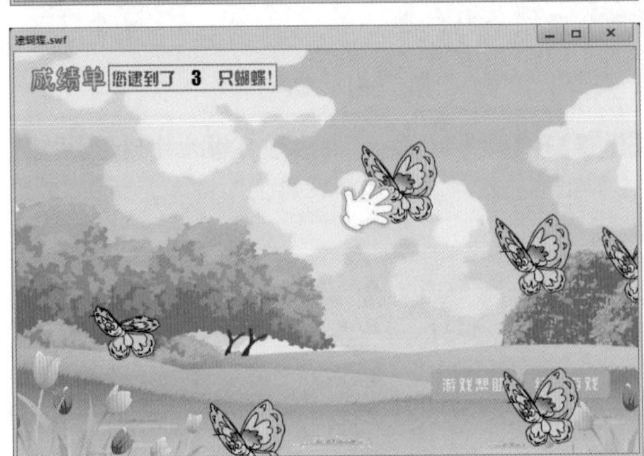

图 17-47 完成效果

读书笔记

15 16 17 18

MTV 制作

本章导读

随着人们对网络的越来越多的兴趣和认识，Flash 的应用范围也更加广泛，在如今各种文化潮流百花齐放的年代，Flash MTV 在网络中渐渐流行起来。本章将讲述一个完整 MTV 的制作过程，从而使读者掌握进行 MTV 创作的方法。

18.1 Flash MTV 制作知识

Flash MTV 的兴起与网络的力量是分不开的，在以往的传统媒体中，电视和广播等占据着及其重要的地位，在网络技术不断进步和网络潮流不断发展的今天，网络的力量已不可忽视，Flash MTV 即是在这样一种背景下产生的，如今它不但是各闪客展现技术的舞台，也已经成为很多网络音乐人的宣传手段。在各动画网站中不乏很多优秀的作品。

18.1.1 Flash MTV 的特点

Flash MTV 有其自身不同于传统媒体的特点，主要包括以下几点。

1. 适合网络传播

如今网络的发展，使信息传播速度加快，而在网络中 Flash 以其小巧的身材保持了其传播的快速，Flash MTV 也具备这样的特点，由于其矢量图的特点和对 MP3 格式声音文件的支持，使得 Flash MTV 非常适合网络的传播。

2. 表现方式多样

使用 Flash 制作 MTV 可以根据音乐的不同风格来制作不同表现方法的动画影片，并可根据节奏的韵律制作有规律的视觉效果，给人以全新的视觉感受，其表现风格很多，如卡通风格、写实手法等。

3. 制作费用低廉

相对于电视 MTV 昂贵的制作费用，使用 Flash 则显得简单得多，如今只要一部电脑、几款软件即可制作出相当不错的动画 MTV，Flash 即是这些软件中的一种，功能的强大和操作的简洁，使越来越多的人使用 Flash 来制作 MTV。

4. 适合个人创作

电视 MTV 的制作往往需要多人及各种设备来共同合作完成，其巨大的工作量是难以估计的，并且耗费巨大人力物力和漫长的时间，但使用 Flash 制作就显得简单得多，只要能熟练操作 Flash 软件，即使没有经过专业的美术培训，只要具备一定的审美能力也可制作出效果丰富的 Flash 动画 MTV。

18.1.2 Flash MTV 的制作流程

合理的制作步骤可以节省很多宝贵的时间，是动画品质的保障，Flash MTV 制作的流程如下。

1. 前期的策划和构思

在制作影片之前，首先要对所选音乐的内容、特点、风格有一个整体的理解，并对将要制作的 MTV 进行构思和创意，在构思时要设想所制作的影片的风格，以及用何种表现方法来表达歌曲或自己的感情，用何种场景或造型来表现，建议在构思时，使用绘制草图的方法来进行创意设计，以便在以后的制作过程中保持一个清醒的头脑。

2. 搜集和制作素材

构思结束之后，要根据所构思的内容来搜集和制作素材，包括各种图片以及声音，制作在影片中会使用到的场景以及各种造型等。

3. 编辑影片

在素材准备比较充分之后，即可动手按照构思好的方法制作主影片，将各种素材进行有机的组合，使用各种表现手法，融合音乐的节奏和动画的需要来制作影片。

4. 测试发布

在主影片制作结束后，可对影片进行测试，修改其中不满意的地方，调整结束后即可设置 Flash 的发布设置，设置结束后即可将影片发布。

18.2 制作 MTV——蒲公英的约定

●光盘 \ 素材 \ 第 18 章　　●光盘 \ 效果 \ 第 18 章 \ 蒲公英的约定 .swf

本例将为歌曲“蒲公英的约定”制作一个 MTV 动画，完成后的效果如图 18-1 所示，通过对本例的学习，使读者掌握这种 Flash MTV 的制作思路和一般制作方法。

图 18-1　动画 MTV

18.2.1 制作影片开始画面

Step 1 启动 Flash CC，新建一个 Flash 空白文档。执行“修改”→“文档”命令，打开“文档设置”对话框，将“舞台颜色”设置为黑色，“帧频”设置为 12，如图 18-2 所示。设置完成后单击 确定 按钮。

Step 2 执行“文件”→“导入”→“导入到舞台”命令，将一幅图片导入到舞台中，如图 18-3 所示。

Step 3 新建图层 2，使用文本工具在舞台上输入文字“蒲公英的约定”，字体选择“迷你简菱心”，字号为 33，字体颜色为黑色，“字母间距”为 2，如图 18-4 所示。

读书笔记

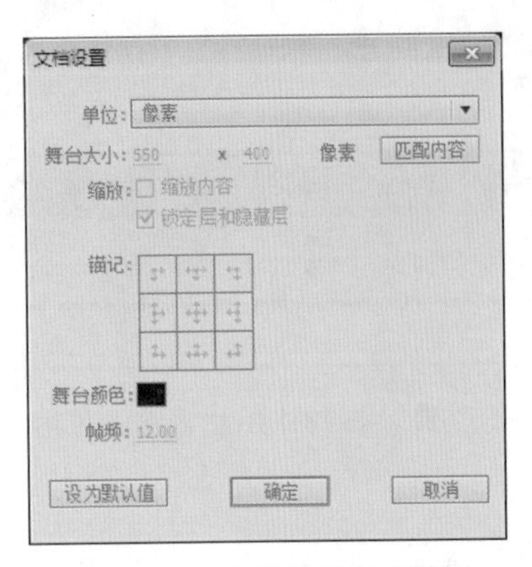

图 18-2 “文档设置”对话框

图 18-3 导入图片

图 18-4 输入文字

Step 4 执行“插入”→“新建元件”命令，打开“创建新元件”对话框。在“名称”文本框中输入名称start，在“类型”下拉列表框中选择“按钮”选项，如图 18-5 所示。完成后单击 确定 按钮进入按钮元件编辑区。

图 18-5 “创建新元件”对话框

Step 5 在按钮元件的编辑状态下，使用文本工具在舞台上输入“Start”，字体选择 Microsoft Sans Serif，字号为 33，字体颜色为红色，如图 18-6 所示。

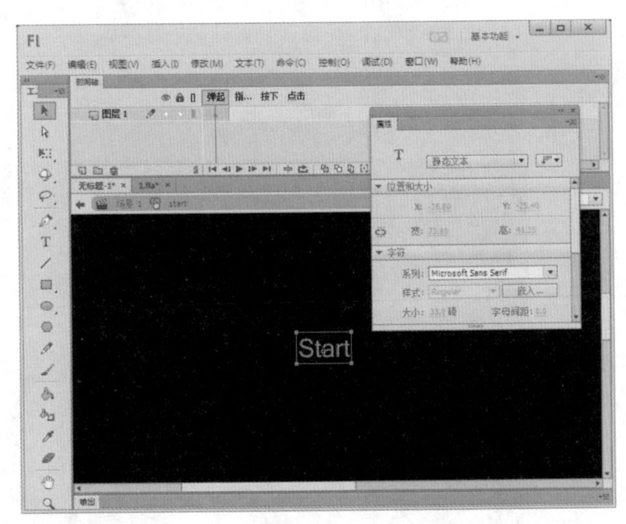

图 18-6 输入文字

读书笔记

Step 6 在“指针经过”处插入关键帧，将文字颜色设置为绿色，并将文字放大至原来的两倍大小，如图 18-7 所示。

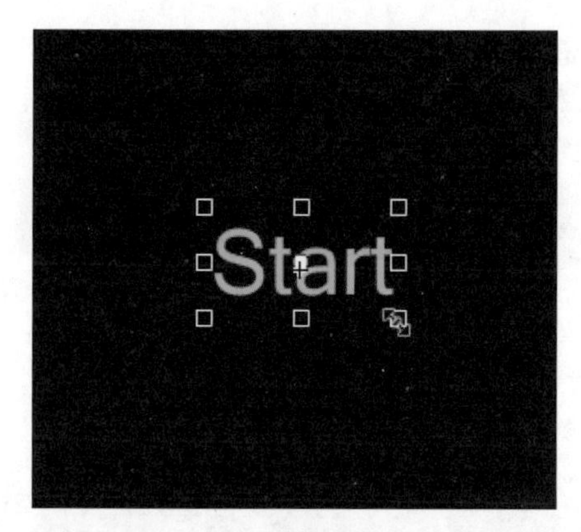

图 18-7 “指针经过”处

Step 7 ▶ 在“按下”处插入关键帧，将文字颜色设置为深红色，并将文字缩放至原始大小，如图 18-8 所示。

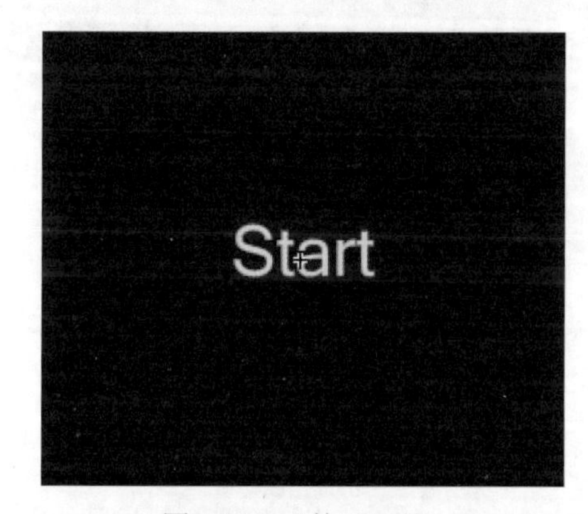

图 18-8 “按下”处

Step 8 ▶ 返回场景 1，新建图层 3，在库面板中将按钮元件 Start 拖曳到舞台中如图 18-9 所示的位置。

图 18-9 拖曳元件

Step 9 ▶ 选择按钮元件，在“属性”面板中将其实例名设置为 btn1，如图 18-10 所示。

图 18-10 设置按钮实例名

Step 10 ▶ 新建图层 4，选择该层的第 1 帧，打开“动作”面板，输入如下代码，如图 18-11 所示。

```
btn1.addEventListener(MouseEvent.CLICK, gotoFrame);
function gotoFrame(evt:MouseEvent):void{
    gotoAndPlay(1, “场景 2”);
}
```

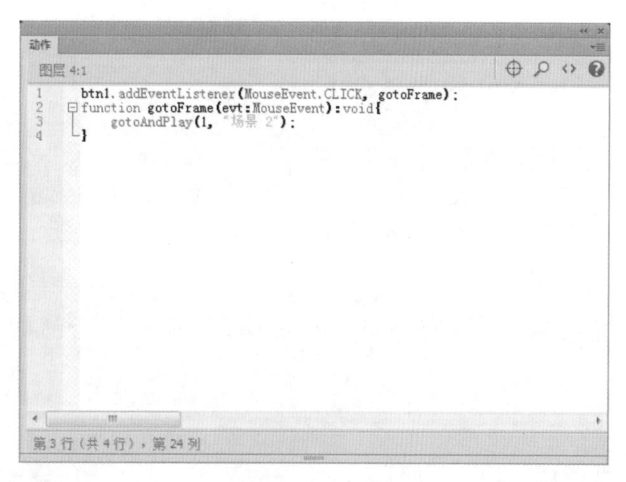

图 18-11 输入代码

读书笔记

Step 11 ▶ 新建图层 5，选中该层的第 1 帧，在“动作”面板中添加代码“stop();”，如图 18-12 所示。

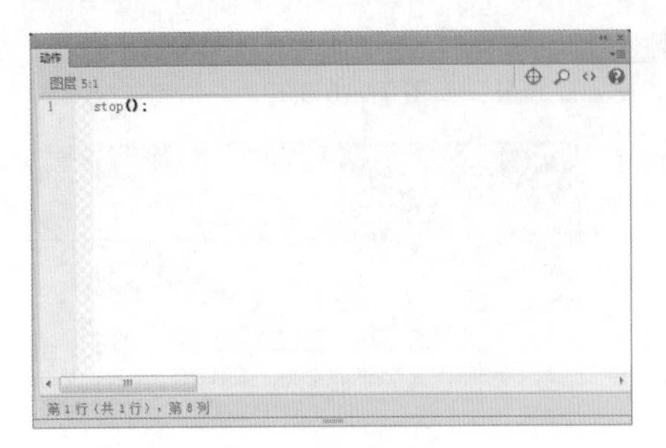

图 18-12　添加代码

18.2.2 制作开场动画

Step 1 ▶ 执行“窗口”→“场景”命令，在打开的“场景”面板中单击按钮，新建一个“场景 2”，如图 18-13 所示。

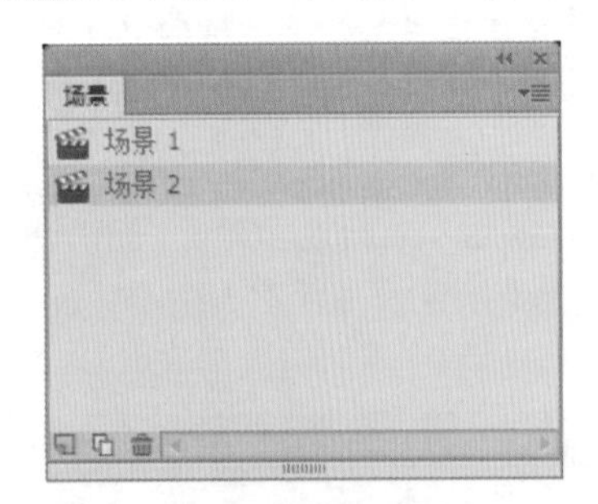

图 18-13　新建场景

Step 2 ▶ 新建一个影片剪辑元件“开场”，执行“文件”→“导入”→“导入到舞台”命令，将一幅图片导入到舞台中，如图 18-14 所示。

图 18-14　导入图片

Step 3 ▶ 新建图层 2，使用矩形工具在舞台中绘制一个无边框、填充颜色为白色的矩形，使其刚好把图片的上半部分遮住，如图 18-15 所示。

图 18-15　绘制矩形

Step 4 ▶ 新建图层 3，使用矩形工具在舞台中绘制一个无边框、填充颜色为白色的矩形，使其刚好把图片的下半部分遮住，如图 18-16 所示。

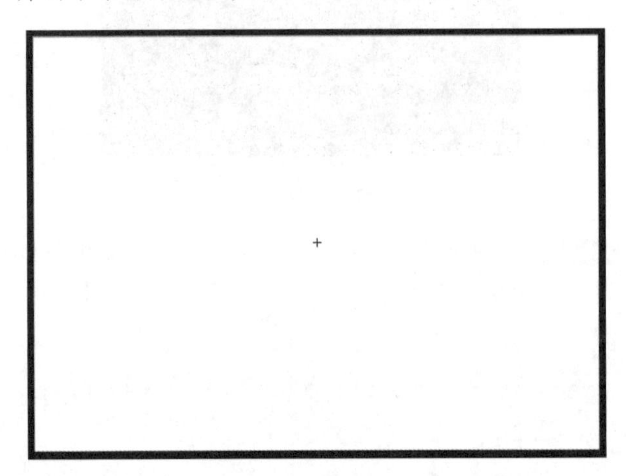

图 18-16　绘制矩形

Step 5 ▶ 在图层 2 的第 25 帧处插入关键帧，使用任意变形工具将矩形缩小至高为 1 像素，然后在图层 2 的第 1 帧与第 25 帧之间创建动画，最后在图层 1 的第 25 帧处插入帧，如图 18-17 所示。

Step 6 ▶ 在图层 3 的第 25 帧处插入关键帧，使用任意变形工具将矩形缩小至高为 1 像素，然后在图层 3 的第 1 帧与第 25 帧之间创建动画，如图 18-18 所示。

Step 7 ▶ 新建一个图形元件“木头”，使用绘图工具在工作区中绘制一段木头，如图 18-19 所示。

图 18-17　创建动画

图 18-18　创建动画

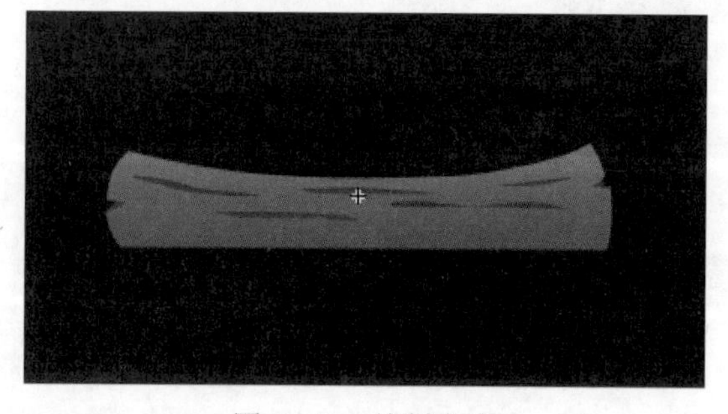
图 18-19　绘制木头

Step 8 ▶ 新建一个影片剪辑元件“女孩”，使用绘图工具在工作区中绘制一个女孩形象（为了方便读者观看，现在将文档背景颜色设置为白色），如图 18-20 所示。然后在第 5 帧处插入关键帧，将女孩的头向下移动一点。

Step 9 ▶ 新建一个影片剪辑元件“男孩”，使用绘图工具在工作区中绘制一个男孩形象，如图 18-21 所示。然后在第 5 帧处插入关键帧，将男孩的头向下移动一点。

图 18-20　绘制图形　　图 18-21　绘制图形

Step 10 ▶ 在“库”面板中双击影片剪辑元件“开场”，进入编辑区，在图层 1 的第 465 帧处插入帧。新建“木头”图层，在第 26 帧处插入关键帧，将图形元件“木头”拖入到工作区中，如图 18-22 所示。

图 18-22　拖入元件

Step 11 在“属性”面板中将“木头”图层第26帧处元件的Alpha值设置为0%，如图18-23所示。

图18-23 设置Alpha值

Step 12 在“木头”图层第58帧处插入关键帧，将该帧处元件的Alpha值设置为100%，然后在第26帧与第58帧之间创建动画，如图18-24所示。

图18-24 创建动画

Step 13 新建“女孩”和“男孩”图层，分别在第59帧处插入关键帧，然后从库面板中将影片剪辑元件“女孩”和“男孩”拖入到对应的层中，如图18-25所示。

Step 14 将“女孩”和“男孩”图层第59帧处的元件Alpha值设置为0%，然后分别在这两个层中的第85帧处插入关键帧，并将元件的Alpha值设置为100%，最后在第59帧与第85帧之间创建动画，如图18-26所示。

图18-25 拖入元件

图18-26 创建元件

读书笔记

Step 15 在“男孩”图层的第140帧、第183帧和第231帧处插入关键帧，然后选中第183帧处的元件，在“属性”面板的“样式”下拉列表框中选择“高级”选项，并进行如图18-27所示的设置。

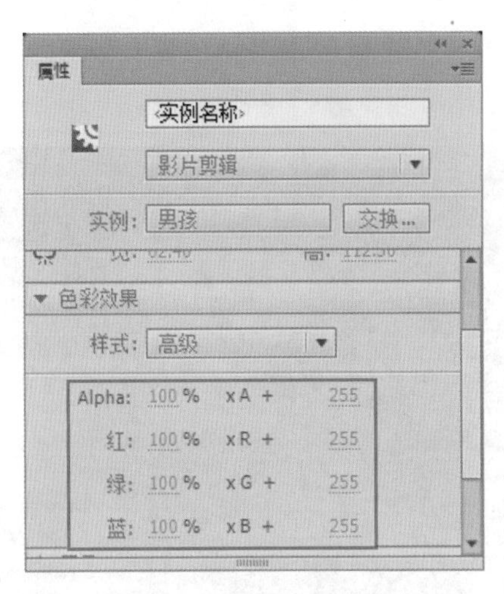

图 18-27 “属性”面板

Step 16 将第 231 帧处的元件向左移动一段距离，然后分别在第 140 帧、第 183 帧和第 231 帧处创建动画，如图 18-28 所示。

图 18-28 创建动画

Step 17 在图层 1 的第 260 帧与第 312 帧处分别插入关键帧，然后将第 312 帧处的图片放大，最后在第 260 帧与第 312 帧之间创建动画，如图 18-29 所示。

Step 18 按照同样的方法，在“木头”、“女孩”和“男孩”图层上创建逐渐变大的动画，如图 18-30 所示。

Step 19 新建“圈圈”图层，使用椭圆工具在第 363 帧、第 372 帧、第 382 帧处插入关键帧，使用椭圆工具在女孩头部右上方绘制 3 个不规则的白色圆形，如图 18-31 所示。然后在第 396 帧处插入关键帧。

图 18-29 创建动画

图 18-30 创建动画

图 18-31 绘制圆形

Step 20 ▶ 在第465帧处插入关键帧，将最上方的圆放大至遮住整幅图片，然后在第396帧与第465帧之间创建动画，如图18-32所示。

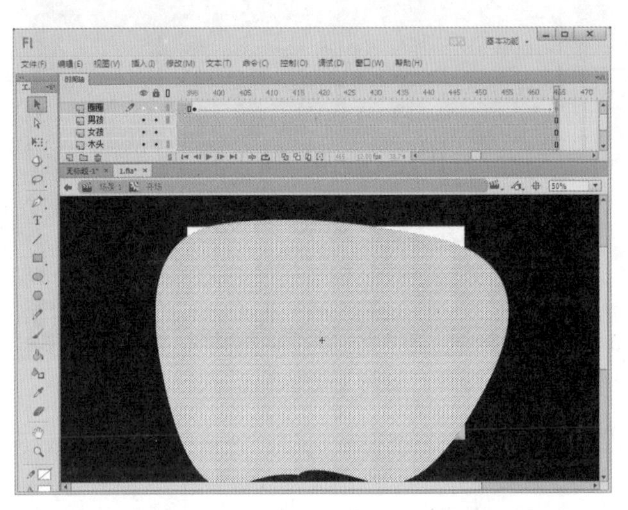

图18-32　创建动画

18.2.3 制作想象动画

Step 1 ▶ 新建一个影片剪辑元件“想象”，执行“文件”→“导入”→“导入到舞台”命令，将一幅图片导入到舞台中，如图18-33所示。

图18-33　导入图片

Step 2 ▶ 新建一个图层“长椅”，在工作区中绘制一个长长的椅子，如图18-34所示。

Step 3 ▶ 新建一个图形元件“老奶奶”，使用绘图工具在工作区中绘制一个老奶奶形象，如图18-35所示。然后在第7帧处插入关键帧，将老奶奶的头向下移动一点。最后在第14帧处插入帧。

图18-34　绘制椅子

Step 4 ▶ 新建一个图形元件“老爷爷”，使用绘图工具在工作区中绘制一个老爷爷形象，如图18-36所示。然后在第7帧处插入关键帧，将老爷爷的头向下移动一点。最后在第14帧处插入帧。

图18-35　绘制图形

图18-36　绘制图形

Step 5 ▶ 在库面板中双击影片剪辑元件“想象”，进入编辑区，在图层1与图层“长椅”的第204帧处插入帧。新建“老奶奶”与“老爷爷”图层，分别在库面板中将图形元件“老奶奶”与“老爷爷”拖入到工作区中，如图18-37所示。

Step 6 ▶ 在“库”面板中双击影片剪辑元件“开场”，进入编辑区，新建“想象”图层，在第466帧处插入关键帧，将库面板中的影片剪辑元件“想象”拖入到工作区中，然后在第705帧处插入帧，如图18-38所示。

Step 7 ▶ 在“想象”图层第545帧处插入关键帧，然后将第466帧处的元件放大，最后在第466帧与第545帧之间创建动画，如图18-39所示。

图 18-37　拖入元件

图 18-38　拖入元件

图 18-39　创建动画

Step 8 ▶ 打开“场景”面板，单击场景 2，将“库”面板中的影片剪辑元件“开场”拖入到工作区中，然后在第 705 帧处插入帧，如图 18-40 所示。

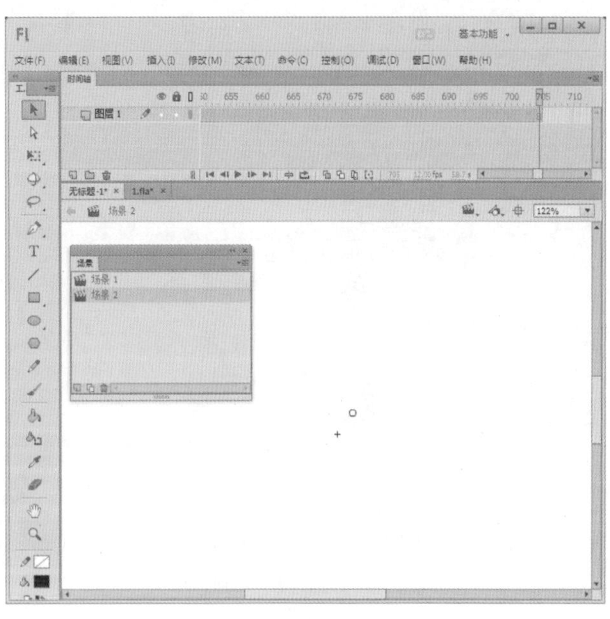

图 18-40　拖入元件

18.2.4 制作走路动画

Step 1 ▶ 新建一个影片剪辑元件“走”，执行“文件”→“导入”→“导入到舞台”命令，将一幅图片导入到舞台中，如图 18-41 所示。

图 18-41　导入图片

Step 2 ▶ 选中图片，按 F8 键将其转换为图形元件。

新建一个影片剪辑元件“走路”，进入编辑区，建立9个图层，在每个图层的第1帧处绘制女孩身体的不同部位，如图18-42所示。

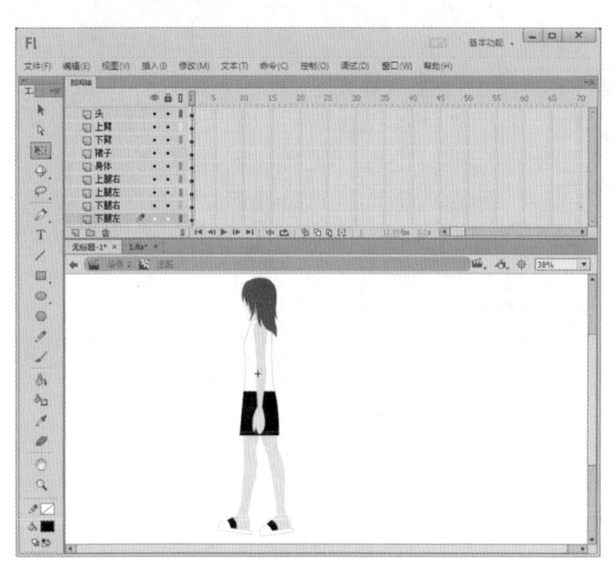

图18-42　绘制不同部位

Step 3 ▶ 分别在各个图层的第7帧、第14帧、第21帧和第28帧处插入关键帧，按照人物走路的形态，在头、手、腿等部位创建左右运动动画，如图18-43所示。

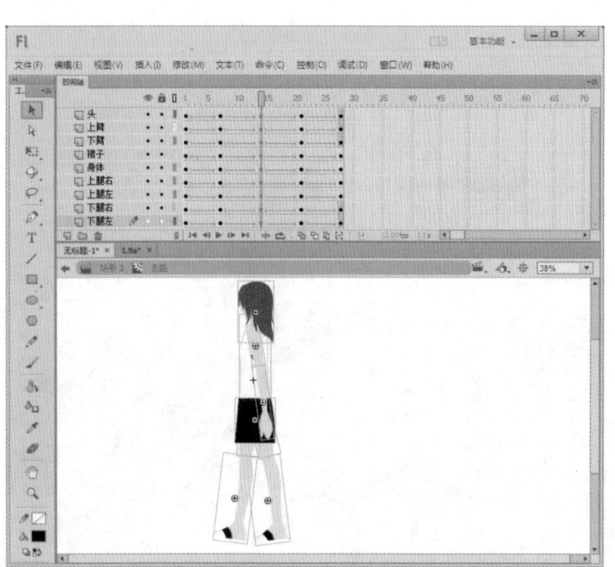

图18-43　分别创建动画

Step 4 ▶ 在“库”面板中双击影片剪辑元件“走”，进入编辑区，在图层1第200帧处插入关键帧，然后选中第200帧处的图片，将其向右移动，最后在第1帧与第200帧之间创建动画，如图18-44所示。

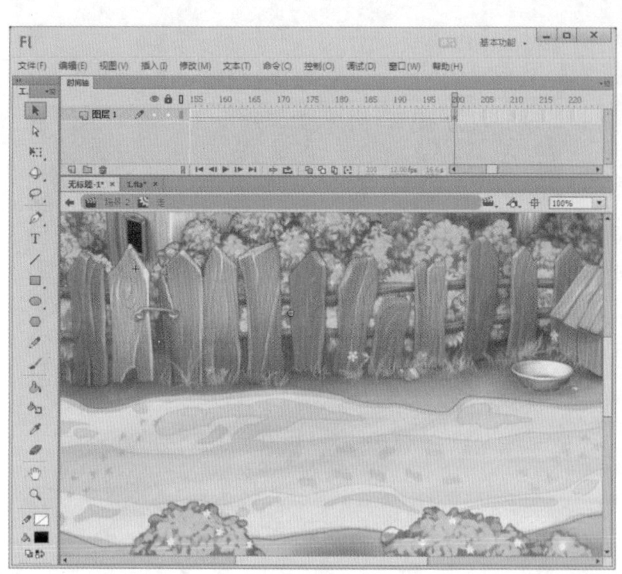

图18-44　移动图片

Step 5 ▶ 新建“人物”图层，将库面板中的影片剪辑元件“走路”拖入到工作区中，如图18-45所示。

图18-45　拖入元件

读书笔记

Step 6▶在“人物”图层的第 205 帧、第 230 帧和第 267 帧处插入关键帧，并将第 230 帧处的元件的 Alpha 值设置为 0%，然后在第 205 帧、第 230 帧和第 267 帧之间分别创建动画。在图层 1 的第 233 帧处插入关键帧，将该帧处图片的 Alpha 值设置为 0%，最后在第 200 帧与第 233 帧之间创建动画，如图 18-46 所示。

图 18-46　创建动画

读书笔记

Step 7▶新建一个图形元件“黑夜”，在工作区中导入一幅图像。然后在第 230 帧处插入关键帧，并将该帧中的图形向右移动，最后在第 1 帧与第 230 帧之间创建动画，如图 18-47 所示。

图 18-47　导入图像

读书笔记

Step 8▶在“库”面板中双击影片剪辑元件“走”，进入编辑区，新建一个图层“黑夜”，在第 225 帧与第 258 帧处插入关键帧，然后将第 225 帧处元件的 Alpha 值设置为 0%，并在第 225 帧与第 258 帧之间创建动画，如图 18-48 所示。最后在“黑夜”与“人物”图层的第 455 帧处插入帧。

图 18-48　创建动画

18.2.5 编辑场景

Step 1 ▶ 返回场景 2，在图层 1 的第 670 帧、第 705 帧处插入关键帧，然后将第 705 帧处元件的 Alpha 值设置为 0%，并在第 670 帧与第 705 帧之间创建动画，如图 18-49 所示。

读书笔记

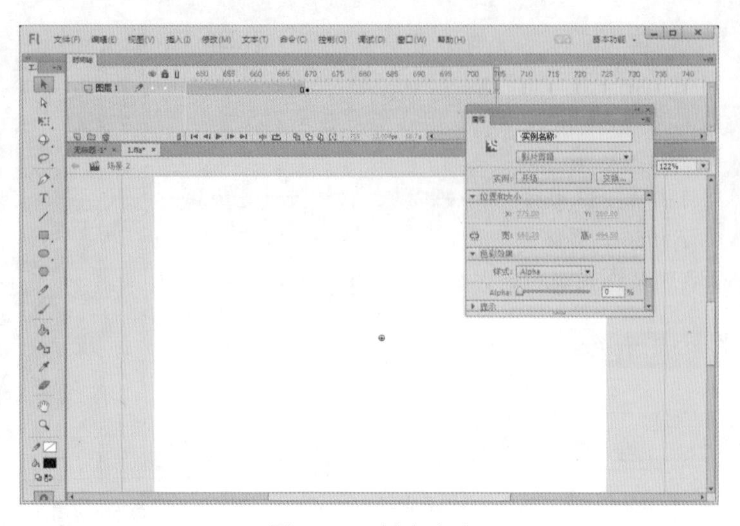

图 18-49　创建动画

Step 2 ▶ 新建图层 2，在第 691 帧处插入关键帧，将库面板中的影片剪辑元件“走”拖入到工作区中，然后在第 724 帧处插入关键帧，如图 18-50 所示。

读书笔记

图 18-50　拖入元件

Step 3 ▶ 将图层 2 第 691 帧处元件的 Alpha 值设置为 0%，并在第 691 帧与第 724 帧之间创建动画，如图 18-51 所示，最后在图层 2 第 1046 帧处插入帧。

Step 4 ▶ 新建图层 3，在第 1046 帧处插入关键帧，将库面板中的图形元件“黑夜”拖入到工作区中，然后将影片剪辑元件“走”拖入至与工作区中人物的位置重合，如图 18-52 所示。最后在第 1630 帧处插入帧。

图 18-51　创建动画

图 18-52　拖入元件

Step 5 ▶ 新建图层 4，在第 1046 帧处插入关键帧，使用矩形工具绘制一个大小刚刚把工作区遮住的椭圆，如图 18-53 所示。

图 18-53　绘制椭圆

Step 6 ▶ 在图层 4 的第 1095 帧处插入关键帧，将椭圆缩小到刚刚遮住工作区中的人物，然后在第 1046 帧与第 1095 帧之间创建动画，最后将图层 4 设置为遮罩层，图层 3 为被遮罩层，如图 18-54 所示。

图 18-54　设置遮罩层

Step 7 ▶ 将文档背景颜色重新设置为黑色，新建图层 5，在第 1095 帧处插入关键帧，使用文本工具输入“The End”，如图 18-55 所示。

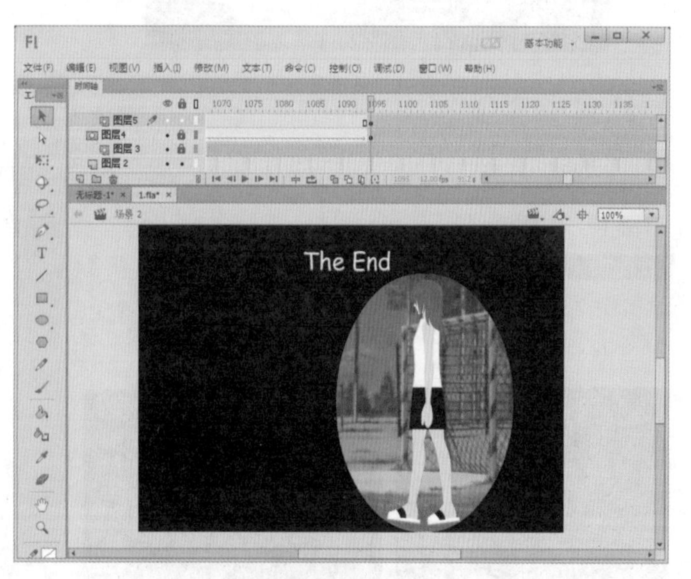

图 18-55　输入文字

Step 8 ▶ 新建图层 6，在第 1095 帧处插入关键帧，使用矩形工具绘制一个红色的矩形，将矩形移动到文字上方，如图 18-56 所示。在图层 6 第 1125 帧处插入关键帧，将矩形移动到刚好遮住文字的位置，如图 18-57 所示，然后在第 1095 帧与第 1125 帧之间创建动画，最后将涂层设置为遮罩层。

图 18-56　绘制矩形

图 18-57　移动矩形

Step 9 ▶ 新建一个按钮元件“重放”，在元件编辑区使用文本工具输入文字 Replay，文字颜色为灰色，如图 18-58 所示。

Step 10 ▶ 在“指针经过”处插入关键帧，将文字颜色设置为橙黄色，并将文字放大至原来的两倍大小，如图 18-59 所示。

图 18-58　输入文字

图 18-59　“指针经过”处

Step 11 ▶ 在“按下”处插入关键帧，将文字颜色设置为深红色，并将文字缩放至原始大小，如图 18-60 所示。

Step 12 ▶ 返回场景 2，新建图层 7，在第 1124 帧处插入关键帧，在库面板中将按钮元件“重放”拖入到舞台中如图 18-61 所示的位置。

图 18-60　“按下”处

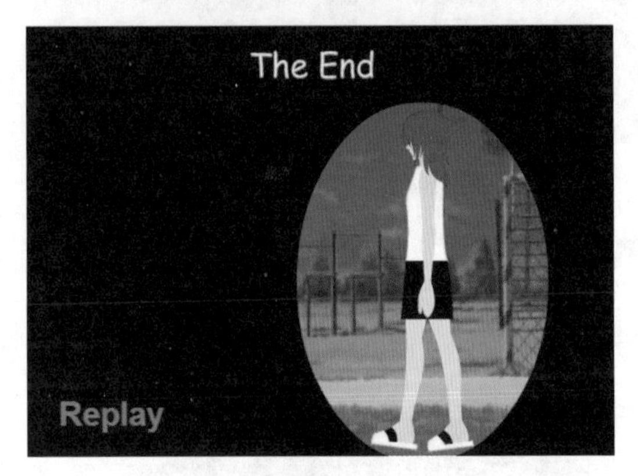

图 18-61　拖入元件

Step 13 ▶ 选择按钮元件“重放”，在“属性”面板中将其实例名设置为 xx1，如图 18-62 所示。

图 18-62　设置按钮实例名

Step 14 ▶ 新建图层 8，在第 1124 帧处插入关键帧，打开“动作”面板输入如下代码，如图 18-63 所示。

```
xx1.addEventListener( “click” ,fun1);
function fun1(e):void
{
gotoAndStop(1, “场景 1” );
}
```

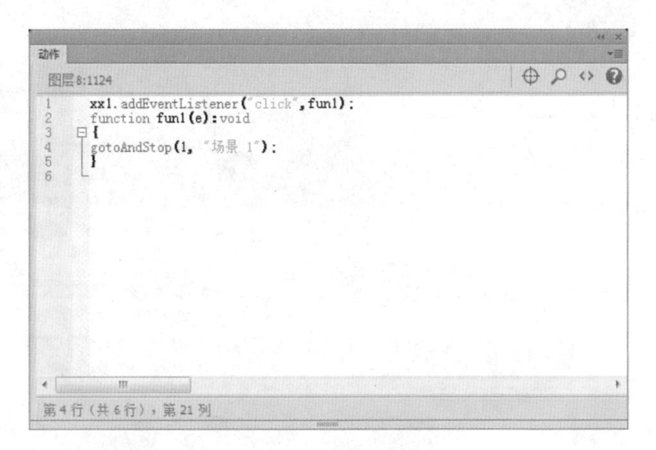

图 18-63　输入代码

18.2.6 添加音乐及歌词

Step 1 ▶ 执行“文件”→“导入”→“导入到库”命令，打开“导入到库”对话框，选中一个音乐文件，如图 18-64 所示，单击 打开(O) 按钮，将声音文件导入到库中。

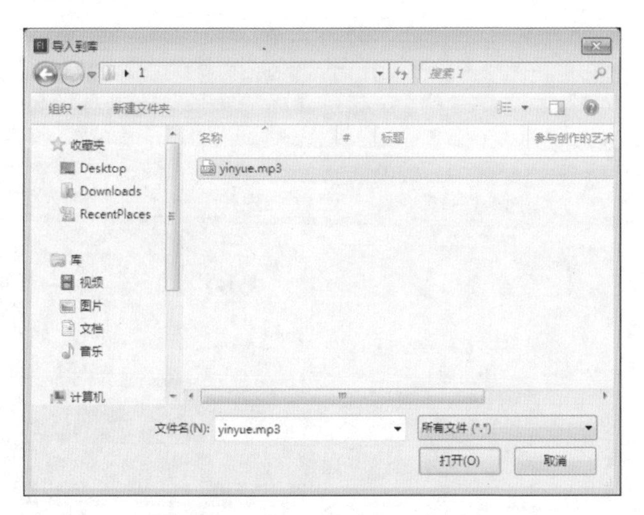

图 18-64　“导入到库”对话框

Step 2 ▶ 返回场景 2，新建图层 MP3，选中该层第 1 帧，在“属性”面板的“声音”下拉列表框中选择刚导入的音乐文件，其“同步”选项设置为“数据流－重复－1”，如图 18-65 所示。

Step 3 ▶ 新建歌词层，在此层中使用文本工具根据音乐的播放在舞台下方输入歌词，如图 18-66 所示。

Step 4 ▶ 保存文件，按 Ctrl+Enter 组合键即可看到本例中制作的 Flash MTV 动画效果，如图 18-67 所示。

图 18-65　选择声音并设置同步选项

图 18-66　输入歌词

图 18-67　动画效果

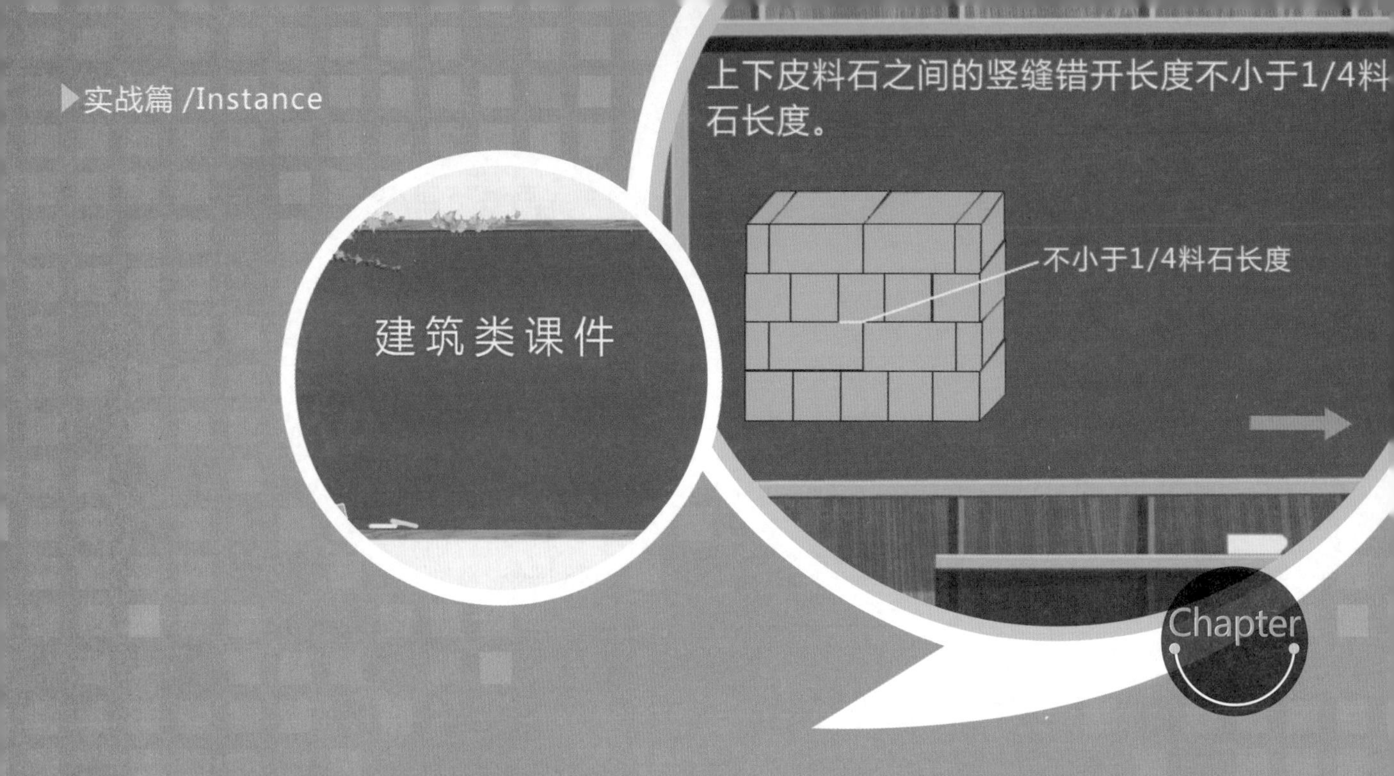

16 17 18 19 20

课件制作

本章导读

课件是根据教学大纲的要求和教学的需要，经过严格的教学设计，并以多种媒体的表现方式和超文本结构制作而成的课程软件。使用 Flash 制作的课件风格独特，编辑灵活，内容丰富，演讲自如，在课堂上的应用越来越多，能够吸引学生注意力，提高学习情绪，从而引发学生学习的兴趣。本章就通过一个实例来讲述 Flash 课件的制作方法。

19.1 Flash 课件制作知识

下面介绍 Flash 课件的分类与注意事项，以及 Flash 教学课件的作用。

19.1.1 Flash 课件的分类与注意事项

1. Flash 课件的分类

课件主要分为教师演示型、学生学习型。演示型课件是教师用于课堂辅助教学，一定要有很强的针对性，要突破一个或几个难点，画面简洁清晰，色彩对比强，并且易于操作；学习型课件是学生自己操作的，所以要做到结构清晰，导航清楚，内容全面，重点突出，强调趣味性，画面要做得漂亮一点，色彩要鲜艳一些，并配上恰当的音乐和音效，同时按钮还必须标注清楚，易于学生理解和操作。

2. Flash 课件的注意事项

课件的华丽、美观是必要的，但重要的还是它的实际功能和效果。有的课件装饰得华丽无比，不必用动画也用动画，不该加声音也加声音，没注重课件的实际功能和作用。这样的课件虽然看起来很热闹，但课堂使用时实际效果却适得其反，学生的注意力常常被吸引到教学内容以外的其他地方，没有起到辅助教学的作用，背离了课件制作与使用的初衷。

课件中的字体要便于识别，颜色搭配要合理。有的设计师为了把课件做得漂亮些，用了很多不同的、也不太常见的字体，虽然好看，但却难以辨认。还有的设计师过多地使用鲜艳的色彩，这样既容易造成眼睛的疲劳，又容易分散学生的注意力。

动画是课件制作时常用的最重要的手段，它会使课件更加活泼、生动、有趣，能调动学生的学习热情，表现出其他教具无法表现的内容。因此，大多数的优秀课件都离不开动画，但使用动画必须把握好“度”。有的课件在出示板书时，不断改变文字或图片进入画面的动作，把板书变得“新奇”和“好玩”，使学生眼花缭乱，反而使课件失去了重点。

19.1.2 Flash 教学课件的作用

使用 Flash 制作的教学课件具有以下作用。

1. 激发学生学习兴趣

传统的教学手段枯燥无味，没有直观的形态供学生了解，有了课件教学，使古板变生动了，抽象变形象了，深奥变浅显了，沉闷变愉悦了。不但激发了学生的学习兴趣，更有利于学生理解其意义。

2. 老师的教学更轻松

课件逐渐普及后，教师以生动的语言加上有声有色的课件，使学生对知识掌握更加容易，老师的课堂教学更加轻松。

3. 节约时间

使用 Flash 课件教学，可在最短的时间内，让学生清晰透彻地了解所需掌握的知识，并能灵活运用。

4. 自由学习

自由学习是课件的一大特色，学员任何时候都可清楚地知道自己所处位置和进度，控制自己的学习进程。

读书笔记

19.2 制作教学课件

●光盘\素材\第19章　●光盘\效果\第19章\教学课件.swf

本例主要使用转换元件功能、调整元件 Alpha 值功能、新建场景功能与 ActionScript 3.0 技术来编辑制作，完成后的效果如图 19-1 所示。

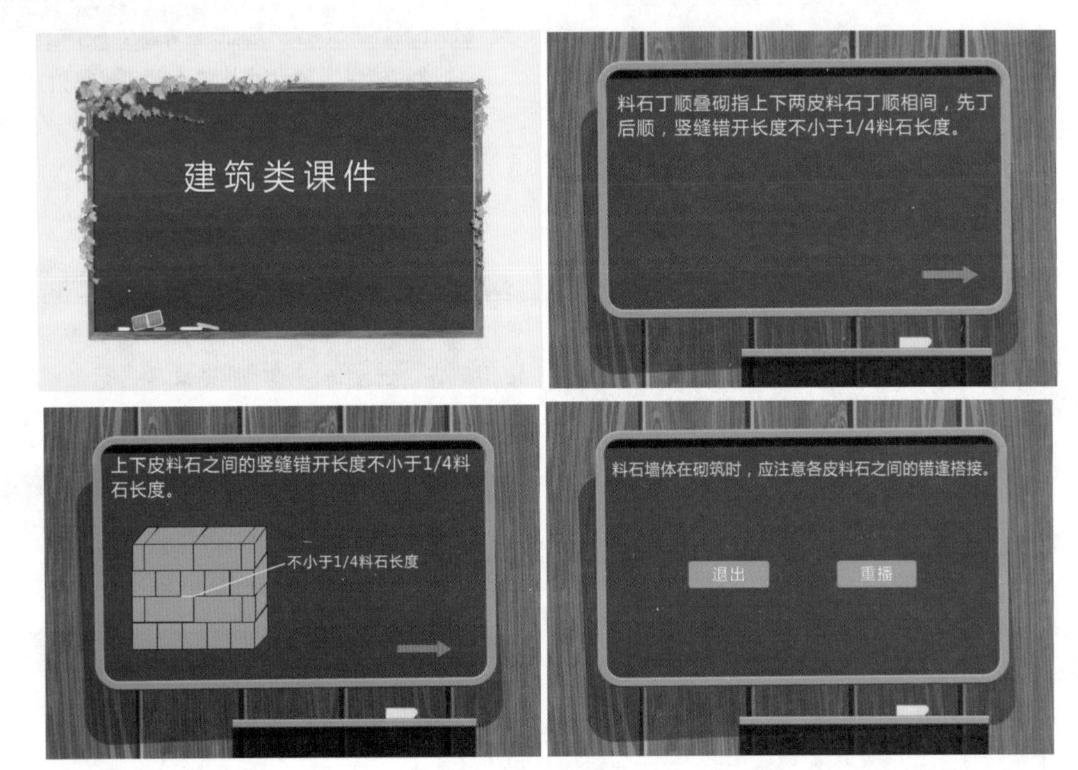

图 19-1　课件效果

19.2.1 制作按钮元件

Step 1 ▶ 启动 Flash CC，新建一个 Flash 空白文档。执行"修改"→"文档"命令，打开"文档设置"对话框，将"舞台大小"设置为 756×520 像素，"舞台颜色"设置为黑色，"帧频"设置为 12，如图 19-2 所示。设置完成后单击 确定 按钮。

Step 2 ▶ 执行"插入"→"新建元件"命令，弹出"创建新元件"对话框，在"名称"文本框中输入"跳转"，在"类型"下拉列表框中选择"按钮"选项，如图 19-3 所示。完成后单击 确定 按钮进入按钮元件编辑区。

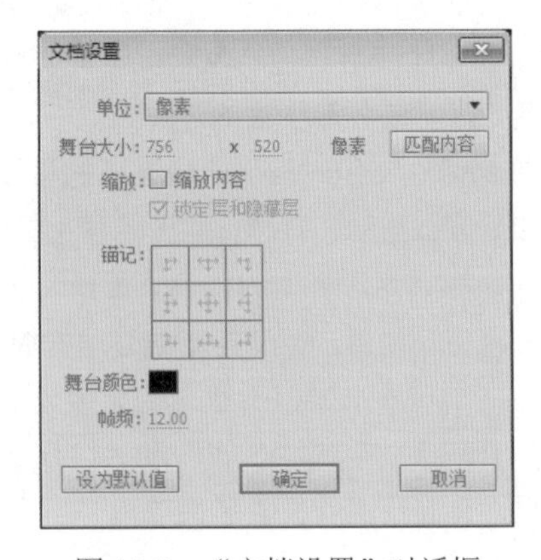

图 19-2　"文档设置"对话框

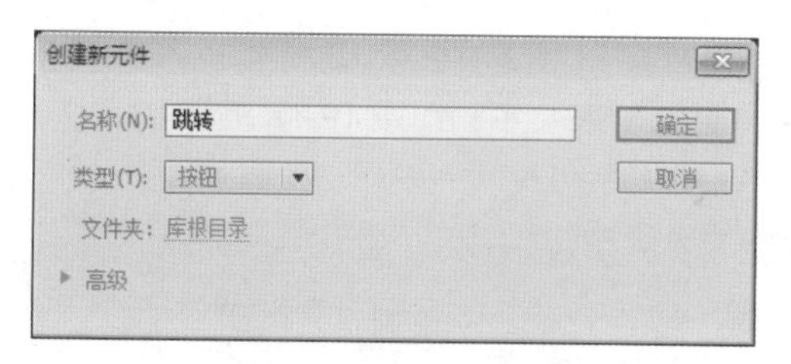

图 19-3　创建按钮元件

Step 3 ▶ 使用绘图工具在按钮元件编辑区中绘制一个红色的箭头形状，如图 19-4 所示。

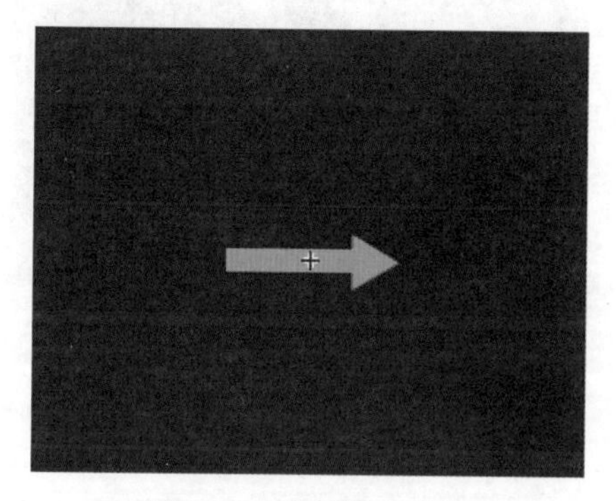

图 19-4　绘制箭头形状

Step 4 ▶ 在“点击”帧处插入关键帧，使用矩形工具在箭头上绘制一个无边框、填充色任意的矩形，如图 19-5 所示。

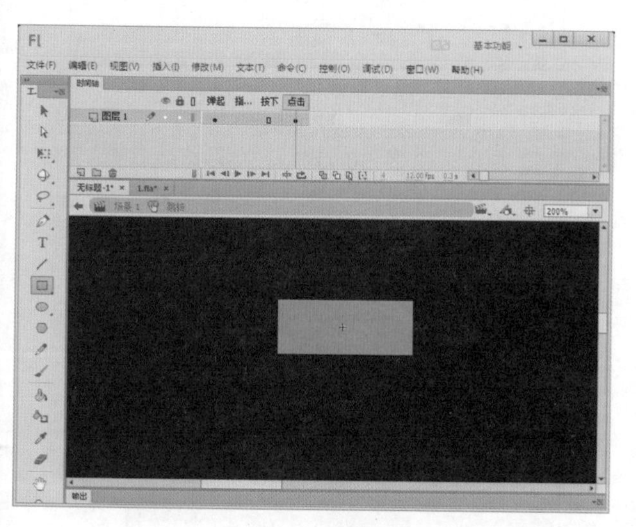

图 19-5　绘制矩形

Step 5 ▶ 执行“插入”→“新建元件”命令，弹出“创建新元件”对话框，在“名称”文本框中输入“重播”，在“类型”下拉列表框中选择“按钮”选项，如图 19-6 所示。完成后单击 确定 按钮进入按钮元件编辑区。

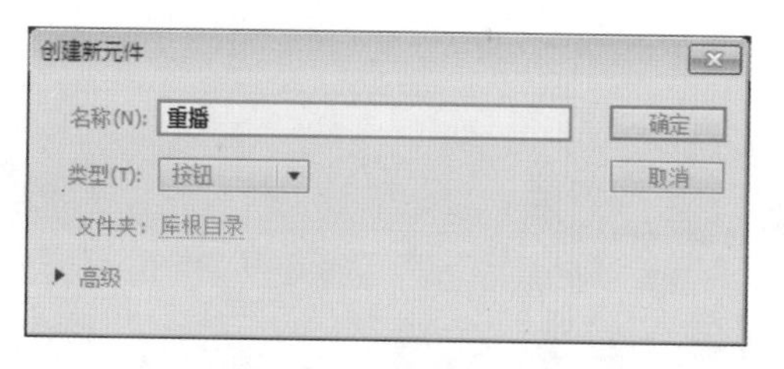

图 19-6　创建按钮元件

Step 6 ▶ 执行“文件”→“导入”→“导入到舞台”命令，将一幅图像导入到按钮元件编辑区中，如图 19-7 所示。

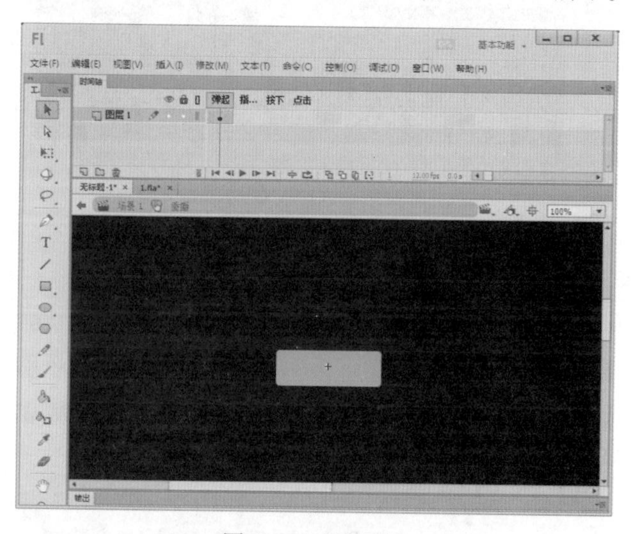

图 19-7　导入图像

Step 7 ▶ 使用文本工具 T 在图像上输入白色的文字“重播”，如图 19-8 所示。

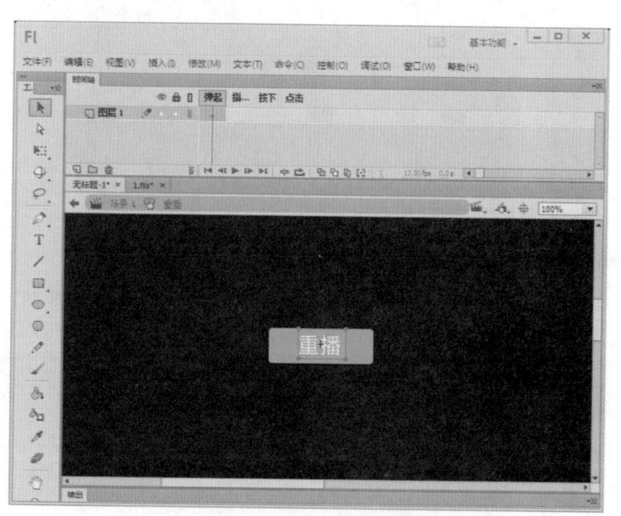

图 19-8　输入文字

Step 8 ▶ 按照同样的方法再创建一个“退出”按钮，如图 19-9 所示。

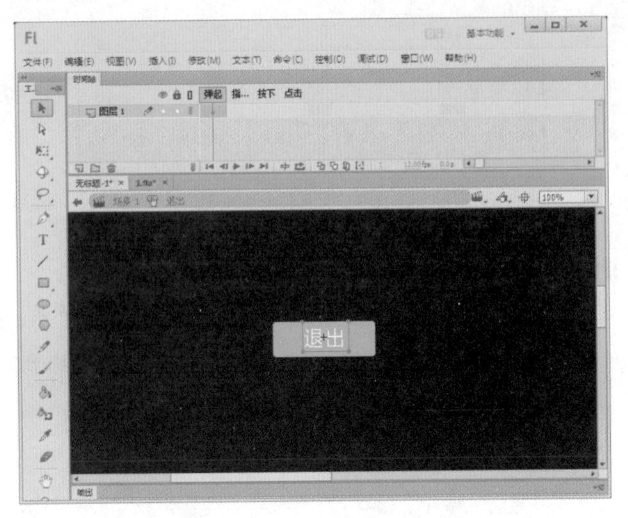

图 19-9　创建按钮

19.2.2 编辑场景 1

Step 1 ▶ 返回主场景，执行“文件”→“导入”→“导入到舞台”命令，将一幅图像导入到舞台中，然后在第 85 帧处插入帧，如图 19-10 所示。

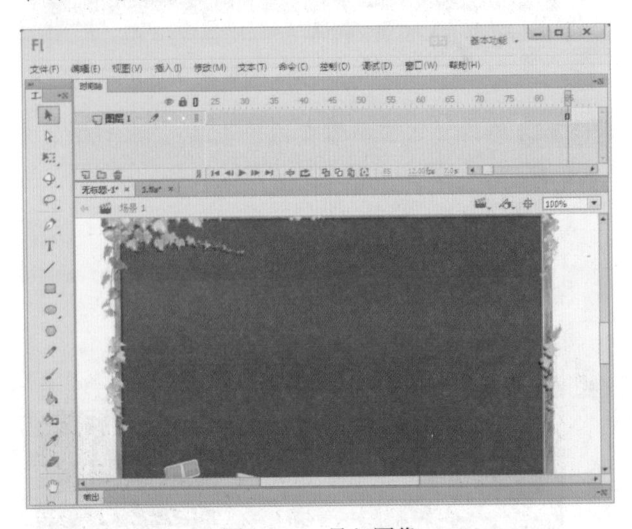

图 19-10　导入图像

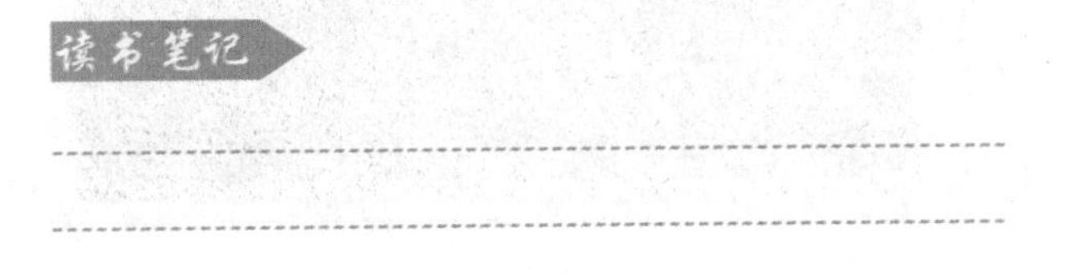

Step 2 ▶ 新建图层 2，在第 12 帧处插入关键帧，然后在舞台上输入文字，如图 19-11 所示。

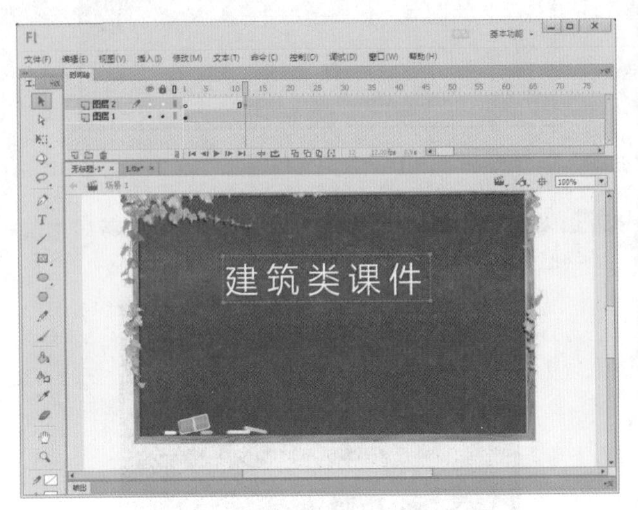

图 19-11　输入文字

Step 3 ▶ 选中文字，按 F8 键，将其转换为图形元件，如图 19-12 所示。

图 19-12　转换元件

Step 4 ▶ 在图层 2 第 30 帧处插入关键帧，然后选择第 12 帧处的文字，在“属性”面板中将其 Alpha 值设置为 0，如图 19-13 所示。

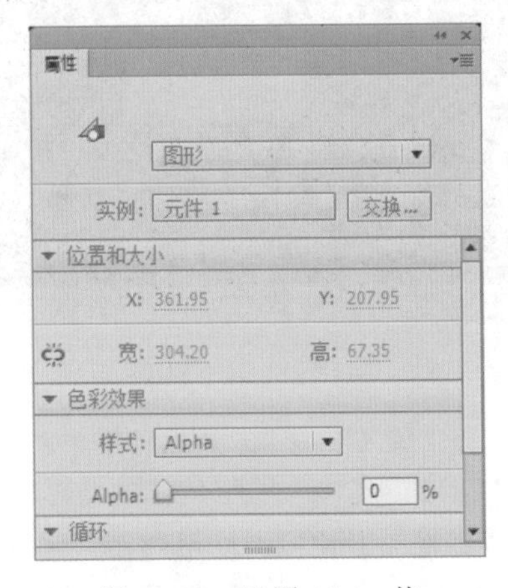

图 19-13　设置 Alpha 值

Step 5 ▶ 在图层 2 第 12 帧与第 30 帧之间创建补间动画，如图 19-14 所示。

图 19-14 创建动画

19.2.3 编辑场景 2

Step 1 ▶ 执行“窗口”→“场景”命令，在打开的“场景”面板中单击按钮，新建一个“场景 2”，如图 19-15 所示。

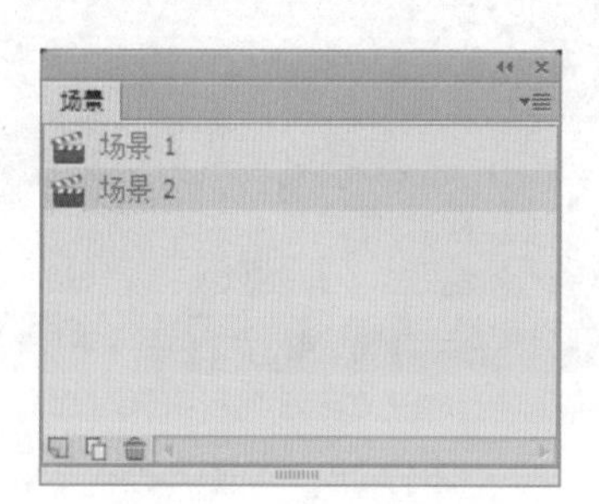

图 19-15 新建场景

Step 2 ▶ 执行“文件”→“导入”→“导入到舞台”命令，将一幅图片导入到舞台中，如图 19-16 所示。

Step 3 ▶ 新建图层 2，选择矩形工具在舞台的中央位置绘制一个无边框，填充色为任意的矩形，如图 19-17 所示。

Step 4 ▶ 在图层 1 与图层 2 的第 120 帧处插入帧，然后在图层 2 的第 30 帧处插入关键帧，最后使用任意变形工具将矩形放大至完全遮住舞台，如图 19-18 所示。

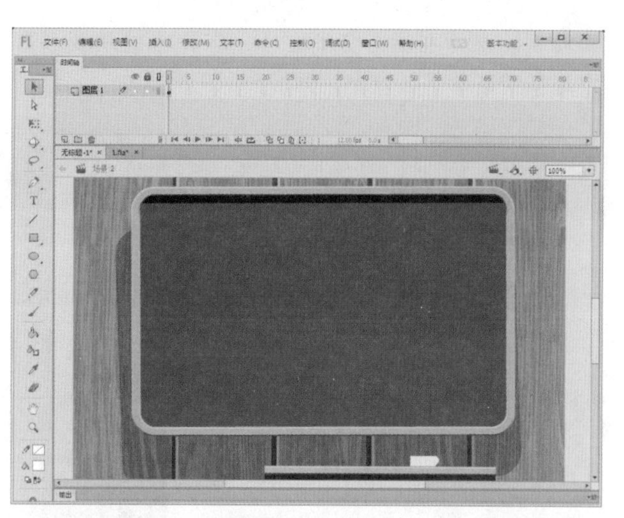

图 19-16 导入图片

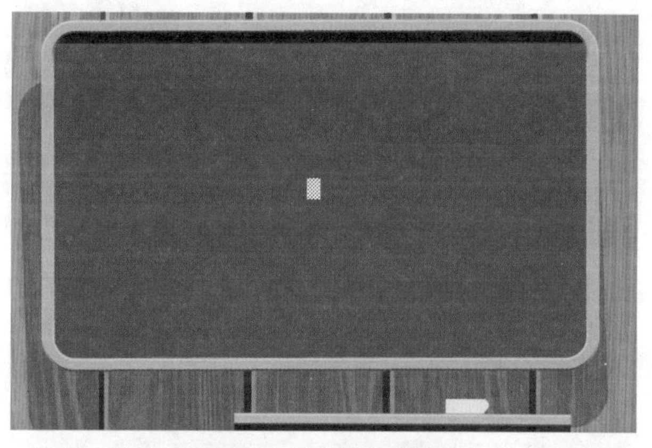

图 19-17 绘制矩形

图 19-18 放大矩形

Step 5 ▶ 在图层 2 第 1 帧与第 30 帧之间创建形状补

间动画，然后在图层 2 上右击，在弹出的快捷菜单中选择“遮罩层”命令，如图 19-19 所示。

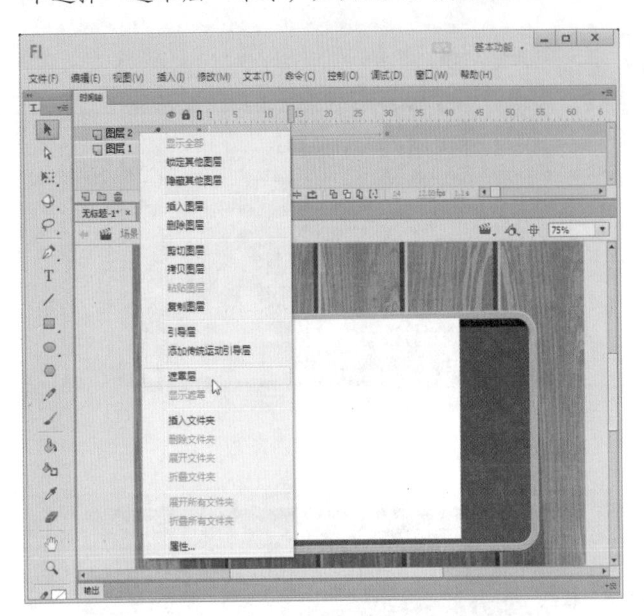

图 19-19　选择“遮罩层”命令

Step 6 ▶ 新建图层 3，在第 35 帧处插入关键帧，然后在舞台上输入文字，如图 19-20 所示。

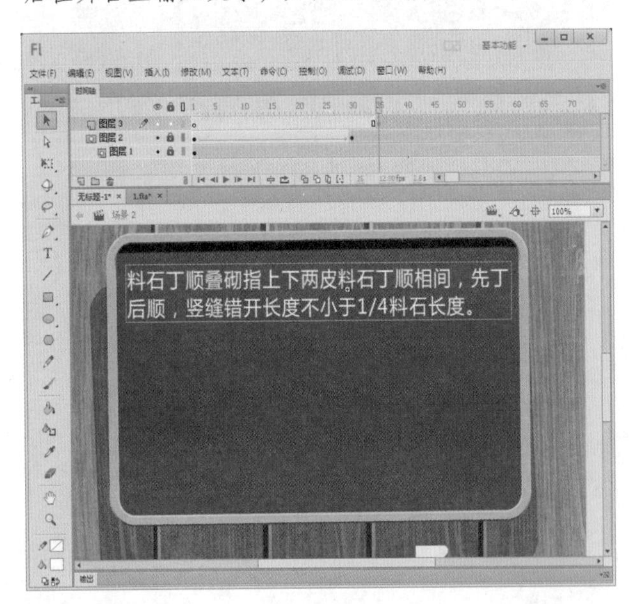

图 19-20　输入文字

Step 7 ▶ 选中文字，按下F8键，将其转换为图形元件。在图层 3 第 50 帧处插入关键帧，然后选择第 35 帧处的文字，在“属性”面板中将其 Alpha 值设置为 0，如图 19-21 所示。

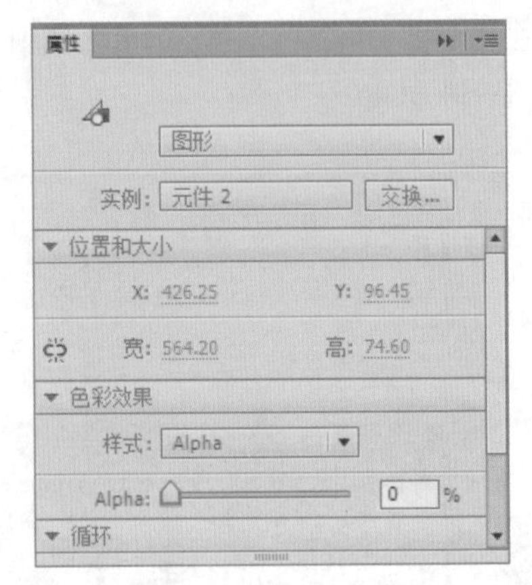

图 19-21　设置 Alpha 值

Step 8 ▶ 将图层 3 第 50 帧处的文字向下移动，然后在图层 3 第 35 帧与第 50 帧之间创建补间动画，如图 19-22 所示。

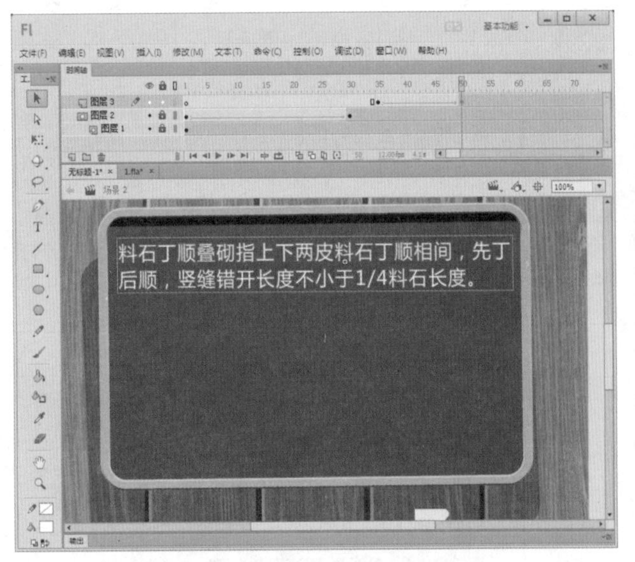

图 19-22　创建动画

Step 9 ▶ 新建图层 4，在第 65 帧处插入关键帧，从“库”面板中将按钮元件“跳转”拖曳到舞台上，如图 19-23 所示。

Step 10 ▶ 选择按钮元件，在“属性”面板中将其实例名设置为 btn1，如图 19-24 所示。

Step 11 ▶ 新建图层 5，在该层的第 80 帧处插入关键帧，打开“动作”面板，输入如下代码，如图 19-25 所示。

```
btn1.addEventListener(MouseEvent.CLICK, gotoFrame);
function gotoFrame(evt:MouseEvent):void{
```

```
    gotoAndPlay(1, " 场景 3");
}
```

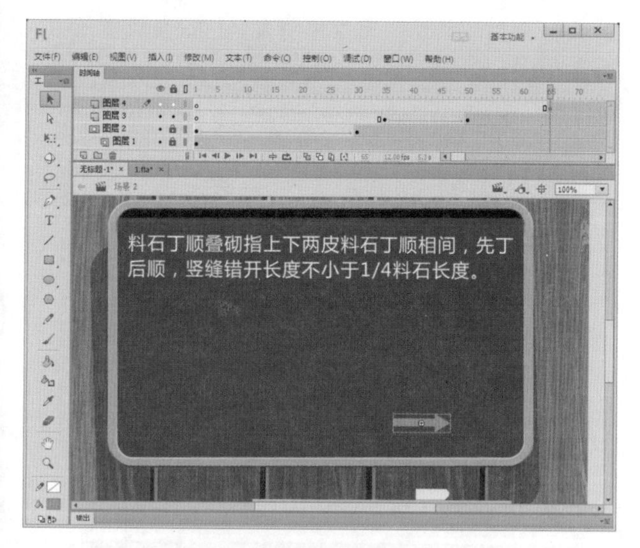

图 19-23　拖曳元件

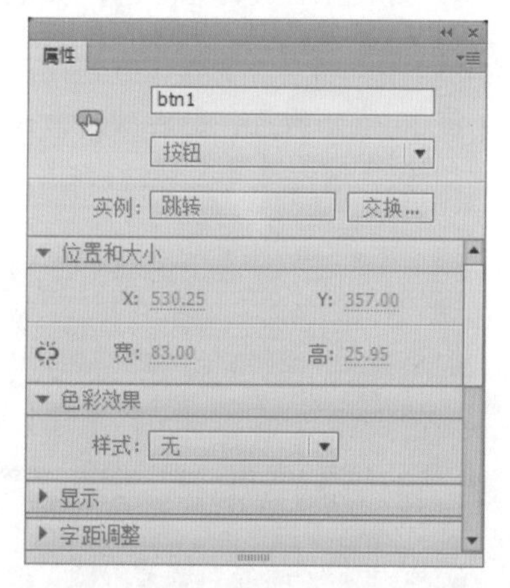

图 19-24　设置按钮实例名

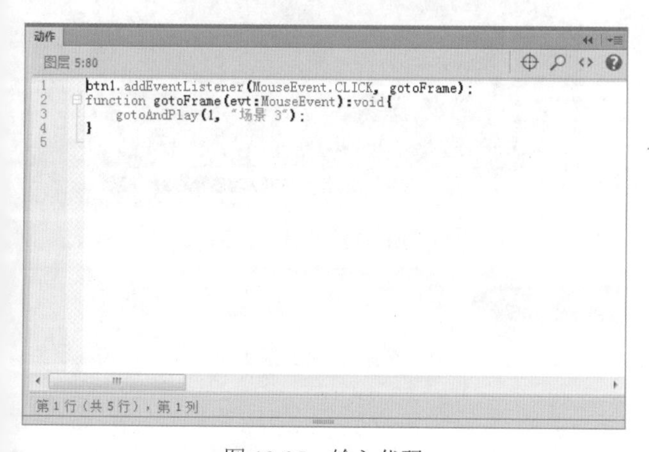

图 19-25　输入代码

Step 12 ▶ 在图层 4 第 80 帧处插入关键帧，然后选择第 65 帧处的元件，在“属性”面板中将其 Alpha 值设置为 0，如图 19-26 所示。

图 19-26　设置 Alpha 值

Step 13 ▶ 将图层 4 第 80 帧处的元件向右移动，然后在图层 4 第 65 帧与第 80 帧之间创建补间动画，如图 19-27 所示。

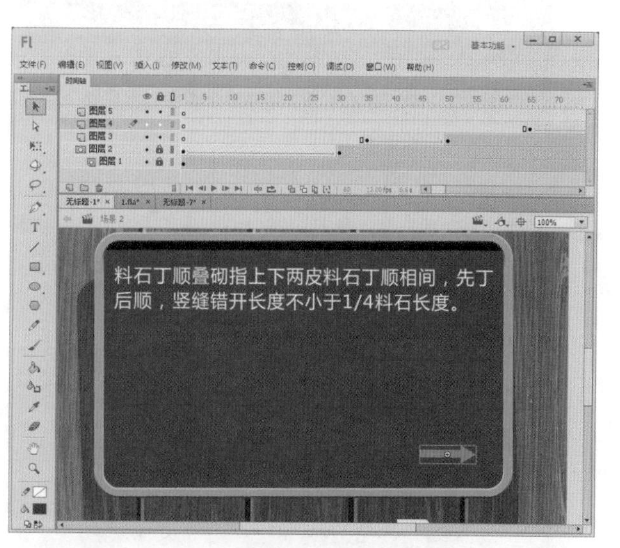

图 19-27　创建动画

19.2.4　编辑场景 3

Step 1 ▶ 执行“窗口”→“场景”命令，在打开的“场景”面板中单击按钮，新建一个“场景 3”，如图 19-28 所示。

Step 2 ▶ 执行“文件”→“导入”→“导入到舞台”命令，将一幅背景图像导入到舞台中，如图 19-29 所示。

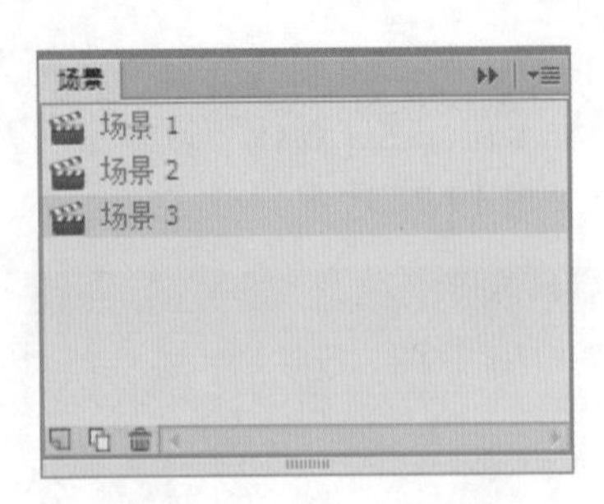

图 19-28　新建场景

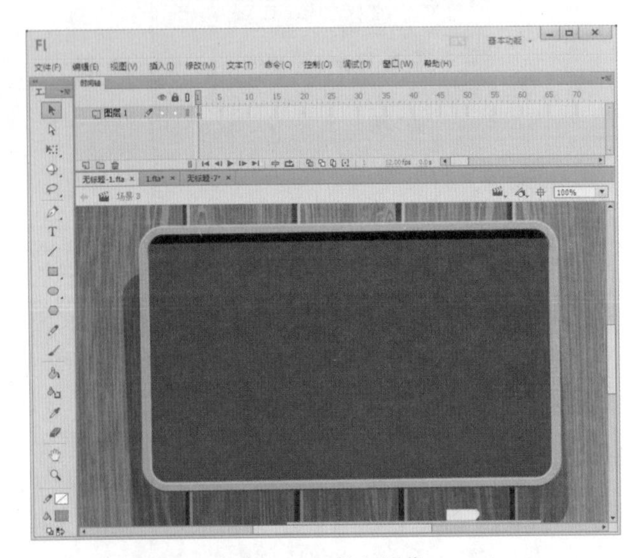

图 19-29　导入图像

Step 3 ▶ 新建图层 2，执行“文件”→“导入”→“导入到舞台”命令，将一幅图像导入到舞台中，如图 19-30 所示。

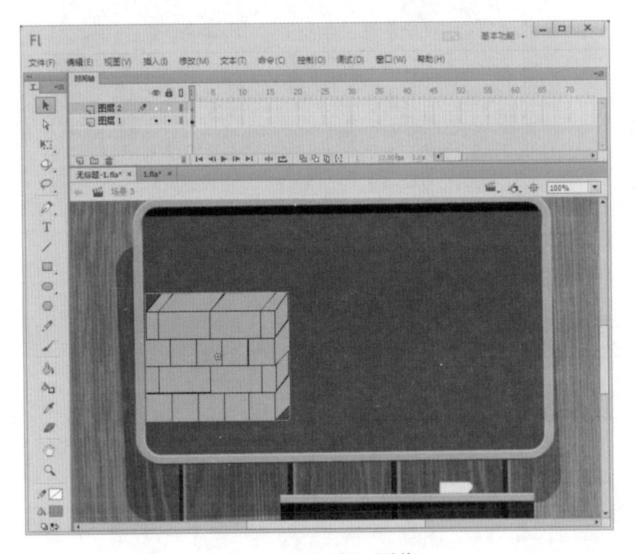

图 19-30　导入图像

Step 4 ▶ 新选中图像，按 F8 键，将其转换为图形元件。在图层 2 第 20 帧处插入关键帧，然后选择第 1 帧处的元件，在“属性”面板中将其 Alpha 值设置为 0，如图 19-31 所示。

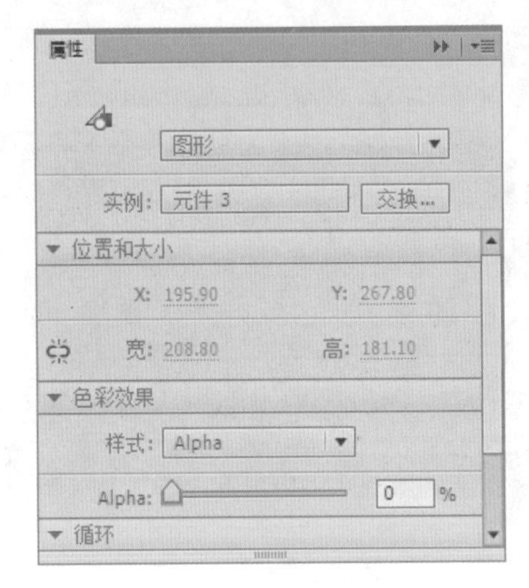

图 19-31　设置 Alpha 值

Step 5 ▶ 在图层 1 与图层 2 的第 130 帧处插入帧，然后将图层 2 第 20 帧处的元件向右移动，最后在图层 2 第 1 帧与第 20 帧之间创建补间动画，如图 19-32 所示。

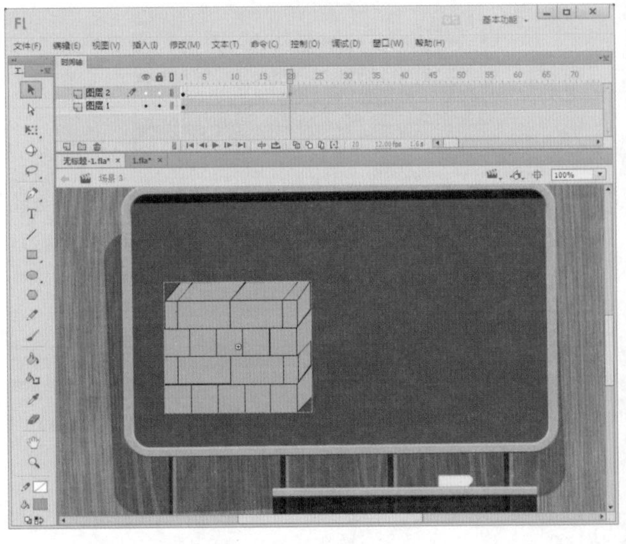

图 19-32　创建动画

读书笔记

Step 6 ▶ 新建图层3，在第25帧处插入关键帧，然后在舞台上输入文字，如图19-33所示。

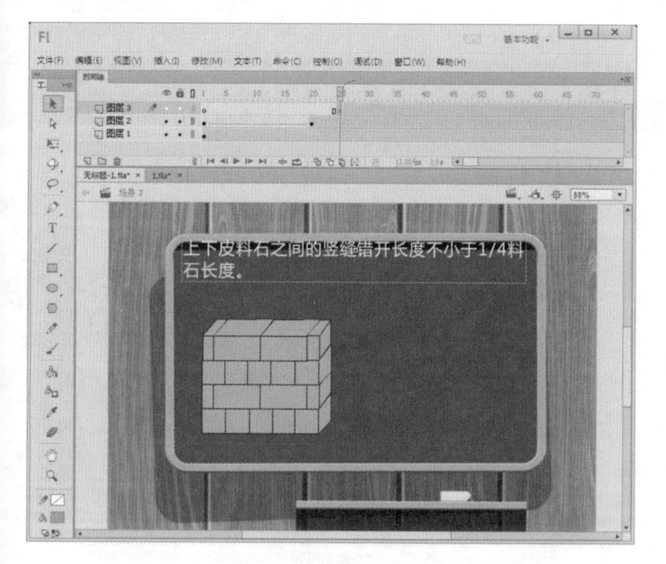

图19-33 输入文字

Step 7 ▶ 选中文字，按F8键，将其转换为图形元件。在图层3第40帧处插入关键帧，然后选择第25帧处的文字，在“属性”面板中将其Alpha值设置为0，如图19-34所示。

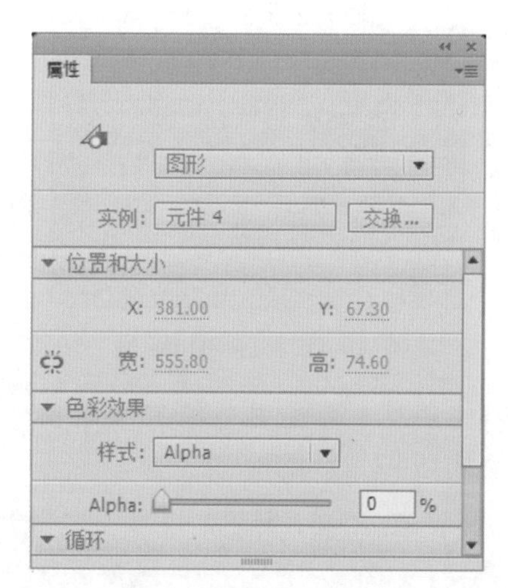

图19-34 设置Alpha值

Step 8 ▶ 将图层3第40帧处的文字向下移动，然后在图层3第25帧与第40帧之间创建补间动画，如图19-35所示。

Step 9 ▶ 新建图层4，在第45帧处插入关键帧，使用线条工具在舞台上绘制一条黄色的线段，如图19-36所示。

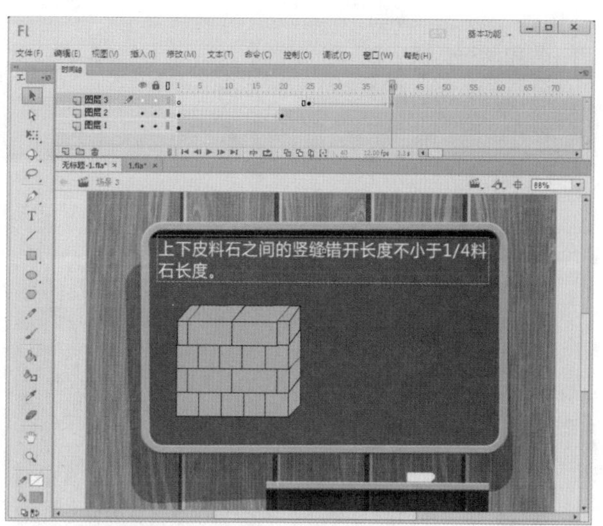

图19-35 创建动画

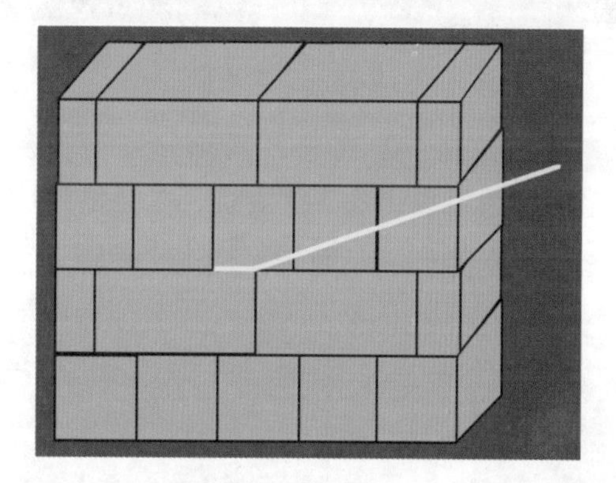

图19-36 绘制线段

Step 10 ▶ 新建图层5，在第45帧处插入关键帧，选择矩形工具在线段的左侧绘制一个无边框、填充色为任意的矩形，如图19-37所示。

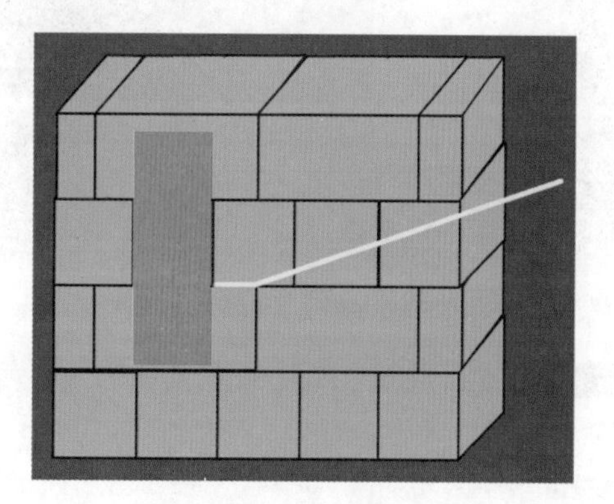

图19-37 绘制矩形

Step 11 ▶ 在图层 5 的第 60 帧处插入关键帧，最后使用任意变形工具将矩形放大至完全遮住线段，如图 19-38 所示。

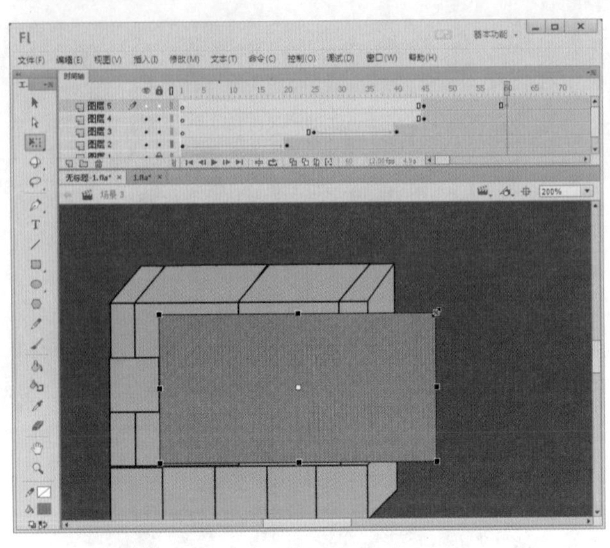

图 19-38　放大矩形

Step 12 ▶ 在图层 5 第 45 帧与第 60 帧之间创建形状补间动画，然后在图层 5 上右击，在弹出的快捷菜单中选择“遮罩层”命令，如图 19-39 所示。

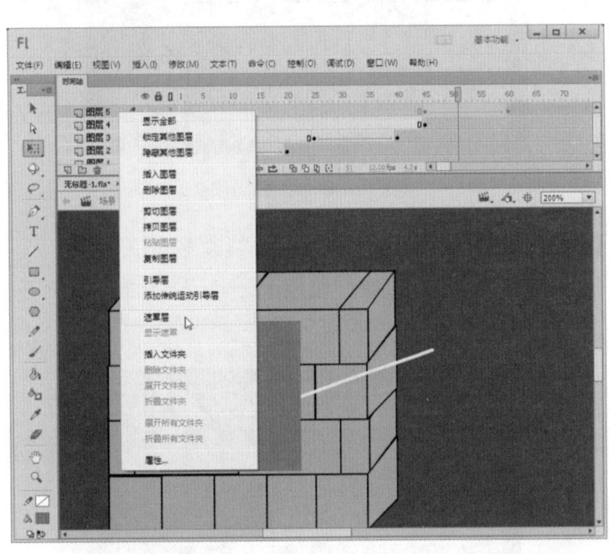

图 19-39　选择“遮罩层”命令

Step 13 ▶ 新建图层 6，在第 60 帧处插入关键帧，然后在舞台上输入文字，如图 19-40 所示。

Step 14 ▶ 选中文字，按 F8 键，将其转换为图形元件。在图层 6 第 70 帧处插入关键帧，然后选择第 60 帧处的文字，在“属性”面板中将其 Alpha 值设置为 0，如图 19-41 所示。

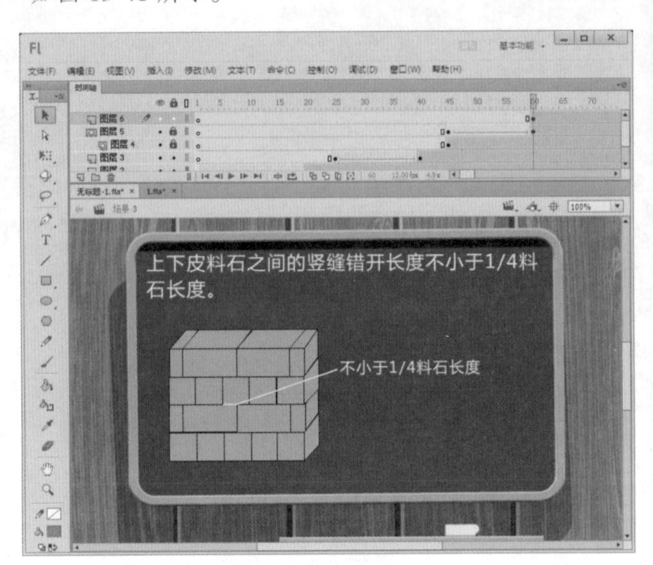

图 19-40　输入文字

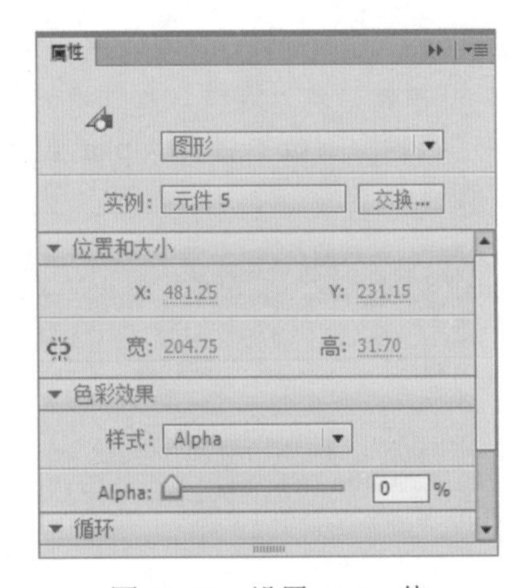

图 19-41　设置 Alpha 值

Step 15 ▶ 在图层 6 第 60 帧与第 70 帧之间创建补间动画，如图 19-42 所示。

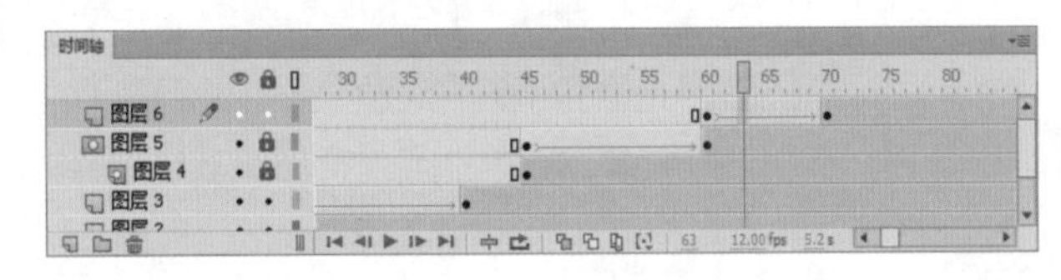

图 19-42　创建动画

Step 16 ▶ 新建图层 7，在第 75 帧处插入关键帧，从“库”面板中将按钮元件“跳转”拖曳到舞台上，如图 19-43 所示。

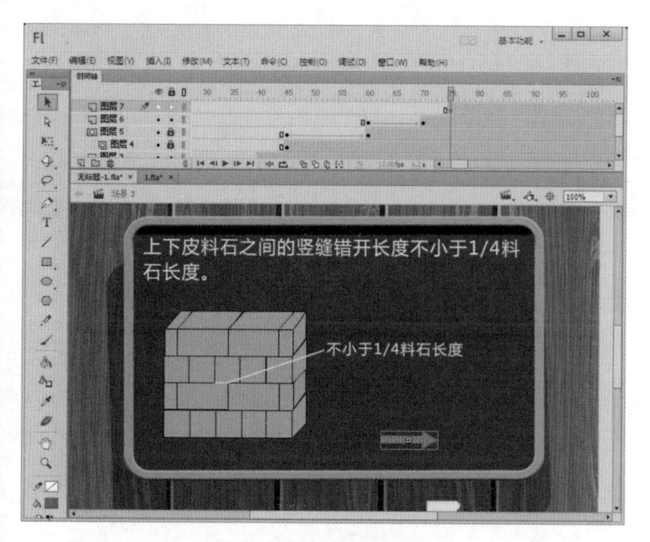

图 19-43　拖曳元件

Step 17 ▶ 选择按钮元件，在“属性”面板中将其实例名设置为 xx1，如图 19-44 所示。

图 19-44　设置按钮实例名

Step 18 ▶ 新建图层 8，在该层的第 85 帧处插入关键帧，打开“动作”面板，输入如下代码，如图 19-45 所示。

```
xx1.addEventListener("click",fun1);
function fun1(e):void
{
gotoAndPlay(1, " 场景 4");
}
```

Step 19 ▶ 在图层 7 第 85 帧处插入关键帧，然后选择第 75 帧处的元件，在“属性”面板中将其 Alpha 值设置为 0，如图 19-46 所示。

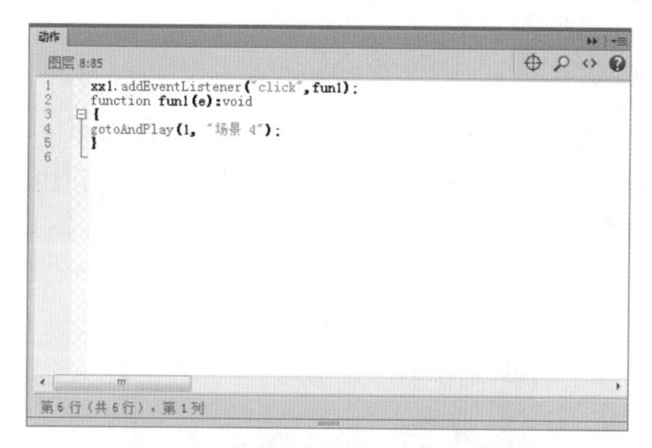

图 19-45　输入代码

图 19-46　设置 Alpha 值

Step 20 ▶ 将图层 7 第 85 帧处的元件向右移动，然后在图层 7 第 75 帧与第 85 帧之间创建补间动画，如图 19-47 所示。

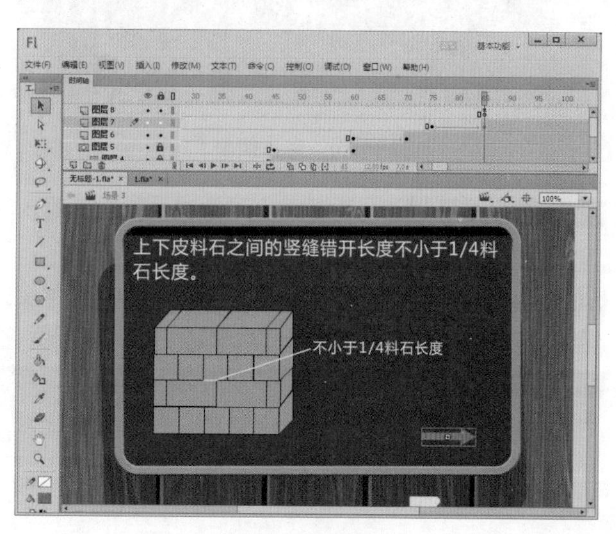

图 19-47　创建动画

19.2.5 编辑场景 4

Step 1 ▶ 执行“窗口”→“场景”命令，在打开的“场景”面板中单击按钮，新建一个“场景 3”，如图 19-48 所示。

图 19-48　新建场景

Step 2 ▶ 执行“文件”→“导入”→“导入到舞台”命令，将一幅背景图像导入到舞台中，如图 19-49 所示。

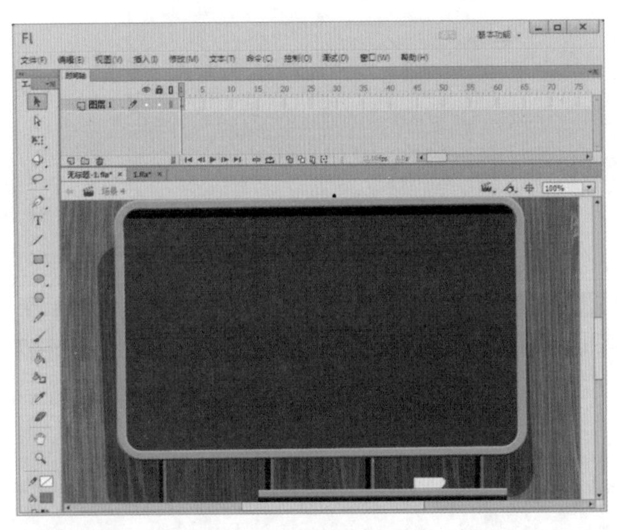

图 19-49　导入图像

Step 3 ▶ 新建图层 2，使用文本工具T在舞台上输入文字，如图 19-50 所示。

Step 4 ▶ 新建图层 3，选择矩形工具在文字的左侧绘制一个无边框、填充色为任意的矩形，如图 19-51 所示。

Step 5 ▶ 在图层 1 至图层 3 的第 120 帧处插入帧，然后在图层 3 的第 20 帧处插入关键帧，最后使用任意变形工具将矩形放大至完全遮住文字，如图 19-52 所示。

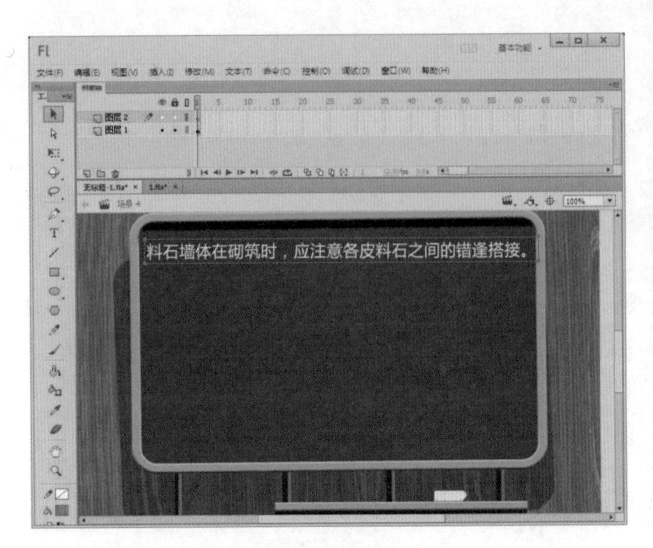

图 19-50　输入文字

图 19-51　绘制矩形

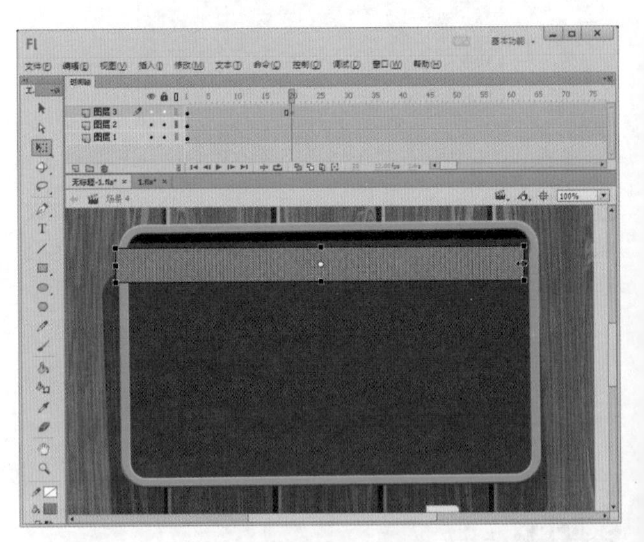

图 19-52　放大矩形

Step 6 在图层 3 第 1 帧与第 20 帧之间创建形状补间动画，然后在图层 3 上右击，在弹出的快捷菜单中选择“遮罩层”命令，如图 19-53 所示。

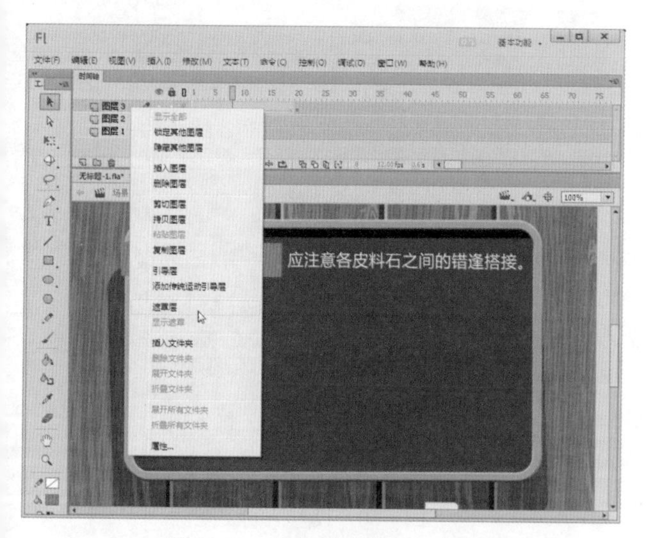

图 19-53　选择“遮罩层”命令

Step 7 新建图层 4，在第 25 帧处插入关键帧，从“库”面板中将按钮元件“退出”拖曳到舞台上，如图 19-54 所示。

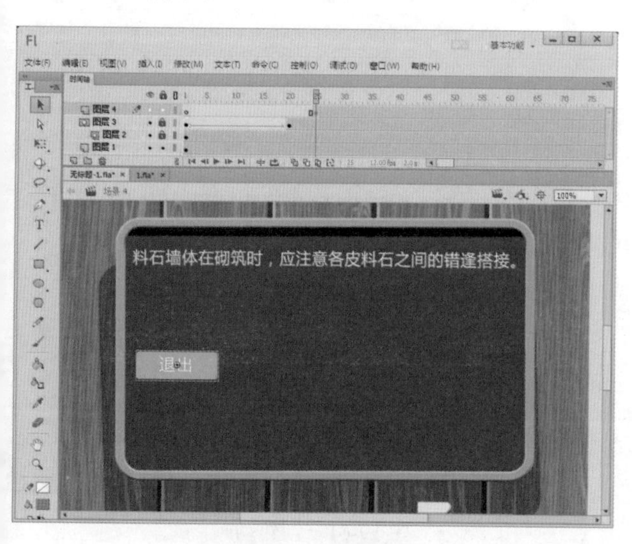

图 19-54　拖曳元件

Step 8 选择按钮元件，在“属性”面板中将其实例名设置为 xx2，如图 19-55 所示。

Step 9 在图层 4 第 40 帧处插入关键帧，然后选择第 25 帧处的元件，在“属性”面板中将其 Alpha 值设置为 0，如图 19-56 所示。

图 19-55　设置按钮实例名

图 19-56　设置 Alpha 值

Step 10 将图层 4 第 40 帧处的元件向右移动，然后在图层 4 第 25 帧与第 40 帧之间创建补间动画，如图 19-57 所示。

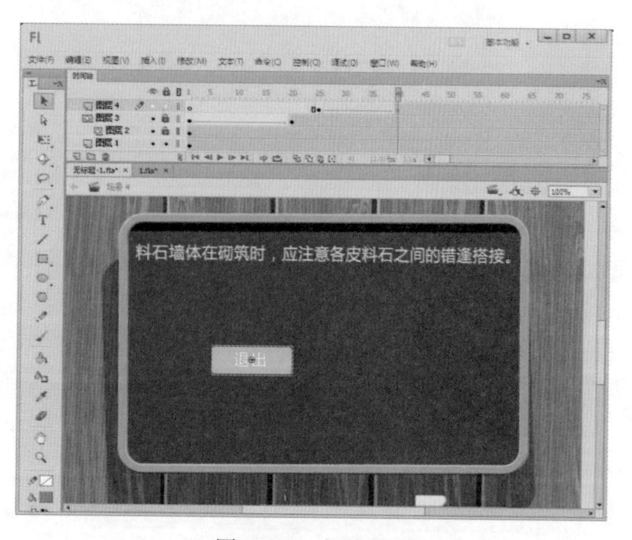

图 19-57　创建动画

Step 11 ▶ 新建图层 5，在第 25 帧处插入关键帧，从“库”面板中将按钮元件“重播”拖曳到舞台上，如图 19-58 所示。

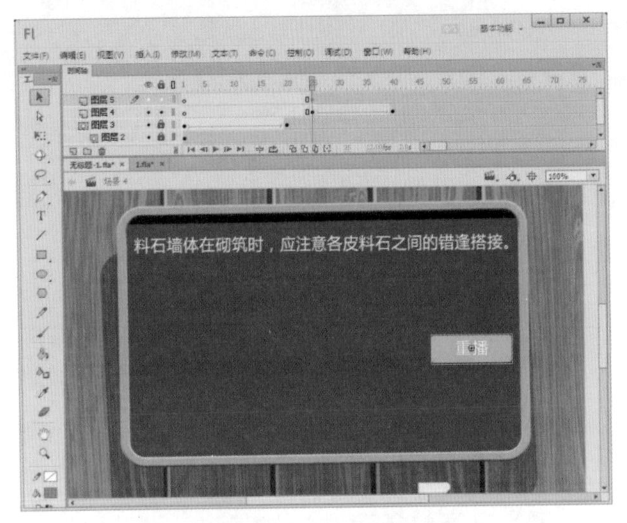

图 19-58　拖曳元件

Step 12 ▶ 选择按钮元件，在“属性”面板中将其实例名设置为 xx3，如图 19-59 所示。

图 19-59　设置按钮实例名

读书笔记

Step 13 ▶ 在图层 5 第 40 帧处插入关键帧，然后选择第 25 帧处的元件，在“属性”面板中将其 Alpha 值设置为 0，如图 19-60 所示。

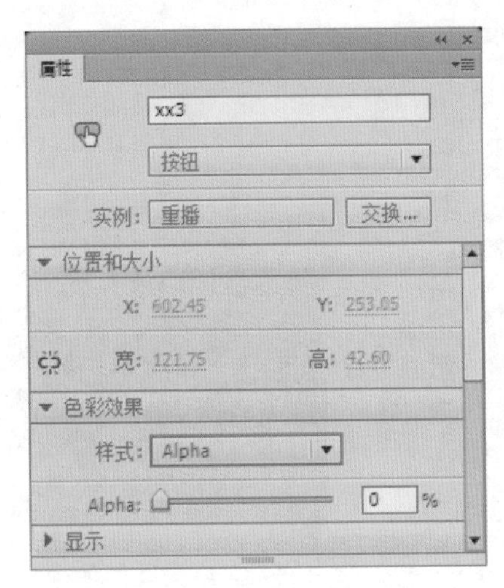

图 19-60　设置 Alpha 值

Step 14 ▶ 将图层 5 第 40 帧处的元件向左移动，然后在图层 5 第 25 帧与第 40 帧之间创建补间动画，如图 19-61 所示。

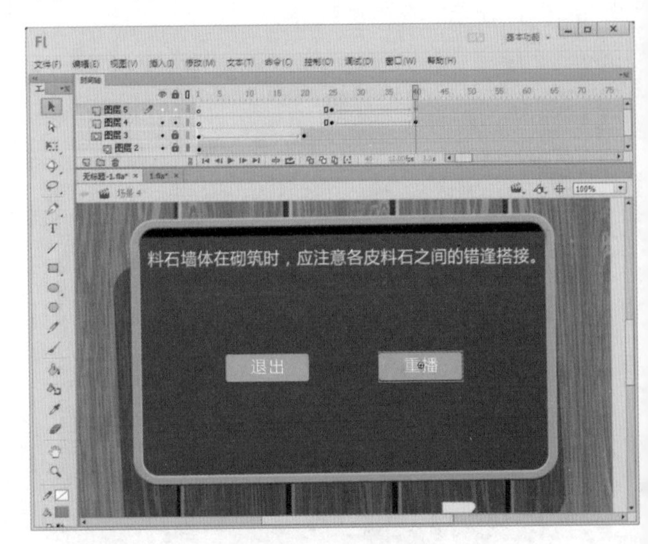

图 19-61　创建动画

Step 15 ▶ 新建图层 6，在该层的第 40 帧处插入关键帧，打开“动作”面板，输入如下代码，如图 19-62 所示。

```
xx2.addEventListener("click",fun2);
function fun2(e):void
{
```

```
fscommand("quit")
}
xx3.addEventListener("click",fun3);
function fun3(e):void
{
gotoAndPlay(1, " 场景 1");
}
```

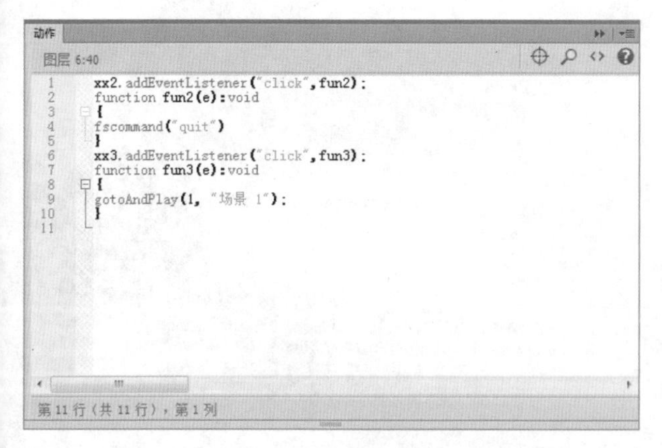

图 19-62　输入代码

Step 16 ▶ 保存文件，按 Ctrl+Enter 组合键即可看到本例中制作的教学课件效果，如图 19-63 所示。

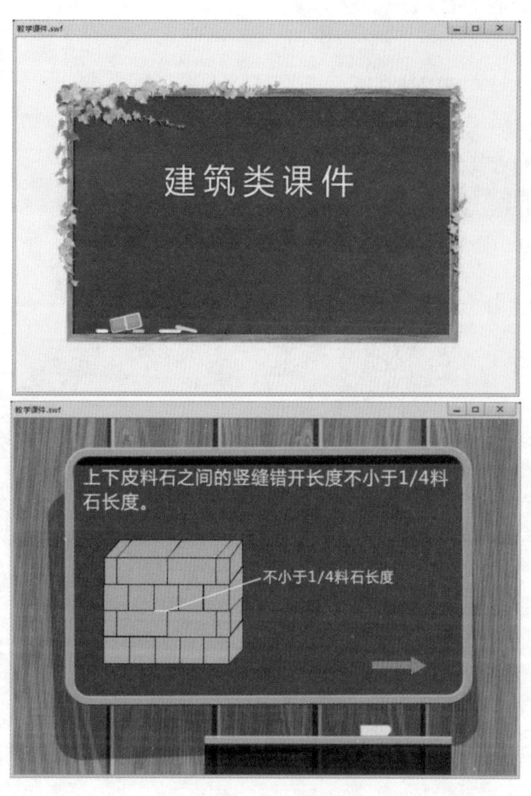

图 19-63　动画效果

读书笔记

Chapter

15 16 17 18 19 20

贺卡制作

本章导读

贺卡是人与人之间进行感情交流的一种方式。随着科技的发展和网络的日益盛行，贺卡也由传统的静态纸卡发展到可以播放出音乐的动态电子卡。随着 Flash 动画风靡网络，一种全新的节日问候方式诞生了——这就是 Flash 贺卡。与传统的电子贺卡相比它不但经济环保，还可以通过网络快捷传输。使用 Flash 制作贺卡能够表现出 Flash 独特的特点，实现传统贺卡很难表现的效果，本章将介绍贺卡的制作方法。

20.1 Flash 贺卡制作知识

贺卡有平面的也有动画的，这里制作的主要是动画贺卡。在制作贺卡时，需要注意的是贺卡本身的形式，根据不同的形式添加不同的动画效果。

20.1.1 Flash 贺卡的特点

使用 Flash 制作的贺卡，一般具备以下特点。

1. 表现形式多样

由于 Flash 自身的特点，Flash 贺卡有其丰富的表现形式，可以制作供人欣赏的美丽贺卡，还可以制作出可人机交互的互动 Flash 贺卡；既可以选择卡通风格，也可以选择写实风格，也可以是静态的卡片，这样贺卡也就变得形式丰富多彩，我们可以在网络上很容易地找到合适的贺卡送给亲人或朋友。当然自己动手制作一个贺卡更能表现我们自己的个性和特点。

2. 制作方便快捷

Flash 的自身特点决定了 Flash 贺卡制作的简单和方便，贺卡只要能表现出作者的祝福内容即可，在制作 Flash 贺卡时，首先想到的应该是创意，只要创意足够，制作起来就会显得比较简单，只要有简单的文字、声音、图片等及完美的创意，并且在作品中融入自己的感情，即可制作出让人感动的贺卡。

3. 适合传播

由于使用 Flash 生成的 swf 文件体积比较小，所以它适合在网络上传播。

20.1.2 Flash 贺卡的制作流程

1. 前期构思

在制作 Flash 贺卡之前，首先要对贺卡做前期的构思，想想如何能更好地表达自己的感情，有没有什么创意？当有了好的创意或者构思时，最好及时记录下来，以方便后面的创作。

2. 收集或制作素材

有了好的想法之后，就要着手准备素材了，根据自己构思的内容，需要什么样的图片或者音乐，可以在网络中寻找，也可以自己制作编辑。

3. 编辑动画

素材准备得差不多之后，就可以进行主要场景的制作了，包括将各种素材在场景中的安排以及添加声音等。

4. 测试与发布

在完成动画的编辑后，可对动画进行测试及调试，对不满意的地方进行修改，直至最后的创作完成，之后可根据情况对贺卡的发布进行相关的设置，如对发布的格式以及图像和声音的压缩品质等进行调整，最后发布贺卡。

读书笔记

20.2 制作生日贺卡

● 光盘 \ 素材 \ 第 20 章　　● 光盘 \ 效果 \ 第 20 章 \ 生日贺卡 .swf

本例主要使用创建影片剪辑元件与创建动画功能来编辑制作，完成后的效果如图 20-1 所示。

图 20-1　贺卡效果

20.2.1 制作女孩影片

Step 1 ▶ 启动 Flash CC，新建一个 Flash 空白文档。执行“修改”→“文档”命令，打开“文档设置”对话框，将“舞台大小”设置为 690×480 像素，“帧频”设置为 12，如图 20-2 所示。设置完成后单击 确定 按钮。

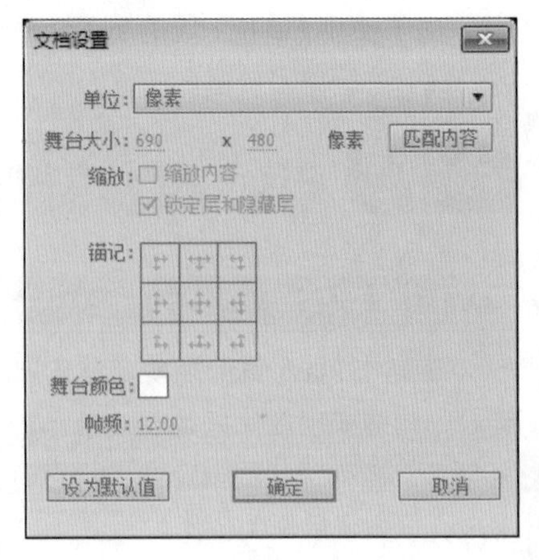

图 20-2　“文档设置”对话框

Step 2 ▶ 执行“文件”→“导入”→“导入到舞台”命令，将一幅图像导入到舞台中，如图 20-3 所示。

Step 3 ▶ 执行“插入”→“新建元件”命令，弹出“创建新元件”对话框，在“名称”文本框中输入“女孩”，在“类型”下拉列表框中选择“影片剪辑”选项，如图 20-4 所示。完成后单击 确定 按钮进入元件编辑区。

图 20-3　导入图像

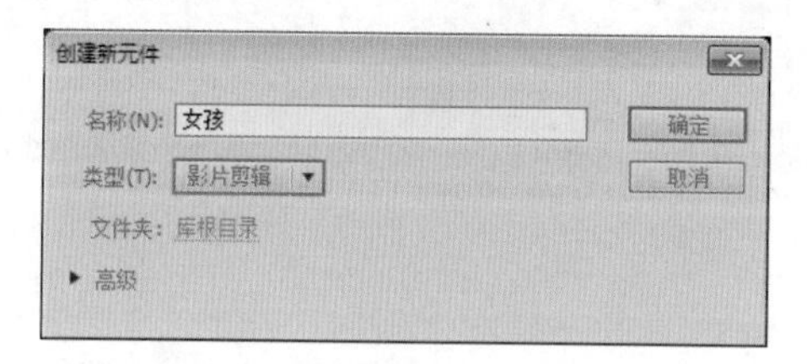

图 20-4　创建影片剪辑元件

Step 4 ▶ 执行“文件”→“导入”→“导入到舞台”命令，将一幅图像导入到工作区中，如图 20-5 所示。

图 20-5　导入图像

Step 5 ▶ 在时间轴上的第 4 帧处插入空白关键帧，执行“文件”→“导入”→“导入到舞台”命令，将一幅图像导入到工作区中，如图 20-6 所示。

Step 6 ▶ 在时间轴上的第 8 帧处插入空白关键帧，执行“文件”→“导入”→“导入到舞台”命令，将一幅图像导入到工作区中，然后在第 12 帧处插入帧，如图 20-7 所示。

图 20-6　导入图像

图 20-7　导入图像

20.2.2 制作蜗牛与蝴蝶影片

Step 1 ▶ 执行“插入”→“新建元件”命令，弹出“创建新元件”对话框，在“名称”文本框中输入“蜗牛”，在“类型”下拉列表框中选择“影片剪辑”选项，如图20-8 所示。完成后单击 确定 按钮进入元件编辑区。

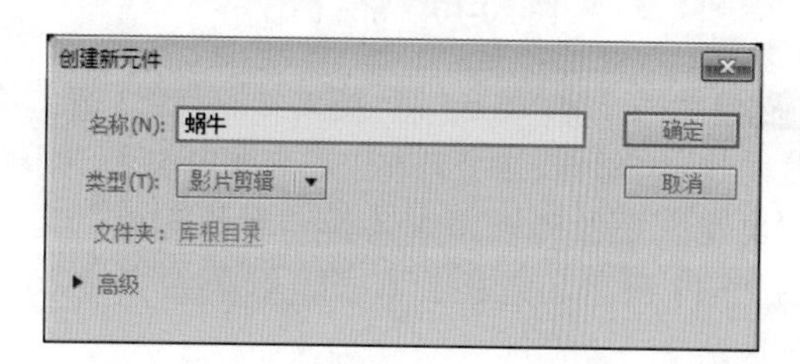

图 20-8　创建影片剪辑元件

Step 2 执行“文件”→“导入”→“导入到舞台”命令，将一幅图像导入到元件编辑区中，如图 20-9 所示。

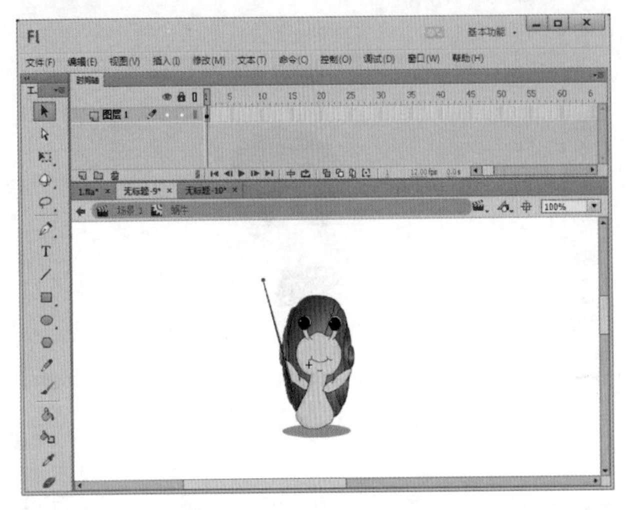

图 20-9 导入图像

Step 3 在时间轴上的第 4 帧处插入空白关键帧，执行“文件”→“导入”→“导入到舞台”命令，将一幅图像导入到工作区中，然后在第 7 帧处插入帧，如图 20-10 所示。

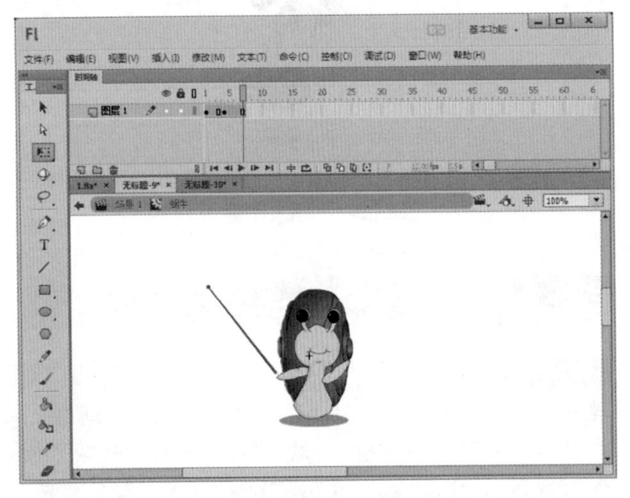

图 20-10 导入图像

Step 4 执行“插入”→“新建元件”命令，弹出“创建新元件”对话框，在“名称”文本框中输入“蝴蝶”，在“类型”下拉列表框中选择“影片剪辑”选项，如图 20-11 所示。完成后单击 确定 按钮进入元件编辑区。

图 20-11 创建影片剪辑元件

Step 5 执行“文件”→“导入”→“导入到舞台”命令，将一幅图像导入到元件编辑区中，如图 20-12 所示。

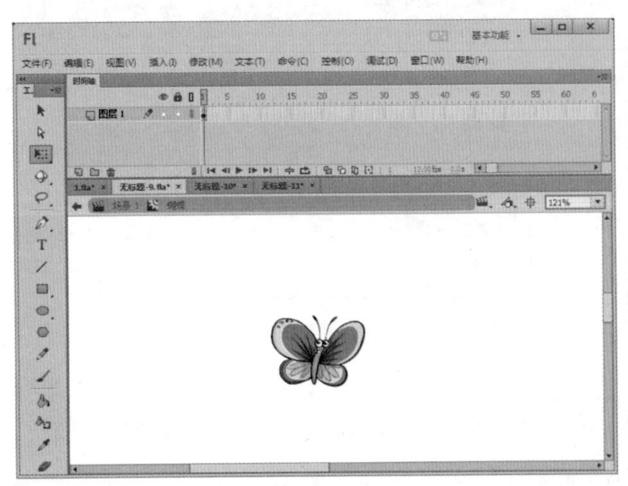

图 20-12 导入图像

Step 6 在时间轴上的第 4 帧处插入关键帧，执行“修改”→“变形”→“水平翻转”命令，如图 20-13 所示，将图像水平翻转，然后在第 7 帧处插入帧。

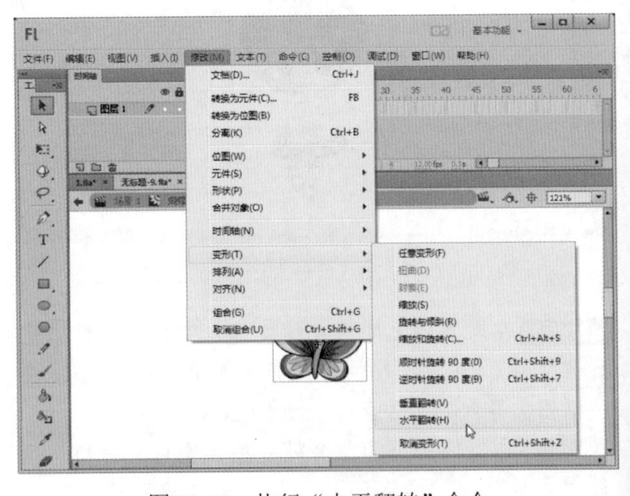

图 20-13 执行“水平翻转”命令

20.2.3 制作按钮

Step 1 执行"插入"→"新建元件"命令，弹出"创建新元件"对话框，在"名称"文本框中输入"礼物"，在"类型"下拉列表框中选择"按钮"选项，如图 20-14 所示。完成后单击 确定 按钮进入按钮元件编辑区。

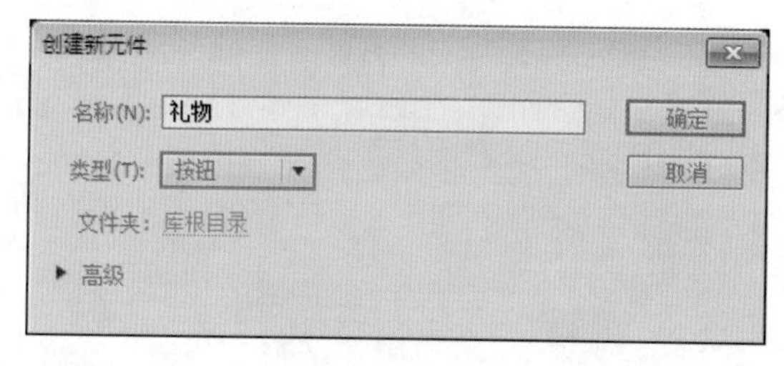

图 20-14 创建按钮元件

Step 2 执行"文件"→"导入"→"导入到舞台"命令，将一幅图像导入到编辑区中，如图 20-15 所示。

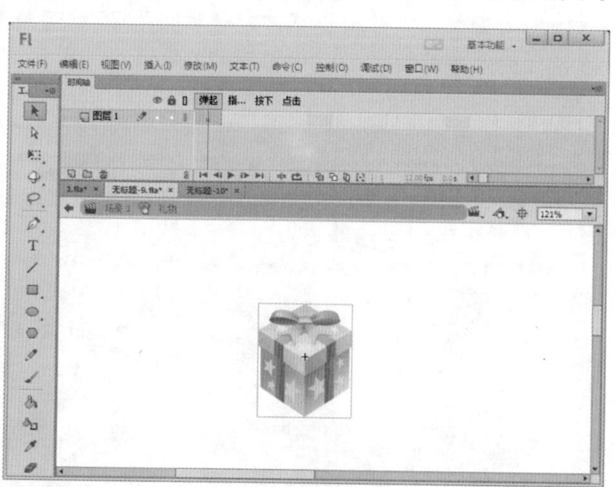

图 20-15 输入文字

Step 3 在"指针经过"处插入关键帧，然后将"指针经过"处的礼物图像稍稍放大一点，如图 20-16 所示。

Step 4 在"按下"处插入空白关键帧，然后导入一幅图像到编辑区中，如图 20-17 所示。

Step 5 新建一个图层 2，在"指针经过"处插入关键帧，然后将一个声音文件导入到"库"中，最后在"属性"面板的"名称"下拉列表框中选择刚导入的声音文件，如图 20-18 所示。

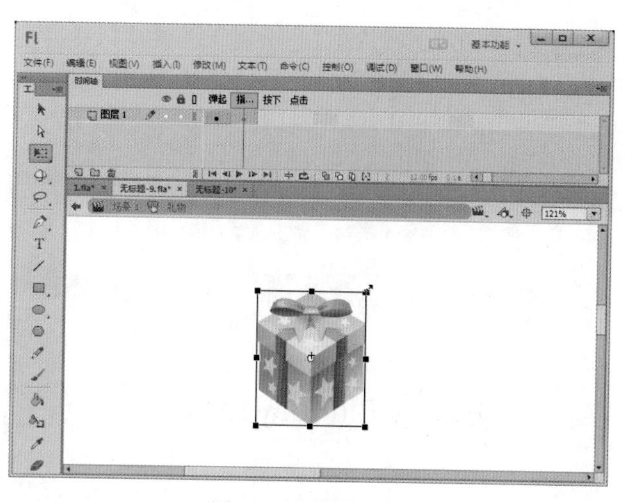

图 20-16 转换元件

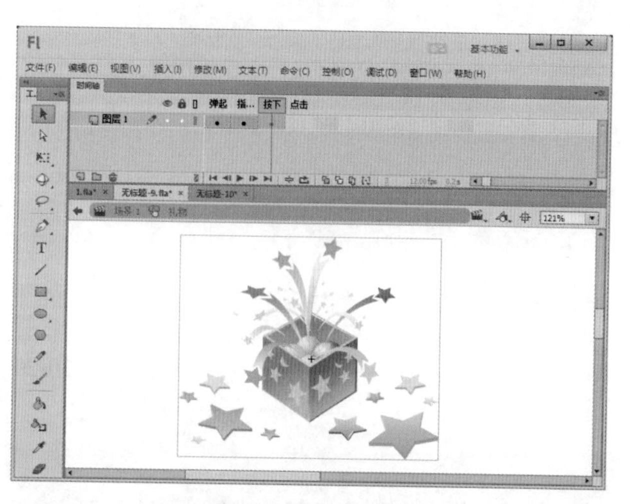

图 20-17 导入图像

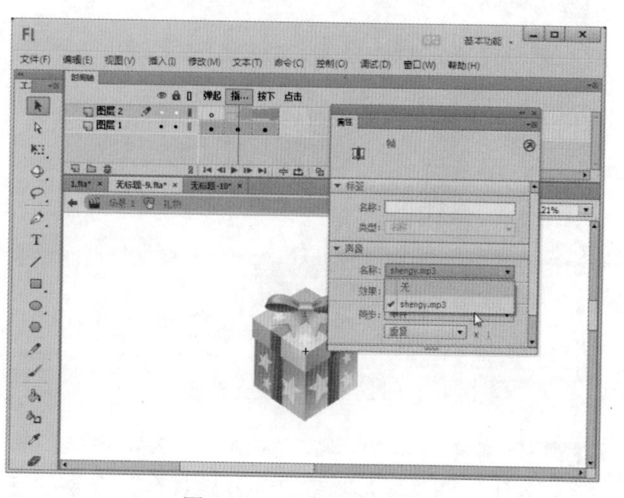

图 20-18 设置声音文件

Step 6 ▶ 在图层 2 的“按下”处插入关键帧，然后输入“Happy Birthday to You！”，如图 20-19 所示。

图 20-19　输入文字

20.2.4 编辑主场景

Step 1 ▶ 返回主场景，新建一个图层 2，从“库”面板中将“女孩”影片剪辑元件拖曳到舞台上，然后分别在图层 1 与图层 2 的第 200 帧处插入帧，如图 20-20 所示。

图 20-20　拖曳元件

Step 2 ▶ 新建图层 3，在第 25 帧处插入关键帧，执行“文件”→“导入”→“导入到舞台”命令，将一幅蛋糕图像导入到舞台上，并移动到舞台的上方，如图 20-21 所示。

图 20-21　导入图像

Step 3 ▶ 在图层 3 第 45 帧处插入关键帧，然后将第 45 帧处的蛋糕放大并向下移动，最后在第 25 帧与第 45 帧之间创建补间动画，如图 20-22 所示。

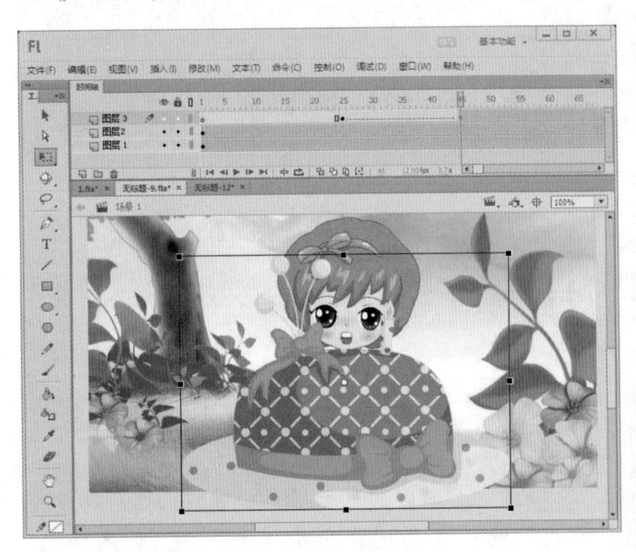

图 20-22　放大图像

读书笔记

Step 4 ▶ 新建图层 4，在第 25 帧处插入关键帧，将影片剪辑元件“蜗牛”从“库”面板中拖曳到舞台上，如图 20-23 所示。

图 20-23　拖曳元件

Step 5 ▶ 新建图层 5，在第 25 帧处插入关键帧，将影片剪辑元件“蝴蝶”从“库”面板中拖曳到舞台上，如图 20-24 所示。

图 20-24　拖曳元件

Step 6 ▶ 在图层 2 的第 90 帧处插入空白关键帧，然后导入一幅图像到舞台上，如图 20-25 所示。

Step 7 ▶ 新建图层 6，在第 65 帧处插入关键帧，将按钮元件“礼物”从“库”面板中拖曳到舞台的左侧，如图 20-26 所示。

Step 8 ▶ 在第 89 帧处插入关键帧，将按钮元件“礼物”向右移动并放大，如图 20-27 所示，然后在第 65 帧与第 89 帧之间创建补间动画。

图 20-25　输入文字

图 20-26　拖曳元件

图 20-27　创建动画

Step 9 ▶ 新建图层 7，将一个背景音乐文件导入到“库”中。选择第 1 帧，然后在“属性”面板中的“名称”下拉列表框中选择刚导入的音乐文件，如图 20-28 所示。

图 20-28　选择音乐文件

Step 10 ▶ 保存文件，按 Ctrl+Enter 组合键，即可看到本例中制作的生日贺卡效果，如图 20-29 所示。

图 20-29　动画效果

读书笔记